한국산업인력공단　　　　　　　　　　　　　　　최신 출제기준 + 출제경향 반영

조경기능사 (필기+실기)
한권으로 끝내기

· 독학으로 합격이 가능한 필수 교재
· 합격에 필요한 필기+실기 핵심 이론 완벽 정리
· 필기 합격 기출 예상문제 수록
· 실기 기출 출제내용 수록

정문환 편저

동영상강의 mainedu.co.kr

MAINEDU

PREFACE

　현대사회는 도시화로 인한 인구 집중과 고밀화 및 집적화된 콘크리트 건물로 둘러싸인 환경에서 인간은 필연적으로 녹색갈증을 느끼게 됩니다. 이에 대한 해결방안이 바로 조경입니다.

　이 책을 펼치고 계신 여러분은 이미 도시 환경 문제를 해결하는 해결사의 길로 접어 들었다고 보시면 됩니다. 처음 도서 작성을 의뢰 받았을 때 방향성에 대한 고민을 잠시 했습니다. 어떻게 하면 자격시험을 준비하는 분들에게 쉬우면서도 실용적으로 다가갈 수 있을까에 대한 고민이었습니다.

　「조경기능사 한권으로 끝내기」는 조경기능사를 처음 공부하시는 분, 현업에서 일을 하시다가 자격을 필요로 하시는 분, 정원사를 목표로 하시는 분, 또는 내 집의 조경을 내 손으로 만들어 보겠다는 분 등 다양한 요구조건을 충족시키기 위한 방법은 무엇일까에 대한 해답으로 작성되었습니다.

　이 책의 구성은 조경에 대한 모든 분야를 기초로 해서 작성되었습니다. 단순한 기출문제를 암기하는 수준이 아니라 조경에 대한 전반적인 내용을 담았습니다. 조경기능사 자격 취득 이후 조경산업기사 또는 조경기사에 대한 자격 취득에 필요한 연장 선상에서 볼 수 있도록 하였습니다.

　최근 조경기능사 자격시험 응시자의 합격률을 분석해 보면 필기시험이 합격을 좌.우 한다고 볼 수 있습니다. 필기 시험을 합격하셨다면 이미 자격을 취득하기 위한 8부 능선을 넘었다고 보시면 될 것 같습니다.

　하지만 실기 시험에서 이론이 뒷받침되지 않으면 실패를 맛 볼 수 있다는 것도 명심해야 됩니다. 그 점을 보완하기 위해 용어, 역사, 계획, 설계. 자재, 시공, 유지관리 등 처음 이 분야를 접하시는 분들도 쉽게 다가갈 수 있도록 이론으로 정리해 놓았습니다.

　「조경기능사 한권으로 끝내기」는 이론으로 기본기를 다지고 기출문제를 활용하여 문제의 구성과 출제 방식 등 실전 감각을 익히도록 하였습니다. 또한, 동영상 강의를 통해 도서에서 이해하지 못한 부분을 알기 쉽게 설명하였고 최신 기출문제 및 출제 경향에 대한 내용을 추가 하였습니다.

　「조경기능사 한권으로 끝내기」는 여러분의 합격을 빠르게 안내할 것입니다. 믿고 따라와 보시면 어느덧 자격증은 내 손안에 쥐어져 있을 것입니다.

　여러분의 합격을 진심으로 기원합니다.

조경기술사 정문환 드림

시/험/안/내

1. 개요
급속한 산업화의 도시화에 따른 환경의 파괴로 인하여 환경 복원과 주거환경 문제에 대한 관심과 그 중요성이 급 부각됨으로써 공종별 전문인력으로 하여금 생활공간을 아름답게 꾸미고 자연환경을 보호하고자 도입 시행되고 있다.

2. 수행 직무
자연환경과 인문환경에 대한 현장조사를 수행하여 기본구상 및 기본계획을 이해하고 부분적 실시설계를 이해하고, 현장여건을 고려하여 시공을 통해 조경 결과물을 도출하고 이를 관리하는 행위를 수행하는 직무이다.

3. 진로 및 전망
① 조경식재 및 조경시설물 설치공사업체, 공원(실내, 실외), 학교, 아파트 단지 등의 관리부서, 정원수 및 재배업체에 취업할 수 있다.
② 조경공사는 건축물이 어느 정도 완공된 시점부터 시작되므로 건설경기가 회복된 시점보다 1~2년 정도 늦게 나타나게 된다. 따라서 조경기능사 자격취득자에 대한 인력수요는 당분간 현수준을 유지할 것으로 보이지만 각종 자연의 파괴, 대기오염, 수질오염 및 소음 등 각종 공해문제가 대두됨으로써 쾌적한 생활환경에 대한 욕구를 충족시키기 위해 조경에 대한 중요성이 증대되어 장기적으로 인력수요는 증가할 전망이다.

4. 시험개요
① 시행처 : 한국산업인력공단(http://www.q-net.or.kr)
② 관련학과 : 전문계 고등학교의 조경과, 원예과, 농학과
③ 시험과목
 - 필기 : 조경설계, 조경시공, 조경관리
 - 실기 : 조경기초실무
④ 검정방법
 - 필기 : 객관식 4지 택일형 60문항(60분)
 - 실기 : 작업형(3시간)
⑤ 합격기준 : 100점 만점 60점 이상

5. 매년 조경기능사 시험 출제기준 및 시험 일정은 산업인력공단 큐넷 홈페이지(또는 메인에듀)를 통해 확인 부탁드립니다.

C/O/N/T/E/N/T/S

필기

Ⅰ. 조경설계 7

- Chapter 01. 조경양식의 이해 9
- Chapter 02. 조경사 17
  - 1장. 동양조경 양식 (중국, 한국, 일본의 조경양식 비교) 17
  - 2장. 서양조경 양식 41
- Chapter 03. 조경계획 및 설계 60
  - 1장. 조경계획 60
  - 2장. 조경설계 79
  - 3장. 조경설계 과정 92
  - 4장. 유형별 조경계획 및 설계 100
  - 기출예상문제 1과목_조경설계 111

Ⅱ. 조경 시공 153

- Chapter 01. 조경식재 및 시설물의 재료 구분 155
  - 1장. 조경재료 155
  - 2장. 조경식재 156
  - 3장. 조경시설물 170
- Chapter 02. 조경공사 193
  - 1장. 조경시공 193
  - 2장. 조경식재 198
  - 3장. 조경시설물 공사 206
  - 4장. 시방 및 적산 230
  - 기출예상문제 2과목_조경시공 241

Ⅲ. 조경관리 295

- Chapter 01. 조경 수목 관리 297
  - 기출예상문제 3과목_조경 관리 330

실기

Ⅰ. 조경 기초 실무 ·· 411
Ⅱ. 조경 시공 작업 ·· 477
Ⅲ. 수목 감별 ·· 503

조경기능사 한 권으로 끝내기

필기

I. 조경설계

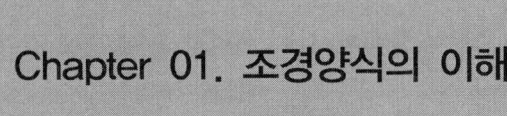

Chapter 01. 조경양식의 이해

1. 조경에 관한 일반 사항

   1) 조경의 개념 및 목적

   - 조경(造景)이란
     造(지을 조) 景(경치 경) : 경치를 짓는다(만든다).

   - 조경기준 [국토교통부 고시 제2021-1778호, 2022.1.7. 일부개정]
     "조경"이라 함은 경관을 생태적, 기능적, 심미적으로 조성하기 위하여 식물을 이용한 식생 공간을 만들거나 조경시설을 설치하는 것을 말한다.

   - 미시적 개념
     건축물 주변에 정원을 만드는 행위. 수목을 이용한 전통적 조경기술

   - 거시적 개념
     인간의 이용과 즐거움을 위하여 문화적, 과학적 지식을 응용하여 토지를 다루는 기술로 예술적 측면을 동시에 고려하는 종합과학예술

   - 조경의 기원
     원시시대 – 자연에 순응, 실생활에서 실용적이며 작은 변화 시도
     고대시대 – 적극적 자연 변화 시도, 인간의 의지 표현
     근세이전 – 개인정원, 사적공간, 왕과 귀족계급의 궁전, 저택정원
     근세이후 – 산업혁명이후, 도시환경 문제 등 공적인 정원 중심
              뉴욕 중심부 센트럴파크(Central Park) 조성
     현대 – 도시공원, 녹지, 공적조경, 기후 위기 대비, 친환경

2) 조경의 가치(한국조경헌장 2022)
- 자연적 가치
  지구환경은 인간과 함께 수많은 동·식물종이 서로 유기적 관계 속에 건강한 공생을 기대한다.
  자연환경은 미래 세대를 위해 보존되고 관리되어야 하는 자원이며, 현세대는 잠시 빌려 쓰는 것이다.
  지속가능한 지구환경을 다음 세대에 온전하게 돌려주는 것이 조경의 책임과 의무다.

- 사회적 가치
  조경은 유한한 공간이자 공공의 자원인 삶의 터전으로 모든 사회 구성원은 행복을 추구할 권리를 가지며 지혜롭게 공유하여야 한다.
  사회적 약자를 배려하고 공공적 행복을 우선적으로 고려하여 전 세대가 누릴 수 있는 환경을 조성한다.

- 문화적 가치
  조경의 토대가 되는 인문적 자산은 인류가 축적해 온 역사적 산물로 존재 자체가 존중되어야 한다. 조경은 우리의 역사성, 지역성의 바탕 위에 문화적 다양성을 존중하며, 궁극적으로 창의적 예술정신을 지향한다.

- 근대 조경학의 선구자
  미국의 옴스테드 - 조경가(Landscape architect) 용어 처음 사용
  　　　　　　　　뉴욕 중심부 센트럴파크(Central Park) 설계

- 학문적 영역에서의 조경교육
  1900년대 미국 하버드 대학 조경학과 신설
  1973년 서울대학교(환경대학원), 영남대 조경학과 신설

- 국가별 조경 용어 사용
  a. 미국
     1909년 - 조경가협회(ASLA, American Society of landscape Architects) 창설, '조경은 인간의 이용과 즐거움을 위하여 토지를 다루는 기술'로 정의
     1975년 - '실용성과 즐거움을 줄 수 있는 환경 조성에 목적을 두고 자원의 보전과 효율적 관리를 도모하며 문화적, 과학적 지식의 응용을 통하여 설계. 계획하고, 토지를 관리하며 자연 및 인공요소를 구성하는 기술'로 정의
     1990년 - '자연환경과 인공환경의 연구, 계획, 설계, 시공, 관리를 위해 예술과 과학의 원리를 적용하는 전문분야'로 정의

b. 일본
　　　조원(造園) : 넓은 의미로 지구 위에 자연재료를 사용하여 아름답게 조성하는 것.
　　　　　　　　 자연을 이용한 인간의 작품으로 인정
　　c. 중국과 북한
　　　원림(園林) : 흙이나 돌을 쌓아 만든 가산이나 연못이 원림의 중심부를 구성, 자연
　　　　　　　　 산수의 재현에 주안점을 두고 자연과 인공의 적절한 조화, 신선세계
　　　　　　　　 를 지향하며 산림의 경계를 묘사
　　d. 한국
　　　조경(造景) : 자연에 순응하는 조화를 강조, 자연 자체를 유지하거나 최소한의 인
　　　　　　　　 공을 가하는 방식으로 이용.

2. 조경의 대상 및 환경요소

1) 조경의 대상

① 정원
국가정원, 지방정원, 민간정원, 공동체정원, 생활정원, 주제정원, 옥상정원, 실내정원

② 공원, 녹지
국립공원, 도립공원, 광역시립공원, 시립공원, 군립공원, 지질공원
국가도시공원, 생활권공원(소공원, 어린이공원, 근린공원, 묘지공원), 주제공원(역사공원, 문화공원, 수변공원, 묘지공원, 체육공원, 도시농업공원, 방재공원), 도시자연공원구역 완충, 경관, 연결녹지, 이전적지 공원(군부대, 학교, 쓰레기매립장, 철로, 하수처리장 등의 시설이 폐쇄 혹은 이전한 종전 대지의 공원화), 도시숲, 생활숲, 경관숲, 학교숲

③ 광장, 가로
광장, 대광장, 근린광장, 경관광장, 건축물 부설광장
가로공원, 가로녹지, 도로, 보행자도로, 자전거도로, 공공공지, 주차장

④ 건축 외부 공간
단독, 공동주택, 근린 및 업무시설, 숙박시설, 문화 및 종교시설, 상업시설, 교통시설, 의료시설, 교육연구시설, 산업시설, 공개공지, 공공공지

⑤ 체육 공간
생활체육공간, 운동장, 야구장, 축구장, 농구장, 배구장, 테니스장, 게이트볼장, 수영장, 스키장, 승마장, 사격, 궁도장, 골프장, 씨름장

⑥ 관광, 여가 공간
동물원, 식물원, 테마파크, 워터파크, 유원지, 온천, 야외음악당, 서바이벌게임장, 야외극장, 조각공원, 야외전시장, 전망대, 휴게소
수목원, 자연휴양림, 산림욕장, 야영장, 놀이터, 유아체험숲장, 청소년수련장, 노인휴양촌, 농어촌 관광휴양단지, 관광농원, 식물원

⑦ 역사공간과 문화재
전통정원, 명승지, 유적지, 역사경관보존지, 근대문화유산

⑧ 해안, 하천, 수공간
해안, 하구, 도서, 하천, 갯벌, 간척지, 유수지, 저류지, 저수지, 댐, 마리나 항만, 수변공간, 고수부지, 해수욕장, 수영장, 물놀이장, 호수, 연못, 습지

⑨ 생태환경
대기, 수질, 토양, 생태계, 산림, 초지, 서식지, 생태통로, 비오톱, 자연보호구역, 생태습지, 빗물정원, 저영향개발(LID)시설

⑩ 경관
국토, 자연, 도시, 농어촌, 마을, 역사, 문화, 산업경관

2) 환경요소
① 조경식재
상록, 낙엽, 침엽, 활엽, 교목, 관목, 지피, 초화류, 기후대, 낙엽 및 개화 색상, 개화시기, 벽면녹화, 내공해, 내염, 내화성, 내조성, 타감식물

② 조경시설물
놀이, 휴게, 편의, 조형물, 투수성 포장, 수경시설

③ 기타
자연지반, 인공지반, 옥상조경, 생태복원시설

3. 조경의 범위 및 분류

1) 조경의 범위

① 정책

조경정책은 조경의 대상과 행위를 조정하고 유도하는 정부 및 공공주도의 방침으로 조경 전반에 영향을 미친다. 조경 정책가들은 조경의 혜택을 극대화하기 위해 국가, 지자체, 전문가, 시민사회 등이 공유할 수 있는 정책을 수립하고 시행한다.

② 기획 및 구상

사업 계획, 개발전략 및 개발 방향 수립, 예산, 자금집행, 공간구조 구상. 개념설정, 법규, Mass계획, 대안검토 등을 통한 사업의 목표와 방향을 설정한다.

③ 계획

조경계획은 예측되는 미래의 결과를 달성하기 위한 논리와 상상력을 포함한 지적행동으로 법률과 정책에 의해 규제되고 유도된다. 조경계획가는 다양하고 광범위한 대상지의 토지 이용이나 관리 기준을 장기적 관점에서 제시하거나, 설계의 선행 단계로서 전체적인 공간의 틀과 수행체계를 제시한다.

④ 설계

조경설계는 예술과 디자인 전통에 기반해 자연과 문화의 결합을 실천하는 전문 영역이다. 조경설계가는 전문적 지식과 실천적 숙련을 바탕으로 개념 단계부터 시공까지 대상지에 정교하게 부합하는 예술적 구성과 결과를 창출한다. 조경설계는 계획, 기본, 실시설계, 감리 단계로 구분한다.

⑤ 시공

조경시공은 자연과 생태계에 대한 이해와 기술을 바탕으로 최고의 조경을 구현하는 과정이다. 조경시공자는 자연재료와 인공재료에 대한 지식을 바탕으로 비용과 안전, 기술적 문제를 고려 해 설계를 구현하기 위한 섬세한 작업을 수행한다. 조경공간의 완성도와 질적 수준을 결정하는 중요 요인으로 작용한다.

⑥ 건설사업관리(구.감리)

설계안을 구현하는 과정에서 시공 품질을 총체적으로 관리하는 행위, 조경건설사업관리자는 사업시행자(발주자)와 시공자 사이의 중립적 위치에서 설계도서의 내용대로 시공되는지를 확인하고, 품질, 공정, 안전관리 등을 지도, 감독한다. 건설사업관리는 CM과 시공감리로 구분된다.

⑦ 운영관리

운영관리는 이용자들의 체험과 욕구를 만족시키기 위한 프로그램을 제공해 조경공간의 활용과 가치를 증진시키는 과정이고, 유지관리는 건강하고 아름다운 조경을 유지하기 위한 시스템과 관리에 중점을 둔다. 조경운영 관리자는 대상지의 특성과 잠재력, 소유자 및 사용자의 요구를 바탕으로 현재뿐만 아니라 미래의 필요와 열망을 충족할 수 있도록 준비하고, 개선하며, 해결안을 제시한다.

⑧ 연구

자연에서부터 인공 환경까지 모든 경관 유형과 이와 관련된 행위를 다룬다. 조경의 고유한 영역뿐만 아니라 사람과 환경 간의 지속 가능한 관계에 기여할 수 있는 연구를 수행한다.

⑨ 교육

사회의 변화와 수요에 대응할 수 있는 이론적 토대를 구축하고 실천적 기술을 제공한다. 조경 학위과정을 통해 전문가를 양성하거나, 생애주기 프로그램이나 전문가 재교육 같은 비학위 과정을 통해 조경을 교육한다.

⑩ 산업

조경 공간 구현을 위한 모든 활동을 포함한다. 조경산업종사자는 관련 법규에 따라 조사, 분석, 연구, 계획, 설계, 시공, 감리, 운영, 관리 등의 업무를 수행하거나 식물, 비식물 소재의 생산과 판매, 유통업을 영위한다.

2) 조경 업역에 따른 분류

① 생산분야
- 조경수목, 초화류 및 잔디재배, 생산 및 유통
- 조경석, 인조암, 포장재료, 배수자재, 목재가공 생산
- 놀이, 휴게, 유희, 체육시설, 생태복원시설 등 제품 생산

② 설계분야
- 구상, 기획, 조사 및 분석, 계획, 설계
- 엔지니어링, 기술사사무소, 건축사사무소, 도시계획

③ 시공분야
- 정부투자기관, 종합건설회사, 전문건설업,
- 조경식재, 조경시설물 설치

- 법면녹화, 생태복원시설

④ 관리분야
- 조경수목 관리, 가로수관리, 병.해충 방제, 전지 전정
- 운영관리, 이용자 관리 및 지도
- 식물보호, 노거수, 천연기념물, 보호수 등 수목 보호 및 관리

3) 조경가의 역량

① 자연과학적 지식
- 대기, 수문, 토양, 자연환경, 생활환경, 사회구조 등

② 공학적 지식
- 건축, 토목, 도시계획

③ 예술적 소양
- 공간에 대한 이해도, 예술적 지식, 미적 감각, 공간 창조 능력

④ 인문·사회과학적 지식
- 인문학, 인류학, 지리학, 사회학, 환경심리학

4. 조경 양식

1) 조경 양식의 개념

인간의 정주 환경에서 주변과 어울리는 식물이나 조형물을 배치하여 경관을 아름답게 조성하는 형식과 틀이다. 고대 원시사회에서부터 현대에 이르기까지 각 나라마다 환경조건 및 문화적 차이에 의해 다양하게 표현된다.

2) 조경양식의 발생 배경

① 자연적 요인
- 기후, 지형, 하천, 식물, 토질, 암석, 자연 자원

② 사회환경적 요인
- 생활양식, 종교와 사상, 역사 문화적 차이, 민족성, 시대성

3) 조경양식의 분류

① 정형식
- 유럽과 서아시아에서 발달한 양식으로 강한 축을 중심으로 좌우 대칭형으로 구성되며 수목의 강한 전정을 이용한 기하학식 정원
- 평면기하학식, 노단식, 중정식

② 자연식
- 동아시아에서 주로 발달
- 유럽에선 18C 영국 정원구성에 영향, 유럽대륙으로 확대
- 연못이나 호수를 중심으로 정원 조성, 다양한 경관 감상, 자연을 모방 또는 축소 등의 자연적 형태로 정원 조성
- 전원풍경식 : 잔디를 이용하여 전원적이고 목가적인 풍경 조성
- 회유임천식 : 숲과 다양한 굴곡의 수변 이용, 곳곳에 다리를 설치하고 정원을 회유하는 방식
- 고산수식 : 일본, 불교의 영향, 물을 사용하지 않고 경관 조성, 왕모래와 바위 등을 이용 바다를 표현

③ 절충식
- 정형식과 자연식의 형태적 특징을 동시에 지니고 있는 양식
- 조선시대의 정원조성 기법으로 회유임천식과 정형적 형태 포함

Chapter 02. 조경사

1장. 동양조경 양식 (중국, 한국, 일본의 조경양식 비교)

구분	중국	한국	일본
조성배경	신선사상, 유교, 도교	풍수지리, 신선사상, 도교, 유교	신선사상, 불교, 다례
조형방법	직선+곡선	직선	곡선
경관구성	대비	조화, 대비	조화
정원양식	사의주의, 회화식, 자유풍경식	후원, 화계, 자연주의	임천식, 회유임천식, 축산고산수식, 평산고산수식, 다정양식, 회유식, 축경식
주요경관요소	건축물	화계, 지당 등으로 공간분할	
정원요소	차경수법 동문, 누창 태호석 – 첩석, 축산	정원과 자연조화 인간척도, 조망점 석분, 석함, 석계	자연과 정원 동등체계 정교한 배치

가. 한국의 조경

1. 한국조경의 특징과 사상적 배경

1) 한국 조경의 특징

① 직선을 기본으로 하는 공간 구성
② 정원의 연못 형태와 직선을 이용한 단조로운 공간 구성
③ 화계를 이용한 지형의 단차 완화, 낙엽활엽수 주로 활용
④ 운둔, 은일, 풍류, 수신제가, 심신 단련 기능
⑤ 자연주의, 자연과의 일체감 중요시
⑥ 신선사상 배경(경회루, 광한루, 궁남지, 정림사. 미륵사지, 안압지)

2) 전통사상과 조경

① 토착 신앙과 산악 숭배
- 천신, 지신, 노거수 등 경외 시, 강화도 마니산 참성단

② 운둔, 은일 사상
- 별서
- 누와 정이 발달

③ 신선사상
- 삼신도 (봉래, 영주, 방장)
- 부용정, 광한루 정자, 십장생

④ 음양오행설
- 천, 지, 인 삼재사상
- 연못의 모양 방지원도

⑤ 풍수지리설
- 방위에 따른 식재의 위치와 수종
- 후원 양식 발달, 마을 조성, 배산임수, 수구막이

⑥ 불교사상
- 사찰 가람배치, 석등, 탑, 연못

⑦ 유교사상
- 향교, 서원, 객관, 별서
- 전통마을, 마당의 구분

나. 시대별 조경 양식

1. 고대시대(고조선-대동사강*에 기록)

1) 노을왕
- 유, 금수를 기르던 최초의 정원, 단씨조성기 기록

2) 의양왕
- 청류각(후원에 정자를 세워 신하들과 잔치를 베풀었다는 기록)

---

* 대동사강 : 김광(1929)이 쓴 기록, 단시조선-기자조선-마한, 삼국시대-통일신라, 발해-고려-조선-일제강점기의 순종황제까지의 기록

3) 제세왕
- 복사, 배, 등 정원수 식재 기록

2. 삼국시대

1) 고구려(B.C 37 ~ AD 668)

① 송화강 유역에서 B.C2세기경 생활, 압록강으로 남하 산악지대에서 수렵생활, 졸본성에 도읍을 정함, 유리왕22년 국내성 천도, 장수왕15년 평양 대성산 밑으로 천도

② 소수림왕
- 불교 공식 인정, 불교 전파 및 문화 크게 발달

③ 평원왕 (AD 552)
- 양원왕 때 장안성과 안학궁 축조, 궁실 중수

④ 동명왕릉의 진주지(眞珠池)
- 연못 바닥에 자갈, 연화씨, 붉은기와 조각
- 못 안에 4개의 섬[봉래, 영주, 방장, 호량(한나라 태액지 원 영향)]

⑤ 장수왕의 안학궁
- 평안남도, 국내성에서 평양으로 수도 이전
- 대동강 상류 대성산성 남쪽에 위치, 토성, 마름모꼴
- 남궁, 중궁, 북궁으로 구분, 비정형식 자연풍경
- 남궁의 서쪽 정원은 자연곡선으로 윤곽처리한 연못과 4개의 섬
- 서문과 외전사이, 북문과 침전 사이 정원터
- 신선사상 배경, 자연풍경 묘사(한나라의 상림원 유사)
- 한 변이 622M, 침전 뒤 가산

2) 백제(B.C 18 ~ A.D660)

① 침류왕
- 동진에서 고승 마라난타가 불교 전승, 한산(송파구, 몽촌토성)에 절을 지어 포교

② 진사왕
- 궁실 중수, 천지조산, 다양한 화초와 가금 「삼국사기 정원 최초 기록」

③ 동성왕의 임류각
- 우리나라 정원 중 문헌상 최초의 정원, 초석과 기와 발견
- 연못을 파고 금수를 우리 안에서 길렀다는 기록

④ 무왕(634년)의 궁남지(신라의 안압지보다 40년 먼저 조성)
- 사비성시대, 방장선도, 서안에 버드나무 식재
- 중국 한나라 태액지 방장선산 모방, 신선사상 배경
- 포용정(팔각지붕형 정자), 섬과 남안 사이 나무다리 연결
- 연못 주변 망해루, 망해정 건축물 조성 추측

⑤ 의자왕의 석연지
- 정원장식, 첨경물, 화강암으로 만든 어항
- 연꽃과 물고기 감상, 조선시대 세심석으로 발전

⑥ 노자공(612년, 얼굴과 몸에 흰 반점, 산악 모형을 만드는 재주)
- 백제의 정원기술 일본에 전수,
- 일본의 궁궐 남정에 수미산과 오교 설치
- 일본정원 최초의 기록

3) 신라/통일신라시대(B.C57~A.D938)
① 신라 초기 지리적 조건으로 정원 기록이 없고 문무왕 때 연못, 동산 축조
② 『삼국사기』에 기록
③ 정전제 : 격자형 가로망으로 시가지 구성과 계림 설치

3. 통일신라

1) 문무왕 임해전 지원(안압지, 월지, 안하지)

① 『동사강목』
- 궁내에 연못을 파고 동산 축조, 화초를 심고 진기한 짐승, 새를 길렀 다는 기록

② 임해전
- 안압지의 부속 건축물

③ 안압지
- 동서 190m, 남북 220m, 면적 16,800㎡, 삼신도의 3개의 섬, 연못의 북쪽과 동쪽에 자연스러운 인공축산, 물가 호안은 다듬돌로 축조 연못 바닥은 강회와 천석, 목침

모양의 호안 석축. 둑은 찰흙 1~1.5m 너비, 입수구는 동남쪽 구석에 위치, 40m 수로와 반석을 이용 바닥이 파이는 것을 방지
- 무산12봉 신선사상을 배경으로 해안풍경을 묘사, 정적인 연회와 관상, 동적인 뱃놀이 등의 목적

2) 경애왕(AD890) 포석정(사적 제1호)
① 곡수거, 흐르는 물에 술잔을 띄어 연회를 즐기던 곳
② 이계성의 원야, 왕희지의 난정고사 유상곡수연 모방
③ 정자는 없어지고 느티나무 아래 가공석재로 물도랑 안쪽 12개, 외곽부 24개, 유입구 6개와 배출구 4개, 합계 46개로 조성

3) 별서(사절유택)
① 신라시대의 풍습, 귀족들이 계절 따라 자리를 바꿔가며 놀이 장소로 삼던 별장
② 동야택(봄), 곡양택(여름), 구지택(가을), 가이택(겨울)

4) 사찰
- 불국사, 감산사, 감은사, 망덕사, 사천왕사

4. 고려시대

1) 궁궐 정원

① 화원
- 화초나 화목을 중심으로 하는 정원

② 예종
- 궁의 남과 서에 화원을 설치,
- '대'와 '사'를 만들고 높은 담장 설치
- 화초는 민가에서 옮겨 심거나 중국(송, 원나라)상인들을 통해 수급

③ 의종
- 어원의 화훼 감상 층허각에서 곡연
- 양성정과 뜰에 괴석이 배치되고 명화(모란)가 식재
- 이궁의 원림을 가장 많이 조성한 왕
- 고려시대 조경이 가장 활발한 시기

2) 개성 동지(東池) 누각(귀령각 지원)
① '고려사'에 기록 5대, 경종부터 31대 공민왕까지 동지에 관한 기록
② 백제의 궁남지와 망해루, 신라의 안압지(월지)와 임해전, 조선의 경복궁 경회루 지원과 기능 유사
③ 관직 선발 시험, 검열 및 사열 장소, 물가에 누각, 뱃놀이 장소
④ 금원으로 진금기수 등을 사육

3) 석가산
① 괴석을 도입하여 자연의 기암과 절벽을 모방
② 고려시대 정원의 특징
③ 김인존의 청연각연기 첩석성산 기록(동국여지승람)
④ 의종6년(1152 A.D) 수창궁 북원, 괴석을 쌓아 가산과 만수정 축조
⑤ 의종10년(1156 A.D) 민가 50여구를 헐어내고 정원 축조

4) 격구장
① 동적인 기능의 정원, 북원이나 후원, 루, 정 축조
② 젊은 무관 상류층 청년의 무예 일종, 신라시대 중국으로부터 유입, 고려시대 크게 성행

5) 정자
① 고려시대 조경문화의 중요 요소, 벽이 없는 소건축물
② 휴식, 피서, 경관 감상 등 자연경관이 수려한 곳에 정자 도입
③ 수창궁의 만수정, 양성정, 태평궁의 관란정, 양이정(청자지붕), 양화정, 중미정, 만춘정, 연복정, 수덕궁원

6) 민간정원
① 이규보의 초당리소원기(草堂理小園記)
  - 상.하원의 연못(소지), 지지헌 축조, 장미, 복사꽃나무, 살구나무, 자두나무, 능금, 대나무, 목단, 오이, 해바라기, 봉선화 식재
② 이규보의 사륜정기
  - 이규보가 설계한 이동식 정자
③ 최충헌 부자의 정원
  - 남산리제에 모정을 세우고 재택 곁에 쌍송을 심었다는 '동국통감' 기록
④ 김치양의 정원
  - 300여 칸 저택,

- 대사와 원지 축조

7) 사찰정원

① 문수원 남지
- 강원도 춘천 청평사 사다리꼴 장방형지
- 연못에 오봉산 투영, 상하 2단,
- 상지(동서12m, 남북4m)와 하지(위10m × 아래7.5m, 남북 길이 14m 사다리꼴)로 구성
- 가장자리 자연석, 연못 내 크고 작은 암석

8) 객관

① 순천관
- 문종이 창건, 대명군의 별궁, 송나라 사신 접견 영빈관으로 사용
- 본관 뒤편 낙빈정의 화원, 향림정의 원림, 공관의 상.하지, 정자

9) 별서정원

① 농산정(경남 합천 홍류동 계곡)
- 최치원이 가야산에 정자 축조, 수도하던 장소, 고려 초기 선비들의 은신처로 활용
- 이공승의 뜰 : 말년에 원중에 모우를 짓고 못을 파서 동산 축조, 화훼 식재 기록
- 기흥수의 곡수지(연의지) : 퇴식재 팔영(이규보)
  건축물 퇴식재, 녹균헌, 척서정, 영천동, 독락원, 연묵당, 대호석 연이 심겨져 있는 연의지 등 동국이상국집에 기록

10) 고려 8대 조경식물

- 소나무, 향나무, 은행나무, 버드나무, 매화나무, 배나무, 자두나무, 복사나무

11) 고려시대 정원의 특징

① 강한 대비
② 송나라의 영향으로 호화롭고 사치스러움
③ 관상 위주의 정원으로 시각적 효과 극대화
④ 후원 또는 별당에 석가산, 원정, 화원 등을 배치
⑤ 휴식과 조망, 정자 축조 문화
⑥ 꽃과 열매 감상, 낙엽활엽수

5. 조선시대

1) 개관

① 태조 이성계 조선 건국, 중국에 대한 사대주의, 숭유억불, 민생주의, 3대 정책 건국이념
② 풍수지리설에 따라 도읍을 한양으로 결정, 주례고공기에 따라 궁궐 건축 및 도시 계획
③ 대표적 조경으로 경복궁 경회루 지원, 양산보의 소쇄원, 남원의 광한루 지원
④ 궁궐정원을 관장했던 관서
    태조 - 상림원
    태종 - 산택사
    세조 - 장원서
    연산군 - 원유사
    *고구려 - 궁원, 고려시대 - 내원서
⑤ 조경식물에 대한 문헌 기록

문헌	작자	내용
양화소록	강희안	우리나라 최초 문헌, 17종의 조경식물과 괴석, 종분내 화수법, 최화법, 백화기선, 취화훼법, 양화법, 매화분법, 수장법, 양화해 등
화암수록		총52종을 9품으로 나누어 놓은 '화목구품'
지봉유설	이수광	기사일문집, 20권 25부문, 제 20권 훼목부는 화·죽·목으로 구성
산림경제	홍만선	농업기술과 일상생활 서술 1권 복거, 2권 양화
물보	이가환, 이재위	37종의 식물이름이 한자명과 한글로 표기
물명고	유희	조수, 초목, 흙, 돌, 금, 불, 물 등의 명록으로 한글과 일본어의 주가 달린 것이 특징.
임원경제지	서유구	임원 십육지라고도 함. 화훼류의 특성과 재배법 기술, 예원지와 상택지
순원화훼잡설	신경준	순창의 정원에 대한 33종의 꽃 기록

2) 조선시대 정원의 특징

① 중국식 조경의 모방에서 벗어나 한국적 정원의 기법 발달
② 자연과의 조화를 중요시
③ 풍수지리설 영향
④ 삼신상, 십장생, 중도 등 신선사상 영향
⑤ 음양오행 사상(연못의 형태 방지원도)

⑥ 은일사상

3) 궁궐정원

　① 경복궁
- 정궁, 남북 축선을 중심, 각종 시설물이 좌우 대칭
- 외조 - 치조 - 연조
- 광화문 - 근정전 - 강령전 - 교태전 - 향원정 - 건청궁
- 경회루는 외국의 사신 영접, 연회장소, 유생들의 시험장소, 활쏘기와 무예의 관람장소
- 아미산(교태전) 후원, 향원정 지원

　　a. 경회루 지원
- 130 × 110m 크기의 방지, 2개의 방도
- 못의 동쪽 섬 팔각지붕의 누 건물
- 누마루는 외주 24개는 방형, 내주 24개는 원형 조성
- 바깥쪽 24개의 기둥은 24절기에 해당
- 음과 양을 상징, 3개의 석교로 연결,
- 섬의 서쪽 가장자리 물수위까지 석계(돌계단) 설치, 뱃놀이 선착장 역할
- 연못 속의 두 섬에는 소나무, 호안가에 느티나무, 회화나무 식재, 연못가에 만세산이라는 가산 축조

　　b. 교태전 후원(아미산 후원)
- 왕비의 침전 교태전 후원에 화계 조성
　경회루 조성시 파낸 흙으로 인공 축산, 아미산 후원으로 명칭, '아미산'이란 중국의 선산(仙山)을 상징하는 이름.
- 50m × 30m의 장방형 부지, 계단식 화계 조성, 첨경물 배치
- 1단 : 2개의 수조와 괴석 위치.
- 2단 : 장방형 석지, 앙부일구대 위치, 함월지, 낙하담
- 3단 : 4기의 굴뚝과 앙부일구대
- 붉은 벽돌로 쌓은 6각형의 굴뚝 4개와 연가 배치, 굴뚝에 불가사리와 해치 등 벽사 장식, 당초무늬, 중앙에 송, 죽, 국, 매, 모란 장식

　　c. 향원정 지원
- 고종 10년 건천궁 축조 시 6각형의 2층 누각 향원정을 건립
- 76m × 74m 방상지, 모를 둥글게 처리, 중앙의 둥근 섬
- 향원정과 중도 사이 취향교
- 향원지의 수원은 열상진원(洌上眞源)이라는 샘물

  d. 자경전의 화문장과 십장생 굴뚝
    - 화문장(꽃담)
      서쪽 담 밖의 벽면의 화문장, 뒤편 담 안쪽의 십장생무늬, 외벽의 화문장은 아랫부분 4단의 사괴석 기초위에 벽돌 조적, 기하학적 장식무늬, 매화, 대나무, 복사, 석류, 모란, 국화와 길상문자가 부조로 새겨짐, 주황색 벽돌 만수의 문자.
    - 십장생굴뚝
      연가10개가 일렬로 배치, 십장생 문양솔, 거북, 학, 사슴, 영지(불로초), 해, 산, 바위, 구름, 대나무]
      위, 아래 : 학과 불가사리, 나티
      측면 : 박쥐와 당초무늬

② 창덕궁
  - 태조 3년 창건, 경복궁의 별궁, 동궐
  - 4개의 권역 : 부용지 권역, 애련정 권역, 반월지 권역, 옥류천 권역
  - [태종실록]- 후원(後園)
    [세종실록], [동국여지승람], [애연정기] - 후원(後苑)
    [세종실록] - 북원(北園)
    [영조실록] - 원
    [순종실록] - 비원

  a. 부용지 권역
    - 네모난 방지 형태의 연못, 부용지 안에 둥근 섬이 위치, 섬 안에 소나무 배식
    - 남안에 부용정, 동쪽에 영화당, 서쪽에 사정기비각, 북쪽 주합루 등 네 개의 건축물에 둘러싸여 있으며 연못 지안은 장대석으로, 중도는 자연석으로 둥글게 축조
  b. 애련정 권역
    - 숙종 18년에 건립, '태액'이라는 각자
    - 애련지 : 방지무도, 주돈이의 애련설에서 유래
  c. 반월지 권역
    - 한반도 모양의 자연 곡수지
    - 상지에 존덕정과 하지에 판담으로 구성
    - 연못의 형태는 통로를 중심으로 반월형지와 방지로 양편되어 있었으나 현재는 하나의 못으로 조성

                - 일영대 : 시각을 알려주는 곳
                - 관람정 : 반월형지 북안에 위치한 부채꼴의 정자
            d. 옥류천 권역(반자연적 공간)
                - 인조 옥류천(玉流川) 각자, 숙종「오언절구」한시 각자
                - 소요정, 청의정, 농산정, 취한정, 어정으로 구성
                - 소요정 : 거암(바위)에 C자형 도랑을 파서 곡수거 조성.
                          옥류천에서 들어온 물을 곡수도랑으로 낙하 1.6m의 인공폭포 조성
                - 청의정 : 방지안의 방도 위에 축조, 궁궐 산림에 초가지붕으로 지어진 모정
                          정자 앞의 논에 벼를 심어 백성들의 고단함을 몸소 체험, 농사의 중요성
                          과 소중함을 일깨우고자 하였다. 물고기를 길러 낚시를 즐김(양어장)

    ③ 창경궁
        a. 통명전 지당
            - 계단식 후원, 화강석 석재 난간과 석교 축조
            - 직선의 방지에 석교가 축조된 사례, 사각형의 작은 연못
        b. 열천
            - 통명전 뒤뜰에 있는 샘

4) 민간정원
    ① 주택정원 특징
        - 사랑채 마당과 안채 후원
        - 담에 의한 영역, 용도 구분
        - 바깥마당 연못은 풍수지리의 수구막이, 방화수, 미기후 조절으로 조성
        - 3대 전통정원(담양의 소쇄원, 보길도 세연정, 영양 서석지)

    ② 운조루
        - 전남 구례, 영조52년(1776년) 삼수부사 유이주 축조
        - 풍수지리설에 '금환락지', 55칸의 목조기와집, T자형 사랑채
        - '오미동가도' 대문 안쪽 사랑채 마당 정심수인 소나무 식재
        - 괴석과 화문 교대로 배치, 위성류 식재
        - 장방형 연못, 원도

    ③ 소쇄원(~ 1577)
        - 양산보 작정, 기묘사화 때 스승 조광조의 실권, 유배, 죽임 과정에서 낙향
        - 중국의 평천고사, 후손에 매매금지 유언

- 도가의 운둔과 은일사상
- 작정 모티브는 성리학자들의 이상, 무이구곡이 원료
- 김인후 소쇄원 48영시
- 진입공간, 계류공간, 대봉대, 담장, 광풍각, 제월당, 화계 공간으로 구분

④ 서석지(~ 1636)
- 정영방 작정, 학문과 제자 양성, 연못 바닥의 튀어 나온 서석군에 이름이 부여된 것에서 유래
- 경북 영양군 입양면 자양산 남쪽 기슭에 위치
- 서석지를 중심으로 좌우 주일제와 경정
- 중도가 없는 방지
- 읍청거(입수구 이름) , 토예거(배수구, 무너미식 도랑)
- 수원은 서석 사이에서 솟아나는 석간수
- 형태, 특정행위, 상징성에 따라 돌에 명칭
- 주일재 앞쪽에 사우단(매, 난, 국, 죽 수목 식재)
- 서석지 남쪽에 400년 된 은행나무, 연못 속의 연(蓮)

⑤ 부용동 원림
- 전남 완도군 보길도, 고산 윤선도 작정
- 유배, 좌천, 파직 등, 병자호란 계기 운둔 결심
- 세연정 구역, 낙서재 구역, 동천석실 구역으로 구분
- 세연지(5,000㎡의 방대한 연못), 판석보, 계담, 못 속의 칠암, 오입삼출구, 화수담, 동대, 서대, 판석보, 옥소대
- 낙서재는 윤선도가 강학과 독서를 하던 곳이며 낙서재 남쪽에 잠자는 단칸의 집인 무민당 축조, 개천의 물소리를 비유한 곡수당, 유상곡수를 하던 낭음계
- 동천석실은 바위와 바위사이에 연못을 파고 돌계단을 만들어 내려가 쉴 수 있는 곳, 석담과 석천

⑥ 다산초당(~ 1818)
- 전남 강진 도암면, 다산 정약용 작정
- 비탈면을 깍아 쌓아올린 축대 위에 초당 세움
- 1975년 보수시 초가지붕을 기와지붕으로 변경, 잘못된 복원
- 다산초당 옆 방지원도, 연못 내 석가산, 신선의 경지를 나타내는 둥근 섬의 봉우리
- 초당 건물과 못 뒤쪽 경사지에 5단 화계 조성

- 초당 뜰에 배롱, 동백, 매화, 복숭아, 살구, 유자, 석류, 포도, 차나무 식재
* 별서 : 인접한 경승지나 전원지에 운둔과 은일 또는 자연과의 관계를 즐기기 위해 조성한 제2의 주택
* 별업 : 부모님께 효도하기 위한 것으로 강진 조석루와 같이 살림집을 겸하는 형태.
* 별장 : 서울, 경기도 세도가가 조성한 것으로 일반적으로 살림채, 안채, 창고 등 기본적인 살림 규모를 갖춤, 영호남 및 충청지역의 별서 해당

5) 근대공원

① 탑골공원(파고다 공원)
- 대한제국시대, 근대식 공원, 조선 최초의 공원
- 조선 중종 때 원각사 건물이 헐려나간 빈 터에 공원 조성
- 1992년 파고다 공원에서 탑골공원으로 개칭
② 지리산
- 1967년 최초의 국립공원 지정

다. 중국의 조경

1. 중국조경의 특징

1) 풍부한 인적·물적 자원 배경

① 경관의 조화보다 대비를 강조하며 직선과 곡선을 혼합하여 사용
② 풍부한 인적자원을 활용하여 자연경관이 수려한 곳에 인위적으로 암석과 수목을 배치하여 심산유곡을 표현
③ 태호석을 이용한 석가산 수법이 발달, 거석을 주경관으로 구성
④ 차경수법 도입, 신선사상 배경
⑤ 사의주의, 회화풍경식, 자연풍경식
⑥ 건축물로 둘러싸인 중정(中庭)내 벽돌포장, 수목, 화분등을 배치한 회화적 정원 조성

2. 조경(정원)에 대한 기록

1) 후한시대 기록 [설해문자]

① 원(圓 : 과수원)
② 유(有 : 금수)
③ 포(浦 : 채소원)

3. 시대별 조경 양식

1) 주(周) 시대(B.C 11C ~ B.C 250)

① 영대(靈臺)
- 정원에 연못을 파고 그 흙으로 언덕을 쌓아 구축한 대(臺)를 조성
- 제(祭)를 지내기 위한 곳, 낮에는 조망, 밤에는 은성명월(銀星明月)을 즐기기 위한 장소

② 영유(靈囿)
- 숲과 연못을 갖추고 동물을 사육했으며, 왕후의 놀이터로 사용

③ 중국 역사상 가장 오래된 정원 기록, 조경에 관한 최초 기록
- 시경(시편) : 영대, 영유, 영소 정원 소개
- 맹자의 [양혜왕 장구] : 원유에 대한 기록[사방 70리(35km)]
- 춘추좌씨전 : 신하에게 포를 징발하여 유를 삼았다는 기록

2) 진(秦) 시대(B.C 249 ~ 207)

① 시황제 천하 통일
② 상림원에 아방궁 축조, 고래상(최초 신선사상 도입)
③ 축조 길이 170km의 만리장성
④ 홍대 : 주(周)시대의 영대와 같은 역할

3) 한(漢) 시대(B.C 220 ~ 206)

① 상림원(上林苑)
- 중국정원 중 가장 오래된 정원으로 장안에 서쪽에 위치
- 곤명호 동서 양쪽에 견우 직녀상과 은하수 상징, 길이 7m의 돌고래상, 곤명호, 곤명지, 서파지 등 6개의 대호수, 70여 채의 이궁, 3,000여종의 화목 식재
- 동물(짐승)을 길러 황제의 사냥터(수렵장)로 사용(중국 정원 중 가장 오래된 수렵원)

② 태액지원
- 궁궐에서 가까운 태액 연못에 딸린 정원
- 신선사상에 의해 봉래, 영주, 방장, 세 섬을 축조(중도식)
- 지반에 청동이나 대리석으로 만든 조수(鳥獸)와 용어(龍魚)의 조각을 배치하여 신선사상을 반영

③ 한 시대의 건축적 특징
  - 대(臺), 관(觀), 각(閣)을 축조
  - 대(臺) : 작은 산 모양으로 쌓아 올려 그 위에 높이 지은 건물, 통천대, 신명대, 백량대, 침대
  - 관(觀) : 높은 곳에서 경관을 조망하기 위한 건물
  - 각(閣) : 궁이나 서원의 정자, 1층 바닥이 기단으로 조성된 건물

④ 서경잡기에 중정을 전돌로 포장하는 수법 사용 기록

⑤ 원광한의 원림은 최초의 민간정원으로 자연풍경을 묘사

4) 삼국(위, 촉, 오) 시대(AD 221 ~ 280)
  ① 위와 오는 화림원(위, 오나라 축조) 금원 조성
  ② 연못을 중심으로 한 간단한 정원

5) 진(晉) 시대(AD 265 ~ 419)
  ① 왕희지의 난정기
    - 후세의 정원 조영에 영향
    - 원정(園亭)에 곡수(曲水) 수법을 이용, 유상곡수연, 신라의 포석정에 영향

  ② 도연명의 안빈낙도
    - 가난하지만 자연 속에서 편안한 마음으로 도를 지키는 생활 추구
    - 조선시대 별서, 원림에 영향

  ③ 고개지의 회화
    - 정원 축조에 영향

6) 수(隋) 시대(AD 581 ~ 421)
  ① 현인궁
    - 궁궐 안에 진기한 수목, 기암과 금수를 길렀음
    - 다수의 궁전과 누각 축조
    - 남북을 연결하는 대운하 완성, 낙양에 축성

7) 당(唐) 시대(A.D 618 ~ 907)

① 정원의 특징
- 인위적 장식적 정원 요소 강조
- 중국 정원의 기본 양식 확립
- 불교의 영향
- 건물 사이 공간에 화훼류 식재

② 대명궁
- 태액지(한나라 금원)를 중심으로 정원 조성
- 장안의 3원(三苑) : 서내원, 동내원, 대흥원

③ 온천궁(=화청궁)이궁
- 대표적 이궁으로 많은 전각과 누각이 축조되었으며 당 태종이 건립하였고 현종 때 화청궁으로 개명, 양귀비와 환락 생활한 곳
- 백거이(백락천) 장한가, 두보의 시 등에서 화청궁의 아름다움 예찬

④ 민간정원
- 백거이(백낙천) : 중국정원의 기본사상을 완성하였으며 백거이를 중국 정원의 개조로 칭함. 스스로 정원을 설계하고 축조한 최초의 조원가로 장한가, 백목단, 동파종화 같은 시에서 당 시대의 정원을 묘사
- 이덕유의 평천산장 : 무산12봉과 동정호의 9파 상징, 괴석, 신선사상과 자연풍경 묘사
- 왕유의 망천별업

8) 송(宋) 시대(A.D 908 ~ 1114)

① 정원의 특징
- 정원에 태호석을 이용하여 산악, 호수의 경관을 유사하게 조성
- 태호석을 운반하기 위해 만든 배, 운반선 조직(화석강)
- 중국정원의 대표적 정원 양식 중 하나

② 4대 궁원(사원(四園))
- 경림원, 금명지, 의춘원, 옥진원

③ 만세산(간산)원
- 휘종이 세자를 얻기 위해 쌓아서 만든 가산(假山) 축조

- 향주의 봉황산을 모방하였으며 이후 간산(艮山)으로 개칭
- 석가산의 시초, 태호석 사용
- 자연풍경을 묘사한 축경식 정원
- 북송 멸망의 원인 중 큰 비중 차지

④ 정원 관련 문헌, 기록

문헌/기록	작자	내용
낙양명원기	이격비	노송, 목단, 국화, 매화로 유명한 정원 20여 개 소개
취옹정기/화방재기	구양수	연못 가운데 배를 띄워 놓은 듯한 풍경조성, 기암과 수목 배치
애련설	주돈이	연꽃을 군자, 국화는 은자, 목단은 부귀자로 비유하여 예찬
독락원기	사마광	낙양에 600여 평 규모의 독락원 조성, 유유자적

⑤ 민간정원
- 소주의 창랑정 : 돌과 수목으로 산림 경관 조성, 108종의 창문 장식 등 다양한 정원 양식
- 태호석의 구비조건으로 추(주름), 투(투명), 누(구멍), 수(여윔)

9) 금(金) 시대(A.D 1115 ~ 1234)

① 금원(禁苑)
- 여진족이 금원을 창시
- 태액지를 만들고 경화도를 쌓아 요, 금, 원, 명, 청 5대의 왕조 궁원 구실을 한 정원 축조
- 현재 북해공원으로 일반인에게 공개

10) 원(元) 시대(A.D 1271 ~ 1368)

① 염희헌의 만유당
- 금시대 조어대를 별서 삼아 연못가에 당을 짓고 수백 그루 버드나무 식재

② 소주의 사자림
- 민간정원으로 주덕윤, 예운림(화가, 시인) 설계
- 태호석을 이용한 석가산으로 유명, 21개 동굴과 선자정(부채꼴 모양의 정자)

11) 명(明) 시대(A.D 1368 ~ 1644)

① 궁원
- 이화원 : 정원과 건축물 좌우 대칭으로 배치, 자금성 인근

- 경산 : 자금성 북쪽, 풍수지리설에 따라 5개의 봉우리를 쌓아 올린 인공가산

② 민간정원
- 작원(미만종) : 대표적 정원으로 작약을 정원식물로 사용, 자연적인 경관을 조성하기 위해 큰 연못과 물가의 버드나무, 물속에 흰 연꽃, 「작원수계도」의 시
- 졸정원(왕헌신) : 소주에 있는 중국의 대표적인 정원으로 70%이상 물을 이용한 수경관
- 여수동자헌 : 부채꼴모양의 정자, 원향단 : 주돈이 애련설
  * 부채꼴모양의 정자 : 창덕궁 후원의 관람정, 사자림의 선자정, 졸정원의 여수동자헌
- 유원 : 1566년 서태시 조영
  건물(동쪽), 산림경관(서쪽), 전원풍경(북쪽), 연못(중심부) 등 4부분으로 구분
- 오봉선관 : 남목청, 녹나무, 장시성 노산5봉우리
- 임천기석지관 : 독특한 구조와 장식
- 관운봉 : 높이 6.5m, 무게 6ton, 소주에서 가장 큰 태호석으로 연못 속의 섬(소봉래), 변화있는 공간처리를 위한 허와 실, 명과 암, 유기적 건축 배치 수법이 특징

③ 관련문헌
- 계성의 원야 : 중국정원의 작정서, 일본에서 탈천공으로 발간, 정원구조서술, 장식수법을 그림으로 제시
  1권 - 설계자의 중요성 강조
  2권 - 난간100여 가지 방식
  3권 - 차경수법[원차(원경), 인차(근경), 앙차(올려보기), 부차(내려보기), 응시이차(계절별)] 설명
- 문진향의 장물지 : 조경배식에 관한 유일한 책, 12권 중 1~3권에서 화목, 수식 등 정원 조성에 관한 설명

12) 청(淸) 시대(A.D 1616 ~ 1912)
① 중국의 조경이 가장 융성하게 발달한 시기
② 자금성 내의 건륭화원(영수화원)
- 괴석으로 조성된 석가산과 여러 개의 건축물, 입체공간 조성, 5개의 계단으로 이루어진 계단식 화원

③ 이화원(이궁)
- 청나라 대표작, 세계 최대 규모의 정원, 건축물과 자연의 강한 대비, 호수의 중심인 만수산과 4분의3의 호수(곤명호)로 조성
- 강남의 명승을 재현 신선사상 배경, 상천기법
- 궁전구, 호경구, 전산구, 후호구의 4개의 구역으로 구분

④ 원명원(이궁)
- 동양 최초 서양식 정원의 시초(르 노트르 영향)
- 독특한 주제를 갖춘 서호18경 조성
- 프랑스식 정원으로 앞뜰에 대분천을 중심으로 경관 조성(현재 소실), 윌리암챔버의 큐가든(영국의 중국식 정원)
- 방외관, 황화진
- 서양건축물 해안당과 프랑스 선교사 베누아가 설계한 분수

⑤ 열하행궁 승덕피서산장
- 황제의 여름 별장으로 강희제의 그림 명승 36경에 건륭제가 새로 36경을 추가하여 피서산장 도영 작성
- 열하행궁, 승덕이궁별칭
- 궁전구, 호수구, 평원구, 산구구역 구분
  * 중국의 4대 명원
    이화원(북경), 피서산장(북경), 졸정원(소주), 유원(소주)
  * 소주의 4대 명원
    창랑정(송), 사자림(원), 졸정원(명), 유원(명)
  * 궁원에 대한 문헌, 기록
    왕세정의 [유구릉제원기], 계성의 [원야], 문진형의 [장물지], 육송형의 [경]

라. 일본의 조경

1. 특징

1) 지리적 한계와 인적, 물적 자원의 부족
2) 기교와 관념적, 사의주의적 자연풍경식 조경기술 발달
3) 축경식 기법으로 경관 조성 및 감상
4) 자연풍경 이상화, 축경식으로 상징화
5) 조화에 비중, 차경수법 가장 발달

6) 정원양식의 변화과정, 자연재현 → 추상화 → 축경화

2. 조경양식의 변화

1) 임천식(540~790, 헤이안 시대)

① 신선사상에 영향
② 침전건물과 정원을 중심으로 신선을 모방한 섬과 연못 주변에 초화류를 식재하고 조수류 사육

2) 회유임천식(1190~1340, 가마쿠라 시대)

① 정원 중심부 연못과 섬 축조
② 섬과 연못 주위를 돌아다니며 감상, 心자형 연못

3) 축산고산수식 (13~14C)

① 물을 쓰지 않으면서도 계류의 유수 형상을 정원 안에서 감상
② 고목과 왕모래 사용

4) 평정고산수식 (15C)

① 왕모래와 몇 개의 바위 사용
② 축석 기교 수법의 절정, 일본 정원의 초석

5) 다정양식(16C, 모모야마 시대)

① 음지식물 사용, 화목류 식재하지 않음,
② 다도를 즐기는 소박한 멋을 풍기는 정원
③ 좁은 공간 이용, 실용성 강조, 윤곽선 처리에 곡선을 주로 사용

6) 원주파 임천형(회유식 17C, 에도시대 초기)

① 임천양식과 다정양식의 조합
② 실용적인 부분과 미적인 부분 조화, 복잡 화려한 임천식정원 창안
③ 대표적 정원 : 계리궁

7) 축경식 (18C, 에도시대 후기)

① 수목, 명승고적, 폭포, 호수, 심산계곡 등을 정원에 축소
② 좁은 공간 내에서 실제 풍경을 감상하도록 하는 수법, 미니어쳐
③ 일본의 독특한 조경양식으로 발전

3. 시대별 조경양식

1) 야마토 시대(~ 592)

① 일본국가 시초, 제정일치 사회
② AD 276 백제 신라인에 의해 한인지(韓人池), 백제지(百濟池) 조성, 신라인이 자전제(茨田堤)를 축조, 신지(神池)-건국신화 상세사상에서 파생된 지천정원(池泉庭園)의 원형
③ 암좌(巖座) - 조상신을 숭배하는 거석문화, 신을 숭상

2) 아스카[비조(飛鳥) 시대(593 ~ 709)] - 임천식

① 612년 백제의 노자공 수미산과 오교(홍교) 축조, 9산8해
② 일본 정원 양식에 큰 영향, 일본 서기에 기록

3) 나라 시대(710 ~ 792) - 임천식

① 백제왕의 후예 행기(일본 최고의 고승)가 불교 전파, 서방사 등 불교 사원 건립
② 수도 평성궁 바둑판 모양으로 도시구획
③ 평성궁 S자 모양의 곡지 발견, 곡수연

4) 헤이안[평안(平安) 시대(793 ~ 966)] - 임천식, 침전식

① 수도를 평안경으로 천도
② 신선사상(대각사, 신천원) 영향, 지원(池苑) 안에 섬을 축조, 해안풍경(하원원, 육조원) 묘사
③ 침전조 지원양식
  - 주건물 침전 앞에 연못 등을 조성하는 양식
④ 신천원과 차아원
  - 신천원 : 자연풍경+인공적 입석배치, 후기의 침전형 정원 초기 형태, 연못은 주유식 정원의 기능, 지천 정원의 특징
  - 차아원 : 자연풍경식 정원, 국도와 천신도라는 2개의 섬과 3톤이상의 거석 정호석이라는 입석, 경석7~8개, 중국과 달리 바닥에 고정
⑤ 동삼조전
  - 침전조 양식의 대표적 정원으로 연못에 3개의 섬
  - 자연 지형과 울창한 나무
  - 섬과 섬사이의 평교와 홍교 설치, 꽃나무 식재
  - 건물의 배치와 정원과의 관계가 정형적 형태, 가람배치(직선)

　　⑥ 정토정원 발달
　　　　- 중기부터 불교의 정토사상이 정원양식에 영향
　　　　- 평등원(사계절 변화 감상, 최고걸작), 모월사(해안풍경)
　　⑦ 작정기
　　　　- 등원뢰통의 아들 귤준망이 직접 여러 정원을 감상, 정원에 관한 이야기를 모은 책,
　　　　- 귀족들 사이에서 전승되어 온 조경법비전서, 침전조계통의 정원의 형태와 의장에 관한 것으로 정원 땅가름, 연못, 섬, 입석, 작천등 정원에 관한 모든 내용 기록
　　⑧ 조우이궁
　　　　- 신선도를 본뜬 정원의 시초, 창해도와 봉래산이 축조
　　　　- 신선사상이 일본에서 성행하기 시작한 시기

5) 가마쿠라[겸창(鎌倉) 시대(1192~1338)] - 회유임천식
　① 정토정원과 선종사상 융성
　② 중엽 이후 선종사상 영향 증가, 사찰의 개인적 성격 강화
　③ 주유식 지천정원의 형태에서 회유식 지천정원으로 발전
　④ 몽창소석
　　　- 대표적 조경가, 정토사상 토대 선종 자연관 접목
　　　- 서방사, 서천사, 영보사, 혜림사, 천룡사 정원 조성

6) 무로마치[실정 시대(1334~1573)] - 축산고산수식, 평정고산수식
　① 전란 등 경계적인 제약으로 정원 축조 경향
　② 선(禪)종사상이 정원 축조에 영향, 정토정원 유지
　③ 일본 조경 황금기
　④ 정토정원
　　　- 천룡사, 녹원사(금각사), 자조사(은각사)
　⑤ 고산수정원 발달
　⑥ 축산고산수(14C) 정원
　　　- 바위, 왕모래, 분재형 수목 등으로 추상적인 정원 조성
　　　- 대덕사 대선원(원근법)
　⑦ 평정고산수(15C말) 정원
　　　- 수목 제외, 왕모래, 정원석으로 조성
　　　- 용안사 방장 정원 : 15개의 정원석 사용

7) 모모야마[비산(枇山) 시대(1574~1603)] - 다정식
   ① 풍신수길 등 정치적 안정, 호화로운 성곽과 저택 축조
   ② 고산수 정원 확립,
   ③ 무로마치시대 초기 은각사를 중심으로 동산문화 발생
   ④ 다정양식 발달
      - 다정원
        다실과 다실에 이르는 길을 중심으로 좁은 공간에 꾸며지는 자연식 정원, 대자연의 운치를 연상, 뜀돌, 포석수법 비바람에 씻긴 산길, 수통 및 돌로 만든 물그릇으로 샘 상징
   ⑤ 오래된 석탑, 석등 이용 쇠퇴한 고찰의 분위기 재현
   ⑥ 제한된 공간 속에 깊은 산골의 정서 표현
   ⑦ 소굴원주(1579~1647)
      - 건축과 정원 등 조경전문가, 대담한 직선, 인공적 곡선, 고봉암정원, 삼보원, 이조성 이지환정원
   ⑧ 천리휴(1522~1591)
      - 다도의 장인, 로지 : 대문에서 다실로 이르기까지의 통로가 되는 정원, 다정식 정원의 대가
      - 팔심암정원(대암의 로지)

8) 에도[강호(江戶) 시대(1603~1867)] - 원주파임천식
   ① 전기에는 교토 중심, 중기 이후에는 에도 중심
   ② 건물과 독립된 후원 정원으로 지천회유식 발달
   ③ 서원의 정원은 회화식으로 옥내에서 조망
   ④ 전기의 정원
      - 동해사, 금지원, 서원, 소석천후락원, 낙수원, 계리궁, 수학원 이궁
   ⑤ 중기이후 정원
      - 겸육원, 후락원
   ⑥ 에도시대 3대공원
      - 육림원, 겸육원, 후락원

9) 메이지[명치(明治) 시대(20세기 전기)] - 축경식

① 메이지 유신 후 문호 개방 서양식 정원 도입
② 서양식 화단과 암석원 등 도시공원 도입
③ 프랑스식 정형식, 영국식 풍경원 영향
④ 동경의 신숙어원
  - 일본, 프랑스, 영국 등 혼용
  - 영국식 넓은 잔디밭
  - 프랑스식 식수대 열식
⑤ 적판이궁(프랑스 정형식)
⑥ 히비야 공원
  - 최초의 서양식 공원

마. 근대 조경

1. 한국

1) 최초의 서양식 정원
  - 덕수궁 석조전

2) 최초의 근대식 대중적 도시 공원
  - 탑골(파고다 공원) : 영국의 브라운이 설계

3) 최초의 국립공원
  - 1967년 지리산 국립공원 지정

2. 중국

1) 원명원(이궁)
  - 동양 최초의 서양식 정원 시초
  - 프랑스식 정원
  - 서양건축물 해안당과 프랑스 선교사 베누아가 설계한 분수

3. 일본

1) 신숙어원(도쿄, 동경)
  - 영국식 넓은 잔디밭, 프랑스식 식수대

2) 적판이궁

- 프랑스 정형식, 평면기하학식 정원

3) 히비야 공원

- 일본 최초의 서양식 공원

2장. 서양조경 양식

가. 조경의 발달 배경 및 양식

1. 조경의 발달 배경

1) 조경과 인간의 생활환경
2) 기후, 지형 등 직접적 연관성과 국민성, 생활습관, 선호 식물 등의 간접적 영향으로 구분
3) 정주환경, 물, 수렵 및 채집, 자연재해 보호 지역, 공동체 생활

2. 양식구분

1) 정형식

① 비율, 부지 구획 등이 엄격하고 규칙적, 좌우대칭
② 서양의 주된 양식

2) 자연풍경식

① 자연을 모방, 자연과의 조화, 인공미의 최소화
② 동양의 주된 양식

3) 절충식

① 정형식과 자연풍경식을 절충한 양식

나. 고대국가

1. 서부아시아

1) 환경적 특성
① 기후차가 극심하고 강수량이 매우 적음
② 티그리스강과 유프라테스강 지역으로 다른 나라와의 교섭이 활발
③ 정치. 문화적 색채가 복잡하고 다양함.
④ 하천의 잦은 범람으로 토지이용이 빈약하고 이용도가 낮음.
⑤ 신정정치, 수목을 신성시, 숭배의 대상이며 또한 약탈의 대상
⑥ 신바빌로니아는 아치와 볼트의 발달로 옥상정원 가능

2) 건축적 특징
① 높은 담 등으로 패쇄적이고 방어적 시설, 관개시설 발달
② 산 정상에 지구라트 구축(신성스런 나무숲과 사원 축조)
③ 석재의 생산 부족, 햇볕에 건조한 벽돌, 목재 사용.
④ 먼지가 많고 바람이 강한 환경조건으로 주택 양식은 평면형식의 2층 구조로 개구부는 중정에 면해서 설치
⑤ 높은 담으로 둘러싸인 뜰을 기하적으로 배치

3) 조경적 특징
① 수렵원(Hunting Park)
   - 숲과 사냥터 조성, 사냥터에 대한 기록
   - 수목을 신성시하고 안전지대로의 역할, 오늘날 공원의 시초
   - 언덕과 호수를 만들어 소나무, 포도, 종려, 사이프러스, 향목 등 규칙적으로 식재
   - 세계 최초의 도시계획자료, 운하, 신전, 도시공원 기록(나푸르의 점토판)

② 공중정원(Hanging Garden)
   - 세계 7대 불가사의, 최초 옥상정원, 추장의 언덕에 위치
   - 네브카드네자르 2세가 아이타스 왕비를 위해 테라스에 인공산 조성
   - 지구라트 피라미드형 노단층의 평평한 부분에 식재
   - 유프라테스 강에서 관수

③ 파라다이스 가든
   - 지상낙원 묘사, 페르시아 양탄자 문양 장식

- 담으로 둘러싸인 네모진 공간에 교차 수로로 4개의 화원(사분원) 형성, 카나드에 의한 급수, 정원 기본시설로 관개용 수로 설치
- 다양한 종류의 유실수 재배, 풍성하고 신선한 녹음 조성
- 인도 무굴제도 요새 축성에 영향

2. 이집트

1) 환경적 특징
① 수목을 신성시하며 사후 세계에 관심이 많음.
② 관개시설이 발달, 정원의 주요소는 물
③ 정형식 발달
④ 나일강 유역의 비옥한 토지, 농업, 목축업 발달

2) 건축적 특징
① 신전건축과 분묘건축 발달
② 신전건축
- 장제신전, 열주가 있는 안뜰, 다주실 등
③ 분묘건축
- 피라미드, 스핑크스, 오벨리스크

3) 조경적 특징
① 주택조경
- 높은 담, 수목 열식, 방형 및 T형 연못,
- 키오스크, 포도나무시렁
② 신원(神苑)
- 현존 가장 오래된 정원 유적(핫셉수트 여왕의 장제신전)
- 3개의 노단, 식재구덩이, 외국으로부터 수목 이식(부조)
③ 사자(死者)의 정원
- 이집트 2대 신전 : 태양신전, 오시리스(Osiris)
- 중심에 연못, 3겹 수목열식, 키오스크
- 죽은 자를 위로, 왕, 귀족, 승려 무덤 앞에 정원조성
- 현세보다 내세의 이상향 추구

3. 그리스

1) 환경적 특징
① 지중해성 기후, 바닷바람, 정형식
② 공공조경인 신전 주변 성림 조성, 정원은 신성한 숲, 시민들이 자유롭게 사용
③ 신분에 따른 주택 소유에 제한을 두었으며 왕과 귀족을 중심으로 발달.

2) 건축적 특징
① 공공조경 발달 대표적으로 성림, 짐나지움과 아고라
② 도시계획으로 아고라, 궁정, 귀족주택정원, 아도니스원
③ 계획적인 도시건설, 자연지형을 활용, 건축물과 자연환경의 조화
④ 건물중심의 조경, 히포데이무스는 밀레토스라는 도시에 장방형의 격자형 도시계획 실시, 최초의 도시계획(기원전 3C)

3) 공공조경
① 성림
  - 나무와 숲을 신성시, 신전 주변에 숲을 조성하고 분수, 꽃으로 장식
  - 과수보다 녹음수 위주 식재, 떡갈나무, 올리브 등
  - 신들에게 제사, 오디세이에 델포이, 올림피아 성림 기록
② 짐나지움
  - 청년들의 체육 장소가 정원으로 발달
③ 아카데미
  - 최초의 대학으로 플라타너스 열식, 제단, 주랑, 의자

4) 주택정원
① 아도니스원
  - 그리스 신화, 사랑과 미의 여신 아프로디테와 아도니스의 사랑 이야기
  - 화분에 식물을 심고 아도니스의 죽음을 애도하는 것에서 유래, 옥상정원, 포트가든의 시초
② 프리엔(Priene, 고대 이오니아 도시 중 하나)의 중정
  - 주랑식 중정, 바닥을 돌로 포장, 향기 식물 식재, 조각물, 대리석 분수로 장식

5) 도시조경
① 아고라
  - 최초의 광장, 주변의 플라타너스 등의 녹음수 식재

- 3면이 건물 등 벽으로 둘러싸여 상업, 집회 등에 이용되는 옥외공간
- 최초의 도시계획가 히포데이무스가 아테네 도시건설
  * 중정 : 건물과 건물 사이의 공간을 정원으로 만든 형태
  * 주랑식 중정 : 중앙에 정원이 있고 사방에 기둥으로 감싼 형태(페리스털리움)로 출입 제한
  * 회랑식 중정 : 교회장식 목적, 기둥사이 흉벽이 있어 일정한 통로 외 정원 출입 불가능
  * 무열주식, 열주식

4. 로마

1) 환경적 특징
① 지중해성 기후, 평지가 적고 산과 구릉이 많은 지형.
② 바닷바람의 영향이 적은 더운 기후, 산을 깎고 노단을 만들어 건축
③ 주택정원 발달

2) 주택정원
① 2개의 중정과 1개의 후원으로 조성
   - 아트리움(Atrium)
     제1중정, 집의 입구에 위치, 공적인 장소, 손님 접대 공간으로 기둥이 없는 무열주식 중정, 지붕 가운데 네모난 천창과 천창으로 빗물 유입되는 곳에 돌로 포장, 화분 장식
   - 페리스털리움(Peristylium)
     제2중정, 사적인 장소, 가족들이 사용하는 공간, 주랑식 중정, 신화의 내용이 그려진 벽화, 모자이크타일을 이용한 바닥포장, 가운데 축을 중심으로 좌우 주랑의 안쪽에 식물 식재, 단순 상록활엽교목 식재, 조각상, 분수, 재단 등 배치
   - 지스터스(Xystus)
     후원, 수로를 중심으로 좌우 원로, 화단이 대칭, 담으로 둘러싸인 긴 공간, 야외식탁, 배나무, 석류, 밤나무, 무화과나무 식재, 고대 로마의 전통적 식재 방법인 5점형 식재

② 빌라
   - 조망, 기후조건, 구릉의 남동향 배치가 빌라 발달요인
   - 전원형 빌라(Villa rusticana)

　　　　　농가 구조물, 과수원, 올리브원, 포도원 등 배치
　　　- 도시형 빌라(Villa urbana)
　　　　　건축물 중심으로 정원이 건물을 둘러싸고 있는 형태
　　　　　경사지의 노단 활용, 수경을 장식적 요소로 사용
　　　　　여름 피서형 별장으로 노단식으로 조성된 투스카나장
　　　- 혼합형 빌라
　　　　　봄, 가을용 별장으로 라우렌티아나장, 아드리아누스(황제의 별장)
　③ 포럼(Forum, 공공광장)
　　　- 로마의 광장, 건물에 둘러싸여 있는 광장으로 시장 기능이 배제, 주변 건물의 성격에 따라 일반광장, 시민광장, 황제광장으로 구분
　　　- 그리스의 아고라와 동일 개념이나 아고라는 자생적 공간이면서 시민이 중요한 위치, 포럼은 지배계층을 위한 상징적인 장소

다. 중세시대

1. 서구 유럽

1) 환경적 특징

　① 중세시대
　　　- 서로마 멸망(476년) 후 ~ 르네상스 발생시기(16C)로 약1,000년간의 과학적 합리주의가 결여된 암흑시대.
　　　- 사회문화, 건축과 예술의 기독교화, 조경문화 내부지향적, 패쇄적으로 발달.
　② 3대 문명권 : 비잔틴문명, 서방문명, 이슬람문명

2) 건축적 특징

　① 교회 장식을 위한 회화와 조각 발달, 수도원 정원과 성관정원 발달
　② 시기별 양식 및 특징

발생시기	양 식	특　　징
3~8C	초기기독교양식 (바실리카식)	열주, 장방형 회랑
9~12C	로마네스크	둥근아치, 육중한 기둥 장십자형 평면
13~15C	고딕양식	첨탑, 교회건축의 극치

3) 조경적 특징

① 수도원, 성관 조경, 채소원 및 약초원, 식량 자급 자족 및 장식적 정원을 위한 과수원, 중세 후기 유원
② 매듭화단, 토피어리 등 식물이 정원의 주재료로 이용.
③ 분수, 퍼골라, 수벽, 잔디밭 내 의자
④ 이슬람정원의 파티오에 영향

4) 수도원 정원

① 중세 전기 이탈리아를 중심으로 발달.
② 정원의 이용 목적에 따라 실용적, 장식적으로 구분
③ 실용적 이용
 - 채소원, 약초원
④ 장식적 이용
 - 회랑식 중정과 중심에 파라디소 설치
 - 수목, 수반, 분천, 우물 등 사분원
⑤ 클로이스터 가든(주랑식, 회랑식 중정)

5) 성관정원(성곽정원)

① 중세 후기 농업과 원예를 즐겨한 노르만족이 시초, 프랑스, 잉글랜드에서 발달, 자급자족기능, 과수원, 초본원, 유원
② 패쇄적이며 내부 공간 지향적, 방어형 성곽 중심
③ 중세 정원 기록
 - 삽화 '장미이야기'에서 낮은 울타리, 분천, 격자울타리, 미원, 형상수 등 표현
④ 정원장식수법
 - 오픈 노트(Open knot) : 회양목으로 만든 매듭 안쪽의 공지에 흙을 채워넣는 방법
 - 클로스 노트(Close knot) : 매듭의 안쪽 공지에 한 종류의 키작은 화훼류를 군식으로 채워 넣는 방법

2. 이슬람(이란)

1) 환경적 특징

① 산지형과 평지형을 구분
② 산지형
 - 노단형성, 캐스케이드 분수, 키오스크, 사적·공적 공간구분

③ 평지형
- 사분원 형태

2) 건축적 특징

① 노단식, 키오스크, 계획적 정원도시, 왕의 광장, 40주궁
② 르네상스 노단식과 수경기법에 영향

3) 조경적 특징

① 정형식, 낙원 동경, 녹음수 애호, 생물 묘사 금기 시하였으며, 높은 울담, 물, 과수, 화훼류 도입, 사분원
② 이스파한
- 계획적 정원도시
③ 차하르바그
- 도시공원의 원형, 7m도로, 노단과 수로 및 연못
④ 황제도로
- 이스파한과 시라즈 관통하는 도로

3. 스페인

1) 환경적 특징

① 기독교 문화와 동방취미(오리엔트)가 가미된 이슬람문화의 혼합
② 이집트, 로마 및 비잔틴의 복합적 양식
③ 관개기술 발달, 코르도바, 세빌라, 그라나다 도시번성

2) 건축적 특징

① 세빌라의 알카자르 궁전(1181년 궁전)
- 3개 부분으로 구획, 연못 침상지
- 연결부에 가든게이트 창살 창
- 원로나 파티오에 타일, 석재 포장
② 그라나다의 알함브라 궁전(1240년, 모하메드 1세)
- 붉은 벽돌로 축성, 무어양식의 극치, 배모양의 구릉지에 축조
- 알베르카 중정(천인화, 도금양의 중정), 사자의 중정, 다라하의 중정, 레하의 중정
③ 제네랄리페 이궁
- 경사지의 노단식, 수로의 중정, 사이프러스의 중정, 피서 행궁

- 그라나다 최초의 왕이 축조

3) 조경적 특징

① 파티오(안뜰, 테라스, 스페인의 중정) 발달, 연못, 분수, 샘
② 원주의 숲과 오렌지 중정의 대모스크

라. 르네상스시대(15~17C), 근현대(18C~)

1. 이탈리아

1) 시대적 배경

① 기독교와 봉건주의 사상에 대한 반발로 사람이 중심인 인본주의 발달
② 자연경관을 객관적으로 바라보고 아름다움 향유
③ 조경가의 이름과 시민 자본가 등장, 조경이 예술로 승화

2) 정원 특징

① 환경적 요소
- 지형과 기후 영향으로 구릉지, 경사지에 빌라(Villa) 발달
- 산간지대이며 풍부한 물 공급
- 엄격한 고전적 비례를 준수, 축을 설정하고 원근법 도입
- 빛과 그늘, 빌라와 주위 환경, 식물의 종류가 풍부하고 다양해짐

② 평면적 특징
- 주축선과 완전대칭을 이루는 정형적 대칭 형태
- 건축의 중심선을 기준으로 한 정원의 축선

형태적 구분	대표건축(별장)	특징
직렬형	랑테장	지형의 고저에 따른 강한 주축선 설정
병렬형	에스테장	등고선에 직각 방향으로 강한 축선 및 평행하게 설정
직교형	메디치장	등고선의 평행축과 경사축이 직교한 형태

③ 입면적 특징
- 구릉지 및 경사지 최상부에 주 건축물을 배치
- 카지노의 위치에 따라 건축물의 특징 표현
- 상단(에스테장), 가운데(알도브란디니장), 하단(랑테장)으로 구분
- 이탈리아 3대 별장 : 에스테장, 랑테장, 파르네제장

3) 정원 설계 요소

① 대비효과, 원근법 사용
② 테라스, 정원출입문, 계단, 난간, 극장, 카지노 등 다양한 구조물
③ 풍부한 물과 경사를 이용한 캐스케이드, 벽천, 분수 등 수경시설 발달

2. 15C 이탈리아 정원

1) 빌라

① 터스카니 지방의 메디치 가문을 중심으로 발달
- 인본주의 발달로 설계가 이름 등장, 전원형 빌라가 발달

② 메디치 카레기장
- 르네상스 최초의 빌라,
- 미켈로지가 설계

③ 메디치 피에졸레장
- 경사지에 테라스 처리,
- 인공과 자연이 일체감 형성
- 건물의 축과 정원축이 직교하는 형태

④ 카스텔로장
- 도심 부근에 위치
- 카지노가 노단의 하단에 위치

[그림 1] 카레기장

[그림 2] 카스텔로장

3. 16세기 빌라(로마)

1) 특징

① 르네상스의 전성기
② 강력한 교회 세력의 등장과 인문주의자들의 본격적인 건축 활동 시기
③ 축선에 따른 배치로 시각적 효과 극대화
④ 이탈리아 정원의 3대 요소
- 테라스, 총림, 화단
⑤ 르네상스 시대의 3대 빌라
- 에스테장, 랑테장, 파르네제장

2) 빌라

① 벨베데레원(Belvedere Garden)
- 교황의 여름 거주지, 벨베데레 구릉에 빌라 연결 설계
- 브라망테가 설계, 최초의 노단 건축양식
- 정원을 건축적 구성으로 전환
- 3개의 노단으로 구성, 제 3테라스에 카지노 위치

[그림 3] 벨베데레원

② 에스테장(Villa d'Este)
- 에스테 추기경을 추모하기 위해 리고리오가 설계
- 수경시설은 올리비에가 설계.
  규모가 거대한 4개의 노단으로 구성
- 주요 정원요소로 100개의 분수, 경악분천, 용의분수, 물풍금(물오르간) 등 수경처리가 뛰어난 정원
- 물의 풍부한 사용과 대량의 꽃과 수목 이용
- 최고 상단의 노단에 카지노 조성, 직교하는 축으로 수경을 설계
- 티볼리에서 가장 아름다운 별장
- 원형 공지(로툰다), 미원(Maze), 그로토(동굴), 감탕나무총림(bosque), 로메타(Rometta) 등으로 장식

[그림 4] 에스테장

③ 랑테장(Villa Lante)
- 설계 비뇰라(대표작), 6,000평 규모의 4개 노단 구성, 에스테장 보다 소규모
- 제1테라스는 정방형의 연못과 제2테라스 사이의 쌍둥이 카지노가 정원의 클라이막스이며, 정원축과 연못축이 일치된 배열을 이루며 수경축이 정원의 중심 설계 요소
- 주요 정원 요소 추기경의 테이블, 거인의 분수, 돌고래의 분수

④ 파르네르장(Villa Farnese)
- 설계 비뇰라, 2단의 테라스, 계곡형으로 구성
- 주변에 울타리를 만들지 않아 주변 경관과 일치 유도

[그림 5] 파르네르장

- 계단에 캐스케이드의 수로 형성

4. 17C 이탈리아 빌라

1) 특징

① 1600~1750년대는 형식을 중시, 미켈란젤로에 의해 시작
② 매너리즘과 고전주의 회피 노력
③ 화려하고 세부 기교, 물을 즐겨 사용하는 바로크 양식이 대두
④ 곡선 사용으로 강렬하고 정열적이며 역동적인 정원의 크기와 식물강조
⑤ 대량의 식물을 사용, 대규모 토피어리, 미원, 총림 조성
⑥ 정원동굴(grotto), 비밀분천, 경악분천, 물극장, 물풍금 등 다양하게 사용, 수경공간 내에 조각물들을 집중적으로 배치, 다양한 색채를 대량으로 사용

2) 16세기 이탈리아 르네상스 정원이 다른 나라에 미친 영향

구분	정원 영향 요소
프랑스 (16C초 ~ 17C)	이탈리아 양식으로 개조하거나 새로 만든 성관 정원 대표작 - 블로와성
독일(16C)	이탈리아 정원서가 독일어로 번역되어 전파 대표작 - 푸르텐바하 학교원
네덜란드	• 정치적 요인 영향, 지형상 분수와 캐스케이드는 설치되지 않았으며 운하식 정원, 약초, 화초 재배가 발달 • 수로 이용 배수, 커뮤니케이션, 택지 경계 • 한정된 공간에 다양한 변화 추구 • 조각품, 화분, 토피어리, 창살울타리, 섬머하우스 등 발달 • 디브리스 - 최초 이탈리아 정원을 도입

3) 빌라

① 감베라이장(Villa Ganberaia, 1610)
  - 매너리즘의 대표작, 단순한 처리로 계획
  - 특징적 요소로 토피어리와 잔디의 과다 사용

② 알도브란디니장(Villa Aldobrandini, 1598~1603)
  - 중심 시설로 물극장
  - 건물이 노단 중간에 위치, 계곡형 빌라, 축선상에 카지노, 캐스케이드, 반원형 벽과 대분수
  - 건축과 지오코모 델라 포르타가 설계

③ 이졸라벨라(Isola Bella, 1630~1670)
- 바로크 시대 정원의 대표 작품
- 큰 섬위에 만든 정원으로 섬 전체가 바빌론의 공중정원 연상
- 10층의 테라스, 최고 노단에 바로크적 특징이 강한 물극장, 과한 장식과 대량의 꽃 사용

④ 란셀로티장

⑤ 가르조니장(Villa Garzoni, 1652)
- 바로크 양식의 최고봉
- 건물과 정원이 분리, 2개의 단으로 테라스 구성

5. 프랑스

1) 환경적 특징

① 지형이 평탄하고 저습지가 많으며 온화한 기후로 평면기하학식 정원 발달
② 낙엽활엽수 수림대 형성으로 산림이 풍부
③ 이탈리아의 영향으로 문학과 예술이 발전

2) 16C 정원 특징

① 보르비 콩트(Vaux-le-vicomte) 정원
- 루이 르 보가 건축하고 샤를르 르 브렁이 장식.
- 정원설계 앙드레 르 노트르
- 조경이 주 요소 건축물이 정원의 한 장식 요소
- 건물은 북쪽, 정원은 남쪽으로 전개
- 궁전의 주축선을 중심으로 좌우 대칭 화단 장식과 수로 조성

② 베르사이유 궁원
- 앙드레 르 노트르에 의해 조성된 세계 최대 규모의 정형식 정원
- 궁원의 모든 구성을 중심 축선과 명확한 균형 유지
- 건축물, 연못 중심으로 방사상의 축선으로 전개
- 주축을 따라 저습지의 배수를 위한 수로를 설치
- 주 부축이 직교하면서 좌우 균형, 태양왕의 이미지 상징
- 총림, 동프윙(사냥의 중심지), 미원(Maze), 연못, 야외극장 배치

- 대트리아농
    * 베르사이유 북단에 위치 몽테스왕 부인을 위해 도기로 만든 작은 집
    * 로코코 취미 열풍 중국식 건물과 도자기 진열, 진기한 화초 장식

3) 17C 정원 특징

① 산림 내 소로를 이용 장엄한 경관 전개
② 산림에 둘러싸인 내부 공간은 다양한 형태와 색채를 도입
③ 넓은 평지에 기하학적이고 장식적인 정원 구성.
④ 자연경관을 균형 잡히고 통제된 하나의 예술 작품으로 승화
⑤ 자연에 대한 인간의 완전한 지배를 상징적으로 표현

4) 18C 정원 특징

① 영국의 풍경식 조경 양식 유행
② 대표적 정원 : 몽소공원, 말메종, 쁘띠 트리아농, 바가텔르

6. 영국

1) 환경적 특징

① 온화한 날씨와 다습한 해양성 기후, 흐린 날과 안개가 자주 발생
② 완만한 기복의 구릉, 강과 하천
③ 환경적 영향으로 잔디밭이 성행, 강렬한 색채의 꽃을 활용
④ 16C 르네상스 시대에 프랑스와 이탈리아와는 자연환경과 문화적 특성은 상이하나 정형식 정원의 특성은 동일함
⑤ 17C 정형식 정원의 기하학적인 형태에 대한 반동으로 영국의 자연조건에 부합하는 풍경식 정원양식이 발생, 유럽대륙으로 확산

2) 정형식 정원(11~17C)

① 축을 중심, 기하학적 구성과 매듭화단, 미원(미로정원) 등이 유행
② 정원 중심의 소규모에서 튜더왕조 후기에 이탈리아, 프랑스에 영향
③ 정원요소
    - 테라스, 좁은 길로 조성된 주도로, 마운딩, 볼링그린, 매듭화단, 약초원, 미로정원

3) 자연풍경식 정원(18C)

① 영국의 자연환경 여건에 맞는 정원을 조성하자는 운동 전개

② 느릅나무와 참나무의 무성한 숲, 넓은 목초지에 드문드문 서 있는 교목들과 목장을 구획하는 산울타리 등으로 이루어진 목가적 전원풍경이 특징

③ 로샴정원
- 폐허를 그대로 두어 낭만적 분위기를 연출한 정원
- 찰스 브릿지맨이 설계, 윌리엄 켄트가 수정

④ 스토우정원
- 찰스 브릿지맨과 윌리엄 켄트가 설계
- 브릿지맨이 하하수법을 도입하여 완성

⑤ 하하(Ha-Ha) 개념
- 정원 부지의 경계선에 해당하는 곳에 담장 대신 깊은 도랑을 파서 외부로부터 침입을 막고 가축을 보호, 목장이나 산림, 경작지 등을 정원풍경 속에 끌어들이자는 의도에서 만들어졌으며 이 도랑의 존재를 모르고 원로를 따라 걷다가 갑자기 원로가 차단되었음을 발견하고 무의식 중에 감탄사 Ha Ha에서 생긴 이름

⑥ 스투어헤드
- 건물은 헨리 모어, 정원은 윌리엄 켄트와 찰스 브릿지맨이 설계
- 자연풍경식 정원의 원형이 남아있는 작품으로 전설을 소재로 한 번질의 '에이네어스'의 테마로 정원을 구성
- 호숫가를 따라 산책로를 설치하여 구릉과 연결

4) 19C 영국의 조경

① 귀족적인 정원(개인정원)이 쇠퇴하고 공공적인 정원(공원) 태동
- 대표 공원 : 빅토리아 공원, 버큰헤드 공원

② 산업혁명 이후 급속히 발전

③ 리젠트 파크
- 건축가 존 나쉬가 런던의 리젠트 거리에 띠 모양의 숲을 조성
- 1811년 리젠트 공원으로 명명

④ 세인트 제임스 공원
- 존 나쉬가 긴 커낼을 물결무늬의 연못으로 개조

⑤ 버큰헤드 공원
- 1843년 조셉 팩스턴 설계, 시민의 힘으로 설립된 최초의 공원.
- 사적인 주택단지와 공적 위락용으로 구분, 옴스테드의 센트럴 파크 공원 개념 형성에 영향

5) 영국의 대표적 조경가

조경가	대표 작품	특징
찰스 브릿지맨	치즈윅 하우스 스투어헤드	하하(HaHa) 기법 도입 낭만적 분위기 연출한 정원
윌리엄 켄트	켄싱턴가든, 로샴정원, 윌슨하우스	근대 조경의 아버지 '자연은 직선을 싫어한다'
란셀롯 브라운	스토우정원	영국의 많은 정원을 수정 (Renovation)
험프리 랩턴	랜드스케이프 가든	풍경식 정원 완성, 랜드스케이프 가든 호칭 사용
조셉 팩스턴	버큰헤드 공원	시민의 힘으로 설립된 최초의 공원

7. 독일

1) 정원 특징

① 초기 프랑스 정형식 정원과 영국의 풍경식 정원의 요소
② 과학적 지식을 이용한 독일만의 독특한 양식
③ 식물 생태학과 식물 지리학에 기초한 자연경관의 재생이 주요 목적
④ 향토수종 사용, 자연스런 경관 형성, 실용 형태의 정원 발달

2) 주요 정원

① 시뵈베르 정원
- 1750년 축조된 독일 최초의 풍경식 정원

② 무스코 정원
- 낭만주의적 풍경식을 미국 센트럴 파크에 조영
- 강물을 자연스럽게 흐르도록 하는 수경시설에 역점
- 시각적 아름다움 표현(부드럽게 굽어진 도로와 산책로 등)

③ 분구원(독일의 클라이가르텐, 러시아의 다차)
- 주민의 보건을 위해 약 200㎡ 토지를 시민에게 대여.

- 채소, 꽃, 과수 등의 재배와 위락을 위한 공간
- 주말농장, 도시농업의 효시

8. 미국

1) 정원 특징
   ① 남북전쟁 후 도시 거주자들의 지방 별장 건축 유행
   ② 건축과 함께 정원 발달, 영국의 정원 조성 기법 계승
   ③ 이민으로 인구 급격히 증가, 뉴욕시의 환경정화 필요
   ④ 뉴욕 중앙에 344ha에 이르는 공원 조성을 시 조례로 제정
   ⑤ 1854년 뉴욕에 프레드릭 로 옴스테드가 회화적 수법, 공원 조성

2) 주요 정원과 조경가
   ① 센트럴 파크
      - 영국 최초의 공공정원인 버큰헤드 공원의 영향을 받은 최초의 공원, 옴스테드 설계
      - 미국 도시공원의 효시, 국립공원 운동에 영향
      - 1872년 옐로스톤공원 최초 국립공원으로 지정
      - 부드러운 곡선의 수법, 폭 넓은 원로, 넓은 잔디밭

   ② 프레드릭 로 옴스테드
      - 현대 조경의 아버지
      - 1863년 조경(Landscape Architect)이라는 용어 정식 사용
      - 공원설계 응모에서 프레드릭 로 옴스테드와 보우의 '그린스워드'안이 당선
      - 1858년 센트럴 파크 탄생

9. 현대의 조경

1) 개관
   ① 미국의 1901년 워싱턴 계획, 1909년 시카고 도시계획 수립
   ② 1·2차 세계대전 후 도시의 급격한 성장과 과밀화로 조경에 대한 사고 변화
      - 지역공원 계통의 수립
      - 전원도시의 창조
      - 주립 및 국립공원 운동
      - 지역 계획적 스케일의 광역조경계획 수립

③ 정원계획은 영국의 소공원 운동에 반해 미국에서는 1860~70년대 사유지 조경의 전성기를 지나고 개인 정원은 캘리포니아에서 새로운 양식을 확립

④ 독일은 후생을 위해 폴크스파크(Volkspark)와 도시림(Stadwald)조성

2) 영국의 전원도시운동(Garden City Movement)

① 영국의 산업혁명 후 계속되는 도시의 팽창과 인구집중 공업 등의 도시문제를 해결하기 위해 1902년 하워드(Ebenezer Howard : 1850~1928)가 「Green City of Tomorrow」라는 사회개혁 지침서를 통해 이상 도시 제안

② 1903년 레치워드(Letchworth), 1920년 웰윈(Welwyne)의 전원도시가 탄생하고 이것은 오늘날 녹지대(Green Belt)착상과 결부됨, 1928년 미국의 레드번(Redburn)으로 이어짐

③ 범세계적으로 뉴타운 건설 붐을 일으켰고,

④ 새로운 도시 공간을 창조하는데 조경가의 적극적 참여 요구

⑤ 하워드의 이상
낮은 인구밀도, 공원과 정원의 개발, 그린벨트, 전원(Country side)과 타운(Town), 위생적인 지역 지리를 둘러싸는 중심 도시권(Central metropolis)으로 연결되는 도시 형태

3) 미국

① 도시미화운동(City Beautiful Movement)
- 시카고 박람회의 영향으로 아름다운 도시를 창조함으로써 공중의 이익을 확보할 수 있다는 인식에서 일어난 시민운동
- 로빈슨(Charles Mulford Robinson)과 번함(Daniel Burnham)이 주도, 시빅센터(Civic Center)건설, 도심부의 재개발, 캠퍼스 계획 등 각종 도시개발 전개
- 미(美)에 대한 인식의 오류로 도시개선과 장식의 수단으로 잘못 사용되었으며, 조경직과 도시계획 전문직이 분리되어 조경의 도시계획 및 지역계획에 대한 영향력 감소

② 레드번(Redburn)계획
- 1929년 라이트(Henry Wright)와 스타인(Clarence Stein)이 소규모 전원도시 건설
- 인구 25,000명 수용, 슈퍼블럭설정, 차도와 보도의 분리, 쿨데삭(Cul-de-sac)으로 근린성을 높이고, 학교·쇼핑센터등을 주거지에서 공원과 같은 보도로 연결

③ 광역조경계획
- 뉴딜 정책의 산업부흥법(N.I.R.A)으로 국토계획국을 설치하고 도시개발, 주택개발을 국가적 규모로 시행
- T.V.A(TenesseeValley Authority)계획으로 후생시설을 완비하고, 공공위락시설을갖

춘 노리스 댐(NorisDam, 1936년)과 더글라스 댐(Douglas dam, 1943년)을 완공
- T.V.A는 수자원 개발과 지역 개발의 효시이며, 조경가들이 대거 참여

④ 정원계획
- 1924년 스틸(Fletcher Steel)이 「소정원 설계(Design in Little Garden)」에서 정원이 옥외옥실(Outdoor-living room) 주장
- 캘리포니아 스타일(CaliforniaStyle)
건축의 기능주의와 회화의 입체파, 표현주의 같은 예술운동의 영향으로 캘리포니아 지방과 동부 지방에서 나타난 정원 양식
- 1930년대 이래 토마스 처치(Tomas Church), 가렛에크보(Garett Eckbo), 로렌스 햄프린(LorenceHelprin), 제임스 로스(James Rose)가 활약하고, 영국에서 터너드(Christopher Tumard)가 활약

Chapter 03. 조경계획 및 설계

1장. 조경계획

1. 조경계획이란?

자연 자원에 대한 이해와 활용을 통해 장래 행위에 대한 구상과 모든 용도의 토지를 합리적 측면으로 문제를 발견 및 분석하고, 논리적이며 객관적으로 문제에 접근하여 분석 결과를 이용하여 여가 공간 제공 및 환경문제 해결

2. 계획의 구성

1) 1단계 목표 설정

　① 대상지의 성격, 공간 구성, 이용 용도, 수용 인원
　② 공원, 단독주택, 공동주택, 산업시설, 관광 휴양지 등 공간계획

2) 2단계 자료 분석

　① 분석 및 종합
　　- 자연환경, 인문환경, 경관 등 현황 분석 및 종합
　② 기본구상
　　- 공간계획의 대안 작성 및 방향성 제시

3) 3단계 기본 계획

　① 토지이용계획
　② 교통동선계획
　③ 시설물배치계획
　④ 식재계획
　⑤ 하부구조 및 집행계획

3. 조경계획의 접근 방법

1) 레크리에이션 계획의 접근방법(S.Gold, 1980)

① 자원접근 방법
- 자연자원이 풍부하고 경관조건이 우수한 강변, 호수변, 풍치림, 자연공원 등의 지역에 대한 조경계획 접근방법
- 물리적, 자연적 자원이 레크리에이션의 유형과 양을 결정
- 스키장 및 눈썰매장

② 활동접근 방법
- 과거 레크리에이션 활동 경험이나 참가 사례가 레크리에이션 기회를 정하도록 계획
- 대중의 선호도, 참가율 등 사회적 인자가 중요한 영향 인자
- 서울랜드, 에버랜드

③ 경제 접근 방법
- 지역사회의 경제적 기반이나 예산 규모가 레크리에이션의 총량, 입지, 종류를 결정
- 자연적 인자보다 경제적, 사회적 인자가 우선

④ 행태(행동) 접근 방법
- 이용자의 구체적 행태를 연구 분석, 행동패턴에 맞추어 계획
- 모니터링, 설문조사 등을 이용

⑤ 종합 접근 방법
- 4가지 접근법의 긍정적인 측면만을 이용하여, 이용자의 요구와 자원의 활용 가능성을 조화시키려는 접근 방법

[표 1] S.Gold의 레크리에이션 계획의 접근방법

유형	내용	적용
자원접근방법	물리적,자연적 자원이 유형과 양을 결정	국립공원, 자연공원, 스키장, 눈썰매장
활동접근방법	과거의 활동 경험 및 참가 사례	서울랜드, 에버랜드
경제접근방법	지역의 경제적기반, 예산규모 등 경제,사회적 인자 중요	대도시 계획
행태(행동)접근방법	이용자의 행태분석	도시의 개발(공공,민간)
혼합(종합)접근방법	긍정적 측면, 인적,물적자원 조화	소규모 지역 개발

2) 토지이용계획으로서의 조경계획(D. Lovejoy)

① 토지의 가장 적절하고 효율적인 이용을 위한 계획
② 경관의 생물학적 지식과 미적인 이해에 기초, 새로운 경관 조성

4. 조경계획기법

1) 경관의 개념

- [경관법 제2조] 경관(景觀)이란 자연, 인공 요소 및 주민의 생활상(生活相) 등으로 이루어진 일단의 지역환경적 특징을 나타내는 것.
- 시각적, 지리적, 생태적 의미
- 총체적 실체로서의 경관, 수직적 관계와 수평적 관계 조합

2) 경관 구성

① 모식도

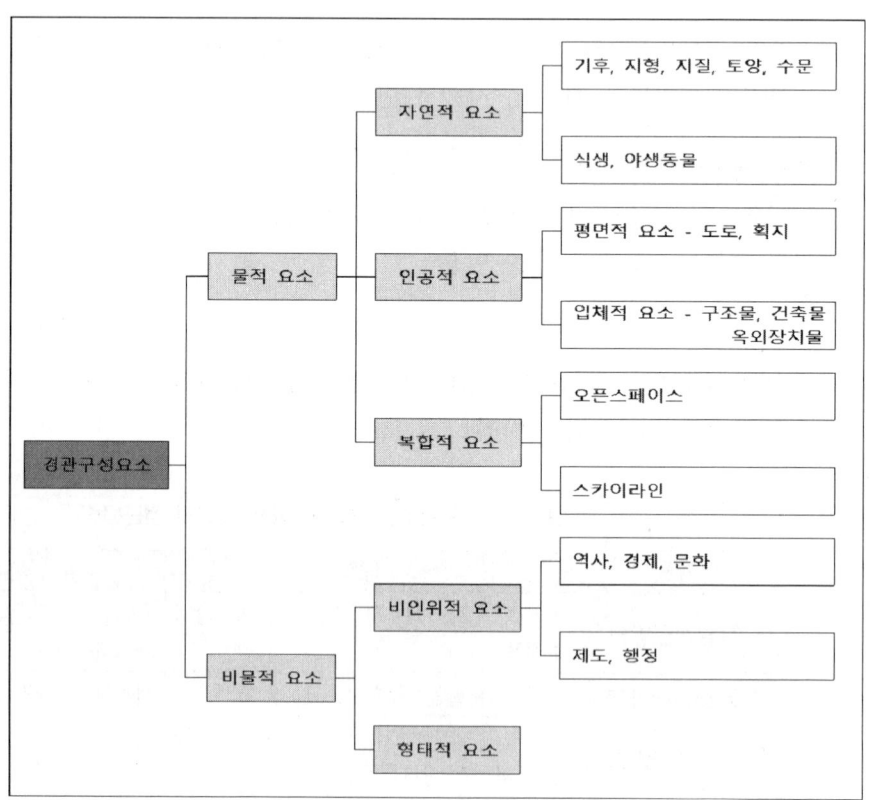

② 경관의 유형

구분		내용 (Litton의 산림경관 분류)
거시 경관	전경관	넓은 초원, 파노라마 경관
	지형경관	특이한 지형으로 경관의 지표, 관찰자에게 강한 인상
	위요경관	산이나 숲, 울타리, 건물 등으로 둘러쌓인 경관
	초점경관	시선이 한 점으로 유도, 비스타, 가로수 길 끝의 분수
미시 경관	관개경관	수목터널, 메타세콰이어 길
	세부경관	시야 제한, 관찰자가 가까이 접근, 세부적인 사항 지각
	일시경관	대기권의 상황변화, 시시각각 변화, 설경, 수면에 투영된 영상

- Litton(1974)의 경관 우세요소, 우세원칙, 변화요인
  • 우세요소 : 경관형성에 지배적인 요소, 선, 형태, 색채, 질감
  • 우세원칙 : 우세요소 부각, 주변대상과 비교될 수 있는 것
       대조, 연속성, 축, 집중, 공동우세, 조형 등
  • 경관의 변화요인 8가지 : 운동, 빛, 기후조건, 계절, 거리, 관찰위치, 규모, 시간

③ 경관 구성의 기본 요소(경관의 우세요소)
  - 선
    직선 : 높은 산봉우리, 절벽의 윤곽선, 강인하고 남성적 느낌
    곡선 : 하천, 소로, 산책로, 구릉지, 부드럽고 여성적 느낌
    지그재그 : 율동감, 활동적, 다이내믹
  - 형태
    기하학적 형태 : 직선, 획일적, 규칙적 구성, 도시경관, 건물, 분수, 가로수 및 화단
           전정
    자연적 형태 : 곡선, 불규칙적 구성, 자연경관, 바위, 산, 수목
  - 색채
    경관의 분위기, 감정을 불러일으키는 요소
    3가지 속성 - 색상, 명도, 채도
    * 채도대비(색이 선명할수록 채도가 높고, 무채색일수록 채도가 낮다. 채도차가 큰 두색을 인접하면 채도가 높은 색은 더욱 선명하게 보이고, 채도가 낮은 색은 더욱 탁해 보임)
    * 따뜻한 색(난색) - 친근, 온화, 정열, 전진
      차가운 색(한색) - 상쾌, 냉정, 지적, 후퇴, 정신 집중(사무공간)

* 빛의 파장과 혼색

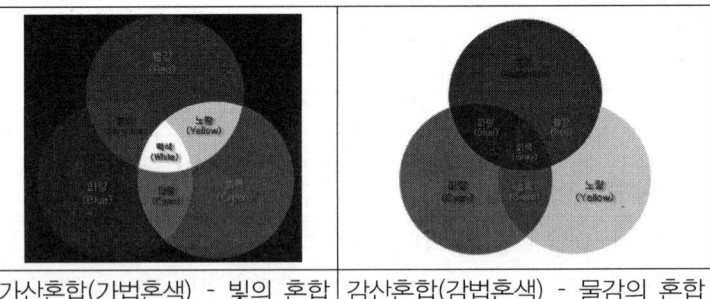

| 가산혼합(가법혼색) - 빛의 혼합 | 감산혼합(감법혼색) - 물감의 혼합 |

- 배색방법
    a. 토널 배색 : 토미넌트 톤 배색이나 톤 인 톤 배색과 같은 종류의 배색 방법으로 기본 톤으로 중명도, 중채도 인 탁한 톤을 사용한 배색방법으로 전체적으로 안정되며 편안한 느낌을 준다.
    b. 톤 인 톤 배색 : 서로 다른 색상들을 동일한 톤으로 배치하는 방법
    c. 토미넌트 배색 : 색상을 통일하고 톤의 변화를 주거나, 톤을 동일하게 하고 색상에 변화를 주는 등 색을 통제하여 통일감을 주는 배색
    d. 톤 온 톤 배색 : 동일한 색상의 톤을 조절하여 배치하는 방법으로 그라데이션 배색이라고도 함
- 질감
  물체 표면의 상태에 영향, 시각적 특성
  전답과 산림, 잔디밭과 농경지, 숲과 호수 등
  질감의 결정요소는 지표상태, 관찰위치, 크기, 위치, 농담

④ 경관 구성의 가변요소 8가지 인자(경관의 변화요인)
- 빛
  경관 분위기 조성, 경관 대상에 그림자를 조성 형태 지각을 가능, 태양광 및 달빛 등 광선의 밝기와 자연 또는 인공 광원의 위치 및 방향에 따라 경관 분위기 조성 및 연출
- 기후조건
  기상 상태 및 조건에 따라 변화하는 경관
  안개, 설경, 비가 온 후 갠 상태의 일상적 경관의 새로운 느낌
- 계절
  계절별 꽃의 개화 및 잎의 색상 변화
  봄, 여름, 가을, 겨울에서의 수목의 잎과 열매 등의 변화

- 시간

    시간의 흐름과 시간대별 경관의 변화.
- 운동, 거리, 관찰위치, 규모

    정적, 동적 운동, 원거리와 근거리, 고지대와 저지대, 광장의 중앙과 입구, 경관 대상의 길이, 높이, 폭, 면적 등의 크기 등에 따른 경관 변화

3) 경관 구성 시각요소

① 점·선·면 적인 요소
- 점적인 요소 : 언덕 위의 정자목, 광장의 시계탑 또는 조각
- 선적인 요소 : 철길, 도로, 가로수
- 면적인 요소 : 공원, 운동장, 초지, 호수

② 수평·수직적인 요소
- 수평적 요소 : 지평선, 수평선, 저수지, 호수 등의 수면
- 수직적 요소 : 전신주, 건축물, 절벽

③ 열린·닫힌 경관
- 열린경관 : 들판, 광장, 넓은 초지
- 닫힌경관 : 계곡, 수목으로 둘러싸인 곳

④ 랜드마크
- 지역적 규모 : 산봉우리, 절벽, 탑
- 작은 규모 : 건물, 교량, 정자목
- 주변 경관과의 차별화 : 농촌의 교회, 벌판의 미루나무

⑤ 전망·비스타
- 전망 : 일정 지점에서 보여지는 파노라믹하게 펼쳐지는 경관
- 비스타 : 좌, 우로의 시선이 제한, 일정지점으로 시선이 모이도록 구성된 경관

⑥ 질감
- 지표면의 상태에 영향, 전답과 산림의 차이
- 동일 산림에서 침엽수림과 활엽수림의 차이

⑦ 색채
- 계절에 따른 변화, 색상, 명도, 채도의 3가지 속성
- 경관의 분위기를 조성하는 중요한 역할

⑧ 크기
- 대상의 길이, 높이, 폭, 면적, 용적
- 경관 대상의 크기

⑨ 형태
- 사물의 생김새나 모양, 대상 자체의 형태 및 보이는 형태
- 경관의 질 보존하기 위한 특별한 배려 필요

4) 경관구성의 미적원리

구분		내용
통일성 (Unity)	조화(Harmony)	유사한 요소들의 배치 및 결합, 다양함 속의 통일, 도심지 내 남대문, 시각적 및 기능적 조화
	균형(Balance)	시각적인 무게감의 동등한 분배, 삼각형 구도, 안정감
	대칭(Symmetry)	축을 중심으로 상, 하, 좌, 우의 균형
	비대칭(Skew)	자연환경에서의 균형, 모양과 형태는 다르지만 시각적 무게감의 균형, 흥미, 놀라움, 신선함
	반복(Repetition)	단순미의 반복, 획일성 반복과 변화성 반복
	강조(Accent)	비슷한 유형속에 상반되는 시각적 특성
다양성 (Diversity)	비례(Proportion)	길이, 면적 등 물리적 크기의 변화, 녹지 크기와 식재 면적, 보도폭과 포장재료의 크기
	율동(Rhythm)	강약, 고저, 장단의 주기성, 규칙성 등 연속성과 운동감, 수목배열, 꽃의 색상, 잎의 크기 변화
	대비(Contrast)	상이한 색상, 질감, 형태등의 변화
	점이(Gradiation)	점진적 변화, 무지개, 수심의 변화에 따른 물의 색상변화, 거리의 변화에 따라 느껴지는 풍경
	단순미(Simple)	극도의 통일성, 단조로움, 질서유지, 안정감

5) 환경심리학

① 환경심리학의 개념
- 환경설계에서 사회, 형태적 분석방법
- 물리적, 사회적 환경과 인간행태 사이의 관계성
- 인간이 쾌적하게 느끼는 물리적, 사회적 환경 설계에 이용

② 환경심리학의 이용 및 적용
- 환경평가, 환경지각, 환경의 인지적 표현, 개인적 특성 및 환경에 대한 반응, 환경에 관련된 의사결정, 환경에 대한 일반대중의 태도, 환경의 질, 생태심리학 및 환경단위의 분석, 인간의 공간적 행태, 밀도가 행태에 미치는 영향, 주거환경에서의 행태

적 인자, 공공기관에서의 행태적 인자, 실외 레크리에이션 및 경관에 대한 반응 등

③ 개인적 공간 (Hall,1966)
- 친밀한 거리 (0~45cm)
  아기를 안아준다거나 이성간의 교제, 레슬링, 씨름 등의 스포츠 경기에서 유지되는 거리
- 개인적 거리 (45cm~1.2m)
  친한 친구, 잘 아는 사람, 일상적 대화 유지되는 간격
- 사회적 거리 (1.2m~3.6m)
  주로 업무상의 대화에서 유지되는 거리
- 공적 거리(3.6m 이상)
  개인과 청중. 강사와 학생, 공적인 모임

④ 영역성(Altman, 1975)
- 1차적 영역
  지극히 개인적 공간, 반영구적 점유 지역 및 공간 배타성, 영속성, 소속감, 높은 프라이버시 요구 예 가정, 화장실, 사무실
- 2차적 영역
  배타성, 소속감이 1차 영역성 낮음, 사회적 특정 그룹 소속원들이 점유하는 공간 예 기숙사식당, 교실, 교회
- 공적 공간
  배타성이 가장 낮음, 영역성, 소속감, 경계 및 테두리가 없는 공간, 모든 사람의 접근 허용 예 광장, 해변

⑤ 혼잡
- 밀도와 관계되는 개념으로 도시화로 인한 한정된 지역의 과밀로 인한 문제점으로 관심도 높아짐
- 물리적 밀도
  일정면적에 얼마나 많은 사람이 거주하는가 혹은 모여 있는가에 대한 밀도

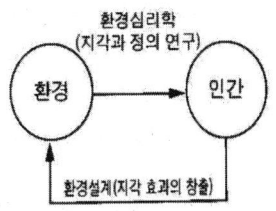

- 지각된 밀도
  물리적 밀도의 고저와 관계없이 느끼는 개인의 혼잡 정도로서 밀도가 높다고 하여 반드시 혼잡하다는 것은 아니다라고 느끼는 것. 예를 들어 축제나 뉴욕의 타임스퀘어 같은 거리에서 느껴지는 혼잡은 오히려 즐거운 분위기로 느껴진다. 환경, 성

별, 성격, 연령 등 개인적인 차이와 분위기, 행위의 종류 등 상황적 조건, 사람 간의 관계성, 접촉의 밀도 등 사회적 조건, 혼잡도의 예측 가능성에 따라 달라짐
- 사회적 밀도
  사람 수에 관계없이 얼마나 많은 사회적 접촉이 일어나는가에 대한 밀도, 공동주택의 경우 물리적 주거 밀도는 높으나 사회적 밀도가 매우 낮음

6) 환경미학
① 환경미학의 개념
- 예술적 경험 및 반응을 이해
- 전통적 미학에 바탕
- 문제 중심적인 접근
- 인간환경 전반에 관한 미적 경험 및 반응 연구

② 환경미학과 미학의 관계
- 예술가와 환경설계가의 관계
- 미학은 예술작품과 작품 감상을 통한 경험과 반응을 연구
- 환경미학은 인간 환경에 관한 종합적인 미적 경험과 반응을 연구
- 미학에서의 전통적인 자연미, 예술이 예술비평의 영역을 넘어선 환경미학의 통합적이고 총체적 미적 고찰, 자연과 인간의 관계를 미학적 관점에서 새롭게 재구성

7) 환경지각, 인지, 태도
① 환경지각
- 인체의 감각기관을 통하여 환경에 대한 정보를 감지하여 받아들이는 과정

② 환경인지
- 경험된 정보를 저장, 조직, 재편성, 추출하는 과정

③ 태도
- 환경의 내용에 대한 우호적-비우호적 감정 선호도, 만족도 표현

④ 환경지각, 인지 및 태도의 관계
- 환경지각을 통해 환경의 주요 정보 인식
- 현존 자극 감지와 과거 경험 정보를 통해 패턴, 이미지 추출
  예 나무에 대한 지각을 통해 나무로 인식

- 지각과 인지의 독립된 과정

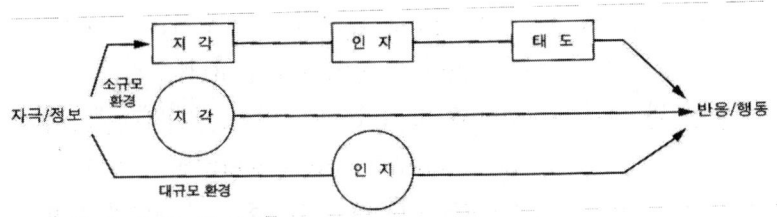

8) 미적 반응 과정

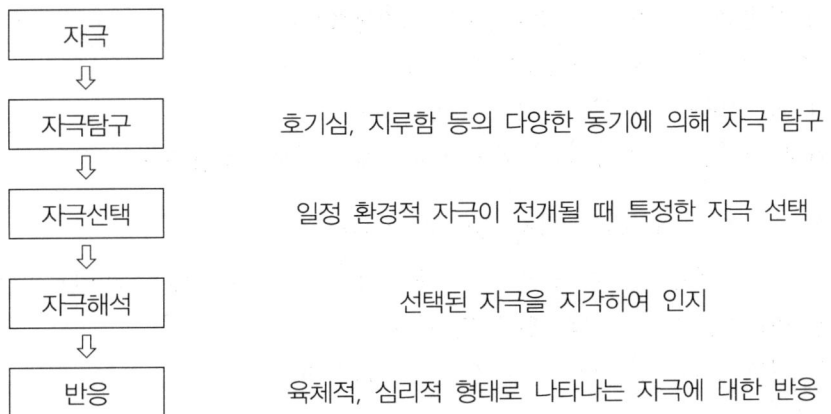

자극탐구	호기심, 지루함 등의 다양한 동기에 의해 자극 탐구
자극선택	일정 환경적 자극이 전개될 때 특정한 자극 선택
자극해석	선택된 자극을 지각하여 인지
반응	육체적, 심리적 형태로 나타나는 자극에 대한 반응

9) 척도와 인간행태

① 척도의 개념
- 상대적인 크기, 인간의 크기와 비교
- 항상 기준이 되는 크기가 있어야 하며 그것과의 비교

② 척도의 유형
- 친밀한 척도 : 가장 작은 척도, 손안에 들 수 있는 크기, 친근감
  예) 휴대용품, 단칸방, 개 집, 장난감 집 등
- 인간적 척도 : 인간적 편안함, 신체의 크기와 조화감, 친근감을 느끼는 규모, 인간의 크기에 기준하는 사물 혹은 공간의 규모
  예) 전통주택의 중정, 전통주택 방의 칸수와 크기 등
- 기념비적 척도 : 경외감, 위축감, 기념비성
  예) 성당, 기념비, 광장, 랜드마크 등

③ 인간적 행태와 단위공간의 계획 (높이와 인간행태)
- 해변가 및 수영장 의자(Sun Bed) : 높이가 24cm

- 사무용 의자 : 의자 높이 42~45 cm, 탁자 75cm
- 계단과 계단참 : 계단은 발판과 길이의 높이 두배를 더한 보폭 60~65cm, 계단참은 폭 1.2m이상, 높이 3~4m 마다 설치
- 담장 및 벽면 : 60cm이하는 공간의 상징적 분리(플랜터, 연석)
  1.2m는 시선의 개방과 프라이버시 제공
  1.8m이상 시선차단 등 높은 프라이버시 요구
  2.4m이상 고도의 안전요구, 변전소, 교도소, 성곽

④ 인간적 행태와 단위공간의 계획 (폭과 인간행태)
  - 보도 : 1인 최소 폭 60cm, 2인 왕복 최소 폭 1.2m
  - 식탁 및 회의용 테이블 : 1인당 최소폭 60cm
  - 주차장 및 도로 : 직각 주차 승용차 2.5×5m, 왕복 2차선 6m

⑤ 인간적 행태와 단위공간의 계획 (면적과 인간행태)
  - 1인당 소유, 점유 면적은 일정면적을 원단위로 산정하여 수용가능 인원 추정 자료, 보통 4인 기준 직경 2m의 원 면적 필요
  - 원형 직경 2.8m, 장방형 2×3m의 크기, 6㎡면적 필요
  - 1인당 면적 환산 1.5㎡(1.5㎡/인)
  - 피크닉장 원단위 = 20~30㎡/인

⑥ 볼륨과 인간형태
  a. 내부 공간 볼륨
    - 최소단위로 1인용 방 기준 적용[보통 3평(2.7×3.6m), 높이 2.4m]
    - 단위볼륨을 수직, 수평적으로 확대 시 무도회장, 대회의장 같은 대규모 공간 형성
    - 성당, 교회 등 장소의 특성에 따라 의식적 강조를 통한 신비감, 상징적 의미 창출
  b. 외부공간의 볼륨
    - 건물 주변에 형성, 주택의 중정 및 테라스
    - 주택의 중정 일조 고려 최소폭은 높이의 1.5배 이상
      주택의 높이 3.6m일 경우 중정의 폭 5.4m
      정방형의 중정은 최소 9평(전통한옥의 안마당)
    - 단위볼륨의 수직, 수평적 및 평면적 확대를 통해 광장 등 형성
    - 비인간적 공간의 규모, 형성은 인간의 심리적 부담, 지루함을 느끼게 하는 현대 도시구조 및 설계의 문제점

            c. 자유공간의 볼륨
                - 자연공간의 시설 등 최소 볼륨
                    퍼골라의 폭과 높이, 오솔길, 가로수 식재된 지방도 및 국도
                - 단위 볼륨의 수직적, 평면적 확대는 운동장, 잔디광장

   5. 환경설계

      1) 환경설계의 개념

         ① 인간의 행위를 담는 공간 또는 사물을 창조하는 것
         ② 설계작업 시 고려사항으로 인간, 의도, 행위, 기능, 사물 등의 연관 작용

      2) 환경설계의 적용

         ① 인간공학적 고려
            - 인체의 구조 및 기능을 주거환경 및 인간과 접촉하는 모든 공간, 도구의 설계에서
              고려
               예 자동차의 계기판, 경사각, 핸들크기, 의자의 경사각, 수퍼마켓 진열대 높이와
                  공간

         ② 인체와 관련된 모듈
            - 모듈은 공간을 설계에 기본단위로 행위를 지원해 주는 사물
              또는 공간에 대해 기본단위의 배수로 다양한 공간의 규모를
              설계
               예 성인의 의자 높이(40~45cm), 책상(약 75cm)
                * 르 꼬르뷰지에(Le Corbusier, 1971)
                  인체와 관련된 모듈을 사용, 단위길이의 단순 배수보다 황금비례의 타당성 주장
                  황금비례 = 1 : 1.618

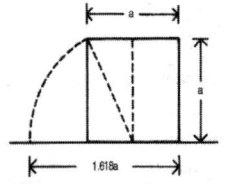

[그림 1] 황금비례

   6. 분석의 종합 및 평가

      1) 분석의 종합

         ① 기능분석
            - 교통, 설비, 이용, 경관, 토지, 재해방지, 공공시설 등 종합적으로 분석

         ② 규모분석
            - 공간, 시간, 예산, 토목

③ 구조분석
- 공간, 경관, 이용구조, 사회구조, 토지이용구조

④ 형태분석
- 시설물, 토지조성, 지표면, 수면, 수목식재형태

⑤ 상위계획의 수용
- 국토종합개발, 지역, 도시, 관광지개발, 경제개발, 사회개발 등

2) 분석의 평가

① 적용범위
- 조경설계, 평가기간은 준공 후 5년간

② 조사내용
- 물리적환경, 이용자, 주변환경, 설계과정조사, 이용자만족도, 시공후 환경영향평가

③ 조사방법
- 인문·사회 조사 방법

④ 이용만족도 분석
- 물리적 특성(규모, 입지, 시설, 녹지, 동선, 소음 등), 이용자 속성(성별, 연령, 학력, 직업, 소득), 이용형태(접근수단, 시간, 동반자 수, 동반 형태, 체류시간, 이용 동기, 빈도, 시간 등)
- 심리적 만족도(조화성, 심미성, 기능성, 이용성, 경관성, 편리성), 물리적 시설 만족도 분석을 통해 유사 조경시설 조성시 사용

7. 조경계획 수립과정

1) 목표 설정

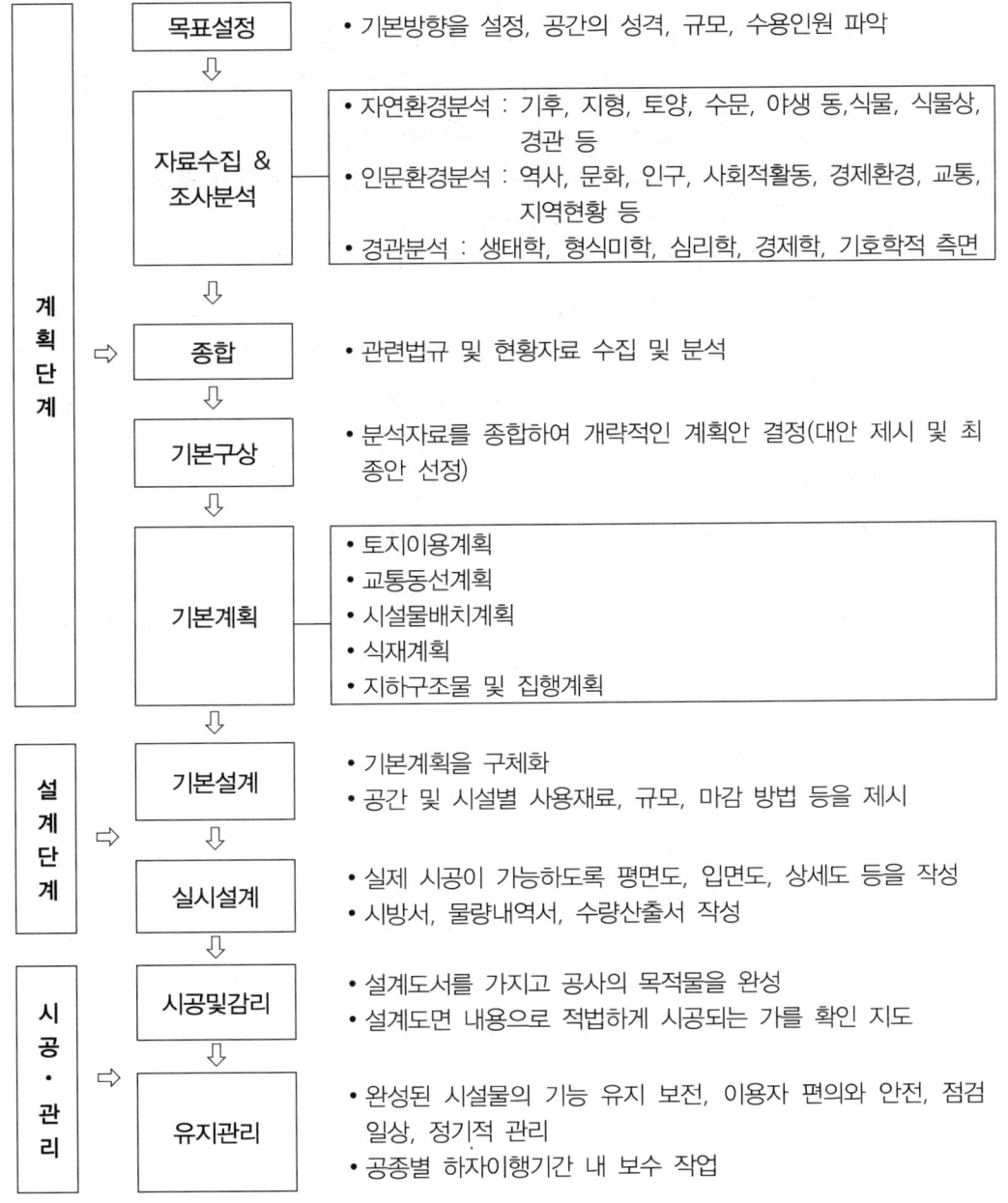

① 기획, 개발 계획, 기본방향 설정
② 공간의 성격, 규모, 수용인원 파악

2) 자료수집 및 조사분석

① 자연환경분석
- 지형 : 위치, 고도, 등고선, 경사, 방위, 축척, 향
- 토양 : 물리적 구조(토성, 토상, 단면, 토양수분, 입단면),
  화학적 구조(pH(산성,염기성), CEC(양이온치환능력), EC(전기전도도),
  생물학적 기능(세균, 균류, 토양동물, 미생물)
- 수환경 : 물의 존재 상태, 순환, 분포(물리적, 화학적, 생물학적 환경과 물의 상호관계), 지하수위, 홍수범람지역, 집수, 유수, 우수유역
- 기후 : 강우량, 일조, 풍향, 풍속, 온도, 건물풍, 미기후
  * 미기후 : 기온과 습도, 바람등의 차이로 나타나는 공간적으로 작은 규모로 발행하는 기후(예: 옥상정원, 숲속과 도시, 북사면과 남향, 하천의 주변)
  * 미기후 조사항목 : 태양 복사열, 공기의 흐름, 안개 및 서리해의 유무, 지형여건에 따른 일조시간, 대기오염 자료
- 식생 : 계획 대상지의 식물상, 식생형, 식생구조, 식생대
- 야생동물 : 서식처, 먹이그물, 종류, 이용가치
  * 식생조사방법
    전수조사 : 도시지역이나 좁은 면적의 지역, 빈약한 식물상 등에 대해 전체 수량 조사
    표본조사 : 자연 상태의 군락을 형성, 넓은 면적의 지역에 대해 여러 번의 표본 추출
    빈도 : 어떤 종이 출현한 수/조사 표본수 × 100%
    밀도 : 단위 면적당 개체수
    피도 : 지표면에 대한 피복 비율
  * 식물상 : 특정하게 한정된 지역에 분포하여 생육하는 모든 식물의 종류
  * 식생형 : 일정한 지역에 나타나는 특유한 식물의 군락 유형 또는 식생사회의 구조로서 단순림, 혼효림, 천이초지, 관리초지, 농경지역, 도시화 지역으로 구분
  * 식생구조 : 평면도(교목, 관목, 지피, 초화류)와 입면도(수목의 높이, 수종의 구성, 지형 등), 수평, 수직의 입면 형태

② 인문·사회 환경 분석
- 지역성 분석
  지리적 위치와 주변 지역, 지역 관련성, 도시세력권, 주변 교통체계, 행정관할, 진

입로 등을 조사분석
- 이용객 조사 및 추정
  계획 대상지의 인구 또는 이용객을 조사, 계획 대상지를 포함한 인근 지역의 범위로 인구분포, 성비, 연령, 학력, 직업, 가계 소득 규모 등 조사
- 토지이용
  토지이용 및 소유권, 관련 법규, 기타 토지이용에 영향을 끼칠 수 있는 요소를 확인, 대지, 논, 밭, 임야, 도로, 하천, 구거 등 지목과 이용실태, 소유권, 행정관할 구역, 법정 용도지역과 구역, 제한사항 등 조사
- 교통
  교통량 및 접근로 등의 교통체계 조사·분석, 미래의 확장계획도 조사, 계획 대상지의 교통체계, 도로의 구조, 동선, 접근방법, 이용 수단과 빈도, 혼잡도, 통행량 등 조사
- 시설물 : 건축물 등 각종 구조물의 구조, 용도와 정주패턴, 전력, 가스, 상하수도 등 기반시설 현황 및 계획 조사
- 역사·문화 : 유물을 조사하여 보존, 복원, 이전 등의 계획 수립
- 문화재 및 기록물 : 공예, 전통기술, 행사, 사진, 기록물, 기념비, 전통 행사, 사적, 유물 등 유·무형 문화재
- 인간행태분석 : 주 이용층을 대상 설문조사 및 전문가 접촉을 통해 이용자의 요구 파악, 행위 분석으로 소비 비용, 자원 가치, 설문지 등을 이용, 선호도 및 수요예측, 규모 산정의 기초
- 조사방법 : 물리적 흔적의 관찰, 행태 도면화기법, 면접조사, 설문조사, 문헌조사

③ 경관조사분석
- 경관현황조사 : 경관구성요소 및 특성, 문화재, 천연기념물 등 역사문화경관, 조사 노선 및 가시구역 조사
- 경관구성요소 분석 : 시각적 요소 점·선·면, 수평·수직적 요소, 랜드마크·전망·비스타·기울기
- 시각적 특성

구분	내용
우세요소	형태·선·색채·질감
우세원칙	대조·집중·연속·축·대비 조형
변화요인	거리, 광선, 기후조건, 계절, 시간

- 가시권 분석 : 사업시행에 직접 영향을 받는 지역과 주변의 경관적 영향을 미치는 구역을 가시지역으로 가시권과 비가시권으로 구분, 가시권내 주요 이동통로를 선정, 위치변동에 따른 이동 경관 분석
- 조망점 선정 : 네 방향 이상의 예비조망점 선정, 대상물의 원근에 따른 변화, 다양한 거리(근, 중, 원경) 최소 1개소, 주요 조망점(경관관리점)은 가시권 내에서 대상지역 경관을 나타내는 대표성과 보편성에 중점을 두어 선정
- 경관 조사 방법

구분	경관조사 분석방법
기호화 방법(K.Lynch)	도로(Path), 결절점(Node), 모서리(Edge), 지역(Districts), 랜드마크(Landmark) 5가지 요소로 기호화하여 도면 작성
심미적 요소의 계량화 방법(Leopold)	질적요소를 계량화하여 경관 평가
메쉬(Mesh)분석 방법	일정한 간격(Gride)의 등급을 구분하여 분석
사진에 의한 분석 방법	일정 지점의 항공사진으로 경관 분석
시각회랑의 의한 방법(Litton)	경관의 구성요소(우세요소와 가변요소)를 이용하는 방법으로 삼림경관 분석에 이용

3) 법규(조경 관련)

① 건축법
- 대지안의 조경 : 연면적 2,000㎡ 이상 15% 이상
  연면적 1,000㎡ 이상 10% 이상
  연면적 500㎡ 이상 5% 이상

② 건축조례(지자체별 상이)
- 조경면적 대비 수목 수량 기준

③ 국토교통부 고시
- 조경기준

④ 지구단위계획/ 녹색건축인증

⑤ 주택건설기준등에 관한 규정
- 공동주택 등에서 놀이터 및 주민운동시설 등에 관한 총량제 적용
- 어린이 놀이터 설치 기준
- 총량제 가이드라인
- 영유아보육법

⑥ 도시공원 및 녹지 등에 관한 법률
  - 완충녹지, 경관녹지, 연결녹지
  - 공개공지, 공공공지

⑦ 장애인·노인·임산부 등의 편의증진 보장에 관한 법률
  - BF인증

⑧ 산림기술 진흥 및 관리에 관한 법률

8. 기본 구상

1) 자료의 종합
① 분석자료를 토대로 개략적인 계획안을 결정

2) 대안 작성
② 최종안을 결정하기 위한 대안을 만들어 장·단점 비교 분석

9. 기본 계획

1) 기본 계획안 선정
① 대안 비교, 최종안을 선정

2) 기본 계획 구성

① 토지이용계획
  - 토지이용분류 : 예상되는 토지이용의 종류 구분, 이용행태, 기능, 소요 면적, 환경영향 분석
  - 국토이용계획, 지구단위계획, 도시계획, 용도지역, 지구와 구역분류
  - 적지분석 : 토지의 잠재력, 용도별 특성, 사회적 수요, 경관적, 생태적, 인문적 기준
  - 종합배분 : 최종 토지이용 계획안을 작성

② 교통동선 계획
  - 통행량 발생 분석 : 토지이용 종류(상업시설, 운동시설, 유원지, 농업시설 등)와 계절별, 요일, 시간대별 영향 분석
  - 통행량 배분 : 교통영향평가, 개발계획으로 인한 주변 교통영향 조사 분석

- 통행로 선정

  주·부출입구, 차량, 보행로, 안전, 쾌적한 환경조성, 자연파괴 최소화, 신호등, 차량대기 차선 확보, 보행출입구 확보, 자전거이용 동선 등
- 교통동선체계

  통행수단의 연결 및 분리의 적절성, 간선, 지선, 분산도로, 비상 차량도로, 산책로, 순환동선 등 고려, 격자형, 위계형, 쿨데삭(Cul-de-sac)형, 방사 환상식
- 녹지 형태

③ 시설물 배치 계획
- 시설물의 종류, 기능, 소요면적, 이용 행태 등 평면결정
- 위치, 방향, 면적, 층수, 구조, 재료, 색채, 형태 등 개략 시설
- 건폐율, 용적률, 도로 및 주차장, 녹지, 안내시설, 놀이시설, 휴게시설, 편의시설, 운동시설, 관리시설, 광장, 주·부출입구

④ 식재계획
- 수목선정, 법적 수량 및 규모, 생태면적률, 녹지체계
- 경관 및 기능식재, 식재 패턴, 양수와 음수
- 이식 및 기존수목보호, 시비. 지주목, 관수

⑤ 지하구조물 및 집행 계획
- 지하구조물 계획

  인공지반, 지하주차장, 심토층배수, 상·하수도, 도시가스, 가로등, 열병합 배관, 전기·통신
- 집행 및 투자계획 : 예산책정, 자금출저 및 조달, 시공비, 사업성, 경제적 측면 검토
- 법규검토 : 개발과 관련된 법규
- 유지·관리계획 : 효율성, 편의성, 경제성 고려, 유지관리지침 세부관리계획 작성

2장. 조경설계

1. 조경 설계 과정

1) 개념

서술된 기본 계획의 분석 결과를 구체적인 형태로 표현하는 것으로 주관적이고 직관적이며 창의성과 예술성이 강조되며 도면이나 그림, 스케치등을 이용하여 최선의 안을 만드는 과정

2) 설계의 구성

① 기본설계
  - 설계원칙의 추출 : 설계의 방향. 요건, 장소의 현황, 주변시설 등을 고려 3차원적 공간구성
  - 다이어그램 : 시각적 표현, 설계의도, 공간분할
  - 입체적 공간 : 평면, 입면 구성을 스케치, 투시도 등을 통해 사실적으로 표현

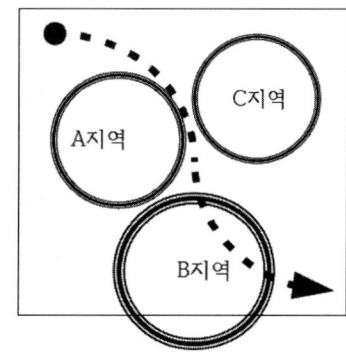

② 실시설계
  기본설계를 기초로 실제 시공이 가능하도록 평면, 단면 상세도면 작성, 시방서 및 공사비 내역서 작성

3) 계획과 설계의 비교

구 분	내용	비고
계획 (Planning)	• 문제의 발견, 분석을 통한 목표 설정 및 행동과정 • 합리적사고, 객관적 접근 • 대안작성 및 평가 • 계획과정 해설, 서술형	
설계 (Design)	• 문제의 해결, 계획과정의 종합 • 주관적, 창의적, 직관적, 예술적 감각 • 도면, 그림, 스케치 • 창조적 구상	

2. 조경설계의 표현

1) 설계와 제도

① 설계
- 시공을 목표로 아이디어 도출, 도면과 스케치 형태로 표현

② 제도
- 제도기구를 사용하여 설계자의 의사를 선, 기호, 문자 등으로 제도용지에 표현하는 일
- 간결하고 정확, 누구나 쉽게 이해할 수 있도록 작성

2) 제도용구

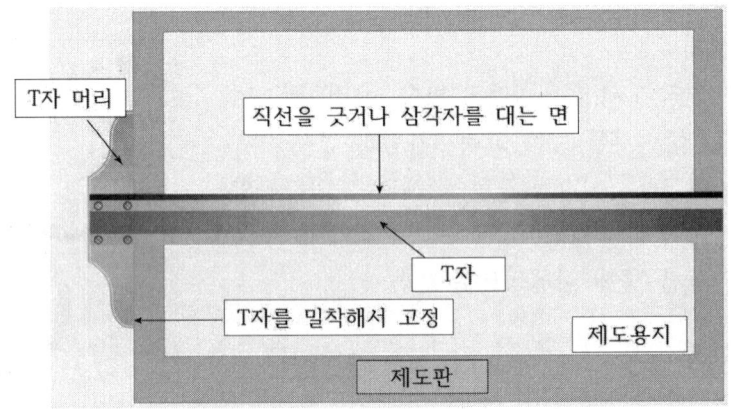

① 제도용 자
- T자 : T자 모양으로 만들어진 자, 평행선 및 삼각자와 조합하여 수직선, 사선을 그을 때 사용
- 삼각자 : 수직선과
    30°,
    45°,
    60° 사선을 긋는데 사용
- 삼각축적자(Scale) : 1/100, 1/200, 1/300, 1/400, 1/500, 1/600 축척 눈금 표시, 실물 크기를 도면 내에 축소하거나 확대에 사용
- 템플릿 : 크기가 다른
    원,
    사각,
    타원,
    기호 등에 사용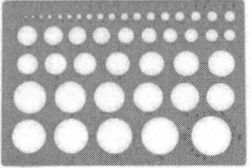

- 운형자 : 여러 가지 곡선 모양의 자, 콤파스로 그리기 어려운
  자유 곡선을 그릴 때 사용

- 자유곡선자 : 자유롭게 곡선을 그릴 수 있는 자

② 필기용구
- 제도용 연필 : HB, B, H, 2H, H가 클수록 단단하고 흐리며 B의 수가 클수록 무르고 진함, H는 굵은선, 2H는 중간 굵기의 선, 4H는 가는선에 이용. 0.3 ~ 0.5mm 제도용 샤프, 2mm의 홀더 펜
- 제도용 펜 : 트레이싱지 위에 연필로 밑 그린 도면을 로트링 펜(잉크용 펜)으로 작도, 0.25, 0.35, 0.5, 0.7, 1.0mm

③ 기타
- 콤파스, 지우개판, 용지(모눈종이, 켄트지, 트레이싱 페이퍼), 종이테이프

3) 제도기호

① 수목, 시설물 등을 높은 곳, 위에서 전체를 내려다 본 상태로 기호를 통한 단순화

② 수목 : 조경 설계에서 정해진 표시 방법은 없으나, 교목(침엽/활엽), 관목(침엽/활엽), 덩굴식물, 지피식물로 나누어짐

③ 작도 방법
- 원형 템플릿을 사용하여 가는 선으로 원을 그린다.
- 부드러운 연필로 가지를 그린다.
- 완전한 가지 패턴을 채운다. (원 테두리를 넘지 않는다)

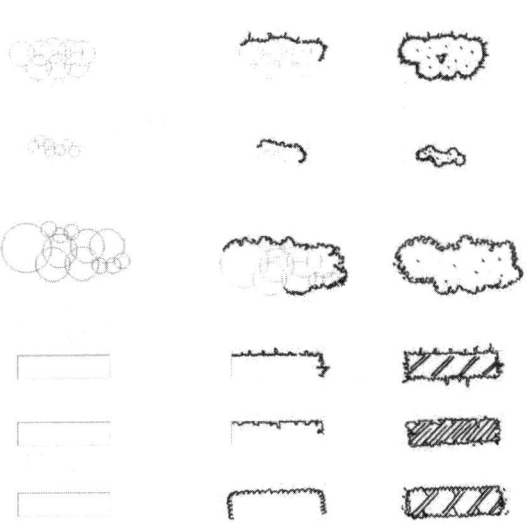

③ 시설물

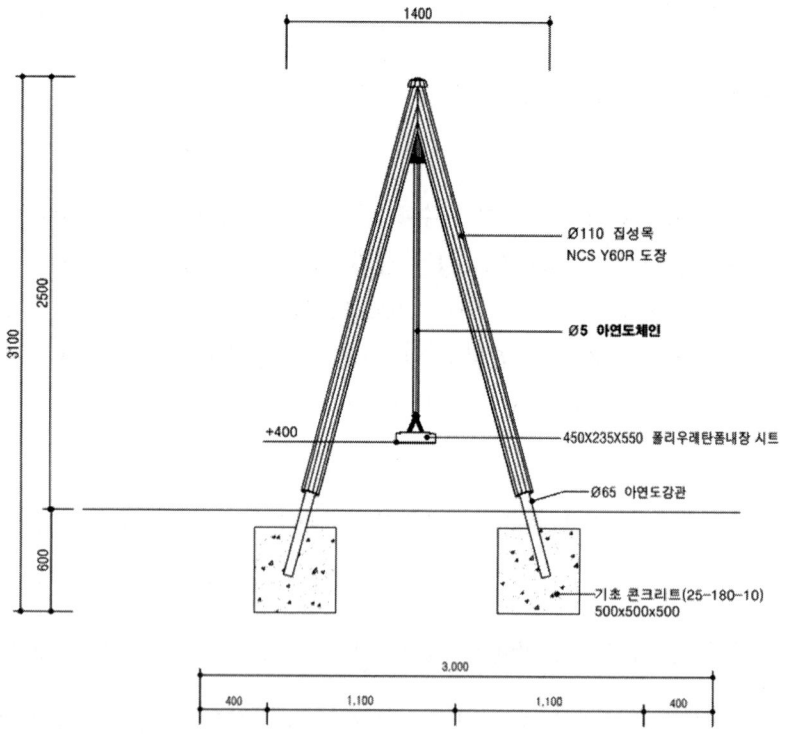

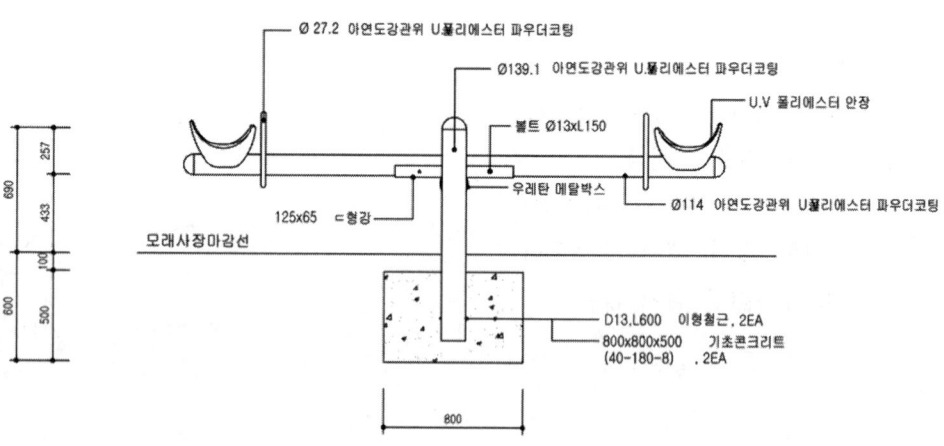

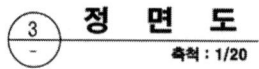

정 면 도
축척 : 1/20

④ 기타(제도 용지)
   - 제도 용지
     트레이싱 페이퍼
     A3(297 × 420mm) 일반용지 - 조경기능사 실기시험

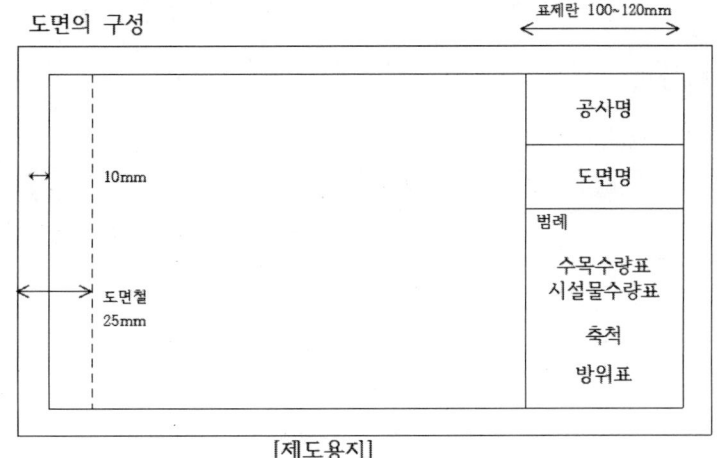

[제도용지]

4) 제도의 순서

도면 Size (축척)	도면의 윤곽선과 표제란 설정	도면 내용의 배치
도면에 나타낼 비율 = 축척(Scale) 배치도(1/100~1/600) 평면도(1/10~1/50)	1. 윤곽선 가장자리에서 10mm, 왼쪽은 25mm(도면 철 사용) 2. 표제란 오른쪽 하단 코너에 설정 or 오른쪽에 상하로 길게하거나 하단 좌우로 길게 공사명, 도면명, 범례, 축척, 설계자명, 도면번호, 설계 일시 등 기록	도면 내용의 위치가 정해지면 연필로 밑그림을 그리고, 다시 연필로 도면을 완성하거나 제도 잉크로 그린 다음, 표제란을 기입하여 완성.

① 도면의 크기 및 축척 결정
   - 배치도 : 1/150~1/600, 주택정원은 1/100
   - 상세도 : 1/10~1/50

② 도면의 윤곽선 및 표제란 설정
- 윤곽선 : 가장자리에서 10mm, 왼쪽은 25mm(도면 철 사용)
- 표제란 : 오른쪽 하단 코너, 오른쪽에 상하, 하단 좌우 등 기호에 맞도록 설정하며 기입내용으로 공사명, 도면명, 범례, 수목과 시설물의 수량표, 방위표, 축척, 설계자명, 도면번호, 설계 일시 등을 기입

5) 제도의 기초
① 선의 종류와 용도

종류	호칭	용도
――――――	실선	외형선: 물체에 보이는 부분을 나타내는 선 단면선: 절단면의 윤곽선
――――――	가는실선	치수선, 치수보조선, 지시선, 해치선: 설명, 보조, 지시 및 단면의 표시
·············	파선	보이지 않는 숨은선
― · ― · ―	1점쇄선	중심선, 기준선, 피치선 물체의 절단한 위치 및 경계표시
― · · ― · · ―	2점쇄선	가상선, 무게중심선, 광축선 물체가 있을 것으로 가상되는 부분 표시

② 선 긋기
- 선 긋기 연습
  선의 굵기와 진하기를 고르게 유지 연습
  시작과 끝이 일정한 속도와 힘을 유지,
  연필(펜)을 돌리면서 그어야 선의 굵기와 고르기가 일정 함
- 연필 잡는 법
  연필(펜)의 기울기는 제도판과 선을 긋는 방향 60° 정도 유지
  연필(펜)의 끝부분과 손끝까지 3~4cm 거리를 두고 엄지와 검지 첫째 마디로 가볍게 쥐어 연필(펜)의 회전을 용이하게 함

③ 제도 용구를 이용한 선 그리기
- 선의 길이, 시작과 끝을 예상하고 분명하게 작도.
- 선은 일관성과 통일성이 중요, 동일 목적일 경우 선의 굵기, 진하기가 동일하게 유지

- 왼쪽에서 오른쪽으로, 아래쪽에서 위쪽으로, 펜을 돌리면서 일정한 힘으로 작도

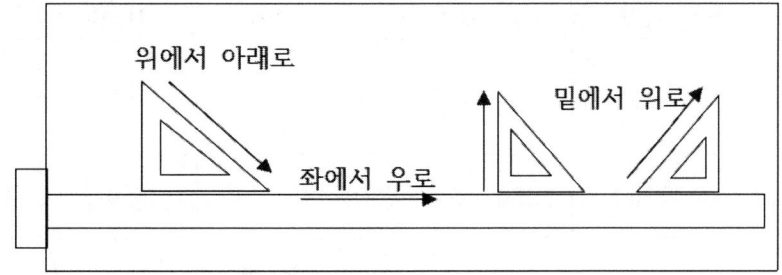

- 선의 연결과 교차 부분을 정확하게 작도
- 펜은 엄지와 검지 두 손가락을 이용하여 작도

④ 치수선 및 인출선 표시 방법
 - 치수 표시 방법
   단위(mm)는 표시하지 않으며 치수 기입은 치수선과 평행하게, 치수선과 치수보조선은 직각으로 표기
   도면의 왼쪽에서 오른쪽으로 읽어나가며
   치수 기입은 중간에 하고 수평은 상단에, 수직은 왼쪽에 기입
 - 인출선 표시 방법
   도면 내용을 자세히 기입할 수 없을 때 사용하는 선으로 조경설계에서는 수목별, 수량, 규격 등을 기입
   가는 실선을 사용하며 도면 내 모든 인출선은 굵기와 방향, 기울기를 동일하게 유지

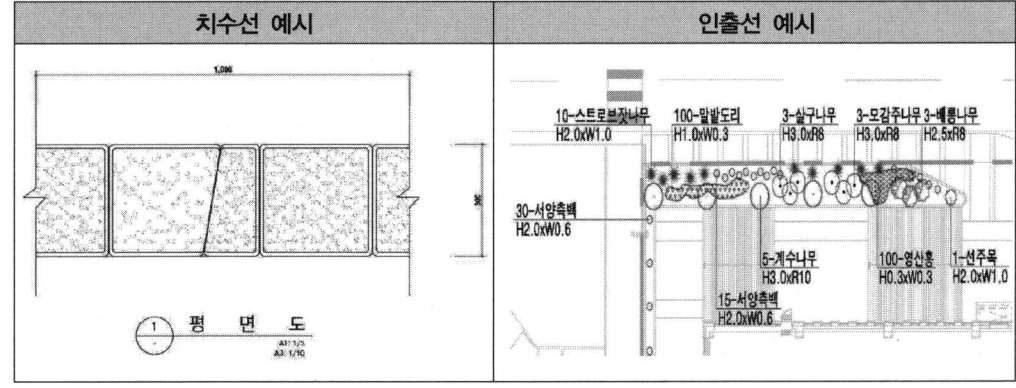

② 조경시설물

기호	시설명	규격	기호	시설명	규격
	평상	1750×1750×H570		파고라	4000×4000
	등의자	1800×660×H800		평의자	400×430×1800
	수목보호대	1000×1000		빗물받이	510×410
	볼라드	400×400×H400		평행봉	2800×800×H1650
	그네	4000×7240×270		녹지경계석	150×150×1000
	야외탁자	1800×1800×H900		포장경계석	150×150×1000
	집수정	400×400		배드민턴장	13400×6000
	사각파고라	4500×4500		농구장	12500×8000
	시이소오	3300×1920×H834		바닥분수	5000×5000
	흔들놀이	610~800×400		블럭포장	200×100×T60,80
	팔굽혀펴기	H300~400		철평석	T30
	배근력대	2000×1400×H730		벽천	H2000×4500
	연못	5000×5000		잔디블럭	T50,72

③ 재료별

기호	시설명	기호	시설명
▨	석재	▥	화강석판석
▨	강재	▦	석재타일
▨	벽돌일반	▦	전통벽돌
⊠	목재(구조재)	▦	소형고압블럭
▨	슬라브	▦	점토블럭
▦	자갈	▦	고무블럭
▨	잡석다짐	▭	우드블럭
▦	콘크리트	▦	투수콘크리트
▭	몰탈, 모래	▭	폴리우레탄
▦	지반	▦	해미석

④ 그 밖의 표시기호

도면에 방위(화살표의 방향과 북쪽 표시)와 축척(막대축적과 분수로 된 Scale)을 표시한다.

- 축척
- 방위

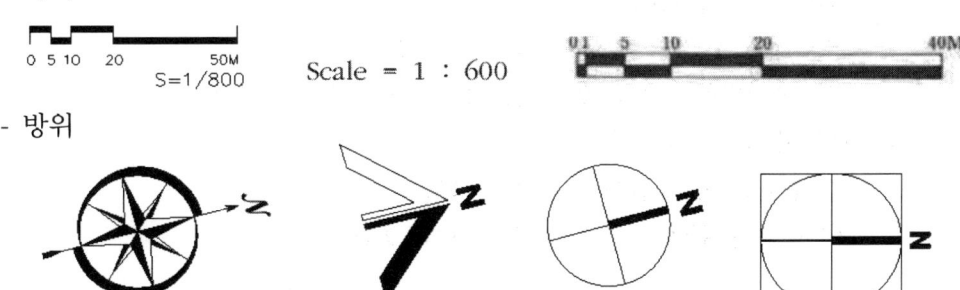

3. 설계도의 종류

1) 평면도
① 조경설계의 가장 기본적인 도면
② 물체를 수직 방향으로 투영된 모양을 일정한 축척으로 작도.
③ 2차원(2D) 계획의 전반적인 내용을 알기 위한 도면
④ 식재 평면도, 구조물 평면도, 배치도

2) 입면도
① 평면도와 관련시켜 입체적인 공간구성 가능.
② 정면도, 배면도, 측면도

3) 단면도
① 구조물을 수직으로 자른 단면을 표현
② 지상과 지하 부분, 시설물의 내부구조 표현

4) 상세도
① 세부 사항을 시공이 가능하도록 표현한 도면.
② 평면도나 단면도에 비해 확대된 축척 사용,
③ 재료, 공법, 치수 등 기입

5) 투시도
① 설계안이 완공되었을 경우를 가정하여 입체적인 그림.
② 1점투시(평행투시도)
   - 소실점이 1개인 가장 단순한 투시도
   - 방이나 복도를 그릴 때 사용
③ 2점투시(유각투시도)
   - 소실점이 두 개로 정해서 그리는 방법
   - 건물의 외관을 그릴 때 사용, 지평선에 대해 세로가 모두 수직
④ 3점투시(경사투시도)
   - 소실점이 3개로 높이의 왜곡이 생김
   - 아래 또는 위에서 보는 앵글로 그림, 조감도

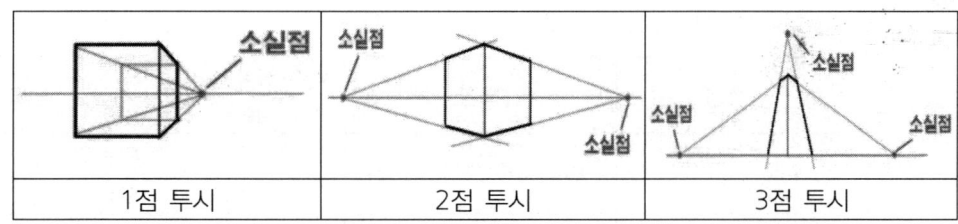

6) 스케치
   ① 공간의 구성을 일반인이 보기 쉽게 자연스럽게 그려 표시
   ② 설계안의 시공 완료 후 모습 예상하여 표현

7) 조감도
   ① 공간 전체를 사실적으로 표현하여 공간 구성을 쉽게 알 수 있도록 표현한 그림, 공중의 새가 보는 시점으로 그린 그림

8) 모형
   ① 모형의 종류
      - 계획이나 설계의 내용을 입체적으로 알아보기 위해 제작하는 것으로 스터디 모형과 전시모형으로 구분
      - 스터디 모형 : 설계과정 중 개략적인 형태를 알아보기 위하여 만드는 모형
      - 전시모형 : 설계 확정 후 설계내용이 완성된 실제 모습을 모형으로 제작
      - 최근 BIM(building information model) 설계로 전 단계에 걸쳐 3D모델 기반으로 설계 의도를 유지하고 품질을 확보
   ② 지형모형
      - 지형 분석을 통해 계획고에 따라 하드보드지, 코르크판, 스티로폼 등을 이용, 지형을 모형화

- 지형 모형의 재료와 도구

품명	특징	치수(폭×길이) (mm)	용도
스티로폼판 (styrofoam)	스티로폼 판으로 된 동판	600×900 450×450	• 모형의 지반, 바닥, 벽 전경 등
스티렌 페이퍼 (styrene paper)	발포 스티로폼의 얇은 판으로 재질은 스티로폼 보다 치밀하고, 표면이 평활하며 광택이 있다.	570×800	• 사용범위가 넓음 • 모형의 지형, 건물 전반적 형태 표현 등
우드락판 (woodrak panel)	재질이 치밀하여 세밀한 절단이 가능.	570×800	• 사용범위가 넓음 • 모형의 지형, 벽, 지붕, 바닥 등

- 지형 모형의 제작 과정

  a. 지도에서 지형 모형을 제작할 부분의 경계를 확정한다.
  b. 경계선은 제작을 편하게 하기위해 직사각형 또는 정사각형의 단순한 형태로 정한다.
  c. 등고선의 간격을 고려하여 스티로폼판의 두께를 정한다.
  d. 스티로폼판의 두께는 지형모형에서 지형의 수직 높이가 된다. e. 스티로폼판의 두께는 다음과 같이 계산한다.
   스티로폼판의 두께(T) = 등고선의 간격(H) × 지도상의 축척(S)
   예 1/5000 지도상에서 등고선 가격이 5m일 경우
     5m × 1/5000 = 0.001m
             = 1mm
  f. 지형의 최고 표고와 최저 표고를 파악하여 등고선 개수만큼의 스티로폼의 판수를 정한다.
  g. 판수가 너무 많을 때에는 등고선의 간격을 2~5개마다 1판으로 통합하여 제작하는 것이 좋다.
  h. 스티로폼판 위에 유성 매직 펜 또는 볼펜을 사용하여 절단해야 할 등고선을 그린다.
  I. 니크롬 열선 절단기나 칼을 사용하여 등고선의 형태로 절단한다.
  j. 절단순서는 지형의 아래 놓여진 판부터 순차적으로 절단하여 차례로 모서리를 맞추어 쌓아 나간다.
  k. 절단 작업이 끝나면 아래쪽에서부터 스티로폼에 접착제를 바르고, 2~3분 정도 건조시켜 접착제가 약간 굳어진 듯할 때 모서리를 정확하게 맞추어 손바닥으로

압박시키면서 접착해 나간다.
1. 접착 작업이 끝나면 칼과 샌드페이퍼를 사용하여 모형의 모서리를 다듬어 마감한다.

9) 컴퓨터를 이용한 설계
① 문서작성
- MS워드, 엑셀, 한글, 파워포인트

② 설계도면 입력, 편집, 출력
- CAD, ZWCAD

③ 투시도, 스케치, 조감도
- 포토샵, 일러스트, 스케치업

④ 토지, 생태, 현황정보
- GIS(지리정보시스템), 비오톱지도, 도시생태현황지도

3장. 조경설계 과정

1. 개념

1) 조경계획안의 각 부분들이 세부적으로 기본 설계와 실시 설계의 과정을 거쳐 발전
2) 공간과 동선의 형태를 점차적으로 확정, 명확한 치수와 재료 및 구조 등을 결정하고 설계 기준 치수를 적용하여 완성
3) 설계가의 경험과 지식을 통한 반복적인 형태의 연습, 가장 적합한 형태를 찾는 과정.

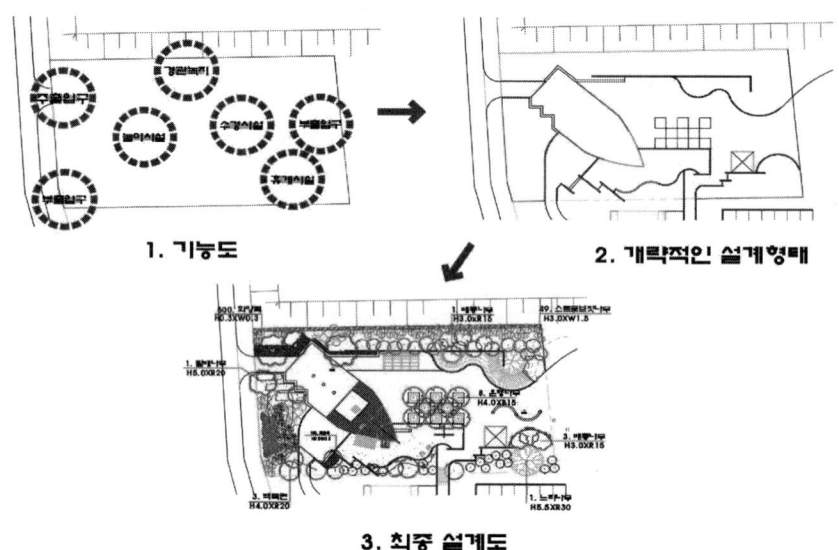

2. 동선설계

1) 동선의 성격과 기능

- 연결기능 : 공간 내에서 사람 또는 차량의 이동 경로를 연결
- 분리 및 차단 기능 : 관련성이 적거나 없을 때에는 공간을 분리
- 동선 설계의 기본 : 가급적 단순하고 명쾌, 성격이 다른 동선은 반드시 분리, 가급적 교차를 피하고, 이용도가 높은 동선은 짧게 구획

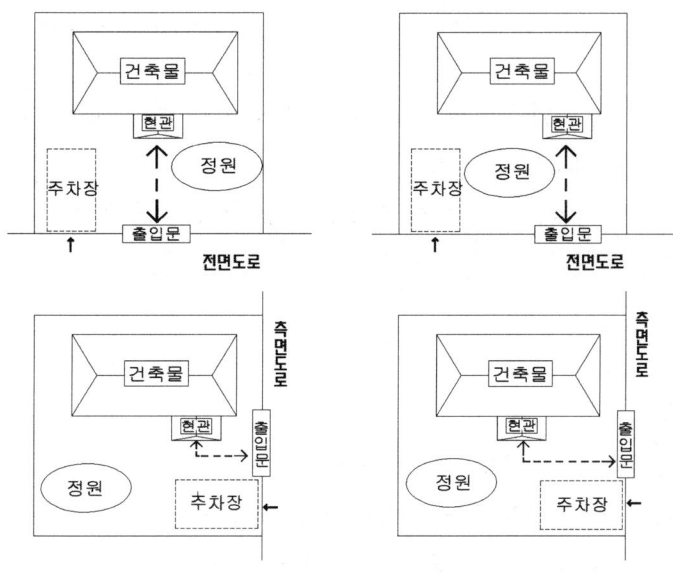

주택정원 유형별 원로진입 설계

2) 동선 체계의 수립

① 공간의 위계를 두어 주·부 동선, 산책 동선 등으로 구분,

② 차량, 보행자 등의 유형별로 구분, 배치형태를 체계적으로 구상

3) 폭원의 결정

① 부지의 규모와 통행량을 고려하여 결정.

② 산책로(원로) 폭의 설계 기준 적용

[표] 공원 원로 폭의 설계기준

설계 기준	폭	비고
보행자와 트럭 1대가 함께 통행 가능	6m 이상	회전 반지름 : 6m
관리용 트럭 통행 가능	3m	공원 내 차도의 최소 폭
보행자 2인이 나란히 통행 가능	1.5~2m	
보행자 1인이 통행 가능	0.8~1m	

4) 산책로(원로)의 배치 및 설계 과정

① 시점과 종점을 정하고, 시점과 종점 사이에 굴곡이 지는 점을 정하여, 이 점들을 연결하는 노선 배치 중심선을 작도.

② 노선 배치 중심선을 기준으로 원로 폭의 1/2로 좌우 대칭되는 점을 찍고, 이 점들을 연결하여 원로의 형태를 작도.

③ 굴곡이 지는 부분이 적당한 회전 반지름을 적용하여 각도를 완화시켜 원로의 형태를 완성.
④ 콘크리트, 고압 블록, 벽돌, 자연석, 판석, 화강석 등의 재료 중에서 선정된 포장재료를 표현하고 재료명을 표기.
⑤ 축척 1/100 이하의 경우, 원로 경계부에 경계석을 이중선으로 표기, 경계를 명확하게 표시.

3. 공간설계

1) 공간 설계의 과정
① 공간 설계와 동선 설계는 밀접한 관계
② 부지 내에 원로 배치로 여러 세부 공간으로 구획.
③ 공간별 용도를 결정, 시설물 설치 공간 확보, 부지 경계 주변으로 식재 공간을 구분
④ 시설물 설치 공간, 기능과 유형에 따라 적합한 시설물을 배치공간의 형태와 시설물 배치 확정.
⑤ 기능적, 미적인 측면 고려, 공간 형태의 최선안으로 완성.

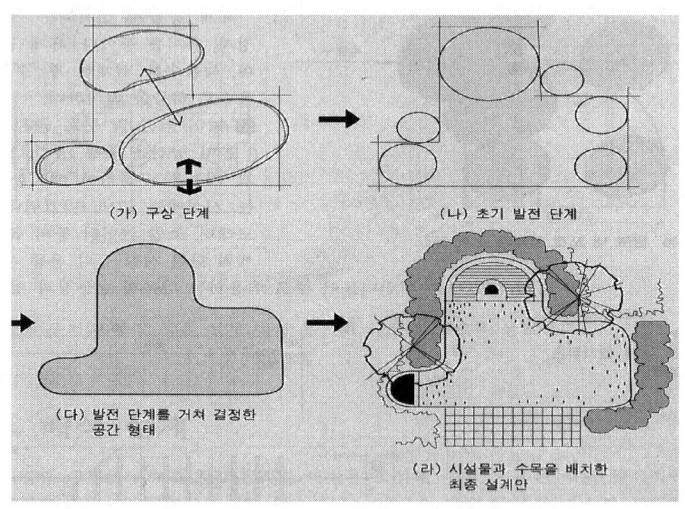

[그림] 공간설계의 과정(예)

2) 공간 유형별 설계
① 구분
   - 정적인 휴게 공간
   - 동적인 운동 및 놀이 공간
   - 완충공간

② 휴게 공간
- 보행 동선이 합쳐지는 공간, 눈에 잘 띄는 공간, 경관이 양호하거나 전망이 좋은 지점에 설치.
- 벤치, 퍼걸러, 정자, 휴지통 등 시설물 설치 공간 확보
- 바닥 재질은 디딤석 또는 투수성 포장,
- 그늘 조성을 위한 녹음수를 식재, 수목 보호대를 설치, 음수로 하목을 군식

③ 놀이 및 운동 공간
- 놀이 공간은 운동 공간, 놀이 공간, 휴게 공간 등 기능 구분.
- 그네, 미끄럼대, 시소, 정글짐, 사다리, 모래터, 조합 놀이터 등이 놀이공간에 배치
- 운동시설 철봉, 평행봉, 체력 단련 시설 등
- 운동공간에는 어린이용 다목적 운동장, 청소년들이 주로 이용하는 각종 구기운동장 등 부지의 규모에 따라 계획 설치

4. 배식 설계(Planting Design)

1) 식재의 기능

① 건축적 기능
- 사생활보호 기능
- 차폐 기능
- 공간분할 기능
- 빛공해 조절 기능

② 공학적기능
- 토양 침식 조절 기능
- 방음 및 차음 기능
- 대기정화 및 미세먼지 저감 기능
- 기후조절
- 바람, 소음, 공기정화

③ 환경적 기능
- 복사열 저감
- 온도 및 바람 조절

④ 미적기능
- 도시쾌적성

- 도시구조 위화감 완화
- 녹색갈증 해소

⑤ 기능에 따른 적용 수종

[표] 식재기능별 적용수종

구분	수종 요구 특성	적용 수종
경계식재	잎과 가지가 치밀하고 전정에 강한 수종 생장이 빠르며 유지관리가 용이한 수종 아래 가지가 말라 죽지 않는 상록수	잣나무, 서양측백, 화백, 스트로브잣나무, 명자나무, 무궁화, 감나무, 보리수, 사철나무, 대추나무, 자작나무, 참나무류 등
녹음식재	지하고가 높은 낙엽 활엽수 병충해, 기타 유해 요소가 적은 수종	회화나무, 피나무, 느티나무, 은행나무, 물푸레나무, 칠엽수, 가중나무, 느릅나무, 일본목련, 백합나무, 버즘나무 등
요점식재	꽃, 열매, 단풍 등이 특징적인 수종 수형이 단정하고 아름다운 수종 강조(accent)요소가 있는 수종	소나무, 반송, 섬잣나무, 주목, 모과나무, 배롱나무, 단풍나무 등
차폐식재	지하고가 낮고 잎과 가지가 치밀한 수종 전정에 강하고 유지관리가 용이한 수종 아래가지가 말라 죽지 않는 상록수	주목, 잣나무, 서양측백, 화백, 측백, 쥐똥나무, 사철나무, 옥향, 눈향나무 등

⑥ 수목의 식재 간격 및 밀도

[표] 조경수목의 식재 간격 및 밀도

구분	식재간격(m)	식재밀도
대교목	6	
중·소교목	4.5	
작고 성장이 느린 관목	0.45~0.6	3~5주/㎡
크고 성장이 보통인 관목	1.0~1.2	1주/㎡
성장이 빠른 관목	1.5~1.8	2~3주/㎡
생울타리용 관목	0.25~0.75	1.4~4주/㎡
지피·초화류	0.2~0.3	11~25주/㎡
	0.14~0.2	25~49주/㎡

2) 정형식 배식
    ① 단식
        - 단독 식재 또는 점식
        - 진입부나 건물 현관 앞의 중앙, 시선을 유도하는 축의 종점 등 중요한 위치에 생김새가 우수하고, 중량감을 갖춘 정형수를 단독으로 식재하는 수법.

    ② 대식
        - 시선축의 좌우에 같은 형태, 같은 종류의 나무를 대칭 식재
        - 정연한 질서감을 표현.

    ③ 열식
        - 동일 수종과 형태의 나무를 일정 간격으로 직선상에 식재
        - 식재 간격이 좁을 때 수목의 연속성이 높아져 차폐효과 기대

    ④ 교호식재
        - 두 선상의 일렬 또는 어긋나게 배치하여 식재하는 수법

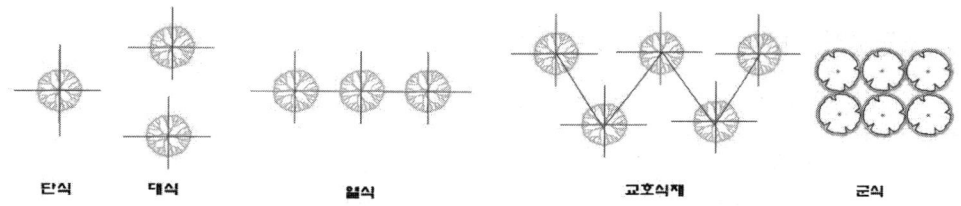

3) 자연식 배식 형태
    ① 부등변 삼각형 식재
        - 3주의 나무를 부등변 삼각형의 3개의 꼭지점에 해당하는 위치에 식재하는 방법.

    ② 임의식재(random식재)
        - 대규모의 식재 구역에 배식 시 활용
        - 부등변 삼각형 식재를 기본 단위로 확장, 연결해 나가는 방법

    ③ 모아심기
        - 자연 상태의 식생 구성을 모방
        - 수종, 크기, 수형이 다른 두 가지 이상의 수목을 모아 무더기로 한 자리에 식재하는 방법
        - 평면적인 형태는 자연스럽고 부드러운, 유기적 형태 이용

④ 배경 식재
- 경관의 배후에 식재군을 조성, 배경으로 구성하는 방법.

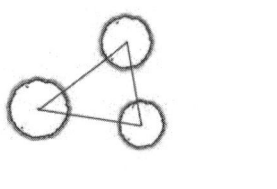

부등변 삼각형 식재

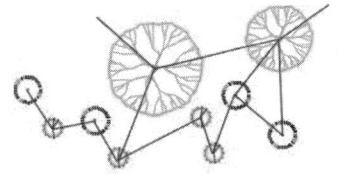

임의 식재

모아심기

[자연식 배식의 구성단위]

5. 조경설계 기준

1) 구조물 설계 기준

① 조경구조물 계단, 경사로, 플랜터, 옹벽, 연못, 분수, 벽천 등
② 인간척도 반영, 외부 공간과 건물의 비례
③ 공간의 경관 특성 및 주변 환경과 조화

2) 계단 설계

① 발디딤 너비와 발판 높이, 계단참, 안전 난간
  - $2h + w = 60~65cm$
  * 발판높이 h(15cm이하), 너비를 w(30cm이상)

② 계단 물매 30~35° 적정
  - 높이는 3m 초과시 너비 1.2m 계단참 설치.

③ 바닥면으로 부터 2m 이내 장애물 제거.
  - 높이 1m 이상인 계단의 개방된 측면에 안전난간 설치

3) 경사로 설계

① 신체장애자 휠체어 고려, 경사로 너비는 최소한 1.2m 이상, 적정 너비는 1.8m
② 경사로 물매는 8% 이내, 8% 이상 시 난간 병행 설치

4) 포장 설계 기준

① 공간의 경계를 구획 또는 통합하는 기능
② 부드러운 재료
 - 쪼갠 돌, 흙, 잔디, 강자갈, 마사토
③ 딱딱한 재료
 - 아스팔트, 콘크리트, 콘크리트 타일과 벽돌 등
④ 중간느낌의 재료
 - 조약돌, 판석, 벽돌, 나무 등
⑤ 포장은 색채, 질감 및 문양에 변형으로 특징 있는 공간 설정 가능
⑥ 보행 억제 공간에 판석, 조약돌 등 거친 표면의 재료를 사용
⑦ 빠른 보행속도를 유지해야 하는 공간에 아스팔트, 콘크리트, 블록과 같은 재료 사용
⑧ 주차장이나 차량이 통과하는 곳 내구성 재료 사용
⑨ 포장면 표면 배수 2% 이상 확보

5) 시설물 설계 기준

① 안내, 휴식, 편익, 조명, 경계, 관리 등 옥외 시설물
② 특징적 형태와 색채, 공간 전체의 조화와 통일성을 유지 필요
③ 인간공학에 근거, 인체 치수 적용, 기능적으로 편리성 추구

4장. 유형별 조경계획 및 설계

1. 주택(단독, 전원주택, 별장)의 조경

1) 정원의 구성
- 진입로, 동선, 주택, 앞마당, 뒷마당. 담장, 주차공간

2) 진입로
- 대문과 현관의 위치, 축, 높이, 방향

3) 동선
- 출입구, 녹지, 건물과의 기능적, 미적 측면 고려
- 동선의 폭, 재료, 선형

4) 마당

① 전정(앞마당, 앞뜰)
- 대문과 현관문 사이의 공간, 공적인 공간에서 사적인 공간으로의 전이공간, 입구감 조성, 상징성 있는 조형물 및 수목 배치

② 주정(안마당, 안뜰)
- 응접실 및 거실에서 조망이 가능한 공간, 정원의 중심, 동적인 공간 활용 가능, 휴게, 놀이, 편의, 운동시설 설치 가능한 공간, 주요시설로 퍼골라, 로툰다, 정자. 야외탁자. 의자류, 바비큐장, 연못 등 수경시설, 조형 수목 배치

③ 후정(뒷마당, 뒤뜰)
- 시각적, 기능적 차단, 사생활보호, 조선시대 중엽이후 풍수설에 따라 중요시 되던 공간, 장독대, 채원, 창고, 냉난방제품 외기 시설, 통로

5) 주차공간
- 지하주차장, 옥외주차장
- 차고의 규모는 2.2~2.4m(높이) × 3~4m(가로) × 6~7m(세로)

6) 주택정원 설계

식 재 계 획 도

■ 식재수량표 (정원내부)

구분	기호	품명	규격	단위	수량	비고
상록교목		소나무(가브리)	R35~40	주	3	
		소나무(둥근형)	H2.0xW2.5	주	1	
		소나무(둥근형)	H1.0xW1.5	주	2	
		소나무(조형)	30~40	주	4	
		상록교목합계		주	10	
낙엽교목		공작단풍	R20~25	주	1	
		대추나무	H2.5xR5	주	1	
		모과나무	H3.0xR8	주	3	
		목련	B8	주	3	
		배롱나무	H2.5xR5	주	9	신규및추가
		이팝나무	H3.0xR8	주	5	신규및추가
		청단풍	H2.5xR8	주	9	신규및추가
		낙엽교목합계		주	31	
		교목합계		주	41	
상록관목		사철나무	H1.2xW0.4	주	200	신규및추가
		회양목	H0.3xW0.3	주	400	"
		상록관목합계		주	600	
낙엽관목		보리수	H2.0xR4	주	2	
		수수꽃다리	H1.5xW0.5	주	50	"
		백철쭉	H0.3xW0.4	주	400	"
		병꽃나무	H1.0xW0.4	주	50	"
		영산홍	H0.3xW0.4	주	400	"
		자산홍	H0.3xW0.3	주	400	"
		쥐똥나무	H1.2xW0.3	주	200	"
		낙엽관목합계		주	1,502	
		관목합계		주	2,102	
지피		기린초	3치포트	본	200	"
		꽃잔디	3치포트	본	200	"
		맥문동	3~5분얼	본	1,000	"
		비비추	2~3분얼x8cm	본	200	"
		빈카마이너	4치포트	본	300	"
		상록패랭이	3치포트	본	200	"
		수호초	4치포트	본	200	"
		아주가	3치포트	본	200	"
		원추리	2~3분얼x8cm	본	200	"
		지피합계		본	2,700	"
기타		잔디(평떼)	0.3*0.3*0.03	M2	112.2	"

■ 식재수량표 (정원외부)-계곡측

구분	기호	품명	규격	단위	수량	비고
상록관목		사철나무	H1.2xW0.4	주	100	신규및추가
		회양목	H0.3xW0.3	주	500	"
		상록관목합계		주	600	
낙엽관목		수수꽃다리	H1.5xW0.5	주	200	
		백철쭉	H0.3xW0.4	주	200	"
		병꽃나무	H1.0xW0.4	주	200	"
		영산홍	H0.3xW0.4	주	300	"
		자산홍	H0.3xW0.3	주	300	"
		쥐똥나무	H1.2xW0.3	주	200	"
		낙엽관목합계		주	1,400	
		관목합계		주	2,000	
지피		기린초	3치포트	본	200	"
		맥문동	3~5분얼	본	500	"
		비비추	2~3분얼x8cm	본	200	"
		상록패랭이	3치포트	본	200	"
		아주가	3치포트	본	200	"
		원추리	2~3분얼x8cm	본	200	"
		지피합계		본	1,500	
기타		벌목공사	제거 및 반출	식	1.0	(경관부포함)

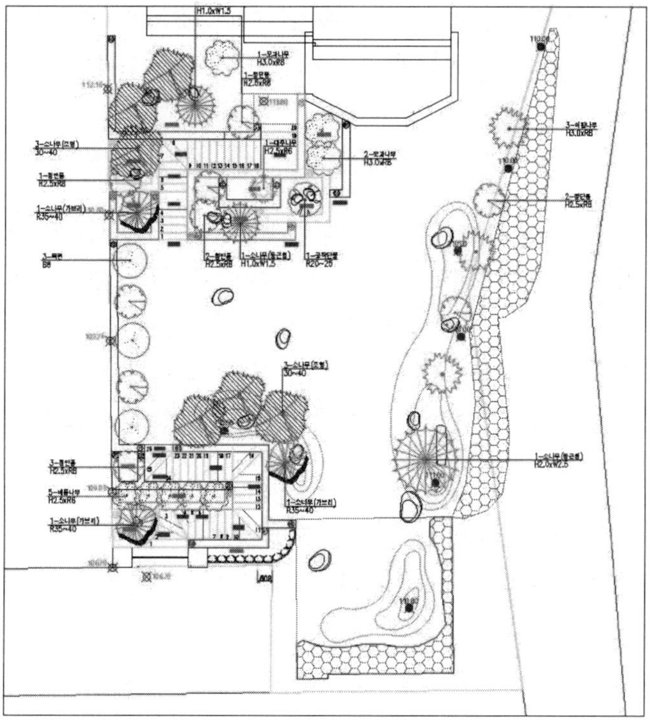

2. 공동주택의 조경

1) 공동주택의 특성

① 공동주택은 다양한 사람들이 주거하는 곳으로 다수가 공동으로 이용하는 정원시설 계획 및 설계

② 입주민의 의식 및 경제수준, 생활양식, 가족 구성원의 내용에 따라 정원의 성격이 달라짐

③ 공동주택의 정원은 공동주택의 브랜드, 이미지 등으로 인한 자산증식의 및 문화 형성에도 영향

2) 공동주택의 설계기준

① 주요공간구분
- 주·부 출입구, 광장, 커뮤니티시설, 어린이놀이터, 유아놀이터, 경노당, 운동 및 체육시설, 휴게시설, 재활용품보관소, 자전거보관소, 주택건축물, 간선, 지선 도로, 산책로, 공개공지, 비오톱가든, 녹지 등으로 공간 구성

② 세부정원요소
- 문주, 미술장식품, 광장, 수경시설(연못, 바닥분수, 계류 등), 휴게시설(퍼골라, 의자류, 정자, 앉음벽, 그늘막 등), 놀이시설(조합놀이대, 흔들놀이, 시이소오 등), 편의시설(티하우스, 키즈가든, 재활용품보관소 등), 운동시설(인조잔디구장, 퍼팅그린, 베드민턴장, 게이트볼, 운동기구류 등), 수경시설 (분수, 연못, 벽천, 계류, 미러폰드, 폭포 등), 수목(국토부고시 조경기준, 지자체 조례 대지안의 조경, 최소수량 식재기준)

③ 공동주택 식재 설계
- 주·부 출입구 : 대형목, 조형목, 정자목 등으로 입구감 강조
- 광장 : 열린공간, 조형파고라, 커뮤니티 시설과 연계, 수경시설과 연계, 석가산등 조형시설과 연계
- 녹지 : 건축물 전, 후면, 경관, 차폐 등 미관 및 기능 식재, 각 동 균등하게 수목 배치, 계절감을 나타낼 수 있는 수종
- 단지내 도로 : 가로수, 화목류 식재
- 어린이놀이터: 화목류, 가시가 없고, 가지가 연한 수목
- 재활용품보관소 : 차폐식재
- 단지 경계 : 전지·전정에 강한 생울타리 식재

3. 공원

1) 공원의 분류
- 자연공원(자연공원법)과 도시공원(도시공원법)으로 구분

2) 자연공원의 유형
- 국립공원, 도립공원, 광역시립공원, 군립공원, 시립공원, 구립공원, 지질공원
- 1967년 12월 지리산 국립공원 우리나라 최조로 지정
    *미국의 최소 자연공원:1868년 캘리포니아 요세미티 공원
     자연공원의 지정기준 : 자연생태계, 자연경관, 문화경관, 지형보전, 위치 및 이용 편의

3) 도시공원의 유형

① 국가도시공원

국가가 지정하는 공원으로 공원 부지 면적 300만㎡ 이상

지방자치단체가 해당 공원 부지 전체의 소유권 확보

운영 및 관리 등 8명 이상의 전담 인력

공원시설로 도로, 광장, 휴양, 편익, 공원관리시설 및 장애인, 노인, 임산부 등 교통약자를 위한 편의시설

② 생활권 공원
- 소공원 : 소규모 토지를 이용, 도시만의 휴식 및 정서함양 위해 설치하는 공원
- 어린이공원 : 어린이의 보건 및 정서생활의 향상에 이바지 하기 위하여 설치하는 공원
  - 설치기준으로 유치거리 250m이하, 면적 1,500㎡이상,
    놀이시설 면적은 전체 면적의 60%이내, 500세대 이상의 단지의 경우 화장실과 음수대 설치
- 근린공원 : 근린 거주자 또는 지역생활권 거주자의 보건·휴양 및 정서 생활의 향상에 이바지하기 위해 설치하는 공원

③ 주제공원
- 역사공원 : 도시의 역사적 장소나 시설물, 유적·유물 등을 활용하여 도시민의 휴식·교육을 목적으로 설치하는 공원
- 문화공원 : 도시의 각종문화적 특징을 활용하여 도시민의 휴식·교육을 목적으로 설치하는 공원
- 수변공원 : 도시의 하천가·호숫가 등 수변공간을 활용하여 도시민의 여가·휴식을 목적으로 설치하는 공원
- 묘지공원 : 묘지 이용자에게 휴식 등을 제공하기 위하여 일정한 구역에 따른 묘지와 공원시설을 혼합하여 설치하는 공원
- 체육공원 : 주로 운동경기나 야외활동 등 체육활동을 통하여 건전한 신체와 정신을 배양함을 목적으로 하는 공원
- 도시농업공원 : 도시민의 정서순화 및 공동체의식 함양을 위하여 도시농업을 주된 목적으로 설치하는 공원

구분		공원 면적	시설부지 면적
생활권공원	소공원	전부 해당	20% 이하
	어린이공원	전부 해당	60% 이하
	근린공원(1)	3만㎡ 미만	40% 이하
	근린공원(2)	3만~10만㎡	40% 이하
	근린공원(3)	10만㎡ 이상	40% 이하
주제공원	역사공원	전부 해당	제한 없음
	문화공원	전부 해당	제한 없음
	수변공원	전부 해당	40% 이하
	묘지공원	전부 해당	20% 이하
	체육공원(1)	3만㎡ 미만	50% 이하
	체육공원(2)	3만~10만㎡	50% 이하
	체육공원(3)	10만㎡ 이상	50% 이하
	조례가 정하는 공원	전부해당	제한 없음

- 그 밖에 특별시·광역시·특별자치시·도·특별자치도 또는 서울특별시·광역시 및 특별자치시를 제외한 인구 50만 이상 대도시의 조례로 정하는 공원

4. 골프장, 사적지 조경

1) 골프장의 성격

① 자연경관이 우수한 곳에 위치, 쾌적한 환경속에서 운동을 겸한 시민공원의 역할
② 녹지 체계의 연속성, 도시 녹지 역할

2) 골프장의 분류

① 회원권의 유무에 따른 분류
- 대중제(퍼블릭) : 누구나 예약 및 이용 가능한 골프장
- 회원제(멤버십) : 골프장에 소속된 회원과 일행만 이용 회원에게 우선 예약권을 주는 골프장

② 시설의 규모에 따른 분류
- 컨트리클럽(CC) : 골프코스 및 기타 부대시설(스키장, 수영장, 헬스장 등)
- 골프클럽(GC) : 클럽하우스와 골프코스로 구성
- 골프 앤 리조트(GR) : 골프코스, 클럽하우스, 기타 부대시설(스키장, 수영장, 헬스)과 숙박시설 등의 리조트 시설
- 토너먼트 플레이어 클럽(TPC) : 골프대회를 공식적으로 치를 수 있는 시설

3) 설립목적에 따른 구분

① 링크스(Links) : 해안가 황무지에 위치한 골프장

② 씨사이드(Seeside) : 오션뷰(Oceanview, 바다조망) 코스 등 바닷가 옆에 조성된 골프장

③ 듄스(Dunes) : 바람에 의해 운반된 모래 봉우리 언덕의 골프장

④ 파크랜드(Parkland) : 울창한 산림과 수목환경에 둘러싸인 골프장으로 우리나라 대부분의 골프장

⑤ 챔피언십(Championship) : 투어대회를 개최할 수 있는 골프장

⑥ 파(Par) 3코스) : 짧은 코스, 숏게임 코스로만 이루어진 골프장

3) 골프장의 설계 기준

① 골프장의 구성 요소
- 골프 코스 : 길이가 서로 다른 18홀(Hole)로 구성, 1~9번 홀의 아웃 코스와 10~18번 홀의 인코스), 총 길이 6,500야드(6,000m), 60~80만㎡
- 홀(Hole)의 구성 : 티(Tee)그라운드, 페어웨이(Fairway), 러프(Rough), 해저드(Hazards), 그린(Green)
- 게임 방식 : 다양한 환경과 길이, 18홀 중 Par5홀 4개, Par4홀 10개, Par3홀 4개로 파(Par) 72개를 기본 타수로 가장 적게 홀컵에 넣는 선수가 승리하는 게임

② 홀의 배치
- 코스의 장방형이 남북 방향, 풍향 고려한 배치
- 방위는 남사면, 남동사면이 잔디 생육에 고려한 배치.
- 홀의 경사가 하향일 경우 15%, 상향일 경우 10% 이내 유지

4) 식재계획

구분	위치	수목	식재형식
자연수림대	기존 수림지, 홀 구분, 진입도로변	소나무, 참나무등 기존 수림대의 수목, 부정형 및 다간형의 자연형 수목	다양한 규격, 다양한 수종, 자연형 수림대, 야생 관목류 하부식생
초지 및 관목 수림대	코스 외 지역(티 주변, 티와 페어웨이	억새, 수크렁, 띠풀, 핑크뮬리, 꽃잔디 등 초지 조성, 싸리, 조팝, 수국, 히어리, 좀작살, 개쉬땅, 덜꿩나무 등	지형미와 조화, 관목 및 초지 경관, Links 골프장
경관식재	티 주변 그늘목, 페어웨이 주변, 거리지목, 요점식재	소나무, 느티나무, 참나무, 왕벚나무, 단풍나무, 팽나무 등 조형대교목	독립수, 3~4주 조합 식재, 경관의 중심 역할

5. 사적지 조경

1) 사적지의 개념

① 기념물 중 유적 · 제사 · 신앙 · 정치 · 국방 · 산업 · 교통 · 토목 · 교육 · 사회사업 · 분묘 · 비 등으로서 중요한 것

* 기념물 : 패총, 고분, 성지, 궁지, 요지, 유물포함층 등의 사적지로서 역사상, 학술상 가치가 큰 것, 경승지로서 예술성, 관람상 가치가 큰 것 및 동물(서식지, 번식지, 도래지 포함), 식물(자생지를 포함), 광물, 동굴로서 학술상 가치가 큰 것

② 문화재로 지정된 역사적인 유적 · 고적 · 기념물을 보존할 목적으로 구획된 토지
③ 역사적으로 중요한 사건이나 시설의 자취가 남아있는 곳

2) 사적지의 유형

① 고대 유적 : 패총, 인류 정주지, 고인돌, 입석
② 제사, 신앙에 관한 유적 : 사당, 제단, 절터, 향교지 등
③ 정치, 국방에 관한 유적 : 고궁, 고도, 궁전지, 망루, 성곽, 객사
④ 산업, 교통, 토목에 관한 유적 : 도요지, 시장지, 옛길, 다리, 둑, 제방, 석표
⑤ 기타 : 원지, 분천, 수정, 분묘, 비석, 별서

3) 사적지 설계 기준

① 자연지형의 변화 및 훼손이 없는 범위 내에서 설계하며, 사적지 주변의 지역에서 활용되도록 고려
② 역사 문화유적의 시대적 배경에 부합하도록 역사성에 어울리는 소재, 디자인 요소, 마감방법 등을 고려
③ 왕궁의 석재는 장대석 및 각석 사용, 그 외 자연형, 자연석, 호박석 사용
④ 계단은 통나무, 화강암, 넓적한 자연석을 이용
⑤ 안내판류는 문화재청의 지침에 따라 설치
⑥ 모든 시설물은 시멘트를 노출시키지 않음
⑦ 사적의 복원은 최대한 원형 유지에 초점
⑧ 문헌 및 역사적 사실에 근거, 철저한 고증에 의한 복원
⑨ 식재설계
 - 사찰, 경내, 성곽 및 건축물 주변, 묘역 큰 나무 미식재

6. 생태복원

1) 개념
① 생물종과 생물이 살아가는 곳(서식지)을 훼손 이전의 상태로 구조와 기능을 되돌리는 것
② 복원 대상지로 도로, 하천, 습지, 해안, 광산의 훼손지, 비탈면 복원 등

2) 생태복원 유형 및 방법
① 복원(restoration)
  - 원래의 상태 혹은 위치, 훼손되지 않은 온전한 생태로 되돌리는 활동, 생태복원의 목표

② 복구(rehabilitation)
  - 생태계의 구조와 기능을 훼손 이전의 유사한 상태로 되돌리는 것으로 복원과는 완전성에서 차이

③ 대체(replacement)
  - 각종 개발사업 등에 의해서 불가피하게 훼손되거나 영향을 받는 생태계를 다른 지역에 조성해 주는 것

④ 창출(creation)
  - 훼손 등의 여부와는 상관없이 생태계를 지속적으로 유지하지 못했던 지역에 지속성이 높은 생태계를 만들어 내는 것

3) 식생복원
① 자생종 사용 원칙
② 복원할 지역의 환경조건을 충분히 고려
③ 식물상 및 식생 도입 목적에 적합한 종 선정
④ 기후변화 대응 방안 고려, 탄소흡수능력이 높은 수종 도입
⑤ 훼손지 및 척박한 지역에는 질소고정식물 함께 식재
⑥ 외래종은 억제하되 장기적으로 외래종 도입에 따른 생태적 문제를 검토하여 보완 대책을 마련 후 도입 가능성을 검토
⑦ 식물간 경쟁이 심한 종들은 분산 배식
⑧ 동물상의 목표종이 있을 경우 목표종 서식에 적합한 종 식재
⑨ 복원 지역 면적에 따른 군집의 크기 고려

4) 서식지 복원

① 목표종의 분포현황과 서식지 분석
② 서식지의 위치, 규모, 형태, 서식요소 등을 고려하여 공간 배치
③ 물리적 서식환경(규모, 구성비율, 공간배치) 확보
④ 생물적 서식환경(먹이, 공간, 은신처, 물) 조성

5) 서식지의 생태적 연결성 확보

① 서식지와 주변환경과의 상호작용, 서식지 내 상호작용, 생태계 균형을 고려한 먹이그물 형성되도록 조성
② 생물의 이동이 가능하며 그 자체로 서식지의 기능을 갖도록 하며 자연성을 고려한 자연소재 사용
③ 생태통로는 입지, 목표종 등에 따라 이동이 가능한 육교형, 암거형, 지하통로형 등의 유형, 식생피복, 유도휀스, 생울타리, 수림대, 차폐 및 차단시설 조성으로 동물들의 거부감을 최소화

7. 옥상조경

1) 개념

① 인공지반 조경 중 지표면에서 2m 이상인 곳에 설치한 조경으로 발코니에 설치한 화훼시설을 제외
② 인공적인 구조물 위에 인위적인 지형, 지질의 토양층을 조성, 수공간, 식물을 심어 녹지공간 조성
③ 도심의 부족한 녹지공간을 확보하기 위해 인공지반을 활용, 녹지량 확대

2) 옥상정원의 효과

① 환경적 효과
 - 대기질 개선, 도심 생태계 복원, 열섬완화, 도심속 소음저감, 도시 홍수 예방
② 경제적 효과
 - 단열효과로 인한 냉·난방비 절감, 식물피복으로 인한 건축물 보호, 건물 가치 상승
③ 사회적 효과
 - 도시경관 및 녹시율 향상, 휴식 및 여가공간 활용, 환경교육의 장 제공

3) 옥상정원의 구성

　① 방수, 방근층
　　- 빗물 등 수분이 구조체로 유입 차단, 식물뿌리로부터 방수층, 구조물 보호
　② 배수층
　　- 침수로 인한 식물뿌리가 익사, 뿌리썩음 예방, 옥상면의 배수구배는 최저 1.3%이상, 배수구 주변은 2%이상 설치
　③ 토양여과층
　　- 세립토양이 빗물 및 관수에 의해 씻겨, 유실되지 않도록 하는 여과 기능
　④ 관수 시설
　　- 인공지반 식재 시 토양 건조에 대비 관수 시설 조성

8. 실내조경

1) 개념

　① 건축물 내부, 지하공간의 정원 도입
　② 외부공간의 정원요소를 내부로의 연계

2) 기능

　① 계절의 영향을 받지 않는 다양한 연출 가능
　② 인공환경 속 도시민의 녹색갈증 해소, 긴장 완화, 심리적 안정감
　③ 공기정화, 산소공급, 습도조절
　④ 식물소재 사용으로 인한 미적, 경관적 아름다움 제공

3) 계획시 고려사항

　① 빛(광선)
　　- 영구 음영지, 자연광 및 인공광(LED) 고려

② 물(수분)
  - 우수 및 지하수가 없어 관수시설 설치 필요
③ 식생기반(토양)
  - 식물이 자랄 수 있는 토양 필요 (경량토, 인공토)
④ 식생환경
  - 온도, 습도, 환기 등 서식환경 조성
⑤ 영양요소
  - 식물이 필요한 영양분 (N, P, K, 미량요소 등)
⑥ 식생
  - 불량환경에 적응력이 강한 수종, 내병성, 친화성
⑦ 기타
  - 시설물, 경관조명, 소품 등

1과목 ┃ 조경설계

문 1) 다음 중 좁은 의미의 조경 또는 조원으로 가장 적합한 설명은?

① 복잡 다양한 근대에 이르러 적용되었다.
② 기술자를 조경가라 부르기 시작하였다.
③ 정원을 포함한 광범위한 옥외공간 전반이 주대상이다.
④ 식재를 중심으로 한 전통적인 조경기술로 정원을 만드는 일만을 말한다.

문 2) 넓은 의미로의 조경을 가장 잘 설명한 것은?

① 기술자를 정원사라 부른다.
② 궁전 또는 대규모 저택을 중심으로 한다.
③ 식재를 중심으로 한 정원을 만드는 일에 중점을 둔다.
④ 정원을 포함한 광범위한 옥외공간 건설에 적극 참여 한다.

문 3) 훌륭한 조경가가 되기 위한 자질에 대한 설명 중 틀린 것은?

① 건축, 토목 등 관련 공학적인 지식 요구
② 합리적사고 보다는 감성적판단이 더욱 필요
③ 토양, 지질, 지형, 수문(水文) 등 자연과학적 지식이 요구된다.
④ 인류학, 지리학, 사회학, 환경심리학 등에 관한 인문과학적 지식도 요구된다.

문 4) 다음 중 정형식 배식유형은?

① 교호식재　　② 임의식재
③ 군식　　　　④ 부등변 삼각형 식재

1. ④　2. ④　3. ②　4. ①

문 5) 안정감, 포근함 등과 같은 정적인 느낌을 받을 수 있는 경관은?
　　① 파노라마경관　② 위요경관　③ 초점경관　④ 지형경관

문 6) 지형을 표시하는 데 가장 기본이 되는 등고선의 종류는?
　　① 주곡선　② 조곡선　③ 간곡선　④ 계곡선

문 7) 조선시대 궁궐의 침전 후정에서 볼 수 있는 대표적인 것은?
　　① 자수화단　② 비폭　③ 계단식 노단　④ 정자수

문 8) 중국 청시대의 대표적 정원이 아닌 것은?
　　① 졸정원　② 원명원 이궁　③ 이화원 이궁　④ 승덕피서산장

문 9) 스페인에 현존하는 이슬람정원 형태로 유명한 것은?
　　① 베르사유궁전　② 보르비콩트　③ 에스테장　④ 알함브라성

문 10) 조경계획과정에서 자연환경분석의 요인이 아닌 것은?
　　① 기후　② 지형　③ 식물　④ 역사성

5. ②　6. ①　7. ③　8. ①　9. ④　10. ④

문 11) 일본의 정원양식 중 다음 설명에 해당하는 것은?

> • 5세기 후반에 바다의 경치를 나타내기 위해 사용하였다.
> • 정원 소재로 왕모래와 몇 개의 바위만으로 정원을 꾸미고, 식물은 일체 사용하지 않았다.

① 다정양식　　　　　② 축산고산수양식
③ 평정고산수양식　　④ 침전조정원양식

문 12) 다음 중 사적인 정원이 공적인 공원으로 역할 전환의 계기가 된 사례는?

① 에스테장　　② 센트럴파크
③ 베르사유 궁　④ 켄싱턴가든

문 13) 조선시대 정원 중 연결이 올바른 것은?

① 윤선도 - 부용동　② 양산보 - 다산초당
③ 정약용 - 운조루　④ 정영방 - 소쇄원

문 14) 조선시대 궁궐이나 상류주택 정원에서 가장 독특하게 발달한 공간은?

① 전정　② 후정
③ 주정　④ 중정

문 15) 영국 튜터왕조에서 유행했던 화단으로 낮게 깎은 회양목 등으로 화단을 여러 가지 기하학적 문양으로 구획 짓는 것은?

① 기식화단　② 매듭화단
③ 카펫화단　④ 경재화단

11. ③　12. ②　13. ①　14. ②　15. ②

문 16) 중정(patio)식 정원의 가장 대표적인 특징은?
① 토피어리　　② 색채타일
③ 동물 조각품　④ 수렵장

문 17) 16세기 무굴제국의 인도정원과 가장 관련이 깊은 것은?
① 타지마할　　② 퐁텐블로
③ 클로이스터　④ 알함브라 궁원

문 18) 이탈리아의 노단 건축식 정원, 프랑스의 평면기하학식 정원 등은 자연 환경 요인 중 어떤 요인의 영향을 가장 크게 받아 발생한 것인가?
① 기후　② 지형
③ 식물　④ 토지

문 19) 중국 청나라 시대 대표적인 정원이 아닌 것은?
① 원명원 이궁　② 이화원 이궁
③ 졸정원　　　④ 승덕피서산장

문 20) 정원요소로 징검돌, 물통, 세수통, 석등 등의 배치를 중시하던 일본의 정원 양식은?
① 다정원　　　　② 침전조 정원
③ 축산고산수 정원　④ 평정고산수 정원

문 21) 다음 중 창경궁(昌慶宮)과 관련이 있는 건물은?
① 만춘전　② 낙선재
③ 함화당　④ 사정전

16. ②　17. ①　18. ②　19. ③　20. ①　21. ②

문 22) 수목 또는 경사면 등의 주위 경관 요소들에 의하여 자연스럽게 둘러싸여 있는 경관을 무엇이라 하는가?

① 파노라마 경관
② 지형경관
③ 위요경관
④ 관개경관

문 23) 조경양식에 대한 설명으로 틀린 것은?

① 조경양식에는 정형식, 자연식, 절충식 등이 있다.
② 정형식 조경은 영국에서 처음 시작된 양식으로 비스타 축을 이용한 중앙 광로가 있다.
③ 자연식 조경은 동아시아에서 발달한 양식이며 자연 상태 그대로를 정원으로 조성한다.
④ 절충식 조경은 한 장소에 정형식과 자연식을 동시에 지니고 있는 조경양식이다.

문 24) 형태는 직선 또는 규칙적인 곡선에 의해 구성되고 축을 형성하며 연못이나 화단 등의 각 부분에도 대칭형이 되는 조경 양식은?

① 자연식
② 풍경식
③ 정형식
④ 절충식

문 25) 다음 중 정원에 사용되었던 하하(Ha-ha) 기법을 가장 잘 설명한 것은?

① 정원과 외부사이 수로를 파 경계하는 기법
② 정원과 외부사이 언덕으로 경계하는 기법
③ 정원과 외부사이 교목으로 경계하는 기법
④ 정원과 외부사이 산울타리를 설치하여 경계하는 기법

22. ③ 23. ② 24. ③ 25. ①

문 26) 다음 중 고산수수법의 설명으로 알맞은 것은?

① 가난함이나 부족함 속에서도 아름다움을 찾아내어 검소하고 한적한 삶을 표현
② 이끼 낀 정원석에서 고담하고 한아를 느낄 수 있도록 표현
③ 정원의 못을 복잡하게 표현하기 위해 호안을 곡절시켜 심(心)자와 같은 형태의 못을 조성
④ 물이 있어야 할 곳에 물을 사용하지 않고 돌과 모래를 사용해 물을 상징적으로 표현

문 27) 경복궁 내 자경전의 꽃담 벽화문양에 표현되지 않은 식물은?
① 매화   ② 석류   ③ 산수유   ④ 국화

문 28) 우리나라 부유층의 민가정원에서 유교의 영향으로 부녀자들을 위해 특별히 조성된 부분은?
① 전정   ② 중정   ③ 후정   ④ 주정

문 29) 다음 중 사적인 정원이 공적인 공원으로 역할전환의 계기가 된 사례는?
① 에스테장   ② 베르사이유궁   ③ 켄싱턴 가든   ④ 센트럴 파크

문 30) 조경계획 및 설계과정에 있어서 각 공간의 규모, 사용재료, 마감방법을 제시해 주는 단계는?
① 기본구상   ② 기본계획   ③ 기본설계   ④ 실시설계

26. ④   27. ③   28. ③   29. ④   30. ③

문 31) 표제란에 대한 설명으로 옳은 것은?

① 도면명은 표제란에 기입하지 않는다.
② 도면 제작에 필요한 지침을 기록한다.
③ 도면번호, 도명, 작성자명, 작성일자 등에 관한 사항을 기입한다.
④ 용지의 긴 쪽 길이를 가로 방향으로 설정할 때 표제란은 왼쪽 아래 구석에 위치한다.

문 32) 중세 유럽의 조경 형태로 볼 수 없는 것은?

① 과수원　② 약초원　③ 공중정원　④ 회랑식 정원

문 33) 일본 고산수식 정원의 요소와 상징적인 의미가 바르게 연결된 것은?

① 나무 – 폭포
② 연못 – 바다
③ 왕모래 – 물
④ 바위 – 산봉우리

문 34) 다음 중 중국정원의 양식에 가장 많은 영향을 끼친 사상은?

① 선사상
② 신선사상
③ 풍수지리사상
④ 음양오행사상

문 35) 다음 중 서양식 전각과 서양식 정원이 조성되어 있는 우리나라 궁궐은?

① 경복궁　② 창덕궁　③ 덕수궁　④ 경희궁

문 36) 미국 식민지 개척을 통한 유럽 각국의 다양한 사유지 중심의 정원양식이 공공적인 성격으로 전환되는 계기에 영향을 끼친 것은?

① 스토우 정원
② 보르비콩트 정원
③ 스투어헤드 정원
④ 버컨헤드 공원

31. ③　32. ③　33. ③　34. ②　35. ③　36. ④

문 37) 프랑스 평면기하학식 정원을 확립하는데 가장 큰 기여를 한 사람은?
① 르 노트르   ② 메이너   ③ 브리지맨   ④ 비니올라

문 38) 형태와 선이 자유로우며, 자연재료를 사용하여 자연을 모방하거나 축소하여 자연에 가까운 형태로 표현한 정원 양식은?
① 건축식   ② 풍경식   ③ 정형식   ④ 규칙식

문 39) 다음 후원 양식에 대한 설명 중 틀린 것은?
① 한국의 독특한 정원 양식 중 하나이다.
② 괴석이나 세심석 또는 장식을 겸한 굴뚝을 세워 장식하였다.
③ 건물 뒤 경사지를 계단모양으로 만들어 장대석을 앉혀 평지를 만들었다.
④ 경주 동궁과 월지, 교태전 후원의 아미산원, 남원시 광한루 등에서 찾아볼 수 있다.

문 40) 조경계획·설계에서 기초적인 자료의 수집과 정리 및 여러 가지 조건의 분석과 통합을 실시하는 단계를 무엇이라 하는가?
① 목표 설정   ② 현황분석 및 종합
③ 기본 계획   ④ 실시 설계

문 41) 다음 『채도대비』에 관한 설명 중 틀린 것은?
① 무채색끼리는 채도 대비가 일어나지 않는다.
② 채도대비는 명도대비와 같은 방식으로 일어난다.
③ 고채도의 색은 무채색과 함께 배색하면 더 선명해 보인다.
④ 중간색을 그 색과 색상은 동일하고 명도가 밝은 색과 함께 사용하면 훨씬 선명해 보인다.

37. ①　38. ②　39. ④　40. ②　41. ④

문 42) 화단 50m의 길이에 1열로 생울타리(H1.2×W0.4)를 만들려면 해당 규격의 수목이 최소한 얼마나 필요한가?

① 42주 ② 125주 ③ 200주 ④ 600주

문 43) 도면의 작도 방법으로 옳지 않은 것은?

① 도면은 될 수 있는 한 간단히 하고, 중복을 피한다.
② 도면은 그 길이 방향을 위아래 방향으로 놓은 위치를 정위치로 한다.
③ 사용 척도는 대상물의 크기, 도형의 복잡성 등을 고려, 그림이 명료성을 갖도록 선정한다.
④ 표제란을 보는 방향은 통상적으로 도면의 방향과 일치하도록 하는 것이 좋다.

문 44) 중국 조경의 시대별 연결이 옳은 것은?

① 명 – 이화원(頤和園) ② 진 – 화림원(華林園)
③ 송 – 만세산(萬歲山) ④ 명 – 태액지(太液池)

문 45) 다음 중 배치도에 표시하지 않아도 되는 사항은?

① 축척 ② 건물의 위치
③ 대지 경계선 ④ 수목 줄기의 형태

문 46) 다음 중 식별성이 높은 지형이나 시설을 지칭하는 것은?

① 비스타(vista) ② 캐스케이드(cascade)
③ 랜드마크(landmark) ④ 슈퍼그래픽(super graphic)

42. ② 43. ② 44. ③ 45. ④ 46. ③

문 47) 이탈리아 바로크 정원 양식의 특징이라 볼 수 없는 것은?

① 미원(maze)　　　　　② 토피아리
③ 다양한 물의 기교　　　④ 타일포장

문 48) 해가 지면서 주위가 어둑해질 무렵 낮에 화사하게 보이던 빨간 꽃이 거무스름해져 보이고, 청록색 물체가 밝게 보인다. 이러한 원리를 무엇이라고 하는가?

① 명순응　　　　　② 면적 효과
③ 색의 항상성　　　④ 푸르키니에 현상

문 49) 조선시대 창덕궁의 후원(비원, 祕苑)을 가리키던 용어로 가장 거리가 먼 것은?

① 북원(北園)　　　② 후원(後苑)
③ 금원(禁園)　　　④ 유원(留園)

문 50) 서양의 대표적인 조경양식이 바르게 연결된 것은?

① 이탈리아-평면기하학식　　② 영국 – 자연풍경식
③ 프랑스 – 노단건축식　　　④ 독일 – 중정식

문 51) 다음 중 색의 삼속성이 아닌 것은?

① 색상　　② 명도　　③ 채도　　④ 대비

47. ④　48. ④　49. ④　50. ②　51. ④

문 52) 일본의 정원 양식 중 다음 설명에 해당하는 것은?

> • 왕모래와 바위, 죽은 나무를 이용하여 정원 조성
> • 15c 후반, 바다의 경치를 나타내기 위해 사용
> • 식물을 사용하지 않는 정원이 특징

① 다정양식　　　　　② 축산고산수양식
③ 평정고산수양식　　④ 침전조정원양식

문 53) 다음 설계 도면의 종류 중 2차원의 평면을 나타내지 않는 것은?

① 평면도　　② 단면도　　③ 상세도　　④ 투시도

문 54) 중국 옹정제가 제위 전 하사받은 별장으로 영국에 중국식 정원을 조성하게 된 계기가 된 곳은?

① 원명원　　② 기창원　　③ 이화원　　④ 외팔묘

문 55) 이집트 하(下)대의 상징 식물로 여겨졌으며, 연못에 식재되었고, 식물의 꽃은 즐거움과 승리를 위미하여 신과 사자에게 바쳐졌었다. 이집트 건축의 주두(柱頭) 장식에도 사용되었던 이 식물은?

① 자스민　　② 무화과　　③ 파피루스　　④ 아네모네

문 56) 골프장에서 티와 그린 사이의 공간으로 잔디를 짧게 깎는 지역은?

① 해저드　　② 페어웨이　　③ 홀 커터　　④ 벙커

52. ③　　53. ④　　54. ①　　55. ③　　56. ②

문 57) 우리나라 조경의 특징으로 가장 적합한 설명은?

① 경관의 조화를 중요시하면서도 경관 대비에 중점
② 급격한 지형변화를 이용하여 돌, 나무 등의 섬세한 사용을 통한 정신세계의 상징화
③ 풍수지리설에 영향을 받으며, 계절의 변화를 느낄 수 있음
④ 바닥포장과 괴석을 주로 사용하여 계속적인 변화와 시각적 흥미를 제공

문 58) 다음 중 통경선(Vistas)의 설명으로 가장 적합한 것은?

① 주로 자연식 정원에서 많이 쓰인다.
② 정원에 변화를 많이 주기 위한 수법이다.
③ 정원에서 바라볼 수 있는 정원 밖의 풍경이 중요한 구실을 한다.
④ 시점(視點)으로부터 부지의 끝부분까지 시선을 집중하도록 한 것이다.

문 59) 다음 중 ( )안에 들어갈 내용으로 옳은 것은?

인간이 볼 수 있는 ( )의 파장은 약(~)nm 이다.

① 적외선, 560~960　　② 가시광선, 560~960
③ 가시광선, 380~780　　④ 적외선, 380~780

문 60) 회색의 시멘트 블록들 가운데에 놓인 붉은 벽돌은 실제의 색보다 더 선명해 보인다. 이러한 현상을 ( )대비라고 하는가?

① 색상　　② 명도　　③ 채도　　④ 보색

57. ③　58. ④　59. ③　60. ③

문 61) 다음 중 ( )안에 해당하지 않는 것은?

> 삼신산을 상징하는 세 섬을 ( )( )( )이라고 한다

① 영주　　　② 방지　　　③ 봉래　　　④ 방장

문 62) 전통사상과 신선사상을 바탕으로 불교 선사상의 직접적 영향을 받아 극도의 상징성(자연석이나 모래 등으올 산수 자연을 상징)으로 조성된 14 ~ 15세기 일본의 정원양식은?

① 중정식 정원　　　② 고산수식 정원
③ 전원풍격식 정원　　　④ 다정식 정원

문 63) 다음 중 정신 집중을 요구하는 사무공간에 어울리는 색은?

① 빨강　　　② 노랑　　　③ 난색　　　④ 한색

문 64) 브라운파의 정원을 비판하였으며 큐가든에 중국식 건물, 탑을 도입한 사람은?

① Richard Steele　　　② Joseph Addison
③ Alexander Pope　　　④ William Chambers

문 65) 다음 중 추위에 견디는 힘과 짧은 예취에 견디는 힘이 강하며, 골프장의 그린을 조성하기에 가장 적합한 잔디의 종류는?

① 들잔디　　　② 벤트그래스
③ 버뮤다그래스　　　④ 라이그래스

61. ②　62. ②　63. ④　64. ④　65. ②

문 66) 다음 중 스페인의 파티오(patio)에서 가장 중요한 구성 요소는?
① 물   ② 원색의 꽃   ③ 색채 타일   ④ 짙은 녹음

문 67) 제도에서 사용되는 물체의 중심선, 절단선, 경계선 등을 표시하는데 가장 적합한 선은?
① 실선   ② 파선   ③ 1점 쇄선   ④ 2점 쇄선

문 68) 보르 뷔 콩트(Vaux-le-Vicomte) 정원과 가장 관련 있는 양식은?
① 노단식
② 평면 기하학식
③ 절충식
④ 자연풍경식

문 69) 조경계획 및 설계에 있어서 몇 가지의 대안을 만들어 각 대안의 장·단점을 비교한 후에 최종안으로 결정하는 단계는?
① 기본구상
② 기본계획
③ 기본설계
④ 실시설계

문 70) 조선시대 중엽 이후 풍수설에 따라 주택조경에서 새로이 중요한 부분으로 강조된 곳은?
① 앞뜰(前庭)
② 가운데뜰(中庭)
③ 뒤뜰(後庭)
④ 안뜰

66. ① 67. ③ 68. ② 69. ① 70. ③

문 71) 조경계획 과정에서 자연환경 분석의 요인이 아닌 것은?

① 기후 ② 지형 ③ 식물 ④ 역사성

문 72) 다음 중 19세기 서양의 조경에 대한 설명으로 틀린 것은?

① 1899년 미국조경가협회(ASLA)가 창립되었다
② 19세기 말 조경은 토목공학기술에 영향을 받았다.
③ 19세기 말 조경은 전위적인 예술에 형향을 받았다.
④ 19세기 초에 도시문제와 환경문제에 관한 법률이 제정 되었다.

문 73) 낮에 태양광 아래에서 본 물체의 색이 밤에 실내 형광등 아래에서 보니 달라 보였다. 이러한 현상을 무엇이라 하는가?

① 메타메리즘 ② 메타블리즘
③ 프리즘 ④ 착시

문 74) 다음 중국식 정원의 설명으로 가장 거리가 먼 것은?

① 차경수법을 도입하였다.
② 사실주의 보다는 상징적 축조가 주를 이루는 사의주의에 입각하였다.
③ 다정(茶庭)이 정원구성 요소에서 중요하게 작용하였다.
④ 대비에 중점을 두고 있으며, 이것이 중국정원의 특색을 이루고 있다.

문 75) 다음 중 '사자의 중정(Court of Lion)은 어느 곳에 속해 있는가?

① 헤네랄리페 ② 알카자르 ③ 알함브라 ④ 타즈마할

71. ④ 72. ④ 73. ① 74. ③ 75. ③

문 76) 실제 길이가 3m는 축적 1/30 도면에서 얼마로 나타내는가?
① 1 cm   ② 10 cm   ③ 3 cm   ④ 30 cm

문 77) 고려시대 궁궐의 정원을 맡아 관리하던 해당 부서는?
① 내원서   ② 정원서   ③ 상림원   ④ 동산바치

문 78) 컴퓨터를 사용하여 조경제도 작업을 할 때의 작업 특징과 가장 거리가 먼 것은?
① 도덕성   ② 응용성   ③ 정확성   ④ 신속성

문 79) 채도대비의 의해 주황색 글씨를 보다 선명하게 보이도록 하려면 바탕색으로 어떤 색이 가장 적합한가?
① 빨간색   ② 노란색   ③ 파란색   ④ 회색

문 80) 다음 중 단순미(單純美)와 가장 관련이 없는 것은?
① 잔디밭
② 독립수
③ 형상수(topiary)
④ 자연석 무너짐 쌓기

문 81) 창경궁에 있는 통명전 지당의 설명으로 틀린 것은?
① 장방형으로 장대석으로 쌓은 석지이다.
② 무지개형 곡선 형태의 석교가 있다.
③ 괴석 2개와 앙련(仰蓮) 받침대석이 있다.
④ 물은 직선의 석구를 통해 지당에 유입된다.

76. ②   77. ①   78. ①   79. ④   80. ④   81. ③

문 82) 이탈리아 조경 양식에 대한 설명으로 틀린 것은?

　① 별장이 구릉지에 위치하는 경우가 많아 정원의 주류는 노단식
　② 노단과 노단은 계단과 경사로에 의해 연결
　③ 축선을 강조하기 위해 원로의 교점이나 원점에 분수 등을 설치
　④ 대표적인 정원으로는 베르사유 궁원

문 83) 다음 중 9세기 무렵에 일본 정원에 나타난 조경양식은?

　① 평정고산수양식　　　　② 침전조 양식
　③ 다정양식　　　　　　　④ 회유임천양식

문 84) 조선시대 궁궐의 침전 후정에서 볼 수 있는 대표적인 것은?

　① 자수화단(花壇)
　② 비폭(飛瀑)
　③ 경사지를 이용해서 만든 계단식의 노단
　④ 정자수

문 85) 수도원 정원에서 원로의 교차점인 중정 중앙에 큰나무 한 그루를 심는 것을 뜻하는 것은?

　① 파라다이소(Paradiso)　　② 바(Bagh)
　③ 트렐리스(Trellis)　　　　④ 페리스틸리움(Peristylium)

문 86) "물체의 실제 치수"에 대한 "도면에 표시한 대상물"의 비를 의하는 용어는?

　① 척도　　② 도면　　③ 표제란　　④ 연각선

82. ④　83. ②　84. ③　85. ①　86. ①

문 87) 이격비의 "낙양원명기"에서 원(園)을 가리키는 일반적인 호칭으로 사용되지 않은 것은?

① 원지　　② 원정　　③ 별서　　④ 택원

문 88) 수집된 자료를 종합한 후에 이를 바탕으로 개략적인 계획안을 결정하는 단계는?

① 목표설정　　② 기본구상
③ 기본설계　　④ 실시설계

문 89) 스페인 정원의 특징과 관계가 먼 것은?

① 건물로서 완전히 둘러싸인 가운데 뜰 형태의 정원
② 정원의 중심부는 분수가 설치된 작은 연못 설치
③ 웅대한 스케일의 파티오 구조의 정원
④ 난대, 열대 수목이나 꽃나무를 화분에 심어 중요한 자리에 배치

문 90) 다음 중 묘원의 정원에 해당하는 것은?

① 타지마할　　② 알함브라
③ 공중정원　　④ 보르비꽁트

문 91) 다음 중 위요된 경관(enclosed landscape)의 특징 설명으로 옳은 것은?

① 시선의 주의력을 끌 수 있어 소규모의 지형도 경관으로서 의의를 갖게 해준다.
② 보는 사람으로 하여금 위압감을 느끼게 하며 경관의 지표가 된다.
③ 확 트인 느낌을 주어 안정감을 준다.
④ 주의력이 없으면 등한시 하기 쉬운 것이다.

87. ③　88. ②　89. ③　90. ①　91. ①

문 92) 실물을 도면에 나타낼 때의 비율을 무엇이라 하는가?

① 범례　　② 표제란　　③ 평면도　　④ 축척

문 93) 고려시대 조경수법은 대비를 중요시 하는 양상을 보인다. 어느시대의 수법을 받아들였는가?

① 신라시대 수법　　② 일본 임천식 수법
③ 중국 당시대 수법　　④ 중국 송시대 수법

문 94) 그림과 같은 축도기호가 나타내고 있는 것으로 옳은 것은?

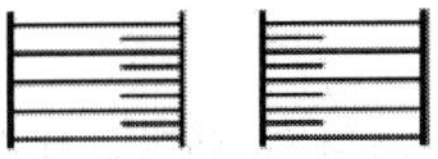

① 등고선　　② 성토　　③ 절토　　④ 과수원

문 95) 1857년 미국 뉴욕에 중앙공원(Central park)를 설계한 사람은?

① 하워드　　② 르코르뷔지에
③ 옴스테드　　④ 브라운

문 96) 먼셀표색계의 10색상환에서 서로 마주보고 있는 색상의 짝이 잘못 연결된 것은?

① 빨강(R)-청록(BG)　　② 노랑(Y) - 남색(PR)
③ 초록(G)-자주(RP)　　④ 주황(YR) - 보라(P)

92. ④　93. ④　94. ②　95. ③　96. ④

문 97) 다음의 입체도에서 화살표 방향을 정면으로 할 때 평면도를 바르게 표현한 것은?

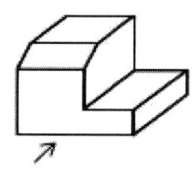

문 98) 조경미의 원리 중 대비가 불러오는 심리적 자극으로 가장 거리가 먼 것은?
① 반대   ② 대립   ③ 변화   ④ 안정

문 99) 토양의 단면 중 낙엽이 대부분 분해되지 않고 원형 그대로 쌓여 있는 층은?
① L층   ② F층   ③ H층   ④ C층

문 100) 조경 프로젝트의 수행단계 중 주로 공학적인 지식을 바탕으로 다른 분야와는 달리 생물을 다룬다는 특수한 기술이 필요한 단계로 가장 적합한 것은?
① 계획   ② 설계   ③ 관리   ④ 시공

문 101) 다음 중 일반적으로 옥상정원 설계시 일반조경 설계보다 중요하게 고려할 항목으로 관련으로 가장 적은 것은?
① 토양층 깊이   ② 방수 문제
③ 지주목의 종류   ④ 하중 문제

97. ③   98. ④   99. ①   100. ④   101. ③

문 102) 다음 중 일본정원과 관련이 가장 적은 것은?
① 축소 지향적　　　② 인공적 기교
③ 통견선의 강조　　④ 추상적 구성

문 103) 수목을 표시를 할 때 주로 사용되는 제도 용구는?
① 삼각자　② 템플릿　③ 삼각축척　④ 곡선자

문 104) 식재설계에서의 인출선과 선의 종류가 동일한 것은?
① 단면선　② 숨은선　③ 경계선　④ 치수선

문 105) 물체의 절단한 위치 및 경계를 표시하는 선은?
① 실선　② 파선　③ 1점쇄선　④ 2점쇄선

문 106) 버킹검의 「스토우 가든」을 설계하고, 담장 대신 정원 부지의 경계선에 도랑을 파서 외부로부터의 침입을 막은 Ha-ha 수법을 실현하게 한 사람은?
① 켄트　② 브릿지맨　③ 와이즈맨　④ 챔버

문 107) 다음 설명 중 중국 정원의 특징이 아닌 것은?
① 차경수법을 도입하였다.
② 태호석을 이용한 석가산 수법이 유행하였다.
③ 사의주의보다는 상징적 축조가 주를 이루는 사실주의에 입각하여 조경이 구성되었다.
④ 자연경관이 수려한 곳에 인위적으로 암석과 수목을 배치하였다.

102. ③　103. ②　104. ④　105. ③　106. ②　107. ③

문 108) 19세기 미국에서 식민지 시대의 사유지 중심의 정원에서 공공적인 성격을 지닌 조경으로 전환되는 전기를 마련한 것은?

① 센트럴 파크　　② 프랭클린 파크
③ 비큰히드 파크　　④ 프로스펙트 파크

문 109) 우리나라 고려시대 궁궐 정원을 맡아보던 곳은?

① 내원서　　② 삼림원　　③ 장원서　　④ 원야

문 110) 이탈리아 정원양식의 특성과 가장 관계가 먼 것은?

① 테라스 정원　　② 노단식 정원
③ 평면기하학식 정원　　④ 축선상에 여러 개의 분수 설치

문 111) 황금비는 단변이 1일 때 장변은 얼마인가?

① 1.681　　② 1.618　　③ 1.166　　④ 1.861

문 112) 다음 중 넓은 잔디밭을 이용한 전원적이며 목가적인 정원 양식은 무엇인가?

① 전원풍경식　　② 회유임천식　　③ 고산수식　　④ 다정식

문 113) 안정감과 포근함 등과 같은 정적인 느낌을 받을 수 있는 경관은?

① 파노라마 경관　　② 위요 경관
③ 초점 경관　　④ 지형 경관

108. ①　109. ①　110. ③　111. ②　112. ①　113. ②

문 114) 골프장에 사용되는 잔디 중 난지형 잔디는?

① 들잔디   ② 벤트그라스
③ 켄터키블루그라스   ④ 라이그라스

문 115) 주축선을 따라 설치된 원로의 양쪽에 짙은 수림을 조성하여 시선을 주축선으로 집중시키는 수법을 무엇이라 하는가?

① 테라스(terrace)   ② 파티오(patio)
③ 비스타(vista)   ④ 퍼골러(pergola)

문 116) 줄기나 가지가 꺾이거나 다치면 그 부근에 있던 숨은눈이 자라 싹이 나오는 것을 무엇이라 하는가?

① 휴면성   ② 생장성   ③ 성장   ④ 맹아력

문 117) 일본의 다정(茶庭)이 나타내는 아름다움의 미는?

① 조화미   ② 대비미   ③ 단순미   ④ 통일미

문 118) 주위가 건물로 둘러싸여 있어 식물의 생육을 위한 채광, 통풍, 배수 등에 주의해야 할 곳은?

① 주정(主庭)   ② 후정(後庭)   ③ 중정(中庭)   ④ 원로(園路)

문 119) 조경 양식 중 노단식 정원 양식을 발전시키게 한 자연적인 요인은?

① 기후   ② 지형   ③ 식물   ④ 토질

114. ①   115. ③   116. ④   117. ①   118. ③   119. ②

문 120) 조경 양식을 형태(정형식, 자연식, 절충식)중심으로 분류할 때, 자연식 조경 양식에 해당하는 것은?

① 서아시아와 프랑스에서 발달된 양식이다.
② 강한 축을 중심으로 좌우 대칭형으로 구성
③ 한 공간내에서 실용성, 자연성을 동시에 강조
④ 주변을 돌 수 있는 산책로를 만들어서 다양한 경관을 즐길 수 있다.

문 121) 휴게공간의 입지 조건으로 적합하지 않은 것은?

① 경관이 양호   ② 시야에 잘 띄지 않는곳
③ 동선이 합쳐지는곳 ④ 기 녹음수가 조성된곳

문 122) 조선시대 전기 조경관련 대표 저술서이며, 정원식물의 특성과 번식법, 괴석의 배치법, 꽃을 화분에 심는 법, 최화법(催花法), 꽃이 꺼리는 것, 꽃을 취하는 법과 기르는 법, 화분 놓는 법과 관리법 등의 내용이 수록되어 있는 것은?

① 양화소록   ② 작정기   ③ 동사강목   ④ 택리지

문 123) 수고 3m인 감나무 3주의 식재공사에서 조경공 0.25인, 보통인부 0.20인의 식재노무비 일위 대가는 얼마인가? (단, 조경공 : 40,000월/일, 보통인부 : 30,000원/일)

① 6,000원   ② 10,000원   ③ 16,000원   ④ 48,000원

문 124) 다음 중 이탈리아의 정원 양식에 해당하는 것은?

① 자연풍경식   ② 평면기하학식
③ 노단건축식   ④ 풍경식

120. ④ 121. ② 122. ① 123. ③ 124. ③

문 125) 도면상에서 식물재료의 표기 방법으로 바르지 않은 것은?

① 덩굴성 식물의 규격은 길이로 표시한다.
② 같은 수종은 인출선을 연결하여 표시한다.
③ 수종에 따라 규격은 H×W, H×B, H×R 등의 표기방식이 다르다.
④ 수목에 인출선을 사용 수종명, 규격, 교·관목을 구분하여 표시하고 총수량을 함께 기입

문 126) 다음 중 본격적인 프랑스식 정원으로서 루이 14세 당시의 니콜라스 푸케와 관련 있는 정원은?

① 보르뷔콩트(Vaux-le-Vicomte) ② 베르사유(Versailles)궁원
③ 퐁텐블로(Fontainebleau) ④ 생-클루(Saint-Cloud)

문 127) 오방색 중 오행으로는 목(.)에 해당하며 동방(東)의 색으로 양기가 가장 강한 곳이다. 계절로는 만물이 생성하는 봄의 색이고 오륜은 인(仁)을 암시하는 색은?

① 적(赤) ② 청(靑) ③ 황(黃) ④ 백(白)

문 128) 작은 색견본을 보고 색을 선택한 다음 아파트 외벽에 칠했더니 명도와 채도가 높아져 보였다. 이러한 현상을 무엇이라고 하는가?

① 색상대비 ② 한난대비 ③ 면적대비 ④ 보색대비

125. ④   126. ①   127. ②   128. ③

문 129) 조경식재 설계도를 작성할 때 수목명, 규격, 본수 등을 기입하기 위한 인출선 사용의 유의사항으로 올바르지 않는 것은?

① 가는 선으로 명료하게 긋는다.
② 인출선의 수평부분은 기입 사항의 길이와 맞춘다.
③ 인출선간의 교차나 치수선의 교차를 피한다.
④ 인출선의 방향과 기울기는 자유롭게 표기하는 것이 좋다.

문 130) '사자(死者)의 정원'이라는 이름의 묘지정원을 조성한 고대 정원은?

① 그리스 정원   ② 바빌로니아 정원
③ 페르시아 정원   ④ 이집트 정원

문 131) 미적인 형 그 자체로는 균형을 이루지 못하지만 시각적인 힘의 통합에 의해 균형을 이룬 것처럼 느끼게 하여 동적인 감각과 변화있는 개성적 감정을 불러 일으키며, 세련미와 성숙미 그리고 운동감과 유연성을 주는 미적 원리는?

① 비례   ② 비대칭   ③ 집중   ④ 대비

문 132) 다음 중 "피서산장, 이화원, 원명원"은 중국의 어느 시대 정원인가?

① 송   ② 명   ③ 청   ④ 당

문 133) 다음 중 온도감이 따뜻하게 느껴지는 색은?

① 보라색   ② 초록색   ③ 주황색   ④ 남색

129. ④   130. ④   131. ②   132. ③   133. ③

문 134) 다음 중 물체가 있는 것으로 가상되는 부분을 표시하는 선의 종류는?
① 실선   ② 파선   ③ 1점쇄선   ④ 2점쇄선

문 135) 다음 중 창덕궁 후원 내 옥류천 일원에 위치하고 있는 궁궐내 유일의 초정은?
① 애련정   ② 부용정   ③ 관람정   ④ 청의정

문 136) 다음 중 일본에서 가장 먼저 발달한 정원 양식은?
① 고산수식   ② 회유임천식   ③ 다정   ④ 축경식

문 137) 공공의 조경이 크게 부각되기 시작한 때는?
① 고대   ② 중세   ③ 근세   ④ 군주시대

문 138) 통일신라 문무왕 14년에 중국의 무산 12봉을 본 딴 산을 만들고 화초를 심었던 정원은?
① 비원   ② 안압지   ③ 소쇄원   ④ 향원지

문 139) 다음 중 중국 4대 명원(四大名園)에 포함되지 않는 것은?
① 작원   ② 사자림   ③ 졸정원   ④ 창랑정

134. ④   135. ④   136. ②   137. ③   138. ②   139. ①

문 140) 디자인 요소를 같은 양, 같은 간격으로 일정하게 되풀이하여 움직임과 율동감을 느끼게 하는 것으로 리듬의 유형 중 가장 기본적인 것은?

① 반복　　　② 점층　　　③ 방사　　　④ 강조

문 141) 계단의 설계 시 고려해야 할 기준으로 옳지 않은 것은?

① 계단의 경사는 최대 30 ~ 35°가 넘지 않도록 해야 한다.
② 단 높이를 H, 너비를 B로 할 때 2H + B = 60 ~ 65cm가 적당하다.
③ 진행 방향에 따라 중간에 1인용일 때 단 너비 90 ~ 110cm 정도의 계단 참을 설치한다.
④ 계단의 높이가 5m 이상이 될 때에만 중간에 계단참을 설치한다.

문 142) 다음 중 이탈리아 정원의 가장 큰 특징은?

① 평면기하학식　　　② 노단건축식
③ 자연풍경식　　　　④ 중정식

문 143) 주택단지안의 건축물 또는 옥외에 설치하는 계단의 경우 공동으로 사용할 목적인 경우 최소 얼마 이상의 유효폭을 가져야 하는가? (단, 단높이는 18cm이하, 단너비는 26cm 이상으로 한다.)

① 100cm　　　　　② 120cm
③ 140cm　　　　　④ 160cm

문 144) 우리나라의 정원 양식이 한국적 색채가 짙게 발달한 시기는?

① 고조선시대　　　② 삼국시대
③ 고려시대　　　　④ 조선시대

140. ①　141. ④　142. ②　143. ②　144. ④

문 145) 주택정원의 세부공간 중 가장 공공성이 강한 성격을 갖는 공간은?

① 안뜰 ② 앞뜰
③ 뒤뜰 ④ 작업뜰

문 146) 다음 중 위요경관에 속하는 것은?

① 넓은 초원 ② 노출된 바위
③ 숲속의 호수 ④ 계곡 끝의 폭포

문 147) 다음 식의 'A'에 해당하는 것은?

$$용적율 = A / 대지면적$$

① 건축면적 ② 건축 연면적
③ 1호당 면적 ④ 평균층수

문 148) 다음 중 중국정원의 특징에 해당하는 것은?

① 정형식 ② 태호석
③ 침전조정원 ④ 직선미

문 149) 스페인의 코르도바를 중심으로 한 지역에서 발달한 정원양식은?

① patio ② court
③ atrium ④ peristylium

145. ② 146. ③ 147. ② 148. ② 149. ①

문 150) 다음 중 성목의 수간 질감이 가장 거칠고, 줄기는 아래로 처지며, 수피가 회갈색으로 갈라져 벗겨지는 것은?

① 배롱나무　② 개잎갈나무　③ 벽오동　④ 주목

문 151) 조경계획을 위한 경사분석을 하고자 한다. 다음과 같은 조사 항목이 주어질 때 해당지역의 경사도는 몇 %인가?

- 등고선 간격 : 5m
- 등고선에 직각인 두 등고선의 평면거리 : 20m

① 40%　② 10%　③ 4%　④ 25%

문 152) 다음 중 순공사원가에 해당되지 않는 것은?

① 재료비　② 노무비　③ 이윤　④ 경비

문 153) 다음 중 1858년에 조경가(Landscape architect)라는 말을 처음으로 사용하기 시작한 사람이나 단체는?

① 세계조경가협회(IFLA)　② 옴스테드(Olmsted)
③ 르 노트르(Le Notre)　④ 미국조경가협회

문 154) 일본정원에서 가장 중점을 두고 있는 것은?

① 대비　② 조화　③ 반복　④ 대칭

150. ②　151. ④　152. ③　153. ②　154. ②

문 155) 자연 경관을 인공으로 축경화(縮景化)하여 산을 쌓고, 연못, 계류, 수림을 조성한 정원은?

① 전원 풍경식
② 회유 임천식
③ 고산수식
④ 중정식

문 156) 다음 중 정형식 정원에 해당하지 않는 양식은?

① 평면기하학식
② 노단식
③ 중정식
④ 회유임천식

문 157) 우리나라 후원양식의 정원수법이 형성되는데 영향을 미친 것이 아닌 것은?

① 불교의 영향
② 음양오행설
③ 유교의 영향
④ 풍수지리설

문 158) 조선시대 정자의 평면유형은 유실형(중심형, 편심형, 분리형, 배면형)과 무실형으로 구분할 수 있는데 다음 중 유형이 다른 하나는?

① 광풍각
② 임대정
③ 거연정
④ 세연정

문 159) 화단의 초화류를 엷은 색에서 점점 짙은 색으로 배열할 때 가장 강하게 느껴지는 조화미는?

① 통일미
② 균형미
③ 점층미
④ 대비미

155. ② 156. ④ 157. ① 158. ③ 159. ③

문 160) 센트럴 파크(Central park)에 대한 설명 중 틀린 것은?

① 르코르뷔지에(Le corbusier)가 설계하였다.
② 19세기 중엽 미국 뉴욕에 조성되었다.
③ 면적은 약 334헥타르의 장방형 슈퍼블록으로 구성 되었다.
④ 모든 시민을 위한 근대적이고 본격적인 공원이다.

문 161) 조경 제도 용품 중 곡선자라고 하여 각종 반지름의 원호를 그릴 때 사용하기 가장 적합한 재료는?

① 원호자 ② 운형자 ③ 삼각자 ④ T자

문 162) 다음 중 사절우(四節友)에 해당되지 않는 것은?

① 소나무 ② 난초 ③ 국화 ④ 대나무

문 163) 주변지역의 경관과 비교할 때 지배적이며, 특징을 가지고 있어 지표적인 역할을 하는 것을 무엇이라고 하는가?

① vista ② districts ③ nodes ④ landmarks

문 164) 다음 중 조화(Harmony)의 설명으로 가장 적합한 것은?

① 각 요소들이 강약, 장단의 주기성이나 규칙성, 전체적으로 연속적인 운동감을 가지는 것
② 모양이나 색깔 등이 비슷비슷하면서도 실은 똑같지 않은 것끼리 균형을 유지하는 것
③ 서로 다른 것끼리 모여 서로를 강조
④ 축선을 중심으로 하여 양쪽의 비중을 똑같이 만드는 것

160. ① 161. ① 162. ② 163. ④ 164. ②

문 165) 다음 중 색의 3속성에 관한 설명으로 옳은 것은?
① 감각에 따라 식별되는 색의 종명을 채도라 함
② 두 색상 중에서 빛의 반사율이 높은 쪽이 밝은 색이다.
③ 색의 포화상태 즉, 강약을 말하는 것은 명도 임
④ 그레이 스케일(gray scale)은 채도의 기준척도로 사용된다.

문 166) 다음 중 별서의 개념과 가장 거리가 먼 것은?
① 은둔생활을 하기 위한 것 ② 효도하기 위한 것
③ 별장의 성격을 갖기 위한 것 ④ 수목을 가꾸기 위한 것

문 167) 메소포타미아의 대표적인 정원은?
① 마야사원 ② 베르사이유 궁전
③ 바빌론의 공중정원 ④ 타지마할 사원

문 168) 영국인 Brown의 지도하에 덕수궁 석조전 앞뜰에 조성된 정원 양식과 관계되는 것은?
① 빌라 메디치 ② 보르비콩트 정원
③ 분구원 ④ 센트럴 파크

문 169) 먼셀의 색상환에서 BG는 무슨 색인가?
① 연두색 ② 남색
③ 청록색 ④ 보라색

165. ② 166. ④ 167. ③ 168. ② 169. ③

문 170) 중국 청나라 때의 유적이 아닌 것은?

① 자금성 금원   ② 원명원 이궁   ③ 이화원   ④ 졸정원

문 171) 경관구성의 미적 원리를 통일성과 다양성으로 구분할 때, 다음 중 다양성에 해당하는 것은?

① 조화   ② 균형   ③ 강조   ④ 대비

문 172) 정형식 배식 방법에 대한 설명이 옳지 않은 것은?

① 단식 – 생김새가 우수하고, 중량감을 갖춘 정형수를 단독으로 식재
② 대식 – 시선축의 좌우에 같은 형태, 같은 종류의 나무를 대칭 식재
③ 열식 – 같은 형태와 종류의 나무를 일정한 간격으로 직선상에 식재
④ 교호식재 – 서로 마주보게 배치하는 식재

문 173) 주축선 양쪽에 짙은 수림을 만들어 주축선이 두드러지게 하는 비스타(vista) 수법을 가장 많이 이용한 정원은?

① 영국정원   ② 독일정원
③ 이탈리아정원   ④ 프랑스정원

문 174) 실선의 굵기에 따른 종류(굵은선, 중간선, 가는선)와 용도가 바르게 연결되어 있는 것은?

① 굵은선 – 도면의 윤곽선   ② 중간선 – 치수선
③ 가는선 – 단면선   ④ 가는선 – 파선

170. ④   171. ④   172. ④   173. ④   174. ①

문 175) 다음 정원시설 중 우리나라 전통조경시설이 아닌 것은?
① 취병(생울타리)   ② 화계
③ 벽천   ④ 석지

문 176) 사적인 정원 중심에서 공적인 대중 공원의 성격을 띤 시대는?
① 14C 후반 에스파니아   ② 17C 전반 프랑스
③ 19C 전반 영국   ④ 20C 전반 미국

문 177) 조선시대 후원양식에 대한 설명 중 틀린 것은?
① 중엽이후 풍수지리설의 영향을 받아 후원양식이 생겼다.
② 건물 뒤에 자리잡은 언덕배기를 계단 모양으로 다듬어 만들었다.
③ 각 계단에는 향나무를 주로 한 나무를 다듬어 장식 하였다.
④ 경복궁 교태전 후원인 아미산, 창덕궁 낙선재의 후원 등이 그 예이다.

문 178) 고대 그리스에서 아고라(agora)는 무엇인가?
① 광장   ② 성지
③ 유원지 ④ 농경지

문 179) 고려시대 궁궐정원을 맡아보던 관서는?
① 원야   ② 장원서
③ 상림원   ④ 내원서

175. ③   176. ③   177. ③   178. ①   179. ④

문 180) 조경 양식을 형태적으로 분류했을 때 성격이 다른 것은?
① 평면기하학식　② 중정식
③ 회유임천식　④ 노단식

문 181) 조감도는 소점이 몇 개 인가?
① 1개　② 2개　③ 3개　④ 4개

문 182) 19세기 유럽에서 정형식 정원의 의장을 탈피하고 자연 그대로의 경관을 표현하고자 한 조경 수법은?
① 노단식　② 자연풍경식　③ 실용주의식　④ 회교식

문 183) 보행에 지장을 주어 보행 속도를 억제하고자 하는 포장 재료는?
① 아스팔트　② 콘크리트　③ 블록　④ 조약돌

문 184) 다음 우리나라 조경 가운데 가장 오래된 것은?
① 소쇄원(瀟灑園)　② 순천관(順天館)
③ 아미산정원　④ 안압지(雁鴨池)

문 185) 설계 도면에서 표제란에 위치한 막대 축척이 1/200 이다. 도면에서 1cm 는 실제 몇 m인가?
① 0.5m　② 1m　③ 2m　④ 4m

180. ③　181. ③　182. ②　183. ④　184. ④　185. ③

문 186) 경관의 시각적 구성 요소를 우세요소와 가변요소로 구분할 때 가변요소에 해당하지 않는 것은?
① 광선   ② 기상조건   ③ 질감   ④ 계절

문 187) 자연 그대로의 짜임새가 생겨나도록 하는 사실주의 자연 풍경식 조경 수법이 발달한 나라는?
① 스페인   ② 프랑스   ③ 영국   ④ 이탈리아

문 188) 조경식물에 대한 옛 용어와 현대 사용되는 식물명의 연결이 잘못된 것은?
① 자미(紫微) - 장미
② 산다(山茶) - 동백
③ 옥란(玉蘭) - 백목련
④ 부거(芙蕖) - 연(蓮)

문 189) 넓은 초원과 같이 시야가 가리지 않고 멀리 터져 보이는 경관을 무엇이라 하는가?
① 전경관   ② 지형경관
③ 위요경관   ④ 초점경관

문 190) 다음 중 차경(借景)을 가장 잘 설명한 것은?
① 멀리 보이는 자연풍경을 경관 구성 재료의 일부로 이용하는 것
② 산림이나 하천 등의 경치를 잘 나타낸 것
③ 아름다운 경치를 정원 내에 만든 것
④ 연못의 수면이나 잔디밭이 한눈에 보이지 않게 하는 것

186. ③   187. ③   188. ①   189. ①   190. ①

문 191) 중국정원의 가장 중요한 특색이라 할 수 있는 것은?
   ① 조화   ② 대비   ③ 반복   ④ 대칭

문 192) 정원에서 미적요소 구성은 재료의 짝지움에서 나타나는데 도면상 선적인 요소에 해당되는 것은?
   ① 분수   ② 독립수   ③ 원로   ④ 연못

문 193) 백제시대에 정원의 점경물로 만들어졌고, 물을 담아 연꽃을 심고 부들, 개구리밥, 마름 등의 부엽식물을 곁들이며 물고기도 넣어 키웠던 것은?
   ① 석연지   ② 석조전   ③ 안압지   ④ 포석정

문 194) 일본 정원의 발달순서가 올바르게 연결된 것은?
   ① 임천식 → 축산고산수식 → 평정고산수식 → 다정식
   ② 다정식 → 회유식 → 임천식 → 평정고산수식
   ③ 회유식 → 임천식 → 평정고산수식 → 축산고산수식
   ④ 축산고산수식 → 다정식 → 임천식 → 회유식

문 195) 녹지계통의 형태가 아닌 것은?
   ① 분산형(산재형)   ② 환상형
   ③ 입체분리형   ④ 방사형

191. ② 192. ③ 193. ① 194. ① 195. ③

문 196) 우리나라 최초의 국립공원은?

① 설악산　　　　　　② 한라산
③ 지리산　　　　　　④ 내장산

문 197) 부귀나 영화를 등지고 자연과 벗하며 농경하고 살기 위해 세운 주거를 별서(別墅)정원이라 한다. 우리나라의 현존하는 대표적인 것은?

① 윤선도의 부용동 원림　　② 강릉의 선교장
③ 이덕유의 평천산장　　　④ 구례의 운조루

문 198) 등고선 간격이 20m인 1/25000 지도의 지도상 인접한 등고선에 직각인 평면거리가 2cm인 두 지점의 경사도는?

① 2%　　② 4%　　③ 5%　　④ 10%

문 199) 동양정원에서 연못을 파고 그 가운데 섬을 만드는 수법에 가장 큰 영향을 준 것은?

① 자연지형　　② 기상요인　　③ 신선사상　　④ 생활양식

문 200) 일본의 모모야마(桃山)시대에 새롭게 만들어져 발달한 정원 양식은?

① 회유임천식　　　　② 축산고산수식
③ 홍교수법　　　　　④ 다정

196. ③　197. ①　198. ②　199. ③　200. ④

문 201) 전통민가 조경이 프로젝트의 대상이 되는 분야는?
① 기타시설　　② 주거지
③ 공원　　　　④ 문화재

문 202) 설계자의 의도를 개략적인 형태로 나타낸 일종의 시각언어로서 도면을 단순화시켜 상징적으로 표현한 그림을 의미하는 것은?
① 상세도　　② 다이어그램
③ 조감도　　④ 평면도

문 203) 자연공원법상 자연공원이 아닌 것은?
① 국립공원　　② 도립공원
③ 군립공원　　④ 생태공원

문 204) 식재설계시 인출선에 포함되어야 할 내용이 아닌 것은?
① 수량　　② 수목명
③ 규격　　④ 수목 성상

문 205) 14세기경 일본에서 나무를 다듬어 산봉우리를 나타내고 바위를 세워 폭포를 상징하여 왕모래를 깔아 냇물처럼 보이게 한 수법은?
① 침전식　　　　② 임천식
③ 축산고산수식　④ 평정고산수식

201. ④　202. ②　203. ④　204. ④　205. ③

문 206) 통일신라 시대의 안압지에 관한 설명으로 틀린 것은?

① 연못의 남쪽과 서쪽은 직선이고 동안은 돌출하는 반도로 되어 있으며, 북쪽은 굴곡 있는 해안형으로 되어 있다.
② 신선사상을 배경으로 한 해안풍경을 묘사
③ 연못 속에는 3개의 섬이 있는데 임해전의 동쪽에 가장 큰 섬과 가장 작은 섬이 위치한다.
④ 물이 유입되고 나가는 입구와 출구가 한군데 모여 있다.

문 207) 염분 피해가 많은 임해공업지대에 가장 생육이 양호한 수종은?

① 노간주나무　　② 단풍나무
③ 목련　　　　　④ 개나리

문 208) 다음 중 미기후에 대한 설명으로 가장 거리가 먼 것은?

① 호수에서 바람이 불어오는 곳은 겨울에는 따뜻하고 여름에는 서늘하다.
② 야간에는 언덕보다 골짜기의 온도가 낮고, 습도는 높다.
③ 야간에 바람은 산위에서 계곡을 향해 분다.
④ 계곡의 맨 아래쪽은 비교적 주택지로서 양호한 편이다.

문 209) 정원의 개조전후의 모습을 보여주는 레드북(Red book)의 창안자는?

① 험프리 랩턴(Humphery Repton)
② 윌리엄 켄트(William Kent)
③ 란 셀로트 브라운(Lan celot Brown)
④ 브리지맨(Bridge man)

206. ④　207. ①　208. ④　209. ①

문 210) 도형의 색이 바탕색의 잔상으로 나타나는 심리보색의 방향으로 변화되어 지각되는 효과를 ( ) 대비라고 하는가?

① 색상   ② 명도   ③ 채도   ④ 동시

문 211) 수목 규격의 표시는 수고, 수관폭, 흉고직경, 근원직경, 수관 길이를 조합하여 표시할 수 있다. 표시법 중 H×W×R 로 표시할 수 있는 가장 적합한 수종은?

① 은행나무   ② 사철나무   ③ 주목   ④ 소나무

210. ①   211. ④

조경기능사 한 권으로 끝내기

필기

Ⅱ. 조경 시공

Chapter 01. 조경식재 및 시설물의 재료 구분

1장. 조경재료

1. 개념 및 분류

1) 재료의 개념
① 시설물과 구조물을 구성하는 구성재의 총칭
② 직접 사용 재료와 가설자재, 위생기구, 배관 등 간접 재료로 구분

2) 재료의 분류
① 일반재료

구분		주요내용
생산방법에 의한 분류		- 원재료 : 목재, 석재, 골재, 점토, 식물재료 등 - 인공재료 : 콘크리트 제품, 금속제품, 요업제품, 섬유제품
화학성에 의한 분류	무기재료	- 금속재료 : 철제, 알루미늄, 동, 아연, 합금류 등 - 비금속재료 : 석재, 시멘트, 벽돌, 유리, 석회, 콘크리트, 도자기류 등
	유기재료	- 원재료 : 목재, 흙, 아스팔트, 섬유, 종이류 등 - 합성수지 : 플라스틱, 도료, 접착제, 실링제 등
성능에 의한 분류		- 방수제, 방습제, 내화제, 음향재, 단열재, 보호재, 접착제 등
부위에 의한 분류		- 구조제, 지붕재, 벽면재, 천장재, 바닥재 등
용도에 의한 분류		- 구조재료 : 목재, 철근콘크리트, 철골, 조적 - 수장재료 : 내.외장재, 차단재, 채광재, 창호재, 방화재 - 설비재료 : 급.배수재, 냉.난방재, 전기재, 가스재 등 - 기타재료 : 접착제, 가구재, 장식재 등
공사에 의한 분류		- 목공사, 철근콘크리트, 철공공사용, 조적공사용, 타일, 방수, 지붕, 금속, 미장, 유리, 도장, 수장, 설비, 기타 잡공사용 재료

[출처:조경재료 적산학, 기문당]

② 조경재료

구분	조경재료
기능에 따른 분류	- 생물재료 : 수목, 지피식물, 초화류 - 무생물재료 : 데크재, 석재, 시멘트. 콘크리트, 포장재, 합성수지, 금속제, 미장 및 조적재, 역청. 아스팔트재, 도장재, 토양개량제, 멀칭재
특성에 따른 분류	- 수목 및 부자재 : 식물재료, 지주목, 부엽토, 멀칭재, 수목보호재 - 조경시설물 : 구조재, 놀이시설, 유희시설, 휴게시설, 급.배수시설, 전기시설, 운동시설, 환경조형물
용도에 의한 분류	- 평면적 재료 : 지피, 초화류, 잔디, 멀칭 등 피복재료 - 입체적 재료 : 조경수목, 담장, 조경석, 퍼골라, 놀이시설, 환경시설 - 경계재료 : 생울타리, 회양목, 경계석, 휀스, 엣지

2장. 조경식재

1. 조경수목의 특성

1) 수형

① 수목 고유의 생김새로 유전적, 환경적 조건에 의해 수관과 수간에 의해 결정
② 조경수 수형 구분

구분				주요 수종
자연 수형	수간에 의한 수형	직간형	단간 쌍간 다간	주간의 본수가 하나인 직간형 수형 주간의 본수가 두 개로 나란한 직간형 수형 주간의 본수가 5개이상인 직간형 수형
		곡간형	사간 현애	유전, 환경적 조건에 의해 비스듬히 기울어 자라는 수형 주간이 아래로 늘어져 기울어 자라는 수형
		총상형	총간 총립	5본 이상의 다간이 수목 밑둥치에서 자라는 수형 총간의 수형이 작은 관목의 경우
	수관에 의한 수형	정형	직선형 원주형 원통형 원추형 우산형 피라미형	기둥같은 긴 수관 아래, 위의 수관폭이 같은 수형 나무 끝부분이 뾰족한 긴 삼각형의 수관 우산과 같은 모양의 수관 위,아래의 수관선이 양쪽으로 벌어지는 원추형

	곡선형	원개형	지하고가 낮고, 가지와 잎이 옆으로 확장된 수관
		타원형	타원처럼 둥근 형태의 수관
		난형	달걀모양의 수관
		배형	술잔모양으로 수관의 윗부분이 평면 또는 곡선
		구형	공모양으로 생긴 수관
	부정형	횡지형	가지가 옆으로 확장된 모양
		능수형	가지가 길게 아래로 늘어지는 모양
		포복형	줄기가 지표를 따라 생육
		피복형	수관 밑부분이 지표면에 닿으며 생육
		만경형	다른 물체 기대어 자라는 수관
	수지에 의한 수형	상향형	가지가 줄기에 평행, 수직으로 자라며 원주형
		경사형	가지가 줄기에서 예각으로 자람
		수평형	가지가 줄기에서 둔각 또는 지면에 수평
		분산형	일정한 높이, 주간 이상에서 무성한 가지, 분산
		수하형	가지가 지표면으로 처지며 자람, 능수형
인공 수형		절간수	굵게 자란 줄기를 잘라 소지를 길러 고목 느낌
		절지수	줄기는 두고 가지를 잘라 맹아지로 잔가지 확장
		절초수	나무의 끝부분을 잘라 새로운 눈이 생성
		맹아수	뿌리 근처의 줄기를 잘라 그루터기 맹아 생성

③ 수목의 생장과 개화
- 발아(싹틈) : 봄의 기온이 상승함에 따라 싹이 트는 과정, 어린가지 및 영양상태가 양호한 식물, 상록수 보다 낙엽수가 먼저, 같은 낙엽수 중에서 북방계 및 잎보다 꽃이 먼저 피는 식물이 먼저 개화
- 개화 : 온도가 빨리 상승하면 발아 및 개화도 빠르며 온도가 오르내리면서 상승하는 것이 연속적으로 상승하는 것보다 개화가 빠름. 무궁화, 장미, 찔레 등 초여름에서 가을에 걸쳐 꽃이 피는 나무는 당년에 자란 가지에서 꽃눈이 분화
- 개화 형태

구분	개화 형태	주요 수종
선상화관	가느다란 가지위에 꽃이 이삭모양으로 다닥다닥 붙어있는 형태	개나리, 미선나무, 박태기, 명자, 매화, 조팝나무
반상형	녹색의 배경위에 꽃이 집단 산재한 모양	장미, 무궁화, 수국. 수수꽃다리
복상	꽃으로 완전히 뒤덮인 형태	벚나무, 꽃사과, 모란, 철쭉
점상	하나의 큰 꽃이 점점이 되어 있는 형태	목련, 모란
관상형	꽃은 가지 끝에 피며, 수관 전체에 꽃이 덮히는 형태	이팝나무, 배롱나무, 개회나무, 진달래, 철쭉, 수수꽃다리

- 결실 : 가을에 열매가 성숙, 수확량 증대 및 결실이 부실해 지는것을 방지하기 위해 꽃이 진 후 꽃을 따주거나 열매를 쏙아 줌.

구분(열매색상)	주요 수종
붉은색	앵두, 마가목, 매자나무, 꽃사과, 자두, 피라칸사, 산수유, 산사나무, 목련, 찔레, 호랑가시, 참빗살나무, 덜꿩나무
노란색	은행나무, 모과, 명자, 귤, 감, 살구, 배, 탱자
보라 및 파란색	포도, 머루, 작살나무, 가막살, 으름
흑색	팽나무, 뽕나무, 팥배나무, 쥐똥나무

- 단풍 : 계절 변화에 따라 잎 속의 엽록소가 분해되고 안토시아닌에 의해 잎의 색이 변하는 현상. 안토시안닌과 크산토필색소에 의해 주홍색 또는 노란색으로 변함

구분(단풍색상)	주요 수종
주홍색	단풍, 마가목, 화살나무, 붉나무, 산딸나무, 감나무
노란색, 황색	은행나무, 계수나무, 고로쇠나무, 벽오동나무, 배롱나무, 자작나무, 메타세쿼이어, 느티나무, 갈참나무, 칠엽수

- 낙엽 : 환경조건(일조량, 관수) 및 영양상태에 따라 조기에 잎이 떨어지거나, 겨울을 준비하기 위해 봄의 잎이 가을에 떨어지는 현상

③ 수세
- 생장속도 : 양수는 생장이 빠르고, 음수는 생장이 느림
  대표적 음수로 주목, 가라목, 굴거리나무, 금송, 백송, 독일가문비, 때죽나무. 위성류, 맥문동 등
- 맹아성 : 줄기나 가지를 전지·전정하거나 바람 등의 물리적 힘에 의해 꺾이거나 다치면 숨어 있던 눈이 자라 싹이 나오는 성질, 전지·전정에 강한 수종은 생울타리 및 형상수로 이용
  • 맹아력이 강한 수종 : 주목, 향나무, 모과나무, 사철나무, 광나무, 꽝꽝나무, 회양목, 쥐똥나무, 무궁화, 개나리, 가시나무, 탱자나무
  • 맹아력이 약한 수종 : 자작나무, 소나무, 살구나무, 복숭아나무, 벚나무, 칠엽수, 태산목, 비자나무, 굴거리나무
- 이식에 대한 적응성 : 지역 간 이동, 수세가 약한 수종, 이식이 어려운 수종 등에 대해 수목을 옮겨 심는 것으로, 가식을 통해 수목의 세근 발달을 촉진 후 계획된 식재 위치에 정식

- 이식이 용이한 수종 : 측백나무, 은행나무, 벽오동, 회화나무. 이팝나무, 개회나무, 수수꽃다리. 회양목, 명자나무
- 이식이 어려운 수종 : 주목, 전나무, 구상나무, 섬자산무, 가시나무, 굴거리나무, 목련, 자작나무, 감나무, 대나무, 낙우송, 해송

④ 색채
- 잎의 색채 : 봄의 짙은 녹색의 상록수와 상록활엽수, 밝고 연한 녹색으로 낙엽활엽수, 사계절 동일 색상의 홍단풍과 독특한 색상의 백양나무, 황금사철, 금태사철, 은단풍, 홍가시나무
- 수피(줄기)의 색채

색채	주요 수종
흰색계	백송, 자작나무, 동백나무, 양버즘나무, 분비나무, 서어나무
청록색계	벽오동, 황매화, 죽단화, 식나무,
갈색계	배롱나무, 노각나무, 동백나무, 편백나무
적갈색계	주목, 갸라목, 소나무, 섬잣나무, 삼나무, 모과나무
흑색계	팽나무, 참느릅나무

- 계절별 꽃과 열매의 색채

계절	색채	주요 수종
봄	적색(주홍)	동백나무, 명자나무, 홍매, 영산홍,
	백색	왕벚나무, 산사나무, 백목련, 백철쭉, 조팝나무,
	황색(노란색)	산수유, 생강나무, 개나리, 죽단화, 황매화
	자색	자목련, 수수꽃다리, 등나무
여름	적색	장미, 배롱나무, 자귀나무, 석류, 무궁화, 협죽도, 모란
	백색	층층나무, 산딸나무, 말발도리
	황색	장미, 황철쭉, 능소화
	자색	수국, 모란, 멀구슬나무
가을	적색	부용, 낙상홍, 부용
	백색	은목서, 호랑가시나무
	황색	금목서, 산국
	자색	작살나무, 개머루, 누리장나무, 피라칸사
겨울	적색	남천, 개멀, 자금우, 식나무
	백색	팔손이, 비파나무, 구골나무
	황색	참식나무

⑤ 향기

구분	주요 수종
꽃의 향	매화나무, 수수꽃다리, 개회나무, 장미, 일본목련, 함박꽃나무, 인동덩굴, 목서
열매의 향	녹나무, 모과나무
잎의 향	생강나무, 계수나무, 월계수, 녹나무, 미국측백, 백동백나무

4) 조경수목과 환경

① 기온 : 식물의 생육 분포를 결정짓는 주된 요인으로 우리나라는 제주와 남부지방 일대의 난대림부터 평안북도 함경북도 고산지대의 한대림 분포

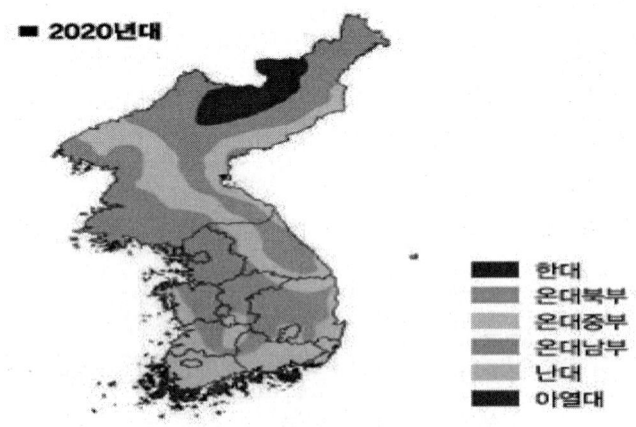

[표] 산림기후대별 주요수종

산림대		지역	연평균 기온	주요수종
난대림		제주, 남해안	14℃ 이상	가시나무, 동백나무, 아왜나무, 녹나무, 감탕나무, 돈나무, 삼나무, 굴거리나무
온대림	남부	전남, 경북	12~14℃	팽나무, 단풍나무, 서어나무, 은목서, 태산목, 후박나무
	중부	경기, 강원, 황해	10~12℃	신갈나무, 느티나무, 단풍나무, 향나무
	북부	온대중부 이북	5~10℃	잣나무, 박달나무, 개암나무, 전나무, 자작나무, 잎갈나무, 소나무
한대림		평안, 함경	5℃ 미만	전나무, 주목, 전나무, 구상나무, 눈주목, 가문비, 종비나무

② 광량 : 식물이 생장하는 가장 중요한 요소, 광합성의 한 요인, 전 광선량의 필요조건에 따라 극양수, 양수, 중성수, 음수로 구분

구분	전 광선량 기준	주요 수종
극양수	60%이상	낙엽송, 대왕송, 버드나무, 자작나무, 포플러류
양수	30~60%	메타세콰이어, 소나무, 삼나무, 은행나무, 느티나무, 가중나무, 이팝나무, 벚나무, 산수유, 오리나무, 자귀나무
중성수	10~30%	회화나무, 칠엽수, 잣나무, 단풍나무, 수국, 담쟁이덩굴, 목련, 진달래, 개나리, 섬잣나무, 목서
음수	3~10%	주목, 전나무, 비자나무, 가시나무, 녹나무, 동백나무, 팔손이, 회양목, 후박나무

③ 토양
- 토양의 층위 구조

명칭	특징
O층 유기물층	낙엽,나무가지가 쌓여있는 부숙된 유기물층
A층 용 탈 층	무기물토양, 어두운 색, 생물활동이 활발한 층
B층 집 적 층	무기물 집적층, 점토, 식물 근계 한계지점
C층 모 재 층	풍화토, 사력층, 토양이 되어가는 층
R층 모 암 층	수직적 연속분포, 암반, 암석층

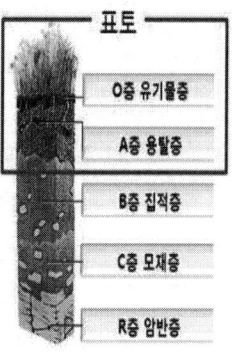

- 토양의 물리적 특성
    a. 3상분포 : 고상(50%), 액상(25%), 기상(25%) 비율
    * 식물생육에 적합한 토양 : 부식질이 풍부(팽연토), 투수성, 통기성, 배수성이 양호하며 토양산도(pH) 중성, 질소(N), 인산(P), 칼륨(K) 풍부

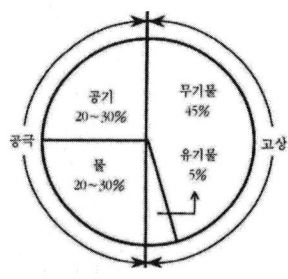

b. 토질상태

[표] 점토, 실트, 모래 비율

토성	점토 함량(%)	구성	구분	국제토양학회법
사토	12.5이하	모래 ↕ 점토	자갈	2.00mm이상
사양토	12.5~25.0		거친모래(조사)	0.2~2.0mm
양토	25.0~37.5		가느모래(세사)	0.02~0.2mm
식양토	37.5~50.0		가루모래(미사)	0.002~0.02mm
식토	50.0이상		점토	0.002mm 이하

c. 입자구조(토양의 배열 상태)

단립구조 : 토양수분과 공기의 균형이 깨져 입단구조 파괴

입단구조 : 토양개량제, 퇴비, 유기물부식, 지중동물 등 이용
토양수분과 공기, 부식질의 결합으로 형성 촉진.

d. 경도

토양강도와 치밀도, 토양의 단단함을 나타내는 지표

식물 생육 최적 범위 18 ~ 23mm

- 화학적 특성

  a. 토양산도(pH)

  산성토양 : pH7 미만 식물생육 저하

  알칼리성토양 : pH8.5 이상의 나트륨 함양이 높은 토양

  b. CEC(양이온 교환용량)

  보비력, 높을수록 비옥한 토양

  건조토양 100g 에서의 영양

  c. 토양 수분 결합력(pF)

  토양내 수분이 부족하면 잎의 팽압이 낮아져 기공이 좁아지고, CO_2의 흡수량이 저하되어 광합성이 되지 않아 점차 고사로 진행.

구분	pF	특징
중력수	2.7이하	중력에 의해 밑으로 제거되는 수분, 자유수
모관수	2.7~4.5	표면장력과 중력에 의해 토양입자에 흡착, 작물에 유효한 수분
흡착수	4.2~7.0	토양입자 표면 박막상으로 흡착되어 있는 수분
결합수	7.0이상	토양입자 표면에 강하게 결합

  d. 토양내 양분

  다량원소 : C, H, O, N, P, K, Ca, Mg, S

  미량원소 : Fe, Mn, Mo, B, Zn, Cu, Cl

비료의 3요소 : N, P, K
   e. 비료목 : 질소고정능력을 갖추고 있어 척박한 토양을 비옥 하게 만드는 식물, 대표적으로 콩과 종류의 식물들이 질소 고정하여 식물 생장에 좋은 영향을 줌.
   - 콩과 식물 : 아까시나무, 박태기나무, 자귀나무, 싸리나무, 등나무, 칡
   - 자작나무과 식물 : 자작나무, 오리나무, 산오리나무, 사방오리나무, 개암나무
   - 보리수나무과 : 보리수나무, 보리장나무
- 토양의 생물학적 특성
   a. pH변화 억제
      수목 뿌리와 균근 공생, 질산화 박테리아 활동 억제
   b. 곰팡이
      낙엽 분해, 산성 토양에 대한 내성이 강함
   c. 지중 생물
      토양의 입단구조화, 토양공극, 식물과의 공생, 유기물 분해

> **용어**
>
> 수관 : 가지와 잎의 조화로 형성된 모양으로 가지의 생김새에 따라 달라진다.
> 수간 : 줄기의 모양 또는 갈라진 수와 형태.
> 학명 : 전 세계에서 공통으로 사용할 수 있는 학술적 이름, 라틴어 사용
>   속명+종명+명명자로 표기
> 품종과 변종 : 품종은 인위적 조작, 유전성을 유지해야하며 변화의 정도가 적은 반면 변종은 변화의 정도가 큰 것이 특징이다.

2. 조경수목의 분류

1) 성상(형태)별 분류

① 교목
   - 다년생 목본성 식물, 단간직립의 줄기
   - 줄기와 가지의 구별이 뚜렷한 수목
   - 교목형(30m이상), 아교목(8~30m), 소목형(2~8m), 관목형(2m하)

② 관목
   - 교목에 비해 수고가 낮고 근권부위, 땅속에서 분기하여 총생
   - 보통 수고 3~4m 이하로 자라는 목본식물의 총칭

③ 만경류
- 잎, 줄기, 가지가 덩굴 모양으로 생육
- 능소화, 인동덩굴, 등나무, 포도덩굴, 담쟁이, 머루, 송악, 칡

④ 침엽수와 활엽수(잎의 모양)
- 침엽수 : 나자식물, 암꽃의 암술이 벌어져서 밑씨가 들어난 식물
  은행나무, 소철, 주목, 비자나무, 구상나무, 소나무, 반송
- 활엽수 : 피자식물, 밑씨가 암술로 이루어진 씨방 속에 들어있는 식물, 느티나무, 팽나무 외 대부분의 종자식물

⑤ 상록수와 낙엽수(잎의 색상)
- 상록수 : 잎이 연중 푸른색을 유지하는 수목, 아열대원산, 주목, 비자나무, 전(젓)나무, 향나무, 가시나무
- 낙엽수 : 온대지방의 겨울 전에 잎이 낙엽지는 수목
  느티나무, 벚나무, 팽나무, 회화나무, 단풍나무 등

2) 수목 관상별 분류

① 꽃을 관상하는 수목

개화시기	주요 수종
봄	목련, 산수유, 매화나무, 벚나무, 개나리, 철쭉, 진달래, 조팝나무, 산사나무, 박태기나무, 동백나무, 모란, 수수꽃다리, 등나무
여름	이팝나무, 배롱나무, 자귀나무, 석류, 능소화, 마가목, 산딸나무, 층층나무, 무궁화, 수국
가을	은목서, 금목서, 호랑가시나무, 모감주나무, 부용
겨울	비파나무, 팔손이

② 잎을 관상하는 나무
- 소나무, 측백, 주목, 가시나무, 회양목, 느티나무, 팽나무, 메타세쿼이어, 은행나무, 단풍나무, 벽오동, 식나무, 계수나무

③ 단풍이 아름다운 나무
- 은행나무, 단풍나무, 낙우송, 배롱나무, 계수나무, 붉나무, 화살나무, 일본잎갈나무, 마가목, 담쟁이덩굴, 남천, 모감주나무

④ 열매를 관상하는 나무
- 산수유, 대추나무, 마가목, 자엽자두, 살구, 감, 오미자, 피라칸사, 낙상홍, 탱자나무, 모과나무, 화살나무, 남천, 산딸나무

⑤ 수피를 관상하는 나무
- 자작나무, 모과나무, 배롱나무, 소나무, 백송, 노각나무, 화살나무

3) 이용상의 분류
① 경관장식용 수목
- 수형이 아름답고 정형된 수종으로 건물의 현관, 앞뜰 공원 등에 이용
- 건축물, 시설물의 보조재로 시각적 조화를 통한 아름다움
- 소나무, 주목, 목련, 단풍, 매화, 벚나무, 배롱나무, 자귀나무, 동백나무, 자작나무, 철쭉, 회양목, 장미, 무궁화, 진달래, 피라칸사, 명자, 조팝, 병꽃나무

② 생울타리 및 차폐용 수목
- 경계 및 담장 역할, 시선차단, 침입방지, 기피 및 혐오 시설 차폐
- 상록수로 지엽이 밀생하고 하지가 발달한 수목
- 사철나무, 향나무, 측백, 잣나무, 명자, 탱자, 개나리, 쥐똥나무 등

③ 녹음용 수목
- 그늘제공 및 악취나 알러지가 없고 지하고를 유지하는 수목
- 수관이 크고 잎이 밀생, 답압이나 병충해에 강한 수목
- 칠엽수, 느티나무, 벚나무, 팽나무, 회화나무, 단풍나무, 은행(수)나무, 벽오동, 버즘나무, 층층나무, 굴거리나무

④ 가로수용 수목
- 보행자에게 녹음을 제공, 시선유도, 방음, 방화, 도시 미관 향상을 목적으로 심는 나무
- 칠엽수, 은단풍, 플라타너스, 메타세쿼이어, 벚나무, 은행나무, 느티나무, 회화나무, 이팝나무

⑤ 녹음용
- 강한 햇빛을 조절하기 위해 식재하는 나무
- 녹나무, 느티나무, 회화나무, 은행나무, 버즘나무, 층층나무, 굴거리나무, 벽오동, 칠엽수

⑥ 방풍용 수목
- 심근성 수목으로 강한 바람을 막기 위해 식재, 해안림 조성
- 해송, 소나무, 향나무, 팽나무, 느티나무, 대나무

⑦ 방화용 수목
- 잎이 두껍고 수분 함양이 많으며 넓은 잎과 치밀한 수관의 수목
- 화재발생시 발화원으로부터 인접지역으로의 연소 지연 및 차단
- 은행나무, 녹나무, 동백나무, 아왜나무, 후박나무, 식나무, 사철나무

⑧ 방연용(대기오염에 강한) 수목
- 자동차 배기가스 및 공장지대 아황산가스에 생육하는 수목
- 향나무, 편백, 은행나무, 가죽나무, 목백합나무, 버즘나무, 자귀나무

⑨ 방사, 방진용 수목
- 생장이 빠르고 발근력이 우수한 수종
- 사철나무, 쥐똥나무, 동백나무, 찔레꽃

4) 생태적인 분류

① 기후대별 수목
- 한대지역 : 전나무, 주목, 전나무, 구상나무, 눈주목, 가문비
- 중부이북 지역 : 잣나무, 박달나무, 개암나무, 전나무, 자작나무, 잎갈나무, 소나무
- 중부이남 지역 : 신갈나무, 느티나무, 단풍나무, 향나무, 은목서, 태산목, 후박나무
- 남부지역 : 가시나무, 동백나무, 아왜나무, 녹나무, 감탕나무, 돈나무, 삼나무, 굴거리나무

3. 조경수목의 자재 선정 방법

1) 일반사항

① 식재 예정 지역의 기후, 토양 등 환경조건에 적합해야 한다.
- 중북 이북, 중부, 중부 이남, 남부, 해안 지역, 아고산대, 고산대, 사질토, 점질토, 갯벌, 해안사구, 하천변 등을 고려

② 수목 구입의 용이성
- 수목의 공급 및 수급이 원활한 수종
- 적정한 가격, 유통 단가의 적정성

③ 수목의 계절적 특성과 고유 수형, 크기 등 시각적 특성을 고려
- 생육환경 적응 및 전체적인 조화를 이룰 수 있는 수종 선정

④ 여러 수종이 혼식 되는 경우 각 수종 상호 간에 해를 끼치지 않도록 선정
- 타감작용*, 기주식물** 등의 혼식 금지
   * 타감작용(알레로파시, Alleleopathy): 상호대립억제 작용물질을 통해 한 식물이 다른 식물의 성장, 생존, 생식에 영향, 대표적으로 소나무의 피톤치드, 호두나무 주글론, 마늘의 알리신, 감자의 솔라닌 등
   ** 기주식물 : 기생식물의 숙주가 되는 식물, 향나무와 배나무, 잣나무와 송이풀 등

2) 수목 자재의 품질

① 상록교목
- 수간이 곧고 초두가 손상되지 않은 것
- 가지가 고루 발달하고 모양이 안정적인 것
- 당년생 신초를 제외한 지정 수고 이상의 수목

② 상록관목
- 지엽이 치밀하고 수관에 큰 공극이 없으며, 수형이 잘 정돈된 것
- 병해충의 피해가 없는 것

③ 낙엽교목
- 주간이 곧으며 근원부에 비해 수간이 급격히 가늘어지지 않은 것
- 가지가 도장되지 않고 고유 수형을 유지 하는 수목

④ 낙엽관목
- 지엽이 충실하게 발달하고 합본되지 않은 것
- 지정수고 이상, 지정 규격에 ±10% 이내 일 것

⑤ 초화류 및 지피류
- 상록성 : 사계절 녹색을 띠는 지피류
   맥문동, 사사, 제주조릿대, 백리향, 송악, 수호초, 줄사철 등
- 내음성 : 음지에서 잘 자라는 지피류
   송악, 둥굴레, 비비추, 은방울꽃, 맥문동, 수호초, 옥잠화 등
- 내습성 : 습지에서 잘 자라는 지피류
   개미취, 용담, 붓꽃, 수선화, 원추리, 동의나물 등

- 내수성 : 물속에서도 잘 자라는 지피류
  부들, 무늬석창포, 연, 속새, 어리연, 노랑꽃창포, 제비붓꽃 등
- 내건성 : 가뭄에 강한 지피류
  붓꽃, 돌나물, 작약, 타래, 과꽃, 세덤류 등

3) 수목의 규격 표시

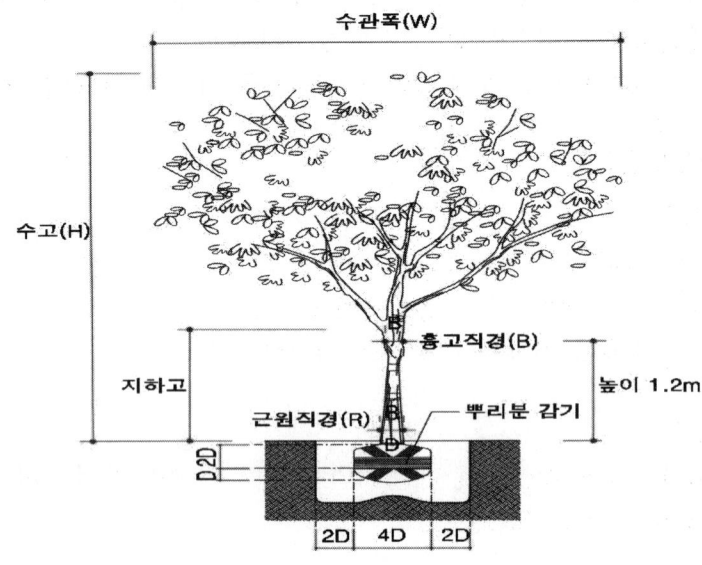

① 교목류의 규격표시
  - 침엽수 :
    H(수고) × W(수관폭) : 전나무, 잣나무, 스트로브잣나무 등
    H(수고) × R(근원직경) × W(수관폭) : 소나무 등 대형 수목
  - 낙엽수
    H(수고) × R(근원직경)
    H(수고) × B(흉고직경)

② 관목류
  H(수고) × W(수관폭)

③ 만경류
  H(수고) × L(길이)

④ 묘목 및 초화류
  인치 포트, 분얼, 가지수, 뗏장크기

4. 잔디 재료

1) 한지형 잔디

① 특성
- 유럽 원산, 생육 적온이 15~20℃
- 내한성이 강하며, 여름철 고온에 하고현상 발생
- 잔디깎기, 내건조성, 내답압성, 병해에 약함

② 종류
- 켄터키 블루그라스 : 축구장용, 한지형 잔디 중 가장 많이 사용
- 페레니얼라이그라스 : 발아 속도가 빨라서 보충파종용으로 사용
- 페스큐류 : 생육이 왕성, 건조하고 척박한 산성토양에 잘 자람 비탈면 녹화수종
- 벤트그라스류 : 예초에 강하고 질감이 우수, 골프장 그린 재료

2) 난지형 잔디

① 특성
- 아프리카, 남미, 아시아 원산, 생육적온 25~30℃
- 내한성이 약함, 겨울철(저온)에 엽색이 황변하는 황화현상
- 잔디깎기에 강하고 고온에 잘 견딤
- 내음성, 충해에 약하고 포복경 지하경이 강함

② 종류
- 한국잔디 류 : 들잔디, 금잔디, 비로도잔디, 왕잔디. 갯잔디 등
- 버뮤다그라스 : 답압에 대한 회복력 및 재생력이 매우 강함

3장. 조경시설물

1. 목재류

1) 목재 재료의 특징
① 목재는 인류의 생존과 문화 발전에 오랫동안 기여한 물질
② 각종 원료, 재료와 목재 제품으로 다양하게 이용
③ 건축공작, 섬유자원, 포장 및 에너지 등 5천여 종 이상의 용도로 사용
④ 지구상에서 사용량으로 가장 많이 사용되는 물질이며 친환경적인 소재로 부각

2) 목재의 장, 단점
① 장점
- 색깔과 무늬 등 외관이 우수
- 재질이 부드럽고 촉감이 좋음
- 무게가 가볍고 운반이 용이
- 무게에 비해 강도가 크고 열전도율이 낮음
- 단열성이 우수하고, 비중이 작음
- 석재나 금속재에 비해 가공성과 시공성이 용이
- 인장강도와 압축강도가 큼, 인장력이 우수

② 단점
- 내화성, 내부식성이 약함
- 충해, 풍해에 약함
- 건조시 수축 변형이 생겨 치수나 형태에 변형이 생기 쉬움
- 부위에 따라 재질이 고르지 못함.
- 재료가 구부러지고 옹이가 있어 일률적 대규모의 재료를 얻기 어려움
- 함수율이 낮을수록, 비중이 클수록 강도 증가
- 휨강도는 전단강도보다 크고, 외력이 목재의 섬유 방향으로 작용할 때 강함

3) 목재의 종류
① 연재(Soft Wood) : 무른목재
- 연하고 탄력성이 있으며 질김

- 건축이나 토목 시설의 구조재로 사용
- 은행나무, 피나무, 오동나무, 소나무, 전나무, 낙엽송, 잣나무, 삼나무, 웨스턴햄록, 더글라스, 미송과 뉴송

② 경재(Hard Wood) : 단단한 목재
- 무늬가 아름답고 단단하고 무거움
- 차량, 선박, 양식가구 등에 사용
- 느티나무, 벚나무, 단풍나무, 참나무, 향나무, 박달나무, 자작나무, 티크, 마호가니, 라왕, 월낫

4) 목재의 가공에 따른 명칭
① 생목
- 산지 입목을 베어서 수분이 많이 남아 있는 나무
- 세포 내 자유수가 남아있는 나무

② 원목
- 목재로 사용될 원재료로 자연스런 질감과 덜 가공되어진 나무
- 계단의 용재, 산책로의 디딤목, 화단 경계목, 목책 등에 사용

③ 제재목
- 원목을 가공하여 두께, 폭, 모양에 따라 각재와 판재로 구분

④ 각재류
- 마무리재로 사용, 폭이 두께의 3배 미만

⑤ 판재류
- 구조재로 사용, 두께가 7.5cm미만, 폭이 두께의 4배

⑥ 가공재
- 목재면을 대패를 이용 가공

⑦ 합판
- 목재를 얇은 판으로 깎은 판에 접착제를 도포한 후 나무의 결이 엇갈리게 여러 겹으로 홀수의 판을 압축하여 판상으로 제작
- 균일한 크기로 제작이 가능하고 수축, 팽창의 변형이 없는 것이 특징. 내구성과 내습성이 좋으며 고른 강도 유지

- 합판의 종류로 내수합판, 테고합판, 미송, 무취, 코어 합판

⑧ 구조재
- 구조물의 골격이나 하중을 지지하는 목재

5) 목재의 강도 크기

인장강도* > 휨강도** > 압축강도*** > 전단강도****

*인장강도 : 물질을 끌어 당길 때 균열되지 않고 버틸 수 있는 최대 하중을 그 물질의 최초 단면적으로 나눈 값
**휨강도 : 재료를 휘게 하거나 구부러지게 하는 외력에 견디는 힘
***압축강도 : 물체가 압력에 어느 정도 견딜 수 있는지 그 압축력의 한도를 나타내는 힘
****전단강도 : 물체가 전단 하중이 가해졌을 때 물체가 구조적으로 파괴되지 않는 최대 응력(버티는 힘)

6) 목재의 강도에 영향을 미치는 요소

① 온·습도
② 강도와 방향성
③ 하중속도
④ 하중시간

7) 목재의 기본 재적 단위

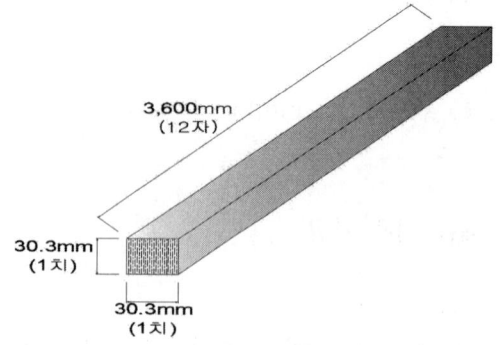

1재(才, 사이) = 1치*(가로) × 1치*(세로) × 12자**(길이)
* 1치=3.03cm,
**1자=30.3cm

8) 목재의 구조

　① 춘재
　　- 성장 속도가 빠름으로 세포가 크고 세포막이 얇으며, 색이 연하고 유연한 목질부
　　- 봄과 여름에 자란 부분

　② 추재
　　- 성장 속도가 느림으로 세포가 작고 세포막이 두꺼우며, 색이 진하고 단단한 목질부

9) 목재의 건조

　① 건조의 목적 및 필요성
　　- 구조물 전체 및 각 부재의 수축이나 변형에 의한 손상방지
　　- 갈라짐·뒤틀림, 변색 및 부패, 충해 방지
　　- 단열과 전기절연 효과 및 탄성 강도가 높아짐
　　- 중량 감소로 가공·취급·운반 등이 용이
　　- 방부제나 합성수지 등의 약제 주입이 용이

　② 자연건조법
　　- 직사광선 및 비를 피하고, 통풍이 잘 되고 배수가 잘되는 곳
　　- 건조시간이 길고 기건함수율 이하고 건조가 어려움

　③ 인공건조법
　　- 습도, 온도, 압력 등을 인공적으로 조절하여 짧은 시간에 건조
　　- 증기건조, 고주파건보, 훈연건조, 진공(감압)건조, 열기건조, 마이크로파 건조

10) 목재의 방부

　① 방부 처리 및 설치과정
　　- 원목 선정 → 제재 및 건조 → 목재가공 → 방부 및 양생 → 방부 목재 설치 → 품질시험 → 유지관리

　② 원목 선정 및 재재
　　- 목재의 중심부 수(Pith)는 사용하지 않음
　　- 옹이는 포함되지 않도록 하며 목재의 특성을 고려한 방부법
　　- 원목을 제재시 정목이 가장 좋으며, 데크재는 반정목 이상 사용

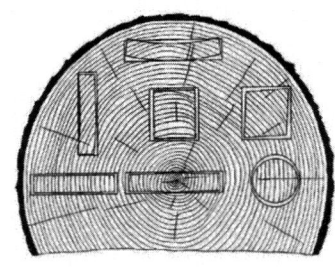

--- 판   목 : 뒤틀림과 갈라짐이 많다
--- 반정목 : 일부 휨이 있다 (보통)
--- 정   목 : 휨이 적고 갈라짐도 적다(가장 좋음)

③ 건조 및 가공
- 방부처리는 제재 후 건조된 상태에서 실시
- 제재목 건조후 함수율 측정하며 평균 30% 이하 유지
- 방부 후 절단 등 가공시 방부 효과 저감, 완제품 상태로 가공 후 방부
- 홈파기, 따내기, 모다듬기, 대패질 등 목재 재단 후 방부

④ 방부제의 종류

구분	수용성	유성	유용성
종류	페놀류 무기플로오르화계 크롬,구리,비소화합물계	크레오소트유	펜타클로르페놀(PCP)
특징	도장가능, 침투성우수, 내화성, 독성	갈색, 가격이 저렴, 화기에 약함	도장가능, 독성, 자극적 냄새, 무색, 가격이 고단가
용도	부패방지, 방충처리, 주거상업용	구조재, 철도의 침목, 전주, 파일	방부, 방충처리, 산업용

⑤ 목재의 사용 환경 범주
- H1
  - 건조한 실내 환경
  - 비나 눈을 맞지 않기 때문에 부후·흰개미 피해의 우려는 없으나, 해충과 변색 오염균(곰팡이)에 대한 내성이 필요로 하며 가구, 벽체 프레임, 천장재, 천장 판넬 및 플로어링 등에 적용
- H2
  - 비나 눈을 맞지는 않으나 결로의 우려가 있는 환경
  - 내장재로 습한 곳에 사용되는 벽체 프레임, 지붕재, 플로어링 등에 적용
- H3
  - 야외에서 눈비를 맞는 곳에 사용하는 목재로 내구성이 요구되며 부후, 흰개미 피해의 우려가 있는 조건
  - 야외 또는 습윤에 항상 노출되는 환경

- 파고라, 놀이시설, 야외용의자, 통나무 등에 적용
- H4
  - 토양 또는 담수(淡水)와 접하는 곳 등에 사용되는 목재
  - 물과 접하는 목재, 전주, 휀스 지주목, 조경시설재, 철도침목, 토사 방지 사방용재 등에 적용
- H5
  - 바닷물과 접하는 곳 등에서 사용되는 목재 환경
  - 부두의 항목 용재, 선박용 부교 및 잔교, 해안 토사 유출 방지 옹벽재 등에 적용

⑥ 방부제 처리법
- 가압주입법
  - 목재를 압력용기에 넣고 감압, 가압, 공기압 이용 방부제를 주입
  - 방부 효과가 크고, 대규모 생산, 기업적으로 실시하는 방법
- 도포 및 살포법
  - 가장 간단한 방법
  - 건조재의 표면에 방부제를 바르거나 뿌려서 목재 부후균 침입 방지
  - 목재를 충분히 건조 후 균열이나 이음부 등에 주의하여 헝겊이나 솔, 붓 등으로 도포
  - 목재 표면적 1㎡당 150㎖ 도포기준, 1회 도포시 약40~60㎖/㎡를 사용 1회 도포 후 재도포는 약액이 완전히 흡수되도록 30분~3시간 후에 시행.
- 침지 및 침투법
  - 상온에서 실시, 상황에 따라 가온 처리
  - 방부제 CCA,크레오소트액 등에 장시간 침지, 용액을 가열하여 가온 처리시 목재 내부로 깊이 침투 효과
- 표면탄화법
  - 표면을 3~12mm 깊이로 태움
  - 흡수성이 증가하는 단점
- 확산법
  - 생목 및 젖은 목재 표면에 높은 농도의 수용성 방부액을 도표, 목재 속으로 확산, 방부처리를 한 목재는 건조하지 않도록 해야 함.
  - 소경재는 3~4주간, 대경재는 5~8주간 정도의 기간 소요
- 방부용 도료
  - 방부처리된 목재 및 추가적인 제재작업 등으로 발생한 목재의 방부 성능 저하를 예방하기 위해 도포

- 1ℓ 당 [6m²] 기준 원액 사용
- 기후조건에 맞추어 8~12시간 이상 건조

11) 방부목재의 유지관리

① 방부목재 사용시 연결철물
- 방부목은 아연도금 및 스테인레스 스틸 제품으로 시공
- 데크의 널재를 장선에 부착, 휀스 등 못 사용이 어려운 곳은 방부처리 목재용 접착제 사용

② 유지관리
- 1회/2년 이상, 목재 표면에 오일스테인과 같은 발수제 도포
- 방부목재의 표면을 페인트, 바니시 등으로 도장할 시 목재 내부와 외부의 수분이동 차단으로 목재 내부의 부패 촉진함으로 사용하지 않는다.

2. 석재류

1) 석재의 정의

① 석재는 원석을 가공하여 벽이나 바닥재로 사용
② 부순돌을 이용하여 골재로 사용

2) 석재의 특징

① 석재의 성질
- 압축강도는 강하지만 휨강도나 인장강도가 약함
- 석재내에 수분이 동결, 융해를 반복, 조직의 재질 약화로 붕괴

② 석재의 장·단점

구분	내용
장점	- 전국에 분포, 재료구입이 용이 - 불연성, 압축강도가 크다 - 내수성, 내구성, 내화학성이 풍부하다 - 종류가 다양, 산지에 따라 외관과 색조 연출이 가능 - 외관이 장중, 치밀, 가공법에 따라 광택
단점	- 휨강도, 인장강도가 작다 - 장대재 생산이 어렵고 가구재로 부적당 - 경제적 부담이 크다 - 비중이 크고 가공성이 어려움 - 불에 약해 균열 및 파괴

3) 석재의 종류
   ① 화성암
      - 생성원인 : 마그마가 굳어 만들어진 암석
      - 종류 : 화강암, 현무암, 사비석, 안산암, 규장암
      - 특성 및 용도

구분		특성	용도
화성암	화강암	쑥돌, 장석과 석영, 운모로 구성 색상은 장석의 비율에 따라 결정, 회색, 검은색, 붉은색, 갈색 등 흡수율이 낮고 내구성이 우수	구조재, 외장, 내장재
	현무암	용암이 식을 때 가스 누출로 표면에 구멍 형성 석질이 견고, 내구성 우수 가공 방법이 한정적인 단점	맷돌, 돌담, 주춧돌, 마감재, 단열재, 바닥재
	사비석	일본에서 처음 사용, 녹이 나는 석재 황색으로 국내에서 미생산 경도와 내구성이 높지만 색상의 편차가 큼	외장재, 내장재
	안산암	안데스산맥의 화산지역 유래, 검은색, 갈색, 회색 등 짙은 색상, 강도, 경도, 내구성, 내화성 우수, 석질이 치밀, 조직이나 색상, 무늬가 균일하지 못해 큰 부재를 얻기 어려운 단점	구조재, 외장재, 내장재, 바닥재 신라 경주 분황사 모전석탑
	규장암	장석과 석영으로 구성, 흰색, 연한 회색 등 밝은 색 미세한 화산재로 입자 조밀, 내구성, 내수성, 내산성이 우수, 도자기 중 백자의 재료	아트월, 화장대, 식탁 상판

   ② 변성암
      - 생성원인 : 수성암, 화성암이 지각 변동에 의한 조직, 광물 성분 변화, 대표적인 명칭으로 대리석
      - 종류 : 대리석, 사문암, 철평석, 석면
      - 특성 및 용도

구분		특성	용도
변성암	사문암	감람석의 변질, 다양한 석질 암녹색 바탕의 흑백색의 아름다운 무늬	풍화성으로 실내장식용, 대리석 대용으로 사용
	대리석	석회석의 변화, 색조가 다양 강도는 높지만 산화, 열, 내구성이 약함	아름다운 광택 실내장식용 최고급 석재
	철평석	장기간 지각의 퇴적, 고열, 압축으로 형성	바닥재, 조경용재

③ 퇴적암
- 생성원인 : 물과 바람에 의해 운반된 모래가 물속에서 축적, 진흙, 탄소등에 의해 굳어져 물질 형성
- 종류 : 사암(Sandstone), 석회암(Limestone)
- 특성 및 용도

구분		특성	용도
퇴적암	사암	입자가 곱고 균일, 연석 질감이 거칠고 퇴적층을 따라 대리석 같은 부드러운 결이나 줄무늬 광택을 낼 수 없는 단점 석회질 사암은 동결에 약함, 강도가 약해 가공이 용이	규산질 사암(구조재사용), 내장재
	석회암	화성암이나 동식물의 잔해에 포함된 석회분이 바닷물에 녹아 침전으로 굳어진 물질 입자가 곱고 조밀, 은은한 광택, 부드러운 흰색, 아이보리, 회색, 붉은색, 검은색의 색상 다공질로 가공 용이, 화학적 성질이 취약 내산성, 내화학성이 부족, 오염 취약	시멘트의 주재료, 실내의 마감재

4) 석재의 형상에 따른 분류

① 각석
- 나비가 두께의 3배 미만, 일정한 길이, 쌓기용, 기초용, 경계석

② 판석
- 나비가 두께의 3배 이상, 두께가 150mm 미만, 디딤돌, 원로포장, 계단

③ 견칫돌
- 개의 치아와 같은 형상의 돌, 면이 사각형이며 길이는 4면을 쪼개어 면에 직각으로 잰 길이는 면의 최소변의 1.5배 이상, 석축용, 흙막이용 돌쌓기

④ 마름돌
- 직육면체로 다듬은 돌로 미관과 내구성이 요구되는 구조물이나 쌓기용

⑤ 사고석(사괴석)
- 15~25cm, 면이 거의 4각형, 길이는 2면을 쪼개어 면에 직각으로 잰 길이가 면의 최소변 1.2배 이상, 포장용, 담장용

5) 석재의 가공
   ① 혹두기
      - 쇠망치나 날메로 석재 표면의 큰 돌출부를 다듬는 정도의 거친 마무리 하는 작업

   ② 정다듬
      - 혹두기 상태의 면을 정으로 쪼아내서 표면을 곱게 다듬는 작업

   ③ 도드락다듬
      - 정다듬 표면을 도드락 망치를 이용하여 표면을 평활하게 마무리하는 방법, 연질의 석재에 사용

   ④ 잔다듬
      - 외날 망치나 양날망치로 정다듬 면 또는 도드락다듬 면을 일정방향이나 평행선으로 나란히 찍어 평탄하게 마무리하는 작업

   ⑤ 버너마감
      - 기계 절삭 표면을 30~40mm 떨어진 위치에서 1,800~2,500℃의 고온으로 가열, 석재 면을 매끄럽게 가공

   ⑥ 물갈기
      - 잔다듬 면을 연마기 또는 숫돌로 매끈하게 갈아내는 방법

6) 자연석
   ① 이용상의 분류
      - 경관석 : 시선이 집중되는 곳, 초점경관의 중심, 특별한 모양의 석재를 1개 또는 여러 개를 짜임새 있게 배치
      - 디딤석 : 보행을 위해서 설치, 잔디밭, 자갈, 토사 위에 설치, 넓직하고 평평한 석재
      - 호박돌 : 20~30cm 크기의 둥근 하천 주변에 있는 돌, 담장, 외장재

   ② 산지에 따른 분류
      - 산석 : 산속 또는 땅속의 돌, 돌출부가 많고 지상에 노출된 돌은 이끼나 뜰녹이 많이 발생
      - 강석 : 하천의 흐름에 깎여서 자갈 모양처럼 돌출부가 없는 돌

3. 시멘트, 몰탈, 콘크리트, 미장재료

3-1. 시멘트 재료

1) 시멘트의 종류

구분		특성
포틀랜드 시멘트	보통시멘트	- 주 성분 : 실리카, 알루미나, 석회 - 건축구조물, 콘크리트제품 - 전 세계 총 시멘트 생산량의 90% 차지
	조강시멘트	- 급결성을 갖게 한 고급시멘트 - 단기에 높은 강도, 수밀성, 저온에서 강도 발현우수, 겨울철, 수중, 해중 공사 적합 - 수화열 축척으로 콘크리트 균열이 쉬운 것이 단점
	중용시멘트	- 보통과 조강시멘트의 중간 성질 - 수화열이 작아 균열 방지로 댐, 터널공사에 사용
	백색시멘트	- 철분의 함량이 0.3%로 건축물 도장, 인조대리석, 채광용, 표식 등에 사용
혼합 시멘트	고로 시멘트	- 화학적 저항성이 크고 발열량이 적음 - 해수, 기름의 작용을 받는 구조물, 공장폐수, 오수로의 구축 등에 사용
	실리카시멘트	- 동결이나 융해작용에 대한 저항성 커서 특수목적물에 사용
	플라이애쉬 시멘트	- 실리카 시멘트와 유사, 후기강도 높고, 건조 수축이 적고 화학적 저항성이 강함
특수 시멘트	알루미나시멘트	- 회갈색, 회흑색 - 조강성이 우수, 내화용 콘크리트에 적합

2) 시멘트 제품

① 벽돌

- 시멘트와 골재 배합, 가압 및 성형 후 양생한 제품
- 무공, 유공 시멘트 벽돌 구분
- 비틀림, 균열, 흠이 없고 흡수율 20% 이하, 압축강도 80kgf/㎠ 이상
- 시멘트 벽돌 규격(단위 : mm)
    A형(기존형) : 210 × 100 × 60
    B형(표준형) : 190 × 90 × 57
- 포장용 벽돌 규격(단위 : mm)
    가로 × 세로 : 300×300, 200×200, 210×100, 190×90
    두께 : 보도용(60mm), 차도용(80mm)

S자형, U자형, W자형

② 속빈 시멘트 블록
- 벽체 조적용, 구조 및 칸막이 재료
- 일반적 치수 190×390×(100,150,190)

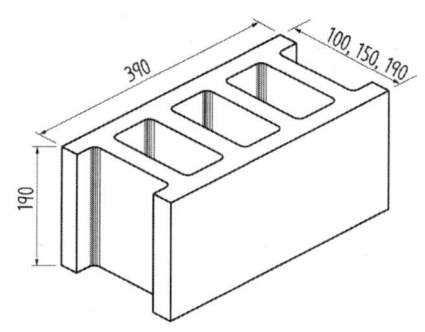 

3) 시멘트 보관 방법

① 지상에서 30cm이상 띄우고 방습 처리, 창고 주변 배수 도랑 설치
② 3개월 이상 저장 및 습기의 영향 예상 시멘트는 사용 전 재시험 후 사용
③ 입고 순서대로 사용, 온도가 너무 높을 때 온도를 낮추어서 사용
④ 창고 필요 면적 = 쌓기 단수 최대 13포대, 적정량 7포대

$$저장\ 면적(m^2) = \frac{시멘트의\ 양}{쌓기단수} \times 0.4$$

3-2. 몰탈

1) 몰탈의 개념

① 시멘트, 석회, 모래, 물을 섞어서 만든 물에 갠 것으로 벽돌, 블록, 석재 등을 접합하는 데 사용
② 시멘트와 물을 반죽한 것을 시멘트풀 또는 시멘트페이스트라 하며 경화작용에 의해 모래와 함께 굳어져 한 개의 덩어리가 되어 접착

2) 몰탈 용도와 사용법

① 건재, 목조주택의 외벽 밑바름·마무리 등 미장용으로 사용
② 벽돌, 블록, 기와, 석재 등을 쌓을 때 접합용으로 사용
③ 구조물 접착 및 물, 공기등의 유통을 막는 역할
④ 반죽된 몰탈은 30분 이내 사용

3) 몰탈 종류

① 고착재의 종류에 따라 석회, 아스팔트, 수지, 질석, 펄라이트 몰탈로 구분
② 벽돌, 블록, 석재 등을 쌓을 때 접착용 및 줄눈으로 사용 시 쌓기 몰탈이라고 하며
   배합비율은 1:3(시멘트:모래)
③ 벽, 바닥, 천정의 바탕 등의 마감재로 사용되는 미장용 몰탈
④ 벽돌 벽체의 줄눈에 여러 가지 색상의 안료를 섞어 넣는 화장 줄눈 재료로 사용

4) 몰탈에서 시멘트량과 모래량 산출

① 몰탈 배합(용적)비

배합(용적)비	시멘트(kg)	모래(㎥)	용도
1:1	1,093	0.78	치장줄눈, 방수 및 중요부위
1:2	680	0.98	미장용 마감 바르기
1:3	510	1.10	**미장용, 쌓기 줄눈**
1:4	385	1.10	미장용 초벌바르기
1:5	320	1.15	중요하지 않은 장소

② 몰탈 1㎥(배합비 1:3)에서 시멘트와 모래량 산출하기
   (단, 배합손실률 25%, 시멘트 단위용적중량 1,500kg, 1포=40kg)
   - 몰탈 1:3 배합은 중량이 아닌 부피(용적) 비율
   - 시멘트 부피(용적)은 전체 몰탈의1/4, 모래 부피(용적) 3/4
     = 1/(1-0.25) =1.3333㎥(몰탈 1㎥를 만들기 위해서는 1.33㎥필요)

     시멘트량(부피) = 1.3333 × (1/4) = 0.3333㎥
     시멘트 무게 = 0.3333㎥ × 1,500kg(단위중량) = 500kg
     시멘트 할증(2%) = 500kg × 1.02 = 510kg
     시멘트(포) = 510/40 = 12.75(포)
     모래량(부피) = 1.3333 × 3/4 = 1(㎥)
     모래 할증(10%) = 1 × 1.1 = 1.1㎥
     ∴ 몰탈 1㎥ = 시멘트 510kg, 모래 1.1㎥

   - 물 시멘트비(W/C) = $\dfrac{물 무게(W)}{시멘트 무게(C)} \times 100$
   - 미장용 마감 바르기 및 쌓기 줄눈 = 1 : 3

3-3. 콘크리트

1) 콘크리트의 개념

① 시멘트, 모래, 자갈, 물, 그 외 용도에 따라 성능개선에 필요한 혼화 재료를 적정한 비율로 섞어서 만든 혼합물로 형상 변형이 자유로우며 내구성, 내수성이 크고 용도가 다양함

② 시멘트 풀(Cement Paste) : 시멘트+물

③ 몰탈(Mortar) : 시멘트+모래(잔골재)+물

④ 콘크리트(Concrete) : 시멘트+모래(잔골재)+자갈(굵은골재)+물

2) 콘크리트의 장·단점

① 콘크리트의 장점
- 재료의 채취와 운반이 용이하다.
- 제작 방법이 간단하며 유지관리비가 적게 든다.
- 압축강도가 크다
- 철근을 피복하여 녹을 방지하고 철근과의 부착력이 높다.
- 내화성, 내구성, 내수성이 크다.
- 고강도의 구조물 제작이 가능하며 내진성능이 우수하다.

② 콘크리트의 단점
- 중량이 커서 무겁고 인장 및 휨 강도가 작다
- 경화되기까지 양생 기간이 필요하다.
- 개조 및 파괴가 어렵고 수축에 의한 균열이 생기기 쉽다.
- 품질유지 및 시공관리가 어렵다.

3) 콘크리트 혼화재료

① 개념
- 시멘트, 골재, 물 이외의 재료로서 몰탈이나 콘크리트에 특별한 품질을 부여하거나 성질을 개선하기 위해 첨가하는 재료로 혼화제(混和劑-Chemical Admixture)와 혼화재(混和材-Mineral Admixture)로 구분

② 혼화제(混和劑-Chemical Admixture) 종류
- AE제 : 워커빌리티'를 개선, 동결 융해(삭제) 개선
- 감수제 : 콘크리트의 워커빌리티를 증대하기 위해 단위 중량을 감소 시킴

- 촉진제, 지연제, 급결제 : 콘크리트의 응결, 경화 시간 조절, 다량의 콘크리트 타설, 물속, 겨울철, 콘크리트 뿜어올리기 등 응결시간 지연, 슬럼프** 조절등에 필요한 혼화재료
- 방수제 : 방수효과 기대
    * 워커빌리티 - 반죽 질기에 따라 비비기, 운반, 다지기 등의 작업이 난이도 정도와 재료분리에 저항하는 정도
    ** 슬럼프 - 반죽의 질기 측정, 시공성(워커빌리티)을 측정하기 위한 방법으로 굳지 않은 콘크리트의 성질, 콘크리트 치기 작업 난이도 판단

③ 혼화재(混和材-Mineral Admixture) 종류
- 플라이애쉬, 규조토 : 콘크리트의 내구성, 수밀성 증대
- 고로슬래그, 실리카 흄 : 내구성, 수밀성 증대
- 팽창재, 착색재
- 고강도용 혼화재

4) 콘크리트 1㎥ 제작에 필요한 각 재료의 무게

① 시멘트 387kg : 모래 660kg : 자갈 1,040kg
② 시멘트 : 모래 : 자갈
  - 1 : 2 : 4 (철근콘크리트)
  - 1 : 3 : 6 (무근콘크리트)

5) 콘크리트의 품질

① 물과 시멘트 비
② 골재의 입도
③ 시멘트 량

6) 콘크리트 시험비빔 측정시 주요 요소

① 비빔온도
② 공기량
③ 워커빌리티

7) 콘크리트 제품의 종류

- 경계블록 : 1m 단위
- 보도블록 : 300 × 300 × T60mm 정방형, 장방형, 6각형

- 인조석 보도블록 : 천연석을 분쇄, 시멘트에 색소 첨가
- 측구형 블록 : L,U형, 배수용
- 소형고압블록(인터록킹,ILP)

3-4. 미장재료

1) 미장 재료의 개념

건축물 내·외벽, 바닥, 천정 등의 구체 부위를 대상으로 보호, 보온, 방음, 방습, 내화, 치장 등을 위해 시멘트, 회반죽, 벽토 등으로 마감

2) 미장재료의 종류

① 시멘트 몰탈
- 시멘트 벽돌담, 플랜트박스(Plant Box) 등의 마무리에 이용

② 회반죽
- 소석회를 반죽, 흰색의 매끄러운 표면, 여물, 해초풀, 접착제 등을 섞어 발라 균열 방지

③ 벽토
- 진흙에 고운 모래, 짚 여물, 착색 안료와 물을 혼합하여 반죽, 자연적 분위기 연출, 토담집 흙벽, 울타리, 담 등 전통성 강조 재료

4. 금속 및 도장 재료

1) 금속 재료의 특성

① 열과 전기의 전도체
② 장식효과가 우수하고, 광택이 뛰어나며 합금 등 재료 이용이 다양

2) 금속재료의 종류

① 철금속
- 형강, 탄소강, 강봉, 철선, 와이어로프, 주철, 스테인레스 강, 용접철망(와이어메쉬) 등으로 장미아치, 식수대, 그네, 미끄럼틀, 사다리, 철봉 등의 조경시설물에 사용
- 형강 : 각종 단면 형상을 가진 봉 모양의 압연 강재로 등변 L형강, 부등변 L형강, H, I, Z, T형강, ㄷ형강 등으로 구분

- 강봉 : 철근콘크리트 옹벽을 구축용, 원형 및 이형 단면 강봉은 철근콘크리트 강재, 각형단면의 강재는 철물, 철창 등 철제 세공류 등에 사용
- 강판 : 강편을 롤로에 넣어 압연한 것으로 박판, 후판, 양철, 함석으로 구분
  박판 - 판 두께 3mm 이하 철재 거푸집, 지붕재
  후판 - 판 두께 3mm 이상 구조용, 기계제품용
  양철 - 박판에 주석 도금
  함석 - 박판에 아연 도금
- 철선 : 연강의 강선에 아연 도금, 보통 철선, 철망, 가설재, 못의 재료, 거푸집, 철근 결속용으로 사용
- 와이어로프 : 지름 0.26 ~ 5.00mm의 가는 철선 몇 개를 꼬아서 기본로프를 만들고 여러 개를 꼬아 케이블, 공사용 와이어로프로 사용
- 긴결철물 : 볼트, 너트, 못, 앵커볼트, 리벳, 듀벨, 꺾쇠 등에 사용
- 스테인레스강 : 철과 크롬의 합금, 10.5% 이상의 합금 함유
- 와이어메쉬(용접철망) : 콘크리트 보강용

② 비철금속
- 알루미늄, 두랄루민, 구리, 니켈, 주석, 납, 아연합금 등으로 조경시설물의 환경조형물, 유희시설, 수경시설 등에 사용
- 알루미늄 : 경량구조재, 새시, 피복재, 설비. 기구재, 울타리용재
- 두랄루민 : 알루미늄 합금, 내식성, 내구성, 열전도율 우수
- 구리 : 단독으로 사용되거나 구리와 아연 합금 형태로 이용, 내부식성, 외관이 아름다워 외부장식재로 사용
  황동(놋쇠) - 구리 + 아연
  청동   - 구리 + 주석
  백동   - 구리 + 니켈

3) 금속재료의 장·단점

① 장점
- 인장강도 및 하중에 대한 강도가 크다
- 종류가 다양하고 강도에 비해 가볍다.
- 다양한 제품 제작이 쉽고, 대규모의 생산품 공급 가능
- 불연재이며 고유한 광택이 있고 재질이 균일

② 단점
- 내화성이 작아 가열하면 역학적 성질이 저하 됨
- 녹이 슬고 부식의 화학적 결함
- 색채와 질감에서 차가운 느낌을 줌
- 산 및 알칼리에 대한 저항성이 약하다.

4) 도장재료
① 도장재료의 개념
- 재료의 부식을 방지, 독창적 색깔을 이용하여 미관을 증대
- 도료(페인트)를 바탕면 및 구조물에 칠 또는 바르는 재료

5) 도장재료의 사용 목적
① 내식성, 방부, 방청, 내마멸성, 방수, 강도 증대
② 물체보호, 전도성 조절, 광택
③ 다양한 색상을 이용한 미관 창출

6) 도장재료의 종류와 특징
① 페인트
- 수성페인트 : 물에 희석하여 사용, 냄새, 유독물질이 적으며 건조시간이 빠르고 다양한 색상 연출 가능
- 유성페인트 : 강력한 도막층을 형성, 방수효과 및 내구성 증대, 화재 취약, 유독물질 함유 강한 냄새, 건조시간 소요
- 에나멜페인트 : 유성페인트 종류, 접착력이 뛰어나 철재, 목재 등 가장 많이 사용, 건조속도가 빠르고 광택 우수
- 에멀션페인트 : 수성페인트와 유화제 및 합성수지 등으로 구성, 내·외부 도장에 사용, 발수성 우수

② 바니시
- 광택이 있는 투명한 피막을 형성, 페인트 칠 후 코팅 역할, 목재에 직접 도장 재료로 사용
- 유성, 휘발성, 래커 바니시로 구분

③ 래커
- 합성수지에 휘발성 용제를 혼합, 투명하고 빠르게 건조

④ 퍼티
- 도장면 바탕고르기, 콘크리트, 미장면, 목재, 석재 등 갈라짐이나 틈을 고르는데 사용
- 유지 및 수지와 탄산칼슘, 연백, 티탄백 충전재 혼합

7) 기능성 페인트의 종류

① 방청도료
- 금속, 녹막이칠
- 광명단, 역청질 도료, 알루미늄 도료, 산화철 녹막이 도료

② 방화(방염)도료
- 우레탄(합성수지 방염페인트), 바니쉬, 수성, 유성 방염페인트

③ 방부도료
- 목재에 사용
- 크레오소트, 콜타르, 아스팔트 페인트, 유성페인트, 오일스테인

5. 점토재료

1) 점토재료의 특성

① 화강암, 석영 등의 암석이 오랜 세월 동안 풍화, 분해되어 세립 또는 분말로 된 것을 가수하여 임의의 다양한 모양 제작
② 건조시 굳어지고 불에 구우면 경화되는 성질
③ 벽돌, 도관, 타일, 도자기, 기와 등

2) 점토재료 제품

① 벽돌
- 담장, 화단의 경계석, 원로의 바닥포장, 장식벽, 퍼골라 기둥, 계단 등에 사용
- 표준형 : 190 × 90 × 57mm, 기존형 : 210 × 100 × 60mm
- 특수벽돌 : 내화 점토로 구운 벽돌로 질감이 조잡하여 마감재료와 섞어서 사용하는 내화벽돌과 특수한 용도와 모양으로 만들어진 이형벽돌로 구분

② 도관과 토관
- 도관 : 점토 및 내화점토 원료로 모양을 만든 후 유약을 관속 표면에 발라 구운 것으로 표면이 매끄럽고 단단함, 흡수성, 투수성이 없어 배수관, 상·하수 도관, 전선 및 케이블 관 등에 사용

- 토관 : 논밭의 하층토 등 저급 점토를 원료로 모양을 만든 후 유약을 바르지 않고 구워 낸 관으로 표면이 거칠고 투수율이 커서 연기나 공기 등의 환기관으로 사용

3) 타일

① 양질의 점토에 장석, 규석, 석회석 등을 배합하여 성형 후 유약 도포 및 건조 후 1,100~1,400℃ 정도로 소성한 제품
② 내수성, 방화성, 내마멸성이 우수하며 흡수성이 적고, 휨과 충격에 강함
③ 모양과 크기에 따라 모자이크, 외장, 바닥 타일 등으로 구분
④ 조경 장식 및 건축의 마무리 자재로 사용
⑤ 테라코타 : 석재 조각물 대신 사용, 장식용, 입체타일로 석재보다 다양한 색상을 나타내며 일반석재보다 가볍고, 압축강도는 화강암의 1/2정도, 화강암 보다 내화력이 강하고 대리석 보다 풍화에 강함으로 외장 사용
⑥ 클링커타일 : 타일에 요철무늬를 넣어 바닥 등에 붙이는 저급 타일
⑦ 타일제조 : 판에 찍어내는 프레스(건식)법과 떡 뽑듯이 빼내는 압출(습식)법
⑧ 타일동해 방지 조치 : 붙임용 몰탈 배합비를 정확히 하며 소성 온도가 높거나 흡수성이 낮은 타일 사용, 줄눈 누름을 충분히 하여 빗물 침투 방지
  * 흡수율이 낮은 타일 순서 : 자기 〈 석기 〈 도기 〈 토기

6. 플라스틱(합성수지) 재료

1) 플라스틱의 개념

① 석유나 천연가스 등을 통해 얻어진 저분자 유기화학물질을 가열 등을 이용해 반응시킨 가소성을 지닌 고분자 물질로 플라스틱으로 알려짐
② 플라스틱은 합성수지에 가소제, 채움제, 착색제, 안정제 등을 첨가해서 성형한 고분자 물질

2) 플라스틱의 분류

① 열가소성 수지
   - 완성된 플라스틱을 재가열하여 다른 형태로의 재가공이 가능
   - 폴리에틸렌, 폴리스티렌, 아크릴, 염화비닐수지

② 열경화성 수지
   - 열을 가해도 유동성이 없는 특성
   - 요소수지, 멜라민수지, 폴리에스테르수지, 실리콘, 우레탄 등

3) 플라스틱의 특성

① 가공성이 우수하여 복잡한 모양의 제품 제작 가능
② 강도와 탄력이 크고 가벼우며 성형이 자유로움
③ 내산성, 내알칼리성
④ 착색, 광택이 좋으며 접착력이 크다.
⑤ 빛의 투과율이 좋으며 전기 및 열에 대한 절연성이 우수

4) 플라스틱 재료

① PVC(경질염화비닐)관
- 전기절연성, 단열성이 뛰어나며, 가볍고 기계적 강도가 우수
- 무독, 무취, 내식성, 내약품성, 내유수성 우수, 수도배관 사용
- 가공배관이 용이하고 반영구적으로 사용, 가격이 저렴

② PE(고강도 폴리에틸렌)관
- 내한성이 우수, 동절기 파손 위험이 적다
- 소켓식, 융착식 연결 이음 방법이 다양함
- 가볍고 시공이 간편하며 유연하여 가공이 쉽다
- 충격에 강하고 내마모성이 우수하며 소구경의 경우, 롤 제작가능

③ FRP(유리강화플라스틱)
- 플라스틱에 강화제 유리섬유를 첨가하여 강화시킨 제품
- 인공폭포, 인공암벽, 조합놀이대 슬라이더, 화분, 플랜터, 수목보호판 등에 이용
- 환경오염의 주원인 재료로 인해 사용 배제 품목

7. 섬유질 재료, 유리재료, 조경석

1) 섬유질 재료

① 섬유질 재료의 특징
- 조경 식재 공사 및 유지관리 시 주로 사용
- 천연재료를 가공

② 섬유재의 종류
- 잠복소 : 해충들의 월동 장소 제공, 봄철 잠복소 제거로 해충방재, 현재는 효과 부정적, 볏짚, 새끼, 가마니 등 이용
- 새끼줄 : 수목 굴취 시 뿌리분을 감는데 사용

- 로프 : 마섬유로 만든 긴 줄
- 녹화마대 : 뿌리분 보호 및 지주목을 설치시 수간을 보호하기 위해 감는 용도

2) 유리재료

① 유리재료의 특징
- 투명 및 반투명 재질로 가시광선의 투과성 우수
- 내압성이 우수, 긁힘, 휨, 충격에 약함
- 내구성, 불활성, 비침투성, 내수성, 내부식성, 풍화에 우수
- 절연, 반사, 색 유리 등 태양열 흡수, 투과열 저감

② 유리재료의 종류
- 강화유리 : 일반유리에 비해 5배 이상의 강도 발현, 테라스, 출입문, 외벽용 유리, 커튼월 등에 사용
- 단열유리 : 2매 이상의 판유리 사이에 외기압에 가까운 건조공기를 채워 유리를 융착, 복층 유리
- 박공, 스팬드럴 유리 : 일반유리 뒷면에 유색의 세라믹 코팅, 서냉유리에 비해 2배의 강도, 열충격에 대한 저항성도 큼, 콘크리트 및 철근구조물을 가리기 위한 외벽재, 바닥재로 사용

3) 조경석

① 자연석
- 미적 가치를 지닌 경질의 것으로 자연의 힘에 의해 풍화 또는 마모되어 종류별 특성이 잘 나타나는 것
- 채집 장소에 따라 산석·강석·해석으로 구분
- 이끼등 착생식물의 보존이 필요한 산석은 별도 명시

② 가공자연석
- 일정한 크기의 깬 돌을 가공하여 형태와 질감을 자연석과 비슷하게 만든 것으로 자연석을 대신하여 사용

③ 호박돌
- 하천에서 채집되는 평균지름 약 20~40cm 정도의 강석

④ 조약돌
- 가공하지 않은 자연석으로 지름 20㎝ 미만의 타원형 돌

⑤ 야면석
- 표면을 가공하지 않은 자연석으로 운반이 가능하고 공사용으로 사용될 수 있는 비교적 큰 석괴

⑥ 자연석 판석
- 수성암 계열의 점판암·사암·응회암으로서 얇은 판 모양으로 채취하여 포장재나 쌓기용으로 사용되는 석재
- 자연미 등의 미관효과 연출
- 포장재료 사용시 내답압성, 내구성, 내마모성이 있어야 한다.

⑦ 다듬돌
- 각석·판석·주석과 같이 일정한 규격으로 다듬어진 석재
- 각석은 너비가 두께의 3배 미만으로 일정한 길이
- 판석은 두께가 15㎝미만으로 너비가 두께의 3배 이상인 것
- 다양한 분위기 연출을 위해 표면 마감 방법을 선택한다.

⑧ 견치돌
- 전면이 거의 평면을 이루고, 정사각형으로 뒷길이·접촉면의 폭·후면 등이 규격화된 돌
- 접촉면의 폭은 1변의 길이는 평균길이의 1/10이상, 면에 직각으로 잰 길이는 최소변의 1.5배 이상이어야 한다.

⑨ 사고석
- 전면이 거의 사각형에 가까우며, 전면의 1변 길이는 15~25㎝로서 면에 직각으로 잰 길이는 최소변의 1.2배 이상이어야 한다.

⑩ 깬 돌
- 견치돌보다 치수가 불규칙하고 일반적으로 뒷면이 없는 돌
- 접촉면의 폭과 길이는 전면의 1변 평균 길이의 약 1/2과 1/3

Chapter 02. 조경공사

1장. 조경시공

1. 조경시공의 개요 및 구분

1) 조경시공 개요

① 조경공사의 특징은 소규모 다품목 공종, 장소의 분산, 규격의 비표준화, 농림산물로 수요와 공급에 따른 가격의 변동, 기후적 요인으로 적정 공기 산정의 어려움 등이 있다.
② 조경시공은 설계도면과 시방서, 관련 법규와 계약조건을 바탕으로 인적·물적 자원과 시공 및 관리기술을 활용하여 계약 기간 내에 공사를 완성하는 작업이다.
③ 조경시공은 인간의 이용에 적합한 기능과 구조적 아름다움의 구현을 달성하는 것이다.
④ 조경시공은 경관을 생태적, 기능적, 심미적으로 조성하기 위하여 식물을 이용한 식생공간 조성 및 조경시설을 설치하는 작업이다.
⑤ 조경시공은 식재 기반 조성공사, 식재공사, 시설물공사, 유지관리공사 등으로 구분한다.

2) 조경시공의 종류

① 식재기반공사
② 식재공사
③ 조경시설물공사
④ 유지관리공사

3) 조경시공 방법

① 계약제도의 종류
- 공사 발주 방식에 따른 설계 · 시공 일괄 방식, 설계 · 입찰 · 시공 분리 방식, 건설사업관리 방식, 민자사업 추진 방식
- 설계 · 입찰 · 시공 분리방식에 따라 직영공사, 도급공사

② 직영 공사
- 발주자가 직접계획을 세우고 자재구입, 노무자 고용, 시공 등 일체의 공사를 자기 책임하에 시행하는 방식
- 견적이 어려운 소규모 공사, 군사지역 내 기밀을 요하는 공사, 난공사, 설계변경이 빈번한 공사, 문화재 복원 공사, 재해 응급 복구공사
- 원가, 공정, 품질, 유지보수 관리 등 발주자의 의견 반영이 용이하고 비영리를 목적으로 확실한 시공이 가능
- 전문시공능력 부족, 공기연장, 공사비 증대 등의 리스크 발생 우려 등의 단점

③ 도급공사
- 발주자와 시공자 간의 계약을 통해 공사의 성격, 현장설명, 계약조건 및 약관, 설계도서에 의거하여 도급을 받은 자가 공사를 완성하고 발주자로부터 공사대금을 지급 받는 공사 방식
- 도급공사는 공사실시방식에 따라 일식, 분할, 공동 도급으로 공사비 지불방식에 따라 정액, 단가, 실비 정액 보수 가산 도급으로 구분

4) 도급공사에서 시공자 선정 방법

① 경쟁입찰
- 공개경쟁입찰(일반경쟁입찰)
  일정한 자격을 갖춘 건설업체 모두에게 입찰 참여 기회 부여
- 제한경쟁입찰
  공사 규모에 따라 참여할 수 있는 건설업체를 제한하는 방식으로 지역제한 등이 많이 사용
- 지명경쟁입찰
  입찰에 참여할 업체 다수를 직접 지명하여 시행하는 방식

② 수의계약
- 천재지변, 기밀행위, 소규모 계약 등 경쟁에 부칠 시간이 없거나 곤란한 경우

- 부정, 비리 소지가 있어 국가계약법 시행령에서 엄격히 제한

③ 입찰참가자격사전심사(PQ)
- 입찰에 참여하고자 하는 자에 대하여 사전에 시공경험·기술능력·경영상태 및 신인도, 계약이행의 성실도 등을 종합적으로 평가여 시공능력이 있는 적격업체를 선정, 입찰참가자격을 부여하는 제도

5) 면허 등록 기준

구분		기술능력	자본금	기타
종합	조경공사업	- 기술자 6인 이상 조경기사/조경분야 중급이상 2명 포함 초급이상 4명 건축/토목분야 초급 각 1명 이상	법인 5억 개인10억 이상	- 사무실 등록 시, 도의 근생/사무실로 명시
전문 (대업종)	조경식재시설물 공사업	- 기술자 2명 조경분야 초급 이상 건설기술인 또는 관련종목의 기술자격취득자 중	법인, 개인 1.5억 이상	

* 2022년 전문업체 대업종화 시행, 신규등록 시 주력분야 취득요건을 갖출 경우 주력 분야 1개 이상 선택

2. 조경시공계획

1) 시공계획의 개념 및 의의

① 시공계획의 개념
- 공사 도급 계약 체결 시 수급인은 공사의 원활한 진행을 위해 공사 착수 전에 시공에 대한 계획 수립
- 공사 시작 전 작업절차를 계획하여 효율적인 시공 및 안전관리와 품질 확보를 목적으로 작성
- 공사개요를 통한 공사 전체 범위에 대한 내용, 사전 현황 조사를 통해 공사 목표를 효율적으로 달성하기 위한 계획서 작성
- 재료, 장비 및 인원 조달 및 수급계획, 예정 공정 계획일정, 설계 도서와 계약서, 현장상태 등 사전조사, 품질, 안전, 환경관리 계획

② 시공계획의 목표
- 원가, 공정, 품질, 안전, 환경 관리

2) 시공계획의 과정

① 사전조사
- 계약조건, 설계도서의 내용
- 현장조사, 공사조건, 자연환경, 교통, 현장과 주변 관계

② 기본계획
- 품질 확보 방안
- 원가 절감을 통한 기업 이윤증대
- 안전성 향상
- 공사기간 준수 및 단축

③ 일정계획
- 공정표 작성
- 횡선식 공정표, 네트워크 공정표(PERT, CPM)

④ 가설 및 조달계획
- 동력 및 급수 계획
- 인력, 장비 사용 및 배치 계획
- 자재 반입 및 사용계획

⑤ 품질관리계획
⑥ 안전관리계획
⑦ 환경관리계획

3. 조경시공관리

1) 조경시공관리의 개념

① 시공계획에 따라 공사를 원활히 수행하도록 관리하는 모든 행위
② 계약목적물을 완성하기 위해 도급공사비 내에서 적정 이윤과 품질확보를 목표, 계획된 공정 기일 준수 여부 확인
③ 원가 손실, 공정 지연, 품질 저하, 안전 미비 등에 대해 신속히 대처 및 개선을 통한 계획 목표 달성

2) 시공관리의 기능

① 품질관리
- 시방서 및 설계서 내용 준수, 품질, 재료관리 및 인원 수급 공급에 대처

② 공정관리
- 제한된 공사기간 내 계약목적물 완성 목표
- 공사일정에 대한 합리적 계획 수립
- 공정표의 종류 : 횡선식(막대) 공정표, 네트워크 공정표

종류	특징	적용공사
횡선식공정표	• 장점 공정표 작성이 용이 공사 진척 사항 파악이 쉬움 • 단점 작업 관련성 불명확 전체공기에 미치는 영향, 원인 파악 어려움	공사의 종류가 적고, 공기가 짧은 공사
네트워크 공정표	• 장점 작업간 상호관계 명확, 전체 공정 파악 용이 중점관리, 컴퓨터의 이용이 용이 작업개시와 종료일이 명확, 자재·인원 조달 수급 계획 원활 공사 중 문제 발생 시 신속한 대처 가능 • 단점 공정표 작성에 많은 시간 필요 경험과 기술을 가진 기술자가 아니면 작성이 어려움	- 공사의 종류가 많고 복잡한 공사 - 완성일이 표시되어 있는 공사

③ 원가관리
- 공사를 계약된 기간 내에 완성
- 실행예산과 실제 투입 원가의 대비, 차액 원인 분석 및 검토

2장. 조경식재

1. 조경식재 과정

1) 굴취

① 개념
- 수목을 캐내서 다른 장소로 옮기기 용이하도록 하는 작업

② 굴취 방법

구분		내용
일반적 방법	나근 굴취법	- 뿌리분 없이 흙을 털어낸 후 이식 - 뿌리 절단 부위 최소화 - 캐낸 직후 건조 방지 조치(거적, 짚, 비닐 도포) - 유목, 이식이 쉬운 수목 등에 사용
	뿌리감기 굴취법	- 뿌리 절단 후 기존의 흙을 붙이고 짚이나 새끼로 뿌리감기 후 이식 - 교목, 상록수, 이식이 어려운 수목, 희귀수목, 부적기 이식 시 사용
특수 방법	동토법	- 겨울철 기온이 동결심도 이하일 경우 나무 주위 도랑을 파서 동결 - 사질토에서 토립을 보유할 수 없는 경우 - 쓰레기 매립장 등의 나무를 이식 시 사용
	추굴법	- 흙을 파헤쳐 뿌리의 끝 부분을 추적해 가면서 굴취 - 뿌리가 일정하지 않은 등나무, 담쟁이덩굴, 모란 등의 수목 이식 시 사용
	상취법	- 독일에서 많이 사용하는 방법 - 뿌리분을 사각형 상자를 이용하여 운반, 컨테이너 식재

③ 뿌리분의 크기
- 근원경의 4~6배(4배를 기준)로 분의 크기 결정
- 뿌리분의 지름(크기)

    $D = 24 + (N - 3) \times d$

    * N : 근원직경(R)

    d : 상수(상록수 4, 낙엽수 5)

- 뿌리분의 모양

구분	뿌리분 모양	수종
접시분 (천근성)	너비 A, 높이 A/2 (직사각형)	편백, 독일가문비, 향나무, 자작나무, 버드나무, 매화나무 등
보통분	너비 A, 상단 A/2, 하단 A/4 (오각형)	벚나무, 단풍나무, 산수유, 산딸나무, 측백 등
조개분 (심근성)	너비 A, 상단 A/2, 하단 A/2 (오각형)	소나무, 곰솔, 전나무, 주목, 느티나무, 회화나무, 목백합, 은행나무 등

④ 뿌리분 뜨기(굴취)
- 분 뜨기(굴취) 작업 전 지상부의 가지(고사지, 쇠약지, 밀생한 가지, 도장지 등)를 전지·전정한다.
- 분 뜨기(굴취) 작업 범위 내에 있는 잡초, 오물 제거 후 분크기를 표시하고 삽이나 곡괭이 등을 사용하여 수직으로 파 내려간다.
- 분 뜨기(굴취)시 분감기 작업을 위해 뿌리분 반경은 뿌리분 크기보다 50cm이상 크게 하여 작업공간을 확보한다.

⑤ 분 감기
- 뿌리분 깊이 만큼 파낸 후 분감기 실시
- 모래질이 많은 사토의 경우 뿌리분 주위를 절반 정도 파내려 갔을 때부터 분감기 시작하여 분의 흙이 분리되지 않도록 한다.
- 분감기 전 뿌리분 주위에 노출된 뿌리는 깨끗하게 가위나 칼로 절단하고 상처도포제를 발라준다.
- 준비한 새끼 또는 녹화끈 등으로 측면을 위에서 아래로 감아 내려가며 허리감기를 한 후, 땅속 곧은 뿌리만 남긴 채 밑면과 윗면을 세줄, 네줄, 다섯줄 감기를 한다. 최근 끈 대신 녹화마대 또는 녹화 테이프를 이용하여 뿌리분의 측면을 감고 끈을 위아래로 감아주는 방법을 많이 사용한다.
- 마지막으로 곧은 뿌리를 절단하고 분을 들어낸다.

⑥ 뿌리분 들어내기
- 분을 뜬 후 뿌리분을 들어낼 때 뿌리분의 손상이 없도록 각별히 주의한다.
- 뿌리분과 나무의 수간이 충격에 의해 이격 시 수목의 고사율이 상당히 높아짐으로 세심한 주의를 필요로 한다.

⑦ 뿌리분 운반
- 상, 하차는 인력 및 장비를 사용하되 뿌리분 규격을 감안하여 가장 안전한 방법을 적용한다.
- 뿌리분 운반시 세근에 충격을 주지 않도록 한다.
- 수목의 줄기는 간편하게 결박하고 이중 적재를 금지한다.
- 수간 및 뿌리분의 접촉 부위는 짚, 가마니, 부직포 등의 완충재를 이용하여 보호한다.
- 운반 중 바람에 의한 증산으로 건조 피해가 발생한다. 피해 방지를 위해 물에 적신 거적이나 가마니 등으로 보호한다.

2) 뿌리돌림

① 개념
- 수목을 옮기기 전 준비 단계로 이식력을 높이고자 함
- 미리 뿌리를 잘라내거나 환상박피를 통해 나무의 뿌리에 세근이 많이 발달하도록 유인
- 야생 상태의 노거수, 쇠약해진 수목의 이식 시 필요
- 뿌리돌림으로 인한 전단된 뿌리의 세력만큼 가지의 전정 필요
- 잔뿌리 발생 촉진 역할

② 뿌리돌림 시기
- 수목의 생육이 정지되는 10℃ 이하의 기온이 적기
- 수목을 옮기기 전 6개월에서 1년, 최대 3년 전에 실시
- 초봄이 가장 적기이며 늦가을에서 초겨울 뿌리의 생장이 멈추고 토양이 동결되기 직전이 적기

③ 뿌리돌림 방법
- 수목 종류에 따라 분크기 결정
- 근원직경의 4~6배
- 분크기에 따라 흙을 파내고 드러나는 뿌리를 모두 칼로 깨끗이 절단하고 다듬는다.

- 수목을 지탱할 수 있도록 3~4 방향에 한 개씩 남겨 놓는다.
- 곧은 뿌리는 절단하지 않고 15cm의 폭으로 환상박피 한다.
- 흙과 완전히 부숙된 퇴비를 섞어 되메우기 한다.
- 뿌리가 절단된 지하부와의 균형을 맞추기 위해 지상부의 가지를 솎아 준다.

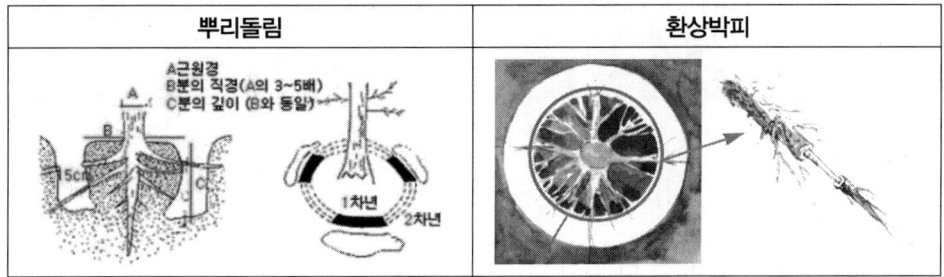

3) 이식(옮겨심기)

① 개념
- 식물을 이전의 생육지에서 다른 장소로 이동하여 심는 작업
- 이식할 장소를 사전 조사, 수목의 특성과 수세, 크기, 토양조건과 환경, 운반거리, 운반방법, 식재 위치 등을 고려한다.

② 이식 시기
- 노거수, 대형목 등은 이식이 어렵고 이식 후 뿌리 활착까지 오랜 시일이 걸림으로 사전에 뿌리돌림을 한 후 이식한다.
- 일반적으로 생육이 정지되는 초봄과 늦가을이 이식 적기
- 맑고 바람이 강한 날씨보다 흐리고 바람이 없는 날씨가 이식 작업에 유리함.
- 침엽수는 3~4월에 이식. 화목류는 공중습도가 높은 7~8월 장마 이후에 이식

4) 가식

① 개념
- 이식 후 다시 옮겨 심을 필요가 있을 경우 임의의 장소(가식장)을 조성하여 옮겨 심은 작업
- 뿌리돌림이 되지 않은 야생목의 경우 세근을 발달 시키기 위해 가식장에서 훈련시키는 작업
- 많은 수량의 수목을 반입하여 제자리 심기까지 일정 기간 대기 하기 위해 임시로 식재

② 가식장 면적 산출 기준(도로공사기준)

근원 직경	소요면적(㎡)	비고
R 6 ~ 8 cm	1.5	작업로 및 배수 면적은 20%별도 계상
R10 ~ 12 cm	2.5	
R14 ~ 18 cm	6.0	
R20 ~ 22 cm	10.0	
R24 ~ 30 cm	16.0	

5) 식재

① 식재 작업 순서

수목 자재 반입 및 하차	- 수량, 규격, 하차장소 지정
⇩	
배식계획	- 식재 위치, 토양 정지, 토공
⇩	
구덩이파기(식혈)	- 뿌리분 크기 고려, 이물질제거, 배수층 조성, 토심확보
⇩	
시비	- 부숙 퇴비와 토사 교반
⇩	
식재	- 식재방향, 높이, 전지·전정
⇩	
물조임 및 흙채우기	- 뿌리분과 교반 토양 밀착, 기포 제거, 관수 후 흙 도포
⇩	
보호조치	- 지주목, 수간보호, 발근촉진, 증산억제조치, 수목상처도포제

② 식재준비
- 시공도면, 시방서, 공정표 사전 검토
- 수목부자재(녹화마대, 녹화끈, 지주목, 시비재료, 양생제 등) 준비
- 식재지역 사전 조사, 수목 반입일 조정
- 간섭공정 일정, 지하매설물, 수목배식, 규격, 수종분류, 위치확인
- 당일 반입 및 식재, 가식장 위치 선정 및 조성

③ 식재구덩이 파기(식혈작업)
- 뿌리분 크기의 1.5~3배 이상으로 파고 이물질을 제거

- 배수 불량 지역은 충분히 굴착하고 자갈 및 유공관을 이용하여 배수층을 조성
- 부숙된 유기질 비료와 사질양토 및 표토를 섞어 구덩이 바닥에 깔고 위에 사질양토를 보토하여 뿌리가 직접 닿지 않도록 한다.

④ 운반
- 수목이 손상되지 않도록 식재 구덩이까지 운반한다.
- 뿌리분 운반 시 세근에 충격을 주지 않도록 충분한 인력과 장비를 활용한다.

⑤ 심기(식재)
- 훼손된 가지와 경관 및 미관을 고려하여 식재 전 전지·전정한다.
- 토양 상태에 따라 식재 깊이와 수목의 생육형태에 따라 식재 방향을 결정한다.
- 뿌리분을 식재구덩이에 넣고 뿌리분 상태와 토양을 확인한다.
- 뿌리분 주변에 표토와 부식질이 풍부하고 불순물이 섞이지 않은 토양으로 구덩이를 2/3~3/4 정도 채워준다.
- 물을 충분히 주고 뿌리분 주변의 흙이 죽과 같이 질게 되도록 나무 막대기로 저어주며 뿌리분과 흙을 밀착시켜 흙속의 기포가 없어질 때 까지 관수하고 뿌리분 주변에 물집을 만들어 준다.
- 물이 스며든 후 뿌리분과 토양이 분리될 때 다시 관수를 시행하고, 수분이 마른 후 흙을 덮는다.

⑥ 지주세우기
- 굴취 전 수목의 곧은 뿌리의 역할을 대신하며 수목을 심은 후 바람으로 인한 뿌리의 흔들림이나 강풍에 의해 쓰러지는 것을 방지

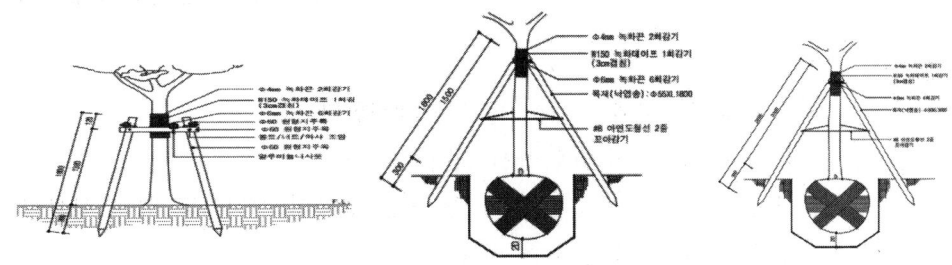

7) 식재 후 관리

① 전지·전정
- 식재 과정에서 손상된 가지나 잎, 식재된 수목들과 간섭되는 가지 등을 솎아준다.
- 특수한 형태 및 수형 조정을 위해 전정

② 수간 감싸기
- 수분 증발 억제, 병해충의 침입 방지 및 피소현상* 방지
- 수간 감싸기의 재료로 새끼줄, 거적, 가마니, 녹화마대, 녹화테이프, 황토마대 등을 사용하며, 껍질이 얇고 매끈한 느티나무, 단풍나무, 팽나무, 벚나무 등의 활엽수에 많이 사용하며, 이식이 어려운 수목 부적기에 이식되는 수목에 사용한다.
- 소나무 등의 침엽수는 새끼를 감고 진흙을 발라 수분 증산 억제 및 수피 속에 서식하는 해충의 산란과 번식을 예방하여 해충방제 목적으로 사용
  * 피소현상 : 수목의 고온피해 현상으로 햇빛이 강한 남서쪽에 식재된 수목의 수피가 열을 받아 수직 방향으로 갈라지는 현상.

③ 멀칭(Mulching)
- 수목 관수 후 수분이 급격하게 증발되는 것을 막기 위한 작업
- 수목을 식재한 후 뿌리분 부위에 유기물 및 무기물 재료를 5~10cm 두께로 덮어주는 작업
- 유기물 재료 : 거름, 부엽토, 파쇄목, 나무껍질(바크), 짚, 코코넛 껍질, 제초한 풀 등
- 무기물 재료 : 비닐, 자갈, 돌멩이, 담요, 천 등
- 멀칭의 효과 : 토양경화 방지, 습도유지, 건조 방지, 잡초발생 억제, 지온유지, 비료의 분해 촉진 등

④ 약제 살포
- 이식 시 뿌리와 가지 및 잎의 손상으로 쇠약해진 수목의 활력 증진을 위해 수분증산억제제와 영양제 살포, 수간 주사 시행
- 쇠약한 수목에 병·충해에 대한 내성이 약해져 있는 상태로 살충, 살균제 살포

⑤ 시비
- 식재전 토양개량제를 섞어 토질을 개선한다.
- 기비*와 추비**를 시기에 맞춰 준다.
  * 기비 : 밑거름, 식물을 심기 전 또는 생육이 정지하고 있는 계절에 주는 비료, 일반적으로 겨울에 주는 비료
  ** 추비 : 웃거름, 식물이 생육하고 있는 동안 주는 비료로 식물의 상태에 따라 비료의 양과 종류를 달리해서 사용, 질소질 비료는 지속 생장으로 세포조직을 연약하게 하여 월동 시 동해 우려

6. 잔디 및 초화류 식재

1) 잔디식재

① 잔디의 종류

구분	한지형잔디	난지형잔디
특성	- 생육적온 20~25℃ - 고온(여름철) 하고현상* 발생 - 깍기 및 병해에 약함 - 내답압성, 내건조성이 약함 - 주로 종자 번식 - 내한성이 강함	- 생육적온 20~35℃ - 저온(겨울철)에 엽색이 황변 - 깍기에 강하며 고온에 잘 견딤 - 내음성, 충해에 약함 - 포복경, 지하경이 강함
종류	- 캔터키블루그라스 - 페레니얼라이그라스 - 페스큐류 - 밴트그라스류	- 한국잔디류 들잔디, 금잔디, 비로도잔디, 왕잔디, 갯잔디 - 버뮤다그라스

* 하고현상 : 북방형 다년생 목초(한지형잔디)는 여름철 고온기에 생육이 쇠퇴하거나 정지하거나 심하면 황화하거나 고사하는 현상

② 잔디밭 조성 시 토양조건
- 배수가 양호한 사질양토
- 토양산도 pH6.0~7.0 사이에서 생육 활발, 미생물 활동 촉진
- 시공순서 :
  토양경운→시비→정지→파종 및 떼심기→전압→멀칭→관수 작업

③ 잔디심기
- 떼심기의 종류

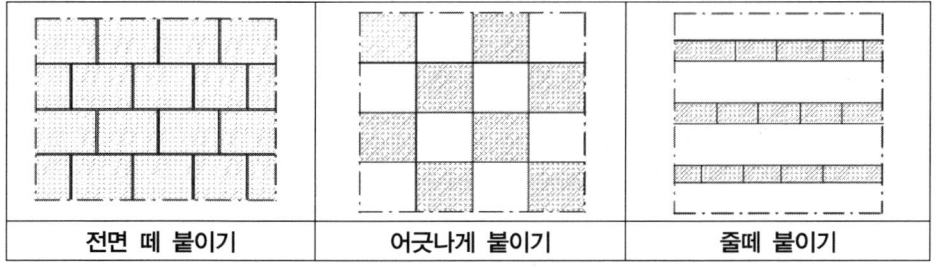

| 전면 떼 붙이기 | 어긋나게 붙이기 | 줄떼 붙이기 |

- 종자 파종 시기
  난지형(한국잔디) 잔디는 늦은 봄, 초여름(5~6월)
  한지형(서양잔디) 잔디는 늦여름, 초가을(8월 말~9월 경)

2) 초화류

① 화단의 설치 조건
- 햇빛이 잘 들고 통풍이 잘되는 장소
- 배수가 잘되고 토양은 비옥한 사질 양토
- 불량한 토양은 토양개량제를 섞어 객토 시행

② 화단의 조성 방법
- 종자 파종과 모종을 심는 방법으로 구분
- 대부분 개화 직전의 꽃 모종을 갈아 심는 방법 이용
- 초종별 특성을 고려하여 식재 간격 조정
- 꽃묘는 줄이 바뀔 때 어긋나게 심는다

3장. 조경시설물 공사

1. 토공사

1) 조경공사에서의 토공사 개념
- 계획목적에 맞도록 흙의 굴착, 싣기, 운반, 성토 및 다짐 등의 흙을 다루는 작업

2) 토공사의 종류
① 전체부지의 조성과 조경시설물 시공을 위한 토공사
② 식물 생육을 위한 식재기반을 조성하는 토공사

3) 토공사
① 부지정지공사
- 시공도면에 따라 계획된 등고선과 표고대로 부지를 골라 시공 기준면(FL)을 만드는 일
- 공사부지 전체를 일정한 모양으로 조성
- 수목식재에 필요한 식재기반 조성을 위한 구조물 및 시설물 설치시 가장 먼저 시행
- 흙쌓기(성토)와 흙깎기(절토) 및 토량운반을 동반하게 된다.

② 흙 깎기 (절토)
- 용도에 따라 부지 조성을 위해 흙을 파거나 깎는 일
- 흙깎기 비탈면 경사비를 1:1 정도로 한다.
- 흙깎기 시 안식각*보다 약간 작게하여 비탈면의 안정을 유지
    * 안식각이란 흙이 가라앉거나 무너져 토공사의 안정이 깨지는 경사면, 보통흙의 안식각은 30~35°

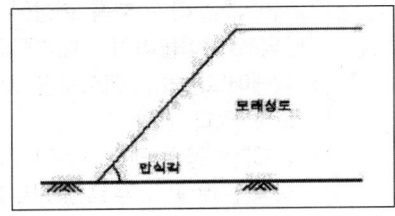

[그림] 안식각

- 식재공사의 경우 흙깎기 전에 지표면의 30~50cm 정도 깊이의 표토를 절취**하여 보존, 식재기반 조성 시 재사용하여 식물 생육에 유용하도록 한다.
    ** 절취 : 시설물 기초를 위해 지표면의 흙을 약20cm 걷어내는 작업
    터파기 : 절취 이상의 땅을 파내는 일
    취토 : 필요한 흙을 채취하는 일
    준설(수중굴착) : 물 밑의 토사와 암반을 굴착하는 일

③ 흙 쌓기(성토)
- 절토한 흙을 일정한 장소에 쌓거나 버리는 것
- 보통 30~60cm 마다 다짐 실시
- 일반적 흙쌓기의 경사는 1:1.5로 한다
- 입도가 좋아 잘 다져져서 쌓아진 흙이 안정성이 좋다
- 성토 시 압축, 침하에 의해 계획 높이보다 줄어들게 하는 것을 방지하고 계획 높이를 유지하고 실시하는 것으로 10~15% 정도 더돋기(여성토)를 한다.
- 토양 침식이 발생하지 않도록 배수에 유의하며 작업한다.

④ 마운딩공사(조산, 축산, Mounding)
- 경관의 변화, 방음, 방풍, 방설을 목적으로 작은 동산을 조성
- 흙쌓기의 일종, 흙쌓기 방법에 의하여 실시함을 원칙으로 한다.
- 식재기반 조성 목적, 식재에 필요한 윗부분이 다져져 뿌리 활착에 지장이 생기지 않도록 한다.
- 가산조성, 축산, 축산작업이라고도 한다.

⑤ 비탈면 보호
- 비탈면을 안정시켜 붕괴 예방과 경관적 가치를 가지도록 함
- 식물 식재에 의한 방법과 콘크리트 블록과 같은 인공재료에 의한 방법으로 구분

구분	내용
식물식재에 의한 방법 (식생공법)	- 종자뿜어붙이기공 　• 몰탈 건 뿜어붙이기 : 급경사에 대한 시공이 가능. 가장 빨리 전면녹화, 비료 부족 현상(추비 공급) 　• 펌프 뿜어붙이기 : 대면적의 완경사지에 가능 - 식생매트공법 : 성토사면, 여름, 겨울철 시공 가능, 시공 직후 법면 보호 효과 기대 - 평떼붙임공 : 떳장 1장당 2개의 떼꽂이 - 식생(판)반공 : 주로 불량토질의 절토지용, 객토효과 - 식생대공(식생자루공) : 씨나 비옥토의 유실 방지 - 식생혈공 : 피복효과가 느림, 비료효과 오래 지속
인공재료에 의한 방법 (구조물)	- 모르타르 및 콘크리트 뿜어붙이기공 　• 용수 및 붕괴우려가 없는 지역, 낙석 지역 등 　• 모르타르 5-10cm, 콘크리트 10-20cm - 콘크리트판 설치공 (두께 20cm 이상) 　• 무근 콘크리트(1:1.5), 철근 콘크리트(1:1) - 콘크리트 격자형 블록 　• 용수가 있는 비탈면, 식생이 적당치 않고 표면이 무너질 우려가 있는 1 : 0.8보다 완경사 지역 - 돌붙임공 : 높이 3m 이하 - 낙석방지망공, 낙석방지책공 - 편책공법 : 토양유실 방지(1.5-3m 간격)

⑥ 토량 변화율, 체적환산계수
- 자연상태의 토량을 기준으로 흐트러진 상태와 다져진 상태의 토량 체적의 변화를 고려
- 토량변화의 구분
  자연상태의 토량, 흐트러진 상태의 토량(L), 다져진 후의 토량(C)
- 체적환산계수의 표

구분	자연상태의 토량	흐트러진상태의 토량	다져진 후의 토량
자연상태의 토량	1	L	C
흐트러진 상태의 토량	1/L	1	C/L
다져진 후의 토량	1/C	L/C	1

⑦ 토량 계산
- 양단면 평균법
$$V = \frac{A_1 + A_2}{2} + l$$
- 중앙단면적법
$$V = A_m \times l$$
- 각주공식법
$$V = \frac{1}{6}(A_1 + 4A_m + A_2) \times L$$
- 양단면평균법 〉 각주공식법 〉 중앙단면적법

2. 관수 및 배수

1) 관수

① 개념
- 식물 생장에 있어 가장 중요한 토양습도가 유지될 수 있도록 인위적으로 수분을 공급하는 시설공사

② 관수방법
- 수동식과 자동식으로 구분
- 수동식 : 지표관수법
- 자동식 : 살수식, 점적식 관수법

③ 지표식 관수법
- 수동식 관수법으로 식물의 주변에 지형과 경사를 고려해 물도랑 등의 수로나 웅덩이를 이용하여 관수하는 방법
- 균일하고 일률적인 관수가 어렵고 물의 낭비가 많아 관수면적이 소규모인 경우에 적용
- 시공 현장의 상수관 또는 살수차에 호스를 연결하여 관수하는 경우도 이 방법을 적용

④ 살수식 관수법
- 자동식 관수법으로 고정된 기계 장치 시설(스프링쿨러)을 설치하여 일정 수량의 압력수를 대기 중에 살수, 자연 강우 효과 기대
- 균일한 관수로 용수의 효율이 높고 물이 절약

- 살수 시 농약과 거름을 동시에 살포할 수 있어 경계적인 방법
- 경사지에서도 균일한 살수 가능, 표토 유실 방지
- 식물에 부착된 먼지 등 오염물 세척 효과 기대
- 초기 시설 비용이 많이 소요, 수동식 관수법 보다 효율적

⑤ 점적식 관수법
- 자동식 관수법으로 수목의 뿌리분이나 지정된 지역의 지표 또는 지하에 미세한 구멍이 뚫린 관을 통해 일정 수량을 토양면에 관수하는 방법
- 용수의 효율이 가장 높으며 인공지반 녹지 및 교목과 관목, 초화류 등에 사용

2) 배수

① 개념
- 지표수 또는 지하수를 집수하여 수로를 통해 하천 및 바다로 유출시키는 것으로 배수의 대상에 따라 표면 배수와 지하층 배수로 구분

② 표면배수
- 지표에 물을 배수하는 것으로 배수를 위해서 물이 흐를 수 있는 경사면을 조성해 주어야 한다.
- 경사는 최소 1:20~1:30 정도 유지, 집수정, 빗물받이, 수로관으로 유입시켜 배출한다.
- 배수구는 겉도랑(명거)으로 설치, 도랑은 잔디, 자갈, 호박돌, 화강석, U형 및 L형측구를 설치하여 토양 침식을 방지한다.
- 유역면적을 계산하여 필요한 집수정 및 빗물받이 수량을 설치하며 관으로 접속하여 최종 집수관으로 유도한다.
- 배수관은 토양 답압에 의해 깨지거나 파손되지 않도록 바닥에 모래를 깔고 설치한다.

③ 심토층, 지하층 배수
- 지하층 배수는 토양 내에 스며든 물을 제거하는 것으로 토양 내 불투수층 또는 지하수위를 낮추기 위해 사용한다.
- 속도랑은 맹암거와 유공관 암거로 분류한다.
- 맹암거는 지하에 도랑을 파고 모래, 자갈, 호박돌 등으로 큰 공극을 가지도록하여 주변 물이 스며들도록 하는 땅속 수로로 임해매립지, 인공지반 등에 사용한다.
- 유공관암거는 자갈층에 구멍이 있는 관 또는 S-다발관을 설치하여 땅속 수로를 이용해서 물을 유도하는 방법

- 맹암거의 간선과 지선 모두 직선의 선형을 유지하며, 구조물 또는 놀이시설물 등의 기초와 상호 충돌이 발생하지 않도록 한다.
- 맹암거를 집수정으로 연결시 유출구보다 최소 0.15m 높게 설치 한다.

3. 수경 시설 공사

1) 개념
① 연못, 분수, 벽천, 폭포 등 물을 이용하여 경관 및 이용 시설을 만드는 것을 수경시설 공사라고 한다.
② 수경시설공사는 펌프 및 배관 설비 공사, 전기공사, 구조물공사, 방수공사, 환경조형물, 석공사 등과 연관되어 있다.
③ 수경시설은 방수공사에 가장 중점을 두어야 한다. 수경시설 구체에 따라 방수재료 및 방수 방법을 결정한다.
④ 수경시설 유형은 물의 사용조건에 따라 접촉성 수경시설, 경관용 수경시설, 생태적 수경시설로 구분한다.
⑤ 지자체별 수경시설용수의 목표수질은 관련 조례 등을 확인하여야 하며 인공폭포나 벽천, 계류의 구조체는 구조역학적인 안전이 확보되어야 한다.

2) 수경시설(경관용)의 유형
① 연못
- 연못은 지반보다 깊이 파서 물을 담을 수 있는 구조
- 연못의 바닥과 벽면의 재료에 따라 자연형 연못과 인공구조물 연못으로 구분
  • 자연형 연못 : 진흙다짐, 자갈깔기, 조경석쌓기, 목재 말뚝박기 등으로 구성
  • 인공구조물 연못 : 판석, 벽돌, 타일, 마름돌, 산석쌓기 등으로 구성
- 연못 공사는 벽천과 계류, 분수 등의 시설을 설치할 경우 펌프실, 배관, 전기공사 등을 시행한다

② 분수
- 담수되어 있는 물을 펌프와 배관을 이용하여 물로 동적인 경관을 연출하는 시설
- 분수 노즐 수량과 배관 크기, 물 높이, 수조크기 등 수리 용량 계산으로 적정한 펌프를 선정한다.
- 펌프를 설치할 기계실이 필요하며, 제어반(콘트롤판넬) 설치를 위한 전기공사를 수반한다.

③ 벽천
- 벽체에서 물이 월류하거나 벽을 타고 흐르도록 수경관을 연출할 수 있는 시설
- 벽천은 담수되어 있는 수조의 물을 펌프를 이용하여 벽체의 상부에 설치된 상부 수조에 물을 월류시켜 하부수조로 순환하도록 하는 방식
- 벽천은 협소한 장소, 옹벽, 건축구조물, 담장면, 실내 계단 측벽 등 수경시설의 효과를 최대화 할 수 있는 곳에 설치

4. 조경석 및 조적공사

1) 돌 쌓기

① 조경석 쌓기
- 연못의 호안, 비탈면, 부지경계 등 공간확보 및 경사면 붕괴 방지를 위해 조경석을 이용하여 경관적, 시각적 조화를 목적으로 한다.
- 강석, 산석, 호박돌, 마름돌 쌓기 등의 재료 사용

② 조경석 무너짐 쌓기
- 암석이 자연적으로 무너져 내려 안정되게 쌓여 있는 것을 묘사
- 일반적인 조경석 쌓기 방법
- 기초터파기 후 원지반 다짐 또는 콘크리트 타설을 한다.
- 기초석은 30~50㎝ 정도 묻히도록 계획하고 중간석과 상석을 쌓는다. 하부석은 큰 돌, 상부는 작은 돌을 서로 맞물리도록 하여 구조적 안정성을 준다.
- 뒷부분에 괨 돌과 뒤채움돌을 사용하여 돌과 돌이 서로 맞물려 들어가도록 한다.
- 돌틈에 양질의 흙을 넣고 사이목(회양목, 철쭉, 화살나무, 돌단풍, 꽃잔디 등의 관목, 초화류 등)을 식재 한다.
- 지하수위가 놓은 곳은 조경석 후면에 유공관 및 자갈 채움 등으로 배수를 유도한다.
- 성토 사면에서의 조경석 쌓기는 조경석 후면에 부직포를 깔아 지하수 및 우수가 돌틈으로 유출되는 것을 방지한다.

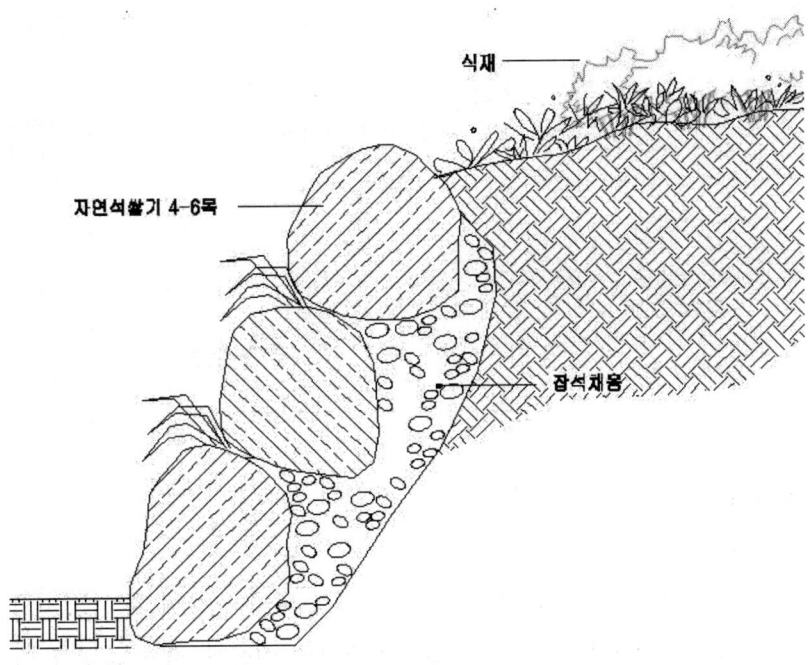

③ 마름돌 쌓기
  - 견치돌, 각석 등의 마름돌을 이용해 절·성토면의 벽체용으로 사용
  - 메쌓기, 찰쌓기, 골쌓기, 켜쌓기

구분	방법	단면도
메 쌓기	- 몰탈, 콘크리트를 사용하지 않고 뒤채움을 골재로 채우는 방법 - 배수가 양호, 높이 제한 - 전면 기울기 1:0.3 이상	
찰 쌓기	- 몰탈 줄눈, 뒤채움에 콘크리트 사용 - 뒷면에 2㎡마다 3~6cm의 배수관 설치 - 견고하나 배수불량 시 붕괴 우려 - 전면 기울기 1:0.2 이상	

켜 쌓기	- 각 층을 직선으로 쌓는 방법 - 돌의 크기가 균일하여 시각적으로 우수	
골 쌓기	- 파상으로 난 줄눈 - 하천공사, 견치석 쌓을 때 사용 - 견고한 방법, 일부 파손시에도 부분 영향	

2) 조경석 놓기

① 경관석 놓기
- 경관석이란 자연의 신비를 나타내는 특별한 모양의 돌을 감상하고 시각의 초점이 되거나 강조가 필요한 장소에 조경석을 이용한 경관 조성을 목적으로 한다.
- 경관의 조화를 위해 크기, 중량감, 모양, 색상, 질감 등을 필요로 한다.
- 조경석을 이용하여 경관을 조성할 경우 중심이 되는 주석과 부석을 조화롭게 설치하여야 하며 통상적으로 3, 5, 7개 등 홀수로 배치한다.
- 경관석과 관목, 초화류 등을 조화롭게 심어 경관 창출한다.
- 입석은 세워서 쓰는 돌로, 모든 방향에서 관상할 수 있어야 한다.
- 횡석은 가로로 쓰이는 돌로, 불안감을 주는 돌을 받쳐서 안정감을 가지게 한다.
- 평석은 윗부분이 평평한 돌로 안정감을 가지게 하며, 주로 앞부분에 배석하고 화분을 올려놓기도 한다.
- 환석은 둥글둥글한 돌로, 축석에는 바람직하지 못한 돌이나 무리로 배석하여 복합적인 경관이 형성될 수 있어야 한다.
- 각석은 각이진 돌로 삼각, 사각 등으로 다양하게 이용되며, 사실적 경관미를 표현하는 배석이 되어야 한다.
- 사석은 비스듬히 세워서 이용되는 돌로, 해안땅깎기벽과 같은 풍경을 묘사할 때 적용한다.
- 와석은 소가 누워있는 것과 같은 돌로 횡석보다 더욱 안정감을 주어야 하며, 뒷부분 돌의 조합의 연결부분을 가려주기도 하여 균형미를 표현할 수 있도록 배석해야 한다.

- 괴석은 흔히 볼 수 없는 특이하게 생긴 모양의 심미적 가치가 있는 조경석으로 개체미가 뛰어나야 한다.

② 디딤석 놓기
- 정원의 잔디 및 산책로에 보행자의 편의를 돕고, 지피 및 잔디를 보호하며 아름다운 경관을 조성하기 위해 설치한다.
- 디딤석의 재료로는 한면이 평평하고 넓은 자연석을 많이 사용, 가공한 화강석 판석 및 통나무 등을 사용한다.
- 디딤석의 크기는 계단의 답면 크기 30~60㎝ 내외 사용하며, 시작과 끝 부분, 길이 갈라지는 부분에 크기를 다변화시켜 시인성을 강조한다.
- 디딤석의 간격은 5㎝ 미만으로 하며 틈새에 잔디를 식재하여 디딤석에 발이 걸려 넘어지지 않도록 디딤석 보다 잔디의 기부가 높게 식재한다.
- 디딤석 내에 물이 고이지 않도록 석재 가공 시 주의를 준다.

3) 조적공사

① 벽돌 규격
- 기존형 : 210 × 100 × 60mm
- 표준형 : 190 × 90 × 57mm

② 줄눈 형태
- 통줄눈 : + 형태로 나타나는 이음줄
- 막힌 줄눈 : 상하의 세로 줄눈이 서로 어긋나게 되어 있는 이음줄
- 치장줄눈 : 줄눈을 여러 형태로 아름답게 처리, 벽돌면과 조화

③ 벽돌의 형상에 따른 명칭

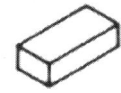  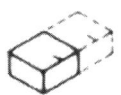   

- 온장 / 칠오토막 / 반토막 / 이오토막 / 반절토막 / 반반절

- 마구리, 길이, 면

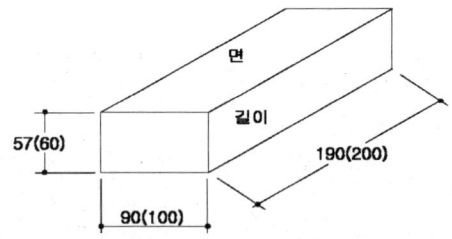

④ 벽돌쌓기의 종류 및 방법

구분	방법	이미지
길이쌓기	-벽돌의 길이만 표현 -반장쌓기에 쓰이며 끝부분은 반토막	
마구리쌓기	-벽돌의 마구리만 표현 -한 장 이상 쌓기에 사용 끝부분, 반절벽돌	
옆세워쌓기	-마구리를 세워 쌓는 방법	
길이세워쌓기	-길이를 세워 쌓는 방법	
영국식 쌓기	-길이쌓기 켜와 마구리쌓기 켜를 반복하는 방법 -모서리 끝은 이오토막	
프랑스식 쌓기	-켜마다 길이와 마구리가 번갈아 나오는 방법	

미국식 쌓기	-5켜까지 길이쌓기, 위에 1켜는 마구리 쌓기		
네덜란드식 쌓기	-영국식 쌓기와 같으나 모서리 끝은 칠오토막 -우리나라 대부분 사용		

⑤ 벽돌쌓기 수량 산출(표준벽돌 190×90×57mm, 줄눈 10mm일 경우)
   - 0.5B 쌓기(보이는 면 190×57)

$$\frac{1\,m^2}{(0.19+0.01)x(0.057+0.01)} = 74.62 \quad \therefore 75장$$

   - 1.0B 쌓기(보이는 면 90×57)

$$\frac{1\,m^2}{(0.09+0.01)x(0.057+0.01)} = 149.25 \quad \therefore 149장$$

5. 기초 및 포장 공사

1) 기초공사

① 개념
   - 상부 구조물의 무게를 지반에 안전하게 전달하기 위해 땅속에 만들어지는 구조물
   - 기초를 보강하거나 지반의 지지력을 증가시키는 일을 지정이라고 한다.
   - 지정과 기초를 기초 또는 기초구조라 한다.
   - 기초는 구조물의 안전성과 관련되며 침하 또는 부등침하 등이 발생하지 않도록 해야 한다.

② 지정
   - 잡석지정, 자갈지정, 모래지정, 긴주춧돌 지정, 잡석콘크리트 지정, 콘크리트 지정, 말뚝 지정 등
   - 구조물의 기초에 원지반 다짐 후 10~30㎝정도 잡석을 부설하고 다짐

③ 기초의 종류 : 직접, 독립, 복합, 연속(주), 전면(온통) 기초
   - 독립기초 : 기둥 하나에 기초 하나로 된 구조로 지반의 지지력이 강한 경우에 사용
   - 직접기초 : 조경구조물에 가장 많이 사용되며, 기초판이 직접 흙에 놓이는 기초

- 복합기초 : 2개 이상의 기둥을 합쳐서 1개의 기초로 지지
- 연속(줄)기초 : 연속으로 기초판이 형성되고 그 위에 기둥이 지지되는 방식으로 담장의 기초와 같이 길게 띠모양으로 설치되는 기초
- 온통(매트, 전면)기초 : 건축물 바닥 전체가 기초로 되어 있는 구조, 고층 아파트 및 고층 빌딩에 사용, 지반의 지지력이 약할 때 사용

2) 포장공사

① 개념
- 도시나 공원 내 도로를 안전하고 기능적으로 미관을 향상하고 도시나 공원의 경관을 보다 풍부하게 쾌적하고 매력적인 공간 제공

② 포장재료의 선정 기준
- 보행자가 안전, 쾌적하게 보행할 수 있는 재료
- 내구성이 있고 시공 및 관리비가 저렴한 재료
- 재료의 표면이 햇빛 반사가 적고, 우천 및 겨울철 보행 시 미끄럼 현상이 적을 것
- 재료가 풍부하고, 질감이 우수하며 시공이 용이할 것

③ 포장의 종류

구분	장·단점	시공방법
소형고압 블럭	- 재료의 종류가 다양함. 두께 6cm(보도용), 8cm(차도용) - 공사비가 저렴하고 시공, 보수가 용이. - 블록 표면의 문양에 색채로 시각적 효과 증진 - 줄눈이 모래로 채워져 결합력과 강도가 약하다.	- 원지반을 다진다. - 모래를 3~5cm 깔고, 배수를 고려한다. - 줄눈에 모래를 살포한 후 진동기로 다져서 요철이 없도록 한다.
벽돌포장	- 질감과 색상이 친근감을 주고 보행감이 우수하다. - 광선 반사가 적다. - 마멸 및 탈색되기 쉬우며 압축강도가 약하고 벽돌사이 결합력이 작다.	소형고압블럭 포장과 동일한 시공방법
판석포장	- 시각적 효과가 우수하다. - 불투수성 재료로 포장면의 우수유출량이 많아짐으로 배수를 고려하여야 한다.	- 기층 잡석 부설, 다짐 및 콘크리트 타설 - 몰탈(배합비1:1~1:2)로 판석고정 - 판석에 미리 물을 흡수시켜 부착력을 높인다. - 줄눈 배치는 +형보다는 Y형이 시각적으로 우수

		- 줄눈의 폭은 10~20mm, 깊이는 5~10mm
콘크리트 포장	- 내구성, 내마모성이 좋다. - 파손된 곳의 보수가 어렵고 보행감이 좋지 않다.	- 하중을 받는 곳은 철근을 배근한다. - 하중을 덜 받는 곳은 와이어메쉬를 콘크리트 타설시 부설한다. - 신축이음(나무판재, 합성수지, 역청 등) 설치, 균열과 파괴를 방지한다. - 흙손이나 빗자루로 표면을 긁어 표면에 요철을 주어 마감한다.
투수콘 포장	- 아스팔트 유제에 다공질 재료를 혼합하여 표면수의 투수가 가능하다. - 보행감이 좋고 미끄러짐과 눈부심을 방지한다. - 강우 시 물이 땅으로 투수되어 보행에 지장이 없다. - 하수도 부담경감, 식물생육, 토양미생물 보호 - 지하매설물 보수 및 교체 용이	- 지반을 다지고 모래로 필터층을 만든다. - 지름 40mm이하의 부순 돌 골재로 기층조성 - 공극률을 높이기 위해 잔골재는 혼합하지 않는다. - 투수성 혼화재를 깔고 다진다.
마사토 포장	- 자연재료로 구성, 질감 우수 - 자연과의 조화 전통적 포장재료 - 표면배수가 양호, 시공이 용이하고 비용이 저렴 - 기후변화에 민감하며 흙먼지, 우수에 표면 유실 발생 - 동절기 및 해빙기에 포장면이 질퍽해지며, 수시로 유지보수 필요	- 마사토를 10cm 마다 포장다짐을 실시 - 어골형, 격자형 맹암거를 부설한다. - 완료 후 진동기 또는 진동 로울러를 사용하여 다짐을 실시한다.

6. 놀이 및 운동시설

1) 놀이시설

① 개념
- 놀이시설은 어린이의 신체발육, 사회성 배양, 창작력 고양, 협동 정신 배양에 있어 중요한 역할을 한다.
- 조합놀이대, 그네, 미끄럼틀, 시소, 정글짐, 철봉 등
- 어린이놀이시설은 공사 완료 후 "어린이놀이시설 안전관리법"에 따라 안전검사기관으로 부터 설치검사를 받아 합격하여야 한다.

② 그네
- 동적 놀이기구로 움직임이 커서 충돌 위험이 있으므로 놀이터의 중앙이나 출입구를 피해 부지 외각부나 모서리 공간에 설치한다.
- 그네 이용으로 바닥면이 파이는 것과 배수처리에 대한 고려 필요
- 남북방향으로 배치하고 그네의 기둥과 보는 내구성 제품 사용
- 2인용을 기준
  - 높이(H) 2.3~2.5m, 길이(L) 3.0~3.5m, 폭(W)0.8~1.8m
  - 안장과 바닥과의 높이 30~45cm
  - 그네의 안전거리 약 7~8m
  - 그네 줄은 SUS쇠사슬, UV코팅로프, 와이어로프 등 내구성 있는 재질
  - 기둥은 측면에서 볼 때 지주의 각도 90~110° 유지
  - 그네의 안전거리는 그네 줄이 걸려있는 보를 중심으로 앞,뒤 4m 거리 확보, 접근 차단시설 설치[어린이놀이시설 시설기준 및 기술기준(행안부 고시 제2017-1호 2017.7.26.)]

③ 미끄럼틀
- 설치 방향은 일사 광선에 의한 화상 등의 방지를 위해 북향이 되도록 설치
- 미끄럼틀에 오르는 사다리 및 계단의 경사도는 70° 내외로 설치
- 활주면의 양쪽에 100mm이상의 손잡이 설치하고, 시점과 종점의 평균 경사각은 30° 이내로 한다.
- 스테인레스 재질의 경우 용접 부위가 없도록 한다.
- 미끄럼판과 지면의 각도는 30~35°
- 높이는 유아용 1.2m 미만, 어린이용 2m 미만으로 하며 계단의 발판 폭은 50cm, 높이 15~20cm로 하며 1인용 미끄럼판의 폭은 40~45cm
- 착지면은 지상에서 10cm 떨어져서 배치한다.

④ 시소
- 최대 경사각은 25° 이내로 한다.
- 앉음판 아래 바닥에는 충격 완화재를 설치하거나 앉음판이 바닥에 닿지 않도록 기구를 제작한다.
- 다른 시설과의 안전거리를 유지한다.

⑤ 흔들놀이
- 안장 높이는 바닥에서 71cm이내로 하며 손잡이와 발 디딤판이 있는 구조로 한다.

- 흔들 놀이시설의 스프링은 내구성 있는 재료로 하며 끼임방지를 위해 스프링 보호 커버를 설치한다.

⑥ 조합놀이시설
- 여러 형태의 놀이시설이 연계 되어 있는 제품으로 놀이를 통해 창의성과 모험심, 즐거움을 줄 수 있도록 하며 주변환경과 조화되도록 조형적이고 경관성이 우수한 제품으로 설치한다.
- 경쟁심과 다양한 놀이 욕구를 충족시키며 상상력과 호기심, 협동심을 키울 수 있는 기구 구성이여야 한다.
- 천연 및 가공 목재, 철재, PE제품 등 내구성 있는 재료 사용한다.

⑦ 운동시설
- 운동 및 체력단련시설 설치 시에는 안전거리를 확보하여 안전사고가 발생하지 않도록 해야 한다.
- 테니스장, 정구장, 퍼팅 연습 골프장, 농구장, 배드민턴장, 풋살장, 게이트볼장 등의 설치 방향은 남북방향을 기준으로 하며 공인된 규격을 적용하여 설치를 권장하나 설치장소의 여건에 따라 조정하여 설치한다.
- 야구장의 포수 방향은 포수가 서남쪽을 향하도록 한다.

7. 휴게 및 편의시설

1) 휴게시설

① 그늘시렁(퍼걸러, 파고라)
- 그늘을 제공하여 휴식할 수 있는 시설
- 인조목, 목재, 철재, 콘크리트, 조적 및 석재 기둥 등 사용
- 퍼걸러의 천장은 등나무, 인동 등 덩굴성 식물 및 목재, 철재, 멤브레인(천막), 폴리카보네이트(렉산시트) 등 사용
- 퍼걸러의 규격은 높이 2.2~2.5m, 기둥 간의 간격은 1.8~2.7m 이 며 경사 지붕 또는 평지붕 형태로 구성
- 설치 위치로 경관의 초점이 되는 곳, 조망이 우수하고 한적하며 통경선이 끝나는 지점, 공원의 휴게공간 및 산책로의 결절점 등에 설치
- 주택정원에서는 휴게시설 역할 및 경관의 한 요소로 설계

② 의자 및 야외탁자 류
- 목재 의자의 바닥 및 등받이 면은 동일면 안에 있도록 평탄하게 하고, 목재와 목재의 간격은 일정하여야 한다.
- 등받이 의자의 등과 맞대이는 면의 기울기는 전 길이에 걸쳐 일정해야 한다.
- 각 부재의 모서리는 반구형으로 모따기를 해야 한다.
- 사각의자의 4면이 이어지는 부분은 동일한 예각으로 완전 맞춤이될 수 있도록 하고, 4귀(모서리)는 반구형으로 모따기를 한다.
- 좌판 및 등판을 구조체와 볼트로 연결할 때 볼트머리부분이 돌출되지 않고 묻히게 해야 하고 구멍을 매립하거나 캡을 씌운다.
- 볼트의 구멍은 정면에서 보아 일직선상에 있도록 해야 한다.
- 의자기초 설치 시 포장면의 단면두께를 감안하여 정확한 높이로 시공하여야 한다.
- 그늘시렁 하부 또는 소규모 공간을 형성하기 위하여 직각 등으로 배치되는 다수의 의자는 마감높이가 동일하게 설치되어야 한다.
- 경사지에 일렬배치되는 경우 가능하면 의자 마감 높이를 동일하게 시공하되 부득이한 경우 일정한 높이의 차이를 둘 수 있으며, 감독자와 협의하여 시공하여야 한다.
- 의자 상부면의 높이는 설계에 따르되 포장 경사를 감안하여 편차가 ±5㎝ 이내 이어야 한다.

③ 야외탁자
- 야외탁자는 지지 부위가 균형을 이루며, 탁자면의 수평을 정확히 맞춰야 한다.
- 탁자면은 빈틈이 없고, 이물질의 제거가 용이한 표면마감을 한다.
- 고정식 야외탁자의 기초 설치 시 포장면의 단면두께를 감안하여 정확한 높이로 시공하여야 한다.

2) 편의시설
① 화장실
- 공원과의 조화를 고려한 위치 및 외관
- 범죄예방환경설계(CPTED*) 기준 적용
- 공중화장실 등은 남녀화장실을 구분, 여성화장실의 대변기 수는 남성화장실의 대·소변기 수의 합 이상이 되도록 설치
- 수용인원 1천명 이상의 대통령령으로 지정한 화장실은 위의 수량 합이 1.5배 이상이 되도록 한다.

* CPTED(범죄예방환경설계) :
  도시 및 건축공간 설계 시 범죄기회를 제거하거나 최소화하는 방향으로 계획·변경함으로써 범죄 및 불안감을 저감시키는 원리, 실천적 전략으로 자연적감시, 접근통제, 영역성강화, 활동의 활성화, 유지관리 등 5가지로 구성

② 음수대
- 음수대 주변 포장은 완전 배수가 가능하도록 경사 2% 유지
- 음수전의 높이는 수도꼭지가 위로 향한 경우 65~80cm, 아래로 향한 경우 70~90cm, 이용자와의 간격은 50cm 내외
- 겨울철 동파방지를 위해 급수관을 보온 및 퇴수시설을 설치하며, 별도의 제수 밸브를 설치하여야 한다.

③ 자전거보관대
- 막구조 지붕재 로프연결시 장력이 균일하게 작용하여 처지거나 주름이 생기지 않도록 팽팽하게 시공하여, 물이 고이거나 바람에 날리지 않도록 하여야 한다.
- 법적 주차대수의 10~20% 수량 반영, 지차체 조례 및 교통영향평가 기준 확인 후 설치 한다.

8. 관리 및 조명 시설

1) 관리시설

① 수목보호덮개
- 수목 뿌리분의 답압 방지 및 수분 공급을 위한 시설
- 덮개와 받침틀이 견고하게 고정하며 연계되는 포장재료와의 틈이 발생하지 않도록 한다.

② 플랜터(화단)
- 플랜터의 구조는 토압을 견딜 수 있는 재질 및 구조
- 배수층 및 방근 시트 설치, 배수구에 연결한다
- 플랜터 내의 토사는 토양개량제를 사용하여 식물생육 환경에 최적 조건으로 만든다.
- 관수나 강우시 플랜터 내의 토사가 외부로 흘러나오지 않도록 플랜터 상부에 5~10cm의 여유 높이를 남겨둔다

③ 볼라드
- 차량의 보도 진입 방지를 위해 설치
- 시인성을 높이기 위한 색상과 접촉시 부상을 방지할 수 있는 재료사용

2) 조명시설
① 설치목적
- 경관 및 도시의 정체성(Identity) 창출
- 기능에 따라 강조, 목적, 주위 조명으로 분류

② 상향조명
- 강조 또는 드라마틱한 효과 창출, 형상을 변화시키는 조명 방법
- 초자연적인 모습, 계절적 변화를 조장하는 조명 방법

③ 투영조명
- 전면에 배치된 상향등은 부드럽거나 질감이 있는 수직적 배경의 표면 위로 독특한 그림자를 표출시키는 조명 방법

④ 보행등
- 설계대상공간의 진입로, 광장, 산책로, 도로나 주차장이 만나는 보행공간, 놀이공간, 휴게공간, 운동공간 등의 옥외 공간에 배치
- 설치되는 공간의 보행 안전을 우선적으로 검토, 보행에 방해되지 않도록 하며 공간의 분위기에 어울리는 형태로 설치
- 최소 3룩스 이상의 밝기 적용

⑤ 정원등
- 정원의 야간 경관 창출, 신비하고 매력적인 분위기 연출
- 조명 광원이 이용자의 눈에 투사되지 않도록 배치
- 등기구를 정원의 장식물로 활용할 수 있도록 조형적으로 설치

⑥ 잔디등
- 잔디광장의 경관 창출 및 야간경관 분위기 연출
- 잔디밭의 경계에 설치, 잔디등 규격은 1.0m 이하의 하향식 적용

⑦ 공원등
- 도시공원이나 자연공원 등의 야간경관 창출 및 이용자의 안전

- CPTED(범죄예방환경설계) 기준 적용, 자연적 감시, 영역성, 활동성 강화를 위해 설치
- 운동장, 놀이터의 시설면적에 따라 350㎡ 미만은 1등용 1기, 350 ~ 700㎡이하는 2등용 1기 배치를 권장, 필요에 따라 추가 배치
- 공원의 입구나 화단에는 연색성이 좋은 메탈할라이드등, 백열등, LED 등을 적용한다.
- KS A 3011조도 기준에 따라 5~30룩스 충족, 놀이공간, 휴게공간, 운동공간, 광장 등은 6룩스 이상의 조도 적용

9. 생태복원 시설

1) 비탈면 녹화

① 식생그물망 및 매트 설치
- 식생대(종자대), 식생자루(종자자루), 식생그물망, 식생매트(종자매트) 등의 비탈면에 식생도입을 위한 자재는 제품사양에 따르되, 볏짚, 펄프, 야자껍질 등의 천연소재를 주재료로 이용

② 종자뿜어붙이기
- 비탈면 건조와 침식을 방지하기 위한 양생제는 섬유류 또는 고분자 수지계를 사용한다.
- 물리적 자재로 많이 사용되는 섬유류(fiber)는 목질섬유와 수피섬유가 많이 사용되며, 종자의 보호 및 혼화재 역할을 하는 것으로 250g/㎡이상 사용.
- 피막형성 보양제는 아스팔트유제와 폴리초산비닐을 주제로 하는 합성수지계가 사용된다.
- 비탈면 시공시 종자, 섬유, 비료 등이 흘러내리는 것을 방지하기 위한 안정제(전착제)와 시공부위를 확인할 수 있는 착색제는 마라카이드그린(malachite green)[Mg]을 사용한다.
- 비료는 복합비료를 사용하며 물은 깨끗한 시냇물이나 상수도 물을 사용

③ 식생기반재 뿜어 붙이기
- 혼합종자와 비료를 포함하는 유기질 또는 무기질 토양개량재와 흙 또는 유기질이 많은 대용토를 적절히 혼합하여 만든 유기혼합토로 동·식물에 무해하고 토양을 오염시키지 않아야 한다.

2) 생태호안조성

① 기단부 처리
- 해당 하천의 하도 특성 등을 충분히 반영하고 홍수에 견딜 수 있으며 생태계, 경관, 친수성 등 하천 환경 요소들의 보전 및 향상에 적합한 재료를 사용

② 나무말뚝
- 나무말뚝의 규격은 설계도서에 명기된 원목을 사용하고, 쉽게 부패되지 않는 것이어야 하며, 선단부 재료는 지지면에 완전하게 접촉되도록 성형

③ 섶단
- 섶단은 버드나무, 갯버들류 등 삽목이 가능하고 맹아력이 있는 수종의 가지와 천연야자 섬유 등에 갈대를 식재하여 사용
- 시공위치는 비수충부와 사주부, 하상기울기는 완류나 중류가 적당하며, 평균유속 0.2m/sec, 수심 0.15m 내외에 설치하는 것이 바람직하다.
- 주요 재료는 기단부는 섶단 2단 누이기, 비탈면은 식생마대 쌓기, 식재는 사초과 식물, 갈대/달뿌리풀/물억새 등의 벼과식물을 포함한 다양한 수변식물을 사용한다.

④ 야자섬유 두루마리
- 원통형(∅300×L400mm)으로, 야자섬유로 만든 박진(sheet)과 야자섬유를 섬유망체에 균일한 밀도로 채워 두루마리 형태로 제작된 것을 사용

⑤ 식생매트
- 호안침식방지용 식생매트와 일반 야자섬유 식생매트를 사용

⑥ 돌망태
- 돌망태류에는 철망이나 단단히 결속된 일반제품을 사용하며, 철선은 녹슬지 않는 소재
- 철선 및 강선을 사용하여 망태를 만들고 사석과 같은 석재를 채운다

⑦ 갈대뗏장
- 갈대 단용 뗏장을 사용하거나 뗏장의 조기 녹화와 숙성을 위하여 지피류와 혼파하여 재배한 혼용 뗏장을 사용

⑧ 목틀류
- 생태목틀에 사용되는 사석의 기본규격은 ∅150mm 이상이어야 한다.

- 목틀 내부에는 자갈, 사석 등을 채워야 하며, 일정크기로 파쇄된 나무숯, 활성탄 등으로 채울 수 있다.
- 내부 채움재는 접촉산화법에 의한 수질정화효과도 극대화 시켜야한다.
- 생태목틀 위에는 식물을 미리 재배하여 활착시킨 야자섬유 두루마리나 평판형태의 야자섬유 매트를 고정, 설치할 수 있다.
- 두루마리나 매트는 철선 등의 연결선을 이용하여 일정간격을 두고 끈을 교차시키며 목틀에 묶어 고정시킨다.
- 식생분포, 정수효과 등을 고려하여 미리 선정된 수종을 계획적으로 재배하여 설치가 가능하므로 주변생태계와의 교란을 막을 수 있다.

3) 생태연못 및 습지조성

① 식재기반조성
- 동절기에 습지토양의 결빙방지와 겨울철 수리부하율을 증가시키기 위해 토심은 0.5m를 기본으로 하되, 지하수위나 특정 요인 발생 시 유동성 있도록 한다.
- 특정 식재 위치의 지형에 따라 저영양매질을 일정 토심 유지.
- 토양은 실트, 자갈섞인 모래, 점토 및 모래섞인 실트로 구성되며 표토를 집토하여 보관 및 활용.
- 수생식물의 생육과 수질정화 등을 고려하여 친환경적인 토양 보조 재료를 필요에 따라 사용.

② 생태연못 조성
- 터파기 및 기초, 방수, 표면 및 마감처리, 급배수시설
- 호안 조성 시 자연석 쌓기를 할 때는 구조적 안전성 확보 이외의 경우에는 지나치게 큰 자연석을 이용하지 않도록 하며, 기초지반은 견실하게 정리, 다짐하여 부등침하가 일어나지 않도록 하여야 한다.
- 식물은 정수식물(부들, 창포 등)과 부엽식물(수련, 연 등), 부수식물(개구리밥, 마름 등), 침수식물(붕어말, 미나리마름 등)로 나누어 생태적 요건을 고려하여 식재한다.
- 식물의 종류에 따라 요구하는 물의 깊이가 다르므로 바닥의 높이를 조절해 주거나, 수중 화분을 놓아주기도 하며 생육이 왕성한 종은 연못 전체로 확산되는 것을 막기 위해 화분에 식재한다.
- 경관, 생태적기능, 수질정화기능 등을 고려하여 수생식물을 식재하며, 수생식물에는 (추수식물, 부엽식물, 침수식물, 부유식물 등)이 있다.

③ 인공습지(수질정화습지) 조성
- 인공습지의 유입구에서 유출구까지의 유로는 최대한 길게 하고, 길이 대 폭의 비율은 2:1이상으로 한다.
- 다양한 생태환경을 조성하기 위하여 인공습지 전체 면적 중 50퍼센트는 얕은 습지(0~0.3미터), 30퍼센트는 깊은 습지(0.3~1.0미터), 20퍼센트는 깊은 못(1~2미터)으로 구성한다.
- 유입부에서 유출부까지의 경사는 0.5퍼센트 이상 1.0퍼센트 이하의 범위를 초과하지 아니하도록 한다.
- 물이 습지의 표면 전체에 분포할 수 있도록 적당한 수심을 유지하고, 물 이동이 원활하도록 습지의 형상 등을 설계하며, 유량과 수위를 정기적으로 점검한다.

4) 훼손지 복원

① 기반안정화
- 지형을 안정시키거나 미기후 조절기능을 하는 기존 암석이나 돌등은 그 자리에 놓은 채 기반 안정 및 표토 깔기를 실시한다.
- 지하수위가 높아 기반이 연약하거나 공동이 있어 침하가 우려되는 곳은 침하를 방지하기 위해 석재를 이용하여 충분히 다짐을 하도록 한다.
- 비탈면의 붕괴 및 심한 침식이 발생한 곳이나 이러한 문제가 예상되는 곳에서는 기반안정화를 위한 구조적 조치를 취해야 한다.

② 표토개량
- 표토가 유실된 훼손지에는 기반안정공사 후 주변 식생지역의 토양수준으로 개량한 표토를 깔며, 개량표토의 물리화학적 특성은 "식재용토의 적합성 판단기준"에 따른다.

③ 야생풀포기심기
- 야생풀포기심기는 기울기 20%이상이거나, 훼손이 심한 지역에 우선적으로 실시한다.
- 대상지주변의 초원지대, 관목지대에서 0.1×0.2m정도의 야생풀포기를 떼어내어 줄심기를 하며, 줄간격은 0.15m정도로 한다.
- 야생풀포기는 가능한 이용객들의 시야에서 벗어난 곳에서 채취하며, 야생풀포기를 떼어낸 다음 반드시 개량된 표토를 원래의 지표선까지 채우고 다짐을 한다.
- 야생풀포기를 떼어 낼 때는 0.3m이상 거리를 두어야 하고, 연속적으로 떼어내지 않는다.

- 풀포기를 두께 0.05m정도로 떼어내고, 가능한 뿌리 흙을 부착시킨 채 운반한다.

④ 파종
- 훼손지 복원에 사용하는 식물 종자는 현지 또는 주변지역에 자생하는 종 또는 유사종을 선정한다.
- 파종식물은 가능한 훼손지에서 잘 생육하는 선구식물종과 식생천이 계열상 중기식물종을 중심으로 선정한다.

⑤ 야생초본류 뗏장심기
- 뗏장용 식물은 훼손지 주위에서 야생하는 초본류를 중심으로 선정하며 일부 관목류도 포함한다.
- 현지에서 채종한 식물의 종자를 파종하여 뗏장을 만들되 한가지 식물만을 이용한 단용 뗏장과 여러 식물을 혼파한 혼용 뗏장으로 구분하여 사용한다.
- 뗏장의 조기 성숙을 위하여 잔디류를 혼파하여 뗏장을 생산한다.

⑥ 보행로 정비 및 복원
- 등산로 복원정비, 흙바닥(마사시멘트) 등산로, 목재계단로, 평지형 보행로 복원

⑦ 폐기된 부지의 생태복원
- 표토모으기 및 활용
- 비탈면의 땅깍기
- 평지부 대체습지 조성
- 식재기반 조성, 표층의 복원, 식생도입

⑧ 생태통로의 조성 및 복원
- 생태조사를 실시하고 목표 종을 선정 후 육교형, 박스형, 파이프형 등 생태특성에 따라 선정한다.
- 생태통로 주변의 식생은 이식 활용하는 것을 권장
- 유도울타리 및 동물출현 표지판 설치

⑨ 오염된 토양의 복원
- 식생을 이용한 폐기물로 버려진 토양의 복원
- 식물을 이용한 토양 중금속 제거

5) 생물서식 공간 조성

① 서식처 복원
- 목표종 선정
- 입지 선정
- 물리적 서식환경 : 규모, 구성비율, 공간배치 등
- 생물적 서식환경 : 먹이, 공간, 은신처, 물
- 생태적 연결성 확보 : 먹이연쇄, 생태통로

② 식생복원
- 식물종 선정
- 생물군집 형성
- 다층구조, 천이, 생태적 원형을 활용한 생태적 식재

4장. 시방 및 적산

1. 조경시방서

1) 개념

① 설계도서로서 설계도면 만으로는 표현하기 어려운 내용, 설계도면에 대한 설계 설명, 설계도면에 기재하기 어려운 기술적인 사항 및 지침
② 시공조건, 규격, 허용범위 등을 명시
③ 시공상의 일반적인 주의 사항 및 특수성, 지역여건, 공법 등
④ 공사에 쓰이는 재료, 설비, 시공체계, 시공기준 및 시공기술에 대한 설명서, 행정서류 등

2) 시방서의 종류

① 표준시방서
- 시설물의 안전 및 공사시행의 적정성, 품질확보 등의 위하여 시설물별 표준적인 시공기준
- 발주처 및 설계 등 용역업자가 작성한 시공기준

② 특기시방서
- 표준시방서에서 기재되지 않은 특수재료 및 특수공법 등을 설계자가 작성

③ 전문시방서
- 시설물별 표준시방서를 기본으로 모든 공정을 대상으로 특정한 공사의 시공 또는 공사시방서의 작성에 활용하기 위한 종합적인 시공기준

④ 공사시방서
- 표준시방서와 전문시방서를 기본으로 공사의 특수성, 지역여건, 공사 방법 등을 고려하여 기본계획, 실시설계도면에 구체적으로 표현할 수 없는 내용과 공사수행을 위한 시공방법, 자재의 성능, 규격 및 공법, 품질시험 및 검사 등 품질, 안전, 환경관리 등에 관한 사항을 기술

3) 시방서의 구성
① 시방서의 내용
- 재료 선정
- 공법·공사 순서
- 작업도구, 장비, 기계
- 시공시 유의사항

② 시방서 작성 시 주의 사항
- 공사 전체에 대해 자세하게 기록한다.
- 전달하고자 하는 의미를 간단명료하게 서술
- 설계도면과 시방서의 내용이 일치
- 재료의 품질에 대한 검증과 신중한 지정 필요
- 공사 범위 명시, 공법과 마감상태 등 정밀도를 명확하게 규정

4) 설계서의 우선순위
① 설계서의 개념
- 도면, 시방서, 현장설명서, 공종별 목적물 물량내역서

② 우선순위
- 설계도면과 시방서의 내용에 차이가 발생되는 경우
  • 현장설명서 → 공사시방서 → 설계도면 → 표준시방서 → 물량내역서

2. 조경 적산

① 개념
- 공사비를 산정하는 수단으로 전체 구성 중 세부 공종별로 재료소요량 및 노임의 품 등을 이용하여 수량을 산출하는 작업

② 단가적용기준
- 조달청에서 매월 고시하는 품목에 대한 가격(가격정보)을 우선 적용
- 조달청에서 고시하지 않는 품목은 물가정보, 물가자료, 유통물가, 거래가격등 민간에서 조사한 단가 적용
- 조경수목 등 농·림산물 등 가격의 변동이 큰 품목 등은 견적가격 적용

③ 견적
- 산출 수량에 단위당 가격(단가)을 곱해서 산출하는 작업
- 공사비를 제시하는 구체적인 가격산출 행위
- 개산견적과 정밀견적으로 구분

④ 적산 및 견적의 작업과정

단계	내용
단가 조사	- 현황 조사, - 도면 및 설계도서 검토
⇩	
수량산출서 작성	- 세부 공종별 수량 산출
⇩	
일위대가목록 일위대가표	- 단위 품목에 대한 일위대가 작성
⇩	
내역서 작성	- 세부 품목에 대한 일위대가 - 전체수량과 단가의 합

⑤ 자재 단위 표시 방법
- 부피(토적, 체적) : m^3
- 도료 : ℓ or kg
- 철근 : kg
- 벽돌, 볼트·너트 : 개
- 합판 : 장

⑥ 견적 예시

- 수목 5주 식재에 대한 공사비산출

  (재료의 할증은 5%, 수목 10,000원/주당, 노임 3,000원/주당)

  재료비 = 단가 × 할증률(%)

  　　　 = 10,000 × 1.05

  　　　 = 10,500원

  노무비 = 3,000원

  공사비 = 총수량 × (재료비+노무비)

  　　　 = 5주 × 13,500원

  ∴ 67,500원

3. 표준품셈

1) 개념

- 정부 및 공공기관에서 집행하는 건설공사에 대한 원가계산시 비목별 가격결정의 기초
- 단위공정별로 대표적이고 표준적이며 보편적인 공종, 공법을 기준으로 소요되는 재료량, 노무량 및 기계경비를 수치로 제시한 것

2) 조경 표준 품셈

① 잔디 및 초화류 공사

- 잔디붙임, 초류종자 살차(기계살포), 초화류 식재, 거적덮기

제 4 장 조경공사

4-1 잔디 및 초화류

4-1-1 잔디붙임('06, '13, '19년 보완)

(100㎡당)

구 분	단 위	수 량	
		줄 떼	평 떼
조 경 공	인	0.84	0.99
보 통 인 부	인	1.96	2.31

[주] ① 본 품은 재배잔디를 붙이는 기준이다.
② 흙파기, 뗏밥주기, 물주기 및 마무리 작업을 포함한다.
③ 식재 시 1회 기준의 물주기는 포함되어 있으며, 유지관리는 '[공통부문] 4-5 유지보수'에 따라 별도 계상한다.
④ 줄떼는 10~30cm 간격을 표준으로 한다.

4-1-2 초류종자 살포(기계살포)('07, '13, '19년 보완)

(100㎡당)

구 분	규 격	단 위	수 량
조 경 공		인	0.07
보 통 인 부		인	0.04
취 부 기	11.94kW	hr	0.24
트 럭	4.5ton	hr	0.24
펌 프	ø50mm	hr	0.24

[주] ① 본 품은 트럭에 종자살포기가 장착되어 살포하는 기준이다.
② 재료배합, 종자살포 작업을 포함한다.
③ 살수양생 및 객토가 필요한 때는 별도 계상한다.

② 관목
- 굴취
- 단식
- 군식

③ 교목
- 뿌리돌림
- 굴취(나무높이, 근원직경)
- 식재(나무높이, 흉고직경)

④ 조경구조물
- 정원석 쌓기 및 놓기
- 조경유용석 쌓기 및 놓기
- 잔디블럭 포장
- 야자섬유매트포장

⑤ 유지보수
- 일반, 조형 전정
- 가로수, 관목 전정
- 수간보호, 줄기감싸기
- 인력, 살수차 관수
- 예찰, 제초, 잔디깎기, 시비, 약제살포, 거적세우기
- 은행나무 과실채취

3) 운반

① 인력운반 기본공식
- 1일 운반량(㎥ 또는 kg)

$$Q = N \times q$$

* N : 1일 운반횟수
* q : 1회 운반량(㎥ 또는 kg)

- 1회 운반횟수

$$N = \frac{T}{Cm} = \frac{T}{60 \times L \times \frac{2}{V} + t} = \frac{VT}{120L + Vt}$$

* T : 1일 실작업시간(450분)
* L : 운반거리(m)
* V : 왕복평균속도(m/hr)
* t : 적재·적하 소요시간(분)

- 소운반 거리는 20m 이내
- 경사면의 소운반 거리는 직고 1m를 수평거리 6m 비율로 계상
- 경사지 운반 환산계수(a)

경사도	%	10	20	30	40	50	60	70	80	90	100
	각도	6	11	17	22	27	31	35	39	42	45
환산계수(a)		2	3	4	5	6	7	8	9	10	11

경사지 환산거리 a(환산계수) × L(거리)

② 인력운반(기계설비)
- 장대물, 중량물 등 인력운반비 산출공식

$$운반비 = \frac{M}{T} \times A \left(\frac{60 \times 2 \times L}{V} + t \right)$$

* A : 인력운반공의 노임
* M : 필요한 인력운반공의 수(총운반량/1인당 1회 운반량)
  인력운반공의 1회 운반량(25kg)
* T : 1일 실작업시간
* L : 운반거리(km)
* V : 왕복평균속도(km/hr)
  도로상태(km/hr) 양호 2, 보통 1.5, 불량 1, 물논 0.5
* t : 작업준비시간(2분)

③ 기계운반
- 기본식

$$Q = n \times q \times f \times E, \quad n = \frac{60}{Cm} \text{ 또는 } \frac{3,600}{Cm}, \quad Cm = \frac{L}{V1} + \frac{L}{V2} + t$$

* Q : 시간당 작업량(㎥/hr, ton/hr)
* n : 시간당 작업 사이클 수
* q : 1회 작업 사이클당 표준작업량(㎥, ton)
* f : 토량환산 계수

* E : 작업효율
* Cm : 1회 사이클 시간
* L : 운반거리(m)
* V1 : 전진속도(m/min)
* V2 : 후진속도(m/min)
* t : 기어변속시간(0.25분)

- 굴삭기(백호우) 산출공식

$$Q = \frac{3,600 \times q \times k \times f \times E}{Cm}$$

* Q : 시간당 작업량(㎥/hr, ton/hr)
* q : 버킷용량(㎥)
* k : 버킷계수(토질 등 현장조건)
* f : 토량환산 계수
* E : 작업효율(토질 현장조건)
* Cm : 1회 사이클 시간(초)

- 덤프트럭 산출공식

$$Q = \frac{60 \times (\frac{T}{r^t} \times L) \times f \times E}{Cm}$$

* Q : 1시간당 흐트러진 상태의 작업량(㎥/hr)
* T : 덤프트럭의 적재중량(ton)
* L : 체적환산 계수, 체적변화율(흐트러진 상태/자연 상태)
* r^T : 자연상태 토석의 단위중량(습윤밀도, t/㎥)
* f : 체적환산 계수
* E : 작업효율(0.9)
* Cm : t_1(적재시간)+t_2(왕복시간)+t_3(적하시간)+t_4(대기시간)

$$t_2(왕복시간) = \frac{운반거리(km)}{적재시 평균주행속도} + \frac{운반거리(km)}{공차시 평균주행속도}$$

4. 수량산출

1) 수량의 계산

① 수량의 단위 및 소수위는 표준품셈의 단위표준에 의한다.
② 지정 소수의 1위까지 구하고, 끝수는 4사5입한다.
③ 계산에 쓰이는 분도는 분까지, 원둘레율, 삼각함수 및 호도의 유효숫자는 3자리로 한다.
④ 곱하거나 나눗셈에 있어서는 기재된 순서에 의하여 계산하고, 분수는 약분법을 쓰지 않으며, 각 분수마다 그의 값을 구한 다음 전부의 계산을 한다.
⑤ 면적의 계산은 삼사법이나 구적기로 한다. 구적기를 사용 시 3회 이상 측정하여 평균값으로 한다.
⑥ 체적계산은 의사공식에 의해, 토사체적은 양단면 평균 공식 또는 거리평균법으로 고쳐서 사용 가능
⑦ 구조물 수량에서 공제 제외 항목
  - 콘크리트 구조물 중의 말뚝머리, 철근 콘크리트 중의 철근
  - 볼트의 구멍
  - 모따기 또는 물구멍
  - 이음줄눈의 간격
  - 포장공종의 1개소당 0.1㎡ 이하의 구조물 자리
  - 강구조물의 리벳 구멍
  - 조약돌 중의 말뚝 체적 및 책동목

2) 금액의 단위

① 금액의 단위표준

종목	단위	지위(끝자리)	비고
설계서의 총액	원	1,000	이하버림(단, 10,000원 이하의 공사는 100원 이하버림)
설계서의 소계	원	1	미만버림
설계서의 금액란	원	1	
일위대가표의 계금	원	1	미만버림
일위대가표의 금액란	원	0.1	

② 일위대가표
  - 예산서의 일부
  - 재료, 노무, 경비 등 단위비용 적산의 근거가 되는 표

- 할증률 포함
- 소수위 1위까지 쓰고 미만은 버린다. 단, 공종이 없어질 우려가 있는 소수위 1위 이하의 산출이 불가피할 경우 소수위의 정도를 조정할 수 있다.

3) 잔디 및 벽돌의 수량 산출식

① 잔디 시공 방법과 뗏장 수량 산출
- 잔디 규격 30cm × 30cm × T3cm
- 평떼 붙이기 = 1㎡ ÷ (0.3m × 0.3m) = 11.11 ∴ 11장
- 줄떼 붙이기는 뗏장 너비 간격일 경우 50%, 반너비 간격 시 75% 소요

② 벽돌의 수량 산출
- 표준벽돌 190 × 90 × 57mm, 줄눈 10mm일 경우
- 0.5B 쌓기(보이는 면 190 × 57)

$$\frac{1㎡}{(0.19+0.01)x(0.057+0.01)} = 74.62 \quad ∴ 75장$$

- 1.0B 쌓기(보이는 면 90×57)

$$\frac{1㎡}{(0.09+0.01)x(0.057+0.01)} = 149.25 \quad ∴ 149장$$

5. 공사비 산출

1) 원가 계산서

① 개념
- 건설공사 소요 비용을 예측하여 계획수립 및 관리에 활용
- 설계 공법과 대안을 비교 분석하여 최적의 공사비 산정
- 합리적이고 적정한 공사비 산정으로 목표한 품질 확보

② 원계계산서 구성체계

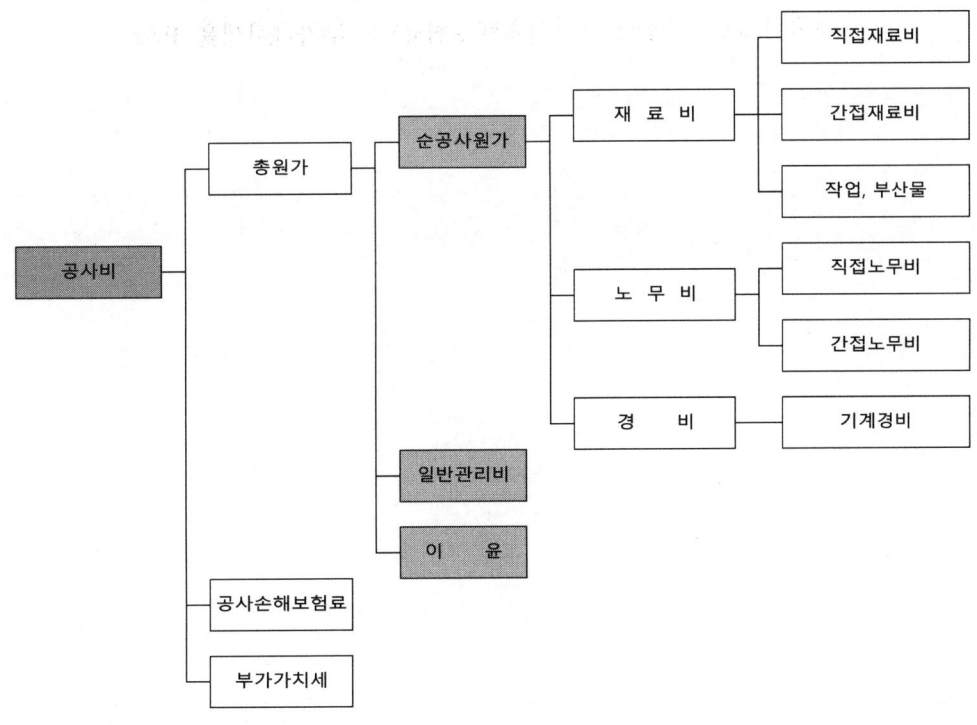

③ 원가계산서 비목
- 직접재료비 : 재료량 × 단위당 가격
- 간접재료비 : 보조적인 소비 물품의 가치, 소모공구, 기구, 비품비, 가설재료비, 비계, 거푸집 등 시공을 위하여 필요한 가설재
- 직접노무비 : 노무량 × 노무비 단가
- 간접노무비 : 직접노무비 × 간접노무비율
  보조작업 종사노무자, 종업원, 현장감독자, 청소원 등
- 경비: 중기(기계)경비
- 기타경비 : (재료비+노무비) × 기타경비율
  수도광열비, 복리후생비, 소모품비, 도서인쇄비, 여비, 교통, 통신비, 세금과 공과금 등
- 일반관리비 : 순공사원가 × 일반관리비율
  기업유지를 위한 관리활동 부분에서 발생하는 제비용
  임원급료, 사무실직원급료, 제수당, 퇴직금, 감가상각 비, 차량비 등
- 이윤 : 15% 이내, 초과하여 계산 할 수 없음
  기업의 영업이익

- 공사손해보험료 : 재해 대비, 대규모 공사는 의무 가입
- 부가가치세 : (총원가+공사손해보험료) × 부가가치세율 10%

2과목 | 조경시공

문 1) 가법혼색에 관한 설명으로 틀린 것은?

① 2차색은 1차색에 비하여 명도가 높아진다.
② 빨강 광원에 녹색 광원을 흰 스크린에 비추면 노란색이 된다.
③ 가법혼색의 삼원색을 동시에 비추면 검정이 된다.
④ 파랑에 녹색 광원을 비추면 시안(cyan)이 된다.

문 2) 건설재료 단면의 경계표시 기호 중 지반면(흙)을 나타낸 것은?

① (점 무늬)
② (빗금 무늬)
③ (자갈 무늬)
④ (해칭 무늬)

문 3) 일반적인 합성수지(plastics)의 장점으로 틀린 것은?

① 열전도율이 높다.
② 성형가공이 쉽다.
③ 마모가 적고 탄력성이 크다.
④ 우수한 가공성으로 성형이 쉽다.

1. ③   2. ④   3. ①

문 4) 변성암의 종류에 해당하는 것은?
　　　① 사문암　　　　　② 섬록암
　　　③ 안산암　　　　　④ 화강암

문 5) 일반적으로 목재의 비중과 가장 관련이 있으며, 목재성분 중 수분을 공기 중에서 제거한 상태의 비중을 말하는 것은?
　　　① 생목비중　　　　② 기건비중
　　　③ 함수비중　　　　④ 절대 건조비중

문 6) 조경에서 사용되는 건설재료 중 콘크리트의 특징으로 옳은 것은?
　　　① 압축강도가 크다.
　　　② 인장강도와 휨강도가 크다.
　　　③ 자체 무게가 적어 모양변경이 쉽다.
　　　④ 시공과정에서 품질의 양부를 조사하기 쉽다.

문 7) 시멘트의 제조 시 응결시간을 조절하기 위해 첨가하는 것은?
　　　① 광재　　② 점토　　③ 석고　　④ 철분

문 8) 타일붙임재료의 설명으로 틀린 것은?
　　　① 접착력과 내구성이 강하고 경제적이며 작업성이 있어야 한다.
　　　② 종류는 무기질 시멘트 모르타르와 유기질 고무계 또는 에폭시계 등이 있다.
　　　③ 경량으로 투수율과 흡수율이 크고, 형상·색조의 자유로움 등이 우수하나 내화성이 약하다.
　　　④ 접착력이 일정기준 이상 확보되어야만 타일의 탈락현상과 동해에 의한 내구성의 저하를 방지할 수 있다.

4. ①　5. ②　6. ①　7. ③　8. ③

문 9) 콘크리트 혼화재의 역할 및 연결이 옳지 않은 것은?

① 단위수량, 단위시멘트량의 감소 : AE감수제
② 작업성능이나 동결융해 저항성능의 향상 : AE제
③ 강력한 감수효과와 강도의 대폭 증가 : 고성능감수제
④ 염화물에 의한 강재의 부식을 억제 : 기포제

문 10) 줄기가 아래로 늘어지는 생김새의 수간을 가진 나무의 모양을 무엇이라 하는가?

① 쌍간　　② 다간　　③ 직간　　④ 현애

문 11) 다음 중 광선(光線)과의 관계 상 음수(陰樹)로 분류하기 가장 적합한 것은?

① 박달나무　　② 눈주목　　③ 감나무　　④ 배롱나무

문 12) 먼셀 색체계의 기본색인 5가지 주요 색상으로 바르게 짝지어진 것은?

① 빨강, 노랑, 초록, 파랑, 주황
② 빨강, 노랑, 초록, 파랑, 보라
③ 빨강, 노랑, 초록, 파랑, 청록
④ 빨강, 노랑, 초록, 남색, 주황

문 13) 건설재료의 골재의 단면표시 중 잡석을 나타낸 것은?

① 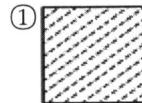 ② 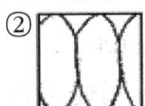 ③ 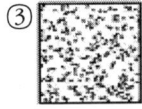 ④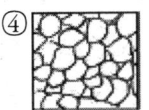

9. ④　10. ④　11. ②　12. ②　13. ②

문 14) 색채와 자연환경에 대한 설명으로 옳지 않은 것은?
　① 풍토색은 기후와 토지의 색, 즉 지역의 태양빛, 흙의 색 등을 의미한다.
　② 지역색은 그 지역의 특성을 전달하는 색채와 그 지역의 역사, 풍속, 지형, 기후 등의 지방색과 합쳐 표현된다.
　③ 지역색은 환경색채계획 등 새로운 분야에서 사용되기 시작한 용어이다.
　④ 풍토색은 지역의 건축물, 도로환경, 옥외광고물 등의 특징을 갖고 있다.

문 15) 다음 중 방부 또는 방충을 목적으로 하는 방법으로 가장 부적합한 것은?
　① 표면탄화법　　② 약제도포법
　③ 상압주입법　　④ 마모저항법

문 16) 쇠망치 및 날메로 요철을 대강 따내고, 거친 면을 그대로 두어 부풀린 느낌으로 마무리 하는 것으로 중량감, 자연미를 주는 석재가공법은?
　① 혹두기　　② 정다듬
　③ 도드락다듬　　④ 잔다듬

문 17) 굵은 골재의 절대 건조 상태의 질량이 1000g, 표면건조포화 상태의 질량이 1100g, 수중질량이 650g 일 때 흡수율은 몇 %인가?
　① 10.0%　② 28.6%　③ 31.4%　④ 35.0%

문 18) 시멘트의 강열감량(ignition loss)에 대한 설명으로 틀린 것은?
　① 시멘트 중에 함유된 H_2O와 CO_2의 양이다.
　② 클링커와 혼합하는 석고의 결정수량과 거의 같은 양이다.
　③ 시멘트에 약 1000℃의 강한 열을 가했을 때의 시멘트 감량이다.
　④ 시멘트가 풍화하면 강열감량이 적어지므로 풍화의 정도를 파악하는데 사용된다.

14. ④　15. ④　16. ①　17. ①　18. ④

문 19) 아스팔트의 물리적 성질과 관련된 설명으로 옳지 않은 것은?

① 아스팔트의 연성을 나타내는 수치를 신도라 한다.
② 침입도는 아스팔트의 콘시스턴시를 임의 관입저항으로 평가하는 방법이다.
③ 아스팔트에는 명확한 융점이 있으며, 온도가 상승하는데 따라 연화하여 액상이 된다.
④ 아스팔트는 온도에 따른 콘시스턴시의 변화가 매우 크며, 이 변화의 정도를 감온성이라 한다.

문 20) 무너짐 쌓기를 한 후 돌과 돌 사이에 식재하는 식물 재료로 가장 적합한 것은?

① 장미   ② 회양목   ③ 화살나무   ④ 꽝꽝나무

문 21) 다음 중 아황산가스에 강한 수종이 아닌 것은?

① 고로쇠나무   ② 가시나무   ③ 백합나무   ④ 칠엽수

문 22) 단풍나무과(科)에 해당하지 않는 수종은?

① 고로쇠나무   ② 복자기   ③ 소사나무   ④ 신나무

문 23) 다음 중 양수에 해당하는 수종은?

① 일본잎갈나무   ② 조록싸리   ③ 식나무   ④ 사철나무

19. ③   20. ②   21. ①   22. ③   23. ①

문 24) 다음 중 내염성이 가장 큰 수종은?
① 사철나무   ② 목련   ③ 낙엽송   ④ 일본목련

문 25) 조경 시공 재료의 기호 중 벽돌에 해당하는 것은?

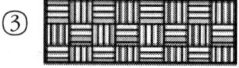

문 26) 석재의 성인(成因)에 의한 분류 중 변성암에 해당되는 것은?
① 대리석   ② 섬록암   ③ 현무암   ④ 화강암

문 27) 레미콘 규격이 25-210-12로 표시되어 있다면 ⓐ - ⓑ - ⓒ 순서대로 의미가 맞는 것은?
① ⓐ 슬럼프,   ⓑ 골재최대치수,   ⓒ 시멘트의 양
② ⓐ 물·시멘트비,   ⓑ 압축강도,   ⓒ 골재최대치수
③ ⓐ 골재최대치수,   ⓑ 압축강도,   ⓒ 슬럼프
④ ⓐ 물·시멘트비,   ⓑ 시멘트의 양,   ⓒ 골재최대치수

문 28) 알루미나 시멘트의 최대 특징으로 옳은 것은?
① 값이 싸다.   ② 조기강도가 크다.
③ 원료가 풍부하다.   ④ 타 시멘트와 혼합이 용이하다.

24. ①   25. ②   26. ①   27. ③   28. ②

문 29) 다음 중 목재의 장점에 해당하지 않는 것은?

① 가볍다.
② 무늬가 아름답다.
③ 열전도율이 낮다.
④ 습기를 흡수하면 변형이 잘 된다.

문 30) 다음 금속 재료에 대한 설명으로 틀린 것은?

① 저탄소강은 탄소함유량이 0.3% 이하이다.
② 강판, 형강, 봉강 등은 압연식 제조법에 의해 제조된다.
③ 구리에 아연 40%를 첨가하여 제조한 합금을 청동이라고 한다.
④ 강의 제조방법에는 평로법, 전로법, 전기로법, 도가니법 등이 있다.

문 31) 견치식에 관한 설명 중 옳지 않은 것은?

① 형상은 재두각추체(裁頭角錐體)에 가깝다.
② 접촉면의 길이는 앞면 4변의 제일 짧은 길이의 3배 이상이어야 한다.
③ 접촉면의 폭은 전면 1변의 길이의 1/10 이상이어야 한다.
④ 견치석은 흙막이용 석축이나 비탈면의 돌붙임에 쓰인다.

문 32) 『Syringa oblata var.dilatata』는 어떤 식물인가?

① 라일락 ② 목서 ③ 수수꽃다리 ④ 쥐똥나무

문 33) 다음 중 수관의 형태가 "원추형"인 수종은?

① 전나무 ② 실편백 ③ 녹나무 ④ 산수유

29. ④ 30. ③ 31. ② 32. ③ 33. ①

문 34) 다음 중 인동덩굴(Lonicera japonica Thunb.)에 대한 설명으로 옳지 않은 것은?

① 반상록 활엽 덩굴성
② 원산지는 한국, 중국, 일본
③ 꽃은 1~2개씩 엽액에 달리며 포는 난형으로 길이는 1~2cm
④ 줄기가 왼쪽으로 감아 올라가며, 소지는 회색으로 가시가 있고 속이 빔

문 35) 팥배나무(Sorbus alnifolia K.Koch)의 설명으로 틀린 것은?

① 꽃은 노란색이다.
② 생장속도는 비교적 빠르다.
③ 열매는 조류 유인식물로 좋다.
④ 잎의 가장자리에 이중거치가 있다.

문 36) 다음 그림과 같은 형태를 보이는 수목은?

① 일본목련　　　　②복자기
③ 팔손이　　　　　④ 물푸레나무

34. ④　35. ①　36. ①

문 37) 목재의 역학적 성질에 대한 설명으로 틀린 것은?

① 옹이로 인하여 인장강도는 감소한다.
② 비중이 증가하면 탄성은 감소한다.
③ 섬유포화점 이하에서는 함수율이 감소하면 강도가 증대된다.
④ 일반적으로 응력의 방향이 섬유방향에 평행한 경우 강도(전단강도 제외)가 최대가 된다.

문 38) 다음 그림은 어떤 돌쌓기 방법인가?

① 층지어쌓기　　　② 허튼층쌓기
③ 귀갑무늬쌓기　　④ 마름돌 바른층쌓기

문 39) 그림은 벽돌을 토막 또는 잘라서 시공에 사용할 때 벽돌의 형상이다. 다음 중 반토막 벽돌에 해당하는 것은?

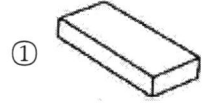 

문 40) 목재의 치수 표시방법으로 맞지 않는 것은?

① 제재 치수　　② 제재 정치수
③ 중간 치수　　④ 마무리 치수

37. ②　38. ②　39. ②　40. ③

문 41) 다음 중 9월 중순 ~ 10월 중순에 성숙된 열매색이 흑색인 것은?
① 마가목　　　　　　② 살구나무
③ 남천　　　　　　　④ 생강나무

문 42) 구조용 경량콘크리트에 사용되는 경량골재는 크게 인공, 천연 및 부산경량골재로 구분할 수 있다. 다음 중 인공경량골재에 해당되지 않는 것은?
① 화산재　　　　　　② 팽창혈암
③ 팽창점토　　　　　④ 소성플라이애쉬

문 43) 재료가 외력을 받았을 때 작은 변형만 나타내도 파괴되는 현상을 무엇이라 하는가?
① 취성　　　　　　　② 강성
③ 인성　　　　　　　④ 전성

문 44) 조경에 활용되는 석질재료의 특성으로 옳은 것은?
① 열전도율이 높다.　② 가격이 싸다.
③ 가공하기 쉽다.　　④ 내구성이 크다.

41. ④　42. ①　43. ①　44. ④

문 45) 다음 [보기]의 조건을 활용한 골재의 공극률 계산식은?

> D : 진비중 W : 겉보기 단위용적중량
> W1 : 110℃로 건조하여 냉각시킨 중량
> W2 : 수중에서 충분히 흡수된 대로 수중에서 측정한 것
> W3 : 흡수된 시험편의 외부를 잘 닦아내고 측정한 것

① $\dfrac{W_1}{W_3 - W_2}$

② $\dfrac{W_3 - W_1}{W_1} \times 100$

③ $(1 - \dfrac{D}{W_2 - W_1}) \times 100$

④ $(1 - \dfrac{W}{D}) \times 100$

문 46) 유동화제에 의한 유동화 콘크리트의 슬럼프 증가량의 표준 값으로 적당한 것은?

① 2 ~ 5cm
② 5 ~ 8cm
③ 8 ~ 11cm
④ 11 ~ 14cm

문 47) 다음 중 가로수용으로 가장 적합한 수종은?

① 회화나무
② 돈나무
③ 호랑가시나무
④ 풀명자

문 48) 진비중이 1.5, 전건비중이 0.54 인 목재의 공극율은?

① 66% ② 64% ③ 62% ④ 60%

45. ④ 46. ② 47. ① 48. ②

문 49) 다음 중 모감주나무(Koelreuteria paniculata Laxmann)에 대한 설명으로 맞는 것은?

① 뿌리는 천근성으로 내공해성이 약하다.
② 열매는 삭과로 3개의 황색종자가 들어있다.
③ 잎은 호생하고 기수1회우상복엽이다.
④ 남부지역에서만 식재가능하고 성상은 상록활엽교목이다.

문 50) 다음 중 열가소성 수지에 해당되는 것은?

① 페놀수지 ② 멜라민수지
③ 폴리에틸렌수지 ④ 요소수지

문 51) 목질 재료의 단점에 해당되는 것은?

① 함수율에 따라 변형이 잘 된다.
② 무게가 가벼워서 다루기 쉽다.
③ 재질이 부드럽고 촉감이 좋다.
④ 비중이 적은데 비해 압축, 인장강도가 높다.

문 52) 다음 중 열매가 붉은색으로만 짝지어진 것은?

① 쥐똥나무, 팥배나무 ② 주목, 칠엽수
③ 피라칸다, 낙상홍 ④ 매실, 무화과나무

문 53) 다음 중 목재 접착시 압착의 방법이 아닌 것은?

① 도포법 ② 냉압법
③ 열압법 ④ 냉압 후 열압법

49. ③ 50. ③ 51. ① 52. ③ 53. ①

문 54) 목재가 함유하는 수분을 존재 상태에 따라 구분한 것 중 맞는 것은?
① 모관수 및 흡착수
② 결합수 및 화학수
③ 결합수 및 응집수
④ 결합수 및 자유수

문 55) 다음 중 한지형(寒地形) 잔디에 속하지 않는 것은?
① 벤트그래스
② 버뮤다그래스
③ 라이그래스
④ 켄터키블루그래스

문 56) 다음 중 화성암에 해당하는 것은?
① 화강암   ② 응회암   ③ 편마암   ④ 대리석

문 57) 어떤 목재의 함수율이 50%일 때 목재중량이 3000g이라면 전건중량은 얼마인가?
① 1000g   ② 2000g   ③ 4000g   ④ 5000g

문 58) 다음 시멘트의 성분 중 화합물상에서 발열량이 가장 많은 성분은?
① C_3A ② C_3S ③ C_4AF ④ C_2S

문 59) 다음 중 비료목(肥料.)에 해당되는 식물이 아닌 것은?
① 다릅나무   ② 곰솔   ③ 싸리나무   ④ 보리수나무

54. ④   55. ②   56. ①   57. ②   58. ①   59. ②

문 60) 암석에서 떼어 낸 석재를 가공할 때 잔다듬기용으로 사용하는 도드락 망치는?

①  ②

③ 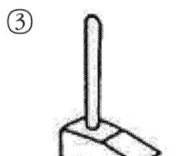 ④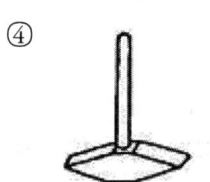

문 61) 석재의 분류는 화성암, 퇴적암, 변성암으로 분류할 수 있다. 다음 중 퇴적암에 해당되지 않는 것은?

① 사암   ② 혈암   ③ 석회암   ④ 안산암

문 62) [피라칸다]와 [해당화]의 공통점으로 옳지 않은 것은?

① 과명은 장미과이다.
② 열매가 붉은 색으로 성숙한다.
③ 성상은 상록활엽관목이다.
④ 줄기나 가지에 가시가 있다.

문 63) 낙엽활엽소교목으로 양수이며 잎이 나오기 전 3월경 노란색으로 개화하고, 빨간 열매를 맺어 아름다운 수종은?

① 개나리   ② 생강나무   ③ 산수유   ④ 풍년화

60. ① 61. ④ 62. ③ 63. ③

문 64) 다음 중 목재의 함수율이 크고 작음에 가장 영향이 큰 강도는?
① 인장강도　　　　② 휨강도
③ 전단강도　　　　④ 압축강도

문 65) 다음 중 수목의 형태상 분류가 다른 것은?
① 떡갈나무　　　　② 박태기나무
③ 회화나무　　　　④ 느티나무

문 66) 목련과(Magnoliaceae) 중 상록성 수종에 해당하는 것은?
① 태산목　　　　② 함박꽃나무
③ 자목련　　　　④ 일본목련

문 67) 압력 탱크 속에서 고압으로 방부제를 주입시키는 방법으로 목재의 방부처리 방법 중 가장 효과적인 것은?
① 표면탄화법　　　　② 침지법
③ 가압주입법　　　　④ 도포법

문 68) 다음 석재의 역학적 성질 설명 중 옳지 않은 것은?
① 공극률이 가장 큰 것은 대리석이다.
② 현무암의 탄성계수는 후크(Hooke)의 법칙을 따른다.
③ 석재의 강도는 압축강도가 특히 크며, 인장강도는 매우 작다.
④ 석재 중 풍화에 가장 큰 저항성을 가지는 것은 화강암이다.

64. ④　65. ②　66. ①　67. ③　68. ①

문 69) 화성암은 산성암, 중성암, 염기성암으로 분류가 되는데, 이 때 분류 기준이 되는 것은?

① 규산의 함유량　　② 석영의 함유량
③ 장석의 함유량　　④ 각섬석의 함유량

문 70) 가죽나무(가중나무)와 물푸레나무에 대한 설명으로 옳은 것은?

① 가중나무와 물푸레나무 모두 물푸레나무과(科) 이다.
② 잎 특성은 가중나무는 복엽이고 물푸레나무는 단엽이다.
③ 열매 특성은 가중나무와 물푸레나무 모두 날개 모양의 시과이다.
④ 꽃 특성은 가중나무와 물푸레나무 모두 한 꽃에 암술과 수술이 함께 있는 양성화이다.

문 71) 회양목의 설명으로 틀린 것은?

① 낙엽활엽관목이다.
② 잎은 두껍고 타원형이다.
③ 3 ~ 4월경에 꽃이 연한 황색으로 핀다.
④ 열매는 삭과로 달걀형이며, 털이 없으며 갈색으로 9 ~ 10월에 성숙한다.

문 72) 다음 중 아황산가스에 견디는 힘이 가장 약한 수종은?

① 삼나무　　② 편백　　③ 플라타너스　　④ 사철나무

문 73) 백색계통의 꽃을 감상 할 수 있는 수종은?

① 개나리　　② 이팝나무　　③ 산수유　　④ 맥문동

69. ①　70. ③　71. ①　72. ①　73. ②

문 74) 목재 방부제로서의 크레오소트 유(cresote 油)에 관한 설명으로 틀린 것은?
① 휘발성이다. ② 살균력이 강하다.
③ 페인트 도장이 곤란한다. ④ 물에 용해되지 않는다.

문 75) 암석은 그 성인(成因)에 따라 대별되는데 편마암, 대리석 등은 어느 암으로 분류되는가?
① 수성암 ② 화성암 ③ 변성암 ④ 석회질암

문 76) 목재가공 작업 과정 중 소지조정, 눈막이(눈메꿈), 샌딩실러 등은 무엇을 하기 위한 것인가?
① 도장 ② 연마 ③ 접착 ④ 오버레이

문 77) 타일의 동해를 방지하기 위한 방법으로 옳지 않은 것은?
① 붙임용 모르타르의 배합비를 좋게 한다.
② 타일은 소성온도가 높은 것일 사용한다.
③ 줄눈 누름을 충분히 하여 빗물의 침투를 방지한다.
④ 타일은 흡수성이 높은 것일수록 잘 밀착됨으로 방지 효과가 있다.

문 78) 시멘트의 성질 및 특성에 대한 설명으로 틀린 것은?
① 분말도는 일반적으로 비표면적으로 표시한다.
② 강도시험은 시멘트 페이스트 강도시험으로 측정한다.
③ 응결이란 시멘트 풀이 유동성과 점성을 상실하고 고화하는 현상을 말한다.
④ 풍화란 시멘트 공기 중의 수분 및 이산화탄소와 반응하여 가벼운 수화반을 일으키는 것을 말한다.

74. ① 75. ③ 76. ① 77. ④ 78. ②

문 79) 토피어리(topiary)란?

① 분수의 일종　　② 형상수(形狀樹)
③ 조각된 정원석　　④ 휴게용 그늘막

문 80) 100cm × 100cm × 5cm 크기의 화강석 판석의 중량은? (단, 화강석의 비중 기준은 2.56 ton/m³이다.)

① 128 kg　② 12.8 kg　③ 195 kg　④ 19.5 kg

문 81) 친환경적 생태하천에 호안을 복구하고자 할 때 생물의 종다양성과 자연성 향상을 위해 이용되는 소재로 가장 부적합한 것은?

① 섶단　　② 소형고압블록
③ 돌망태　　④ 야자롤

문 82) 소철과 은행나무의 공통점으로 옳은 것은?

① 속씨식물　　② 자웅이주
③ 낙엽침엽교목　　④ 우리나라 자생식물

문 83) 다음 중 미선나무에 대한 설명으로 옳은 것은?

① 열매는 부채 모양이다.
② 꽃은 노란색으로 향기가 있다.
③ 상록활엽교목으로 산야에서 흔히 볼 수 있다.
④ 원산지는 중국이며 세계적으로 여러 종이 존재한다.

79. ②　80. ①　81. ②　82. ②　83. ①

문 84) 다음 중 아스팔트의 일반적인 특성 설명으로 옳지 않은 것은?

① 비교적 경제적이다.
② 점성과 감온성을 가지고 있다.
③ 물에 용해되고 투수성이 좋아 포장재로 적합하지 않다.
④ 점착성이 크고 부착성이 좋기 때문에 결합재료, 접착 재료로 사용한다.

문 85) 건설재료용으로 사용되는 목재를 건조시키는 목적 및 건조방법에 관한 설명 중 틀린 것은?

① 중양경감 및 강도, 내구성을 증진시킨다.
② 균류에 의한 부식 및 빌러의 피해를 예방한다.
③ 자연건조법에 해당하는 공기건조법은 실외에 목재를 쌓아두고 기건상태가 될 때까지 건조시키는 방법이다.
④ 밀폐된 실내에서 가열한 공기를 보내서 건조를 촉진시키는 방법은 인공건조법 중에서 증기건조법이다.

문 86) 다음 중 중 양수에 해당하는 낙엽관목 수종은?

① 독일가문비   ② 무궁화   ③ 녹나무   ④ 주목

문 87) 소가 누워있는 것과 같은 들로, 횡석보다 안정감을 주는 자연석의 형태는?

① 와석   ② 평석   ③ 입석   ④ 환석

84. ③   85. ④   86. ②   87. ①

문 88) 다음 인동과(科) 수종에 대한 설명으로 맞는 것은?

① 백당나무는 열매가 적색이다.
② 아왜나무는 상록활엽관목이다.
③ 분꽃나무는 꽃향기가 없다.
④ 인동덩굴의 열매는 둥글고 6 ~ 8월에 붉게 성숙한다.

문 89) 종류로는 수용형, 용제형, 분말형 등이 있으며 목재, 금속, 플라스틱 및 이들 이종재(異種材)간의 접착에 사용되는 합성수지 접착제는?

① 페놀수지접착제   ② 카세인접착제
③ 요소수지접착제   ④ 폴리에스테르수지접착제

문 90) 구상나무(Abies Koreana Wilson)와 관련된 설명으로 틀린 것은?

① 한국이 원산지이다.
② 측백나무과(科)에 해당한다.
③ 원추형의 상록침엽교목이다.
④ 열매는 구과로 원통형이며 길이 4~7cm, 지름 2~3cm의 자갈색이다.

문 91) 마로니에와 칠엽수에 대한 설명으로 옳지 않은 것은

① 마로니에와 칠엽수는 원산지가 같다.
② 마로니에와 칠엽수의 잎은 장상복엽이다.
③ 마로니에는 칠엽수와는 달리 열매 표면에 가시가 있다.
④ 마로니에와 칠엽수모두 열매 속에는 밤톨같은 씨가 들어 있다.

88. ①   89. ①   90. ②   91. ①

문 92) 다음 중 조경공간의 포장용으로 주로 쓰이는 가공석은?
　　　① 견치돌(간지석)　　② 각석
　　　③ 판석　　　　　　　④ 강석(하천석)

문 93) 주로 감람석, 섬록암 등의 심성암이 변질된 것으로 암녹색 바탕에 흑백색의 아름다운 무늬가 있으며, 경질이나 풍화성이 있어 외장재보다는 내장 마감용 석재로 이용되는 것은?
　　　① 사문암　　　　　　② 안산암
　　　③ 점판암　　　　　　④ 화강암

문 94) 다음 중 시멘트의 응결시간에 가장 영향이 적은 것은?
　　　① 수량(水量)　　　　② 온도
　　　③ 분말도　　　　　　④ 골재의 입도

문 95) 다음 중 목재에 유성페인트 칠을 할 때 가장 관련이 없는 재료는?
　　　① 건성유　　　　　　② 건조제
　　　③ 방청제　　　　　　④ 희석제

문 96) 다음 중 녹나무과(科)로 봄에 가장 먼저 개화하는 수종은?
　　　① 치자나무　　　　　② 호랑가시나무
　　　③ 생강나무　　　　　④ 무궁화

92. ③　93. ①　94. ④　95. ③　96. ③

문 97) 콘크리트의 응결, 경화 조절의 목적으로 사용되는 혼화제에 대한 설명 중 틀린 것은?

① 콘크리트용 응결, 경화 조정제는 시멘트의 응결, 경화 속도를 촉진시키거나 지연시킬 목적으로 사용되는 혼화제이다.
② 촉진제는 그라우트에 의한 지수공법 및 뿜어붙이기 콘크리트에 사용된다.
③ 지연제는 조기 경화현상을 보이는 서중 콘크리트나 수송거리가 먼 레디믹스트 콘크리트에 사용된다.
④ 급결제를 사용한 콘크리트의 조기 강도증진은 매우 크나 장기강도는 일반적으로 떨어진다.

문 98) 다음 중 곰솔(해송)에 대한 설명으로 옳지 않은 것은?

① 동아(冬芽)는 붉은 색이다.
② 수피는 흑갈색이다.
③ 해안지역의 평지에 많이 분포한다.
④ 줄기는 한해에 가지를 내는 층이 하나여서 나무의 나이를 짐작할 수 있다.

문 99) 목재를 연결하여 움직임이나 변형 등을 방지하고, 거푸집의 변형을 방지하는 철물로 사용하기 가장 부적합한 것은?

① 볼트, 너트   ② 못   ③ 꺾쇠   ④ 리벳

문 100) 다음 중 합판에 관한 설명으로 틀린 것은?

① 합판을 베니어판이라 하고 베니어란 원래 목재를 얇게 한 것을 말하며, 이것을 단판이라고도 한다.
② 슬라이스트 베니어(Sliced veneer)는 끌로서 각목을 얇게 절단한 것으로 아름다운 결을 장식용으로 이용하기에 좋은 특징이 있다.
③ 합판의 종류에는 섬유판, 조각판, 적층판 및 강화적층재 등이 있다.
④ 합판의 특징은 동일한 원재로부터 많은 장목판과 나무결 무늬판이 제조되며, 팽창 수축 등에 의한 결점이 없고 방향에 따른 강도 차이가 없다.

97. ②   98. ①   99. ④   100. ③

문 101) 한국의 전통조경 소재 중 하나로 자연의 모습이나 형상석으로 궁궐 후원 첨경물로 석분에 꽃을 심듯이 꽂거나 화계 등에 많이 도입되었던 경관석은?

① 각석 ② 괴석 ③ 비석 ④ 수수분

문 102) 자동차 배기가스에 강한 수목으로만 짝지어진 것은?

① 화백, 향나무
② 삼나무, 금목서
③ 자귀나무, 수수꽃다리
④ 산수국, 자목련

문 103) 질량 113㎏의 목재를 절대건조시켜서 100㎏으로 되었다면 전건량기준 함수율은?

① 0.13% ② 0.30% ③ 3.0% ④ 13.00%

문 104) 다음 중 은행나무의 설명으로 틀린 것은?

① 분류상 낙엽활엽수이다.
② 나무껍질은 회백색, 아래로 깊이 갈라진다.
③ 양수로 적윤지 토양에 생육이 적당하다.
④ 암수딴그루이고 5월초에 잎과 꽃이 함께 개화한다.

문 105) 가로수가 갖추어야 할 조건이 아닌 것은?

① 공해에 강한 수목
② 답압에 강한 수목
③ 지하고가 낮은 수목
④ 이식에 잘 적응하는 수목

101. ② 102. ① 103. ④ 104. ① 105. ③

문 106) 목재의 방부재(preservate)는 유성, 수용성, 유용성으로 크게 나눌 수 있다. 유용성으로 방부력이 대단히 우수하고 열이나 약제에도 안정적이며 거의 무색제품으로 사용되는 약제는?

① Pcp
② 염화아연
③ 황산구리
④ 크레오소트

문 107) 다음 중 콘크리트의 워커빌리티 증진에 도움이 되지 않는 것은?

① AE제
② 감수제
③ 포졸란
④ 응결경화 촉진제

문 108) 다음 중 목재의 장점이 아닌 것은?

① 가격이 비교적 저렴하다.
② 온도에 대한 팽창, 수축이 비교적 작다.
③ 생산량이 많으며 입수가 용이하다.
④ 크기에 제한을 받는다.

문 109) 단위용적중량이 1700kgf/m³, 비중이 2.6인 골재의 공극률은 약 얼마인가?

① 34.6%
② 52.94%
③ 3.42%
④ 5.53%

문 110) 재료가 외력을 받았을 때 작은 변형만 나타내도 파괴되는 현상을 무엇이라 하는가?

① 강성(剛性)
② 인성(靭性)
③ 전성(展性)
④ 취성(脆性)

106. ①   107. ④   108. ④   109. ①   110. ④

문 111) 수목 뿌리의 역할이 아닌 것은?

① 저장근 : 양분을 저장하여 비대해진 뿌리
② 부착근 : 줄기에서 새근이 나와 가른 물체에 부착하는 뿌리
③ 기생근 : 다른 물체에 기생하기 위한 뿌리
④ 호흡근 : 식물체를 지지하는 기근

문 112) 주철강의 특성 중 틀린 것은?

① 선철이 주재료이다.
② 내식성이 뛰어나다.
③ 탄소 함유량은 1.7~6.6%이다.
④ 단단하여 복잡한 형태의 주조가 어렵다.

문 113) 다음 중 자작나무과(科)의 물오리나무 잎으로 가장 적합한 것은?

①  ②

③  ④

111. ④   112. ④   113. ①

문 114) 실리카질 물질(SiO_2)을 주성분으로 하여 그 자체는 수경성(hydraulicity)이 없으나 시멘트의 수화에 의해 생기는 수산화칼슘[$Ca(OH)_2$]과 상온에서 서서히 반응하여 불용성의 화합물을 만드는 광무질 미분말의 재료는?

① 실리카흄 ② 고로슬래그
③ 플라이애시 ④ 포졸란

문 115) 다음 중 물푸레나무과 해당되지 않는 것은?

① 미선나무 ② 광나무 ③ 이팝나무 ④ 식나무

문 116) 석재의 가공방법 중 혹두기 작업의 바로 다음 후속작업으로 작업면을 비교적 고르고 곱게 처리할 수 있는 작업은?

① 물갈기 ② 잔다듬 ③ 정다듬 ④ 도드락다듬

문 117) 조경 수목 중 아황산가스에 대해 강한 수종은?

① 양버즘나무 ② 삼나무 ③ 전나무 ④ 단풍나무

문 118) 화성암의 심성암에 속하며 흰색 또는 담회색인 석재는?

① 화강암 ② 안산암 ③ 점판암 ④ 대리석

114. ④ 115. ④ 116. ③ 117. ① 118. ①

문 119) 대취란 지표면과 잔디(녹색식물체) 사이에 형성되는 것으로 이미 죽었거나 살아 있는 뿌리, 줄기, 가지 등이 서로 섞여 있는 유층을 말한다. 다음 중 대취의 특징으로 옳지 않은 것은?

① 한겨울에 스캘핑*이 생기게 한다.
② 대취층에 병원균이나 해충이 기거하면서 피해를 준다.
③ 탄력성이 있어서 그 위에서 운동할 때 안전성을 제공한다.
④ 소수성인 대취의 성질로 인하여 토양으로 수분이 전달되지 않아서 국부적으로 마른 지역을 형성하며 그 위에 잔디가 말라 죽게 한다.

* 스캘핑(scalping): 한 번에 지나치게 잔디를 낮게 깎아서 줄기나 포복경 및 죽은 잎들이 노출되어 누렇게 보이는 현상

문 120) 시멘트의 응결에 대한 설명으로 옳지 않은 것은?

① 시멘트와 물이 화학반응을 일으키는 작용이다.
② 수화에 의하여 유동성과 점성을 상실하고 고화하는 현상이다.
③ 시멘트 겔이 서로 응집하여 시멘트입자가 치밀하게 채워지는 단계로서 경화하여 강도를 발휘하기 직전의 상태이다.
④ 저장 중 공기에 노출되어 공기 중의 습기 및 탄산가스를 흡수하여 가벼운 수화반응을 일으켜 탄산화하여 고화되는 현상이다.

문 121) 다음 중 훼손지비탈면의 초류증자 살포(종비토뿜어문어기)와 가장 관계 없는 것은?

① 종자　　② 생육기반재　　③ 지효성비료　　④ 농약

문 122) 돌을 뜰 때 앞면, 뒷면, 길이 접촉부 등의 치수를 지정해서 깨낸 돌을 무엇이라 하는가?

① 견치돌　　② 호박돌　　③ 사괴석　　④ 평석

119. ①　120. ④　121. ④　122. ①

문 123) 재료가 탄성한계 이상의 힘을 받아도 파괴되지 않고 가늘고 길게 늘어나는 성질은?

　① 취성(脆性)　　② 인성(靭性)　　③ 연성(延性)　　④ 전성(展性)

문 124) 화강암(granite)에 대한 설명 중 옳지 않은 것은?

　① 내마모성이 우수하다.
　② 구조재로 사용이 가능하다.
　③ 내화도가 높아 가열시 균열이 적다.
　④ 절리의 거리가 비교적 커서 큰 판재를 생산할 수 있다

문 125) 다음 중 조경수목의 생장 속도가 빠른 수종은?

　① 둥근향나무　　② 감나무　　③ 모과나무　　④ 삼나무

문 126) 호랑가시나무(감탕나무과)의 목서(물푸레나무과)의 특징 비교 중 옳지 않은 것은?

　① 목서의 꽃은 백색으로 9~10월에 개화한다.
　② 호랑가시나무의 잎은 마주나며 엷고 윤택이 없다.
　③ 호랑가시나무의 열매는 지름 0.8~1.0cm로 9~10월에 적색으로 익는다.
　④ 목서의 열매는 타원형으로 이듬해 10월경에 망자색으로 익는다.

문 127) 다음 중 방풍용수의 조건으로 옳지 않은 것은?

　① 양질의 토양으로 주기적으로 이식한 친근성 수목
　② 일반적으로 견디는 힘이 큰 낙엽활엽수보다 상록활엽수
　③ 파종에 의해 자란 자생수종으로 직근(直根)을 가진 것
　④ 대표적으로 소나무, 가시나무, 느티나무 등임.

123. ③　　124. ③　　125. ④　　126. ②　　127. ①

문 128) 점토제품 제조를 위한 소성(燒成) 공정순서로 맞는 것은?

① 예비처리-원료조합-반죽-숙성-성형-시유(施釉)-소성
② 원료조합-반죽-숙성-예비처리-소성-성형-시유
③ 반죽-숙성-성형-원료조합-시유-소성-예비처리
④ 예비처리-반죽-원료조합-숙성-시유-성형-소성

문 129) 콘크리트의 균열발생 방지법으로 옳지 않은 것은?

① 물시멘트비를 작게 한다.
② 단위 시멘트량을 증가시킨다.
③ 콘크리트의 온도상승을 작게 한다.
④ 발열량이 작은 시멘트와 혼화제를 사용한다.

문 130) 여름에 꽃을 피우는 수종이 아닌 것은?

① 배롱나무　② 석류나무　③ 조팝나무　④ 능소화

문 131) 다음 수종 중 상록활엽수가 아닌 것은?

① 동백나무　② 후박나무　③ 굴거리나무　④ 메타세쿼이어

문 132) 다음 중 인공토양을 만들기 위한 경량재가 아닌 것은?

① 버미큘라이트(vermiculite)　② 부엽토
③ 펄라이트(perlite)　④ 화산재

128. ①　129. ②　130. ③　131. ④　132. ②

문 133) 일정한 응력을 가할 때, 변형이 시간과 더불어 증대하는 현상을 의미하는 것은?

　① 탄성　　　② 취성　　　③ 크리프　　　④ 릴랙세이션

문 134) 다음 중 유리의 제성질에 대한 일반적인 설명으로 옳지 않은 것은?

　① 열전도율 및 열팽창률이 작다.
　② 굴절율은 2.1~2.9 정도이고, 납을 함유하면 낮아진다.
　③ 약한 산에는 침식되지 않지만 염산·황산·질산 등에는 서서히 침식된다.
　④ 광선에 대한 성질은 유리의 성분, 두께, 표면의 평활도 등에 따라 다르다.

문 135) 플라스틱 제품의 특성이 아닌 것은?

　① 비교적 산과 알칼리에 견디는 힘이 콘크리트나 철 등에 비해 우수하다.
　② 접착이 자유롭고 가공성이 크다.
　③ 열팽창계수가 적어 저온에서도 파손이 안된다.
　④ 내열성이 약하여 열가소성수지는 60℃ 이상에서 연화된다.

문 136) 92~96%의 철을 함유하고 나머지는 크롬·규소·망간·유황·인 등으로 구성되어 있으며 창호철물, 자물쇠, 맨홀 뚜껑 등의 재료로 사용되는 것은?

　① 선철　　　② 강철　　　③ 주철　　　④ 순철

문 137) 콘크리트의 단위중량 계산, 배합설계 및 시멘트의 품질판정에 주로 이용되는 시멘트의 성질은?

　① 분말도　　　② 응결시간　　　③ 비중　　　④ 압축강도

133. ③　134. ②　135. ③　136. ③　137. ③

문 138) 목재의 방부법 중 그 방법이 나머지 셋과 다른 하나는?
① 도포법   ② 침지법   ③ 분무법   ④ 방청법

문 139) 다음 석재 중 조직이 균질하고 내구성 및 강도가 큰 편이며, 외관이 아름다운 장점이 있는 반면 내화성이 작아 고열을 받는 곳에는 적합하지 않은 것은?
① 응회암   ② 화강암   ③ 편마암   ④ 안산암

문 140) 합성수지 중에서 파이프, 튜브, 물받이통 등의 제품에 가장 많이 사용되는 열가소성수지는?
① 페놀수지
② 멜라민수지
③ 염화비닐수지
④ 폴리에스테르수지

문 141) 목구조의 보강철물로서 사용되지 않는 것은?
① 나사못
② 듀벨
③ 고장력볼트
④ 꺽쇠

문 142) 정원의 한 구석에 녹음용수로 쓰기 위해서 단독으로 식재하려 할 때 적합한 수종은?
① 홍단풍
② 박태기나무
③ 꽝꽝나무
④ 칠엽수

138. ④   139. ②   140. ③   141. ③   142. ④

문 143) 다음 중 난대림의 대표 수종인 것은?
  ① 녹나무   ② 주목   ③ 전나무   ④ 분비나무

문 144) 다음 재료 중 기건상태에서 열전도율이 가장 작은 것은?
  ① 유리
  ② 석고보드
  ③ 콘크리트
  ④ 알루미늄은 비중이 비교적 작고 연질이며 강도도 낮다.

문 145) 재료의 역학적 성질 중 '탄성'에 관한 설명으로 옳은 것은?
  ① 재료가 작은 변형에도 쉽게 파괴되는 성질
  ② 물체에 외력을 가한 후 외력을 제거시켰을 때 영구변형이 남는 성질
  ③ 물체에 외력을 가한 후 외력을 제거하면 원래의 모양과 크기로 돌아가는 성질
  ④ 재료가 하중을 받아 파괴될 때까지 높은 응력에 견디며 큰 변형을 나타내는 성질

문 146) 수확한 목재를 주로 가해하는 대표적 해충은?
  ① 흰개미   ② 매미   ③ 풍뎅이   ④ 흰불나방

문 147) 여름에 꽃피는 알뿌리 화초인 것은?
  ① 히아신스   ② 글라디올러스   ③ 수선화   ④ 백합

143. ① 144. ② 145. ③ 146. ① 147. ②

문 148) 토양 수분과 조경 수목과의 관계 중 습지를 좋아하는 수종은?

　　① 주엽나무　　② 소나무
　　③ 신갈나무　　④ 노간주나무

문 149) 암석 재료의 가공 방법 중 쇠망치로 석재 표면의 큰 돌출 부분만 대강 떼어내는 정도의 거친 면을 마무리하는 작업을 무엇이라 하는가?

　　① 잔다듬　　② 물갈기
　　③ 혹두기　　④ 도드락다듬

문 150) 다음 중 열경화성 수지의 종류와 특징 설명이 옳지 않은 것은?

　　① 페놀수지 : 강도·전기전열성·내산성·내수성 모두 양호하나 내알칼리성이 약하다.
　　② 멜라민수지 : 요소수지와 같으나 경도가 크고 내수성은 약하다.
　　③ 우레탄수지 : 투광성이 크고 내후성이 양호하며 착색이 자유롭다.
　　④ 실리콘수지 : 열절연성이 크고 내약품성·내후성이 좋으며 전기적 성능이 우수하다.

문 151) 목재가 통상 대기의 온도, 습도와 평형된 수분을 함유한 상태의 함수율은?

　　① 약 7%　　② 약 15%　　③ 약 20%　　④ 약 30%

문 152) 목재의 심재와 변재에 관한 설명으로 옳지 않은 것은?

　　① 심재는 수액의 통로이며 양분의 저장소이다.
　　② 심재의 색깔은 짙으며 변재의 색깔은 비교적 엷다.
　　③ 심재는 변재보다 단단하여 강도가 크고 신축 등 변형이 적다.
　　④ 변재는 심재 외측과 수피 내측 사이에 있는 생활세포의 집합이다.

148. ①　149. ③　150. ③　151. ②　152. ①

문 153) 수목의 규격을 'H × W'로 표시하는 수종으로만 짝지어진 것은?

① 소나무, 느티나무　② 회양목, 장미
③ 주목, 철쭉　　　　④ 백합나무, 향나무

문 154) 다음 중 목재 내 할렬(checks)은 어느 때 발생하는가?

① 목재의 부분별 수축이 다를 때
② 건조 초기에 상태습도가 높을 때
③ 함수율이 높은 목재를 서서히 건조할 때
④ 건조 응력이 목재의 횡인장강도 보다 클 때

문 155) 다음 목재 접착제 중 내수성이 큰 순서대로 바르게 나열된 것은?

① 요소수지 〉아교 〉페놀수지　② 아교 〉페놀수지 〉요소수지
③ 페놀수지 〉요소수지 〉아교　④ 아교 〉요소수지 〉페놀수지

문 156) 다음 석재 중 일반적으로 내구연한이 가장 짧은 것은?

① 석회암　② 화강석　③ 대리석　④ 석영암

문 157) 여름철에 강한 햇빛을 차단하기 위해 식재되는 수목을 가리키는 것은?

① 녹음수　② 방풍수　③ 차폐수　④ 방음수

153. ③　154. ④　155. ③　156. ①　157. ①

문 158) 다음 중 낙우송의 설명으로 옳지 않은 것은?
① 잎은 5 ~ 10cm 길이로 마주나는 대생이다.
② 소엽은 편평한 새의 깃모양으로서 가을에 단풍이 든다.
③ 열매는 둥근 달걀 모양으로 길이 2 ~ 3cm 지름 1.8 ~ 3.0cm의 암갈색이다.
④ 종자는 삼각형의 각모에 광택이 있으며 날개가 있다.

문 159) 두께 15cm 미만이며, 폭이 두께의 3배 이상이 판 모양의 석재를 무엇이라고 하는가?
① 각석   ② 판석   ③ 마름돌   ④ 견치돌

문 160) 콘크리트용 혼화재료로 사용되는 플라이애시에 대한 설명 중 틀린 것은?
① 포졸란 반응에 의해서 중성화 속도가 저감된다.
② 플라이애시의 비중은 보통포틀랜드 시멘트보다 작다.
③ 입자가 구형이고 표면조직이 매끄러워 단위수량을 감소시킨다.
④ 플라이애시는 이산화규소(SiO_2)의 함유율이 가장 많은 비결정질 재료이다.

문 161) 콘크리트용 골재의 흡수량과 비중을 측정하는 주된 목적은?
① 혼합수에 미치는 영향을 미리 알기 위하여
② 혼화재료의 사용여부를 결정하기 위하여
③ 콘크리트의 배합설계에 고려하기 위하여
④ 공사의 적합여부를 판단하기 위하여

문 162) 철근을 D13으로 표현했을 때, D는 무엇을 의미하는가?
① 둥근 철근의 지름   ② 이형 철근의 지름
③ 둥근 철근의 길이   ④ 이형 철근의 길이

158. ①   159. ②   160. ①   161. ③   162. ②

문 163) 가로수로서 갖추어야 할 조건을 기술한 것 중 옳지 않은 것은?

　　① 사철 푸른 상록수
　　② 각종 공해에 잘 견디는 수종
　　③ 강한 바람에도 잘 견딜 수 있는 수종
　　④ 여름철 그늘을 만들고 병해충에 잘 견디는 수종

문 164) 형상수(Topiary)를 만들기에 알맞은 수종은?

　　① 느티나무　　② 주목　　③ 단풍나무　　④ 송악

문 165) 줄기의 색이 아름다워 관상가치 있는 수목들 중 줄기의 색계열과 그 연결이 옳지 않은 것은?

　　① 백색계의 수목 : 백송(Pinus bungeana)
　　② 갈색계의 수목 : 편백(Chamaecyparis obtusa)
　　③ 청록색계의 수목 : 식나무(Aucuba japonica)
　　④ 적갈색계의 수목 : 서어나무(Carpinus laxiflora)

문 166) 일반적인 목재의 특성 중 장점에 해당되는 것은?

　　① 충격, 진동에 대한 저항성이 작다.
　　② 열전도율이 낮다.
　　③ 충격의 흡수성이 크고, 건조에 의한 변형이 크다.
　　④ 가연성이며 인화점이 낮다.

문 167) 다음 중 건축과 관련된 재료의 강도에 영향을 주는 요인으로 가장 거리가 먼 것은?

　　① 온도와 습도　　② 재료의 색　　③ 하중시간　　④ 하중속도

163. ①　164. ②　165. ④　166. ②　167. ②

문 168) 목재의 건조 방법은 자연건조법과 인공건조법으로 구분될 수 있다. 다음 중 인공건조법이 아닌 것은?

① 증기법　　　　　　　② 침수법
③ 훈연 건조법　　　　　④ 고주파 건조법

문 169) 식물의 분류와 해당 식물들의 연결이 옳지 않은 것은?

① 한국잔디류 : 들잔디, 금잔디, 비로드잔디
② 소관목류 : 회양목, 이팝나무, 원추리
③ 초본류 : 맥문동, 비비추, 원추리
④ 덩굴성 식물류 : 송악, 칡, 등나무

문 170) 산울타리용 수종으로 부적합한 것은?

① 개나리　　② 칠엽수　　③ 꽝꽝나무　　④ 명자나무

문 171) 가을에 그윽한 향기를 가진 등황색 꽃이 피는 수종은?

① 금목서　　② 남천　　③ 팔손이나무　　④ 생강나무

문 172) 콘크리트의 흡수성, 투수성을 감소시키기 위해 사용하는 방수용 혼화제의 종류(무기질계, 유기질계)가 아닌 것은?

① 염화칼슘　　　　　② 탄산소다
③ 고급지방산　　　　④ 실리카질 분말

168. ②　169. ②　170. ②　171. ①　172. ②

문 173) 다음 합판의 제조 방법 중 목재의 이용효율이 높고, 가장 널리 사용되는 것은?

① 로타리 베니어(rotary veneer) ② 슬라이스 베니어(sliced veneer)
③ 쏘드 베니어(sawed veneer) ④ 플라이우드(plywood)

문 174) 우리나라 들잔디(zoysia japonica)의 특징으로 옳지 않은 것은?

① 여름에는 무성하지만 겨울에는 잎이 말라 죽어 푸른빛을 잃는다.
② 번식은 지하경(地下茎)에 의한 영양번식을 위주로 한다
③ 척박한 토양에서 잘 자란다.
④ 더위 및 건조에 약한 편이다.

문 175) 담금질을 한 강에 인성을 주기 위하여 변태점 이하의 적당한 온도에서 가열한 다음 냉각시키는 조작을 의미하는 것은?

① 풀림 ② 사출 ③ 불림 ④ 뜨임질

문 176) 심근성 수종에 해당하지 않은 것은?

① 섬잣나무 ② 태산목 ③ 은행나무 ④ 현사시나무

문 177) 흰말채나무의 설명으로 옳지 않은 것은?

① 층층나무과로 낙엽활엽관목이다,
② 노란색의 열매가 특징적이다.
③ 수피가 여름에는 녹색이나 가을, 겨울철의 붉은 줄기가 아름답다.
④ 잎은 대생하며 타원형 또는 난상타원형이고, 표면에 작은털, 뒷면은 흰색의 특징을 갖는다.

173. ①　174. ④　175. ④　176. ④　177. ②

문 178) 목재의 강도에 대한 설명 중 가장 거리가 먼 것은?

① 휨강도는 전단강도보다 크다.
② 비중이 크면 목재의 강도는 증가하게 된다.
③ 목재는 외력이 섬유방향으로 작용할 때 가장 강하다.
④ 섬유포화점에서 전건상태에 가까워짐에 따라 강도는 작아진다.

문 179) 보통포틀랜드 시멘트와 비교했을 때 고로(高爐)시멘트의 일반적 특성에 해당하지 않은 것은?

① 초기강도가 크다.
② 내열성이 크고 수밀성이 양호하다.
③ 해수(海水)에 대한 저항성이 크다.
④ 수화열이 적어 매스콘크리트에 적합하다.

문 180) 다음 중 줄기의 색채가 백색 계열에 속하는 수종은?

① 모과나무　　　② 자작나무
③ 노각나무　　　④ 해송

문 181) 벽돌쌓기 방법 중 가장 견고하고 튼튼한 것은?

① 영국식 쌓기　　　② 미국식 쌓기
③ 네덜란드식 쌓기　　　④ 프랑스식 쌓기

178. ④　179. ①　180. ②　181. ①

문 182) 다음 중 점토에 대한 설명으로 옳지 않은 것은?

① 암석이 오랜 기간에 걸쳐 풍화 또는 분해되어 생긴 세립자 물질이다.
② 가소성은 점토입자가 미세할수록 좋고 또한 미세부분은 콜로이드로서의 특성을 가지고 있다.
③ 화학성분에 따라 내화성, 소성시 비틀림 정도, 색채의 변화 등의 차이로 인해 용도에 맞게 선택된다.
④ 습윤상태에서는 가소성을 가지고 고온으로 구우면 경화되지만 다시 습윤상태로 만들면 가소성을 갖는다.

문 183) 다음 중 화성암 계통의 석재인 것은?
① 화강암 ② 점판암 ③ 대리석 ④ 사문암

문 184) 활엽수이지만 잎의 형태가 침엽수와 같아서 조경적으로 침엽수로 이용하는 것은?
① 은행나무 ② 산딸나무 ③ 위성류 ④ 이나무

문 185) 조경 수목이 규격에 관한 설명으로 옳은 것은? (단, 괄호안의 영문은 기호를 의미한다)

① 흉고직경(R) : 지표면 줄기의 굵기
② 근원직경(B) : 가슴 높이 정도의 줄기의 지름
③ 수고 (W) : 지표면으로부터 수관의 하단부까지의 수직높이
④ 지하고(BH) : 지표면에서 수관이 맨 아랫가지까지의 수직높이

문 186) 석재의 분류방법 중 가장 보편적으로 사용되는 방법은?
① 화학성분에 의한 방법　② 성인에 의한 방법
③ 산출상태에 의한 방법　④ 조직구조에 의한 방법

182. ④　183. ①　184. ③　185. ④　186. ②

문 187) 목재의 방부처리 방법 중 일반적으로 가장 효과가 우수한 것은?

① 침지법　　　　　　　② 도포법
③ 생리적 주입법　　　　④ 가압주입법

문 188) 기건상태에서 목재 표준 함수율은 어느 정도인가?

① 5%　　② 15%　　③ 25%　　④ 35%

문 189) 생태복원을 목적으로 사용하는 재료로서 가장 거리가 먼것은?

① 색생매트　　　　　　② 잔디블록
③ 녹화마대　　　　　　④ 식생자루

문 190) 혼화재의 설명 중 옳은 것은?

① 혼화재는 혼화제와 같은 것이다.
② 종류로는 포졸란, AE제 등이 있다.
③ 종류로는 슬래그, 감수제 등이 있다
④ 혼화재료는 그 사용량이 비교적 많아서 그 자체의 부피가 콘크리트의 배합계산에 관계된다.

문 191) 줄기의 색이 아름다워 관상가치를 가진 대표적인 수종의 연결로 옳지 않은 것은?

① 백색계의 수목 : 자작나무
② 갈색계의 수목 : 편백
③ 적갈색계의 수목 : 소나무
④ 흑갈색계의 수목 : 벽오동

187. ④　188. ②　189. ③　190. ④　191. ④

문 192) 쾌적한 가로환경과 환경보전, 교통제어, 녹음과 계절성, 시선유도등으로 활용하고 있는 가로수로 적합하지 않은 수종은?

① 이팝나무 ② 은행나무 ③ 메타세콰이어 ④ 능소화

문 193) 좋은 콘크리트를 만들려면 좋은 품질의 골재를 사용해야 하는데, 좋은 골재에 관한 설명으로 옳지 않은 것은?

① 골재의 표면이 깨끗하고 유해 물질이 없을 것
② 굳은 시멘트 페이스트 보다 약한 석질일 것
③ 납작하거나 길지 않고 구형에 가까울 것
④ 굵고 잔 것이 골고루 섞여 있을 것

문 194) 다음 중 가로수를 심는 목적이라고 볼 수 없는 것은?

① 녹음을 제공한다. ② 도시환경을 개선한다.
③ 방음과 방화의 효과가 있다. ④ 시선을 유도한다.

문 195) 다음 중 거푸집에 미치는 콘크리트의 측압 설명으로 틀린 것은?

① 경화속도가 빠를수록 측압이 크다.
② 시공연도가 좋을수록 측압은 크다.
③ 붓기속도가 빠를수록 측압이 크다.
④ 수평부재가 수직부재보다 측압이 작다.

문 196) 다음 중 비옥지를 가장 좋아하는 수종은?

① 소나무 ② 아까시나무 ③ 사방오리나무 ④ 주목

192. ④   193. ②   194. ③   195. ①   196. ④

문 197) 용광로에서 선철을 제조할 때 나온 광석 찌꺼기를 석고와 함께 시멘트에 섞은 것으로서 수화열이 낮고, 내구성이 높으며, 화학적 저항성이 큰 한편, 투수가 적은 특징을 갖는 것은?

① 실리카시멘트　　　　　② 고로시멘트
③ 알루미나시멘트　　　　④ 조강 포틀랜드시멘트

문 198) 다음 수목 중 봄철에 꽃을 가장 빨리 보려면 어떤 수종을 식재해야 하는가?

① 말발도리　　② 자귀나무　　③ 매실나무　　④ 금목서

문 199) 다음 중 상록용으로 사용할 수 없는 식물은?

① 마삭줄　　② 불로화　　③ 골고사리　　④ 남천

문 200) 다음 골재의 입도(粒度)에 대한 설명 중 옳지 않은 것은?

① 입도시험을 위한 골재는 4분법(四分法)이나 시료분취기에 의하여 필요한 량을 채취한다.
② 입도란 크고 작은 골재알(粒)이 혼합되어 있는 정도를 말하며 체가름 시험에 의하여 구할 수 있다.
③ 입도가 좋은 골재를 사용한 콘크리트는 공극이 커지기 때문에 강도가 저하한다.
④ 입도곡선이란 골재의 체가름 시험결과를 곡선으로 표시한 것이며 입도곡선이 표준입도곡선 내에 들어가야 한다.

문 201) 수준측량과 관련이 없는 것은?

① 레벨　　② 표척　　③ 앨리데이드　　④ 야장

197. ②　198. ③　199. ②　200. ③　201. ③

문 202) 다음 수종들 중 단풍이 붉은색이 아닌 것은?

① 신나무　② 복자기　③ 화살나무　④ 고로쇠나무

문 203) 단위용적중량이 1.65 t/m³이고 굵은 골재 비중이 2.65일 때 이 골재의 실적률(A)과 공극률(B)은 각각 얼마인가?

① A : 62.3%, B : 37.7%
② A : 69.7%, B : 30.3%
③ A : 66.7%, B : 33.3%
④ A : 71.4%, B : 28.6%

문 204) 스프레이 건(spray gun)을 쓰는 것이 가장 적합한 도료는?

① 수성페인트　② 유성페인트
③ 래커　　　　④ 에나멜

문 205) 다음 중 수목을 기하학적인 모양으로 수관을 다듬어 만든 수형을 가리키는 용어는?

① 정형수　② 형상수　③ 경관수　④ 녹음수

문 206) 유리의 주성분이 아닌 것은?

① 규산　② 소다　③ 석회　④ 수산화칼슘

202. ④　203. ①　204. ③　205. ②　206. ④

문 207) 블리딩 현상에 따라 콘크리트 표면에 떠올라 표면의 물이 증발함에 따라 콘크리트 표면에 남는 가볍고 미세한 물질로서 시공시 작업이음을 형성하는 것에 대한 용어로서 맞는 것은?

① Workability ② consistency ③ Laitance ④ Plasticity

문 208) 배수가 잘 되지 않는 저습지대에 식재하려 할 경우 적합하지 않은 수종은?

① 메타세콰이어 ② 자작나무 ③ 오리나무 ④ 능수버들

문 209) 목재의 단면에서 수액이 적고 강도, 내구성 등이 우수하기 때문에 목재로서 이용가치가 큰 부위는?

① 변재 ② 수피 ③ 심재 ④ 변재와 심재사이

문 210) 합판의 특징에 대한 설명으로 옳은 것은?

① 팽창, 수축 등으로 생기는 변형이 크다.
② 목재의 완전 이용이 불가능하다.
③ 제품이 규격화되어 사용에 능률적이다.
④ 섬유방향에 따라 강도의 차이가 크다.

문 211) 양질의 포졸란을 사용한 시멘트의 일반적인 특징 설명으로 틀린 것은?

① 수밀성이 크다.
② 해수(海水)등에 화학 저항성이 크다.
③ 발열량이 적다.
④ 강도의 증진이 빠르니 장기강도가 작다.

207. ③ 208. ② 209. ③ 210. ③ 211. ④

문 212) 미리 골재를 거푸집 안에 채우고 특수 혼화제를 섞은 모르타르를 펌프로 주입하여 골재의 빈틈을 메워 콘크리트를 만드는 형식은?

① 서중콘크리트　　　　② 프리팩트콘크리트
③ 프리스트레스트콘크리트　④ 한중콘크리트

문 213) 시공시 설계도면에 수목의 치수를 구분하고자 한다. 다음 중 흉고직경을 표시하는 기호는?

① B　　② C.L　　③ F　　④ W

문 214) 다음 중 심근성 수종이 아닌 것은?

① 자작나무　② 전나무　③ 후박나무　④ 백합나무

문 215) 화강암(granite)의 특징 설명으로 옳지 않은 것은?

① 조직이 균일하고 내구성 및 강도가 크다.
② 내화성이 우수하여 고열을 받는 곳에 적당하다.
③ 외관이 아름답기 때문에 장식재로 쓸 수 있다.
④ 자갈·쇄석 등과 같은 콘크리트용 골재로도 많이 사용 된다.

문 216) 이른 봄에 꽃이 피는 수종끼리만 짝지어진 것은?

① 매화나무, 풍년화, 박태기나무
② 은목서, 산수유, 백합나무
③ 배롱나무, 무궁화, 동백나무
④ 자귀나무, 태산목, 목련

212. ②　213. ①　214. ①　215. ②　216. ①

문 217) 골재의 표면에는 수분이 없으나 내부의 공극은 수분으로 가득차서 콘크리트 반죽시에 투입되는 물의 량이 골재에 의해 증감되지 않는 이상적인 골재의 상태를 무엇이라 하는가?

① 표면건조 포화상태　② 습윤상태
③ 공기중 건조상태　④ 절대건조상태

문 218) 다음 중 교목으로만 짝지어진 것은?

① 동백나무, 회양목, 철쭉　② 전나무, 송악, 옥향
③ 녹나무, 잣나무, 소나무　④ 백목련, 명자나무, 마삭줄

문 219) 일반적으로 여름에 백색 계통의 꽃이 피는 수목은?

① 산사나무　② 왕벚나무
③ 산수유　④ 산딸나무

문 220) 흙막이요 돌쌓기에 일반적으로 가장 많이 사용되는 것으로 앞면의 길이를 기준으로 하여 길이는 1.5배 이상, 접촉부 나비는 1/10 이상으로 하는 시공 재료는?

① 호박돌　② 경관석
③ 판석　④ 견치돌

문 221) 우리나라에서 사용하는 표준형 벽돌의 규격은? (단, 단위는 mm로 한다.)

① 300 × 300 × 60　② 190 × 90 × 57
③ 210 × 100 × 60　④ 390 × 190 × 190

문 222) 케빈린치(K. Lynch)가 주장하는 경관의 이미지 요소 중에서 관찰자의 이동에 따라 연속적으로 경관이 변해가는 과정을 설명할 수 있는 것은?

① landmark(지표물)　② path(통로)
③ edge(모서리)　　④ district(지역)

문 223) 수목식재 후 지주목 설치시에 필요한 완충재료로서 작업능률이 뛰어나고 통기성과 내구성이 뛰어난 환경 친화적인 재료이며, 상열을 막기 위해 사용하는 것은?

① 새끼　② 고무판　③ 보온덮개　④ 녹화테이프

문 224) 다음 중 수종의 특징상 관상 부위가 주로 줄기인 것은?

① 자작나무　② 자귀나무　③ 수양버들　④ 위성류

문 225) 석재의 특성 중 장점에 해당되지 않는 것은?

① 불연성이며, 압축강도가 크고 내구성·내화학성이 풍부하며 마모성이 적다.
② 종류가 다양하고 같은 종류의 석재라도 산지나 조직에 따라 여러 외과과 색조가 나타난다.
③ 외관이 장중하고 치밀하여 가공시 아름다운 광택을 낸다.
④ 화열에 닿으면 화강암 등은 균열이 생기고, 석회암이나 대리석과 같이 분해가 일어나기도 한다.

문 226) 콘크리트의 배합 방법 중에서 1:2:4, 1:3:6과 같은 형태의 배합 방법으로 가장 적합한 것은?

① 용적배합　② 중량배합　③ 복식배합　④ 표준계량배합

222. ②　223. ③　224. ①　225. ④　226. ①

문 227) 다음 중 수목의 맹아성이 가장 약한 것은?

① 비자나무　② 능수버들　③ 회양목　④ 쥐똥나무

문 228) 다음 화초 중 재배 특성에 따른 분류 중 알뿌리 화초에 해당하는 것은?

① 크로커스　② 맨드라미　③ 과꽃　④ 백일홍

문 229) 표준형 벽돌을 사용하여 줄눈 10mm로 시공할 때 2.0 B벽돌벽의 두께는? (단, 공간쌓기는 아니다.)

① 210mm　② 390mm　③ 320mm　④ 430mm

문 230) 다음 중 열경화성(축합형)수지인 것은?

① 폴리에틸렌수지　② 폴리염화비닐수지
③ 아크릴수지　④ 멜라민수지

문 231) 다음 중 성형가공이 자유롭지만 온도의 변화에 약한 제품은?

① 콘크리트 제품　② 플라스틱 제품
③ 금속 제품　④ 목질 제품

문 232) 다음 중 내염성에 대해 가장 약한 수종은?

① 아왜나무　② 곰솔
③ 일본목련　④ 모감주나무

227. ①　228. ①　229. ②　230. ④　231. ②　232. ③

문 233) 일반적으로 건설재료로 사용하는 목재의 비중이란 다음 중 어떤 상태의 것을 말하는가? (단, 함수율이 약 15% 정도일 때를 의미한다.)

① 포수비중　② 절대비중　③ 진비중　④ 기건비중

문 234) 시멘트를 만드는 과정에서 일정량의 석고를 첨가하는 목적은?

① 응결시간 조절　② 수밀성 증대
③ 경화촉진　④ 초기강도 증진

문 235) 다음 중 합판의 특징 설명으로 틀린 것은?

① 동일한 원재로부터 많은 정목판과 나무결 무늬판이 제조된다.
② 내구성, 내습성이 작다.
③ 폭이 넓은 판을 얻을 수 있다.
④ 팽창, 수축 등으로 생기는 변형이 거의 없다.

문 236) 다음 중 수목의 분류상 교목으로 분류할 수 없는 것은?

① 일본목련　② 느티나무
③ 목련　④ 병꽃나무

문 237) 목재를 방부 처리하고자 할 때 주로 사용되는 방부제는?

① 알코올　② 크레오소트유
③ 광명단　④ 니스

233.④　234.①　235.②　236.④　237.②

문 238) 석회암이 변화되어 결정화한 것으로 석질이 치밀하고 견고할 뿐 아니라 외관이 미려하여 실내장식재 또는 조각재로 사용되는 것은?

① 응회암　② 사문암　③ 대리석　④ 점판암

문 239) 다음 중 식재시 수목의 규격 표기 방법이 다른 것은?

① 은행나무　② 메타세콰이아　③ 잣나무　④ 벚나무

문 240) 건조된 소나무(적송)의 단위 중량에 가장 가까운 것은?

① 250 kg/㎥　② 360 kg/㎥　③ 590 kg/㎥　④ 1100 kg/㎥

문 241) 감수제를 사용하였을 때 얻는 효과로써 적당하지 않는 것은?

① 내약품성이 커진다.
② 수밀성이 향상되고 투수성이 감소된다.
③ 소요의 워커빌리티를 얻기 위하여 필요한 단위수량을 약 30% 정도 증가시킬 수 있다.
④ 동일 워커빌리티 및 강도의 콘크리트를 얻기 위하여 필요한 단위 시멘트 양을 감소시킨다.

문 242) 다음 중 1속에서 잎이 5개 나오는 수종은?

① 백송
② 방크스소나무
③ 리기다소나무
④ 스트로브잣나무

238. ③　239. ③　240. ③　241. ③　242. ④

문 243) 목재의 심재와 비교한 변재의 일반적인 특징 설명으로 틀린 것은?
　　① 재질이 단단하다.　　② 흡수성이 크다.
　　③ 수축변형이 크다.　　④ 내구성이 작다.

문 244) 황색 계열의 꽃이 피는 수종이 아닌 것은?
　　① 풍년화　　② 생강나무
　　③ 금목서　　④ 등나무

문 245) 다음 중 이식의 성공률이 가장 낮은 수종은?
　　① 가시나무　　② 버드나무
　　③ 은행나무　　④ 사철나무

문 246) 액체상태나 용융상태의 수지에 경화제를 넣어 사용하며 내산, 내알카리성 등이 우수하여 콘크리트, 항공기, 기계 부품 등의 접착에 사용되는 것은?
　　① 멜라민계접착제　　② 에폭시계접착제
　　③ 페놀계접착제　　④ 실리콘계접착제

문 247) 유성도료에 관한 설명 중 옳지 않은 것은?
　　① 유성페인트는 내후성이 좋다.
　　② 유성페인트는 내알카리성이 양호하다.
　　③ 보일드유와 안료를 혼합한 것이 유성페인트이다.
　　④ 건성유 자체로도 도막을 형성할 수 있으나 건성유를 가열 처리하여 점도, 건조성, 색채 등을 개량한 것이 보일드유이다.

243. ①　244. ④　245. ①　246. ②　247. ②

문 248) 한국산업표준(KS)에 규정된 벽돌의 표준형 크기는?

① 190 × 90 × 57 ㎜ ② 195 × 90 × 60 ㎜
③ 210 ×100 × 60 ㎜ ④ 210 × 95 × 57 ㎜

문 249) 암석 재료의 특징에 관한 설명 중 틀린 것은?

① 외관이 매우 아름답다.
② 내구성과 강도가 크다.
③ 변형되지 않으며, 가공성이 있다.
④ 가격이 싸다.

문 250) 흰말채나무의 특징 설명으로 틀린 것은?

① 노란색의 열매가 특징적이다.
② 층층나무과로 낙엽활엽관목이다.
③ 수피가 여름에는 녹색이나 가을, 겨울철의 붉은 줄기가 아름답다.
④ 잎은 대생하며 타원형 또는 난상타원형이고, 표면에 작은 털이 있으며 뒷면은 흰색의 특징을 갖는다.

문 251) 재료의 기계적 성질 중 작은 변형에도 파괴되는 성질을 무엇이라 하는가?

① 취성 ② 소성 ③ 강성 ④ 탄성

248. ① 249. ④ 250. ① 251. ①

조경기능사 한 권으로 끝내기

필기

Ⅲ. 조경관리

Chapter 01. 조경 수목 관리

1. 전지·전정 관리

1) 전지·전정의 개념 및 원칙

① 전지(Trimming)
- 생장에는 지장이 없고 생육에 방해가 되는 가지를 제거하는 작업
- 고사지(죽은가지), 병든가지, 부러진 가지, 서로 맞닿는 가지

② 전정(Pruning)
- 수목의 관상, 개화결실, 생육상태 조절 등의 목적에 따라 전지를 하거나 발육을 위해 가지나 줄기의 일부를 잘라내는 작업

③ 전정의 원칙
- 병충해 피해지, 마른 가지, 쇠약지, 도장지 제거
- 대생지, 아래 및 안쪽으로 향한 가지, 얽힌 가지 제거
- 주지는 하나로 하며 평행지는 만들지 않는다.
- 유실수와 화목류는 화아 분화기 이전에 시행한다.

2) 전정의 목적

① 미관 향상
- 수목 고유 수형이나 자연미 유지되도록 전정
- 인공적으로 만든 수형(토피어리*)
- 계획된 경관 조성을 목적으로 형태, 폭, 높이 등을 조절
   *토피어리(Topiary) - 특정한 모양을 인위적으로 만든 수목형태

② 실용적인 부분
- 사생활 보호(차폐), 경계(생울타리), 방음, 방풍 등의 목적
- 태풍, 폭설 등으로 인한 재해 방지
- 표지판, 간판, 한전 선로, 인접건물 및 보행안전을 위한 가지치기

③ 생리적인 부분
- 과수나 화목류의 생육이나 개화 결실을 촉진
- 이식 수목의 지하부 뿌리 절단으로 수분의 증·발산량의 불균형 시 지상부 전정으로 균형 유지
- 늙고, 쇠약하고 병든 수목의 수세 회복

3) 전정시기

① 봄(3~5월)
- 수목이 생장하는 시기로 강한 전정은 피해야 한다.
- 상록수의 모양을 정리하거나 나무의 높이나 폭을 조정 키우고 확대 하고자 하는 경우
- 화목류는 꽃이 진 후 전정한다.
- 소나무의 순지르기

② 여름(6~8월)
- 가지와 잎이 무성해 통풍 또는 수광에 영향이 있을 경우 웃자란 가지나 혼잡한 가지를 위주로 전정한다.
- 생장이 빠른 수목은 가지를 솎거나 가지를 전지·전정 등으로 태풍 등의 재해에 대비한다.

③ 가을(9~11월)
- 여름철 웃자란 가지나 밀생한 혼잡한 가지를 전정한다.
- 상록활엽수의 전정작업의 적기로 수세에 영향을 주지 않은 범위의 전정을 한다.

④ 겨울(12~2월)
- 수목이 휴면기에 실시하며 낙엽수가 주로 해당된다.
- 수목의 생리적 상태와 수목에 따른 공간의 목적와 기능에 따라 실시 한다.
- 겨울철 전정은 가지의 배치 및 수목 고유 수형, 병해충 피해를 입은 가지 등이 잘 드러나므로 전정이 용이하다.
- 수목이 휴면기로 굵은 가지를 전지하여도 수세에 영향이 적다.

⑤ 전정을 하지 않는 수종

구분	수종
침엽수	독일가문비, 금송, 히말라야시다, 나한백 등
상록활엽수	굴거리나무, 남천, 녹나무, 다정큼나무, 동백나무, 만병초, 치자나무, 팔손이, 월계수나무
낙엽활엽수	느티나무, 참나무류, 푸조나무, 목백합, 수국, 팽나무, 회화나무, 백목련

4) 전정의 유형

① 생장 촉진
- 수목이 빨리 자라도록 곁가지, 맹아지를 제거, 동해방지
- 맹아력이 높은 과수, 오동나무, 개회나무 등 세력이 약한 묘목 밑둥을 베어 내어 맹아지를 발생시켜 세력을 확대
- 병충해를 입은 가지, 고사지, 절손지 등을 제거 건강한 가지의 세력을 집중한다.

② 생장억제
- 공간이 적은 녹지에 필요 이상으로 수목이 자라지 않도록 줄기나 가지를 자른다.
- 소나무, 향나무류, 생울타리 등 일정한 모양 유지를 위한 전정

③ 개화, 결실
- 과수원 등에서 생산성 증대를 위해 개화 촉진을 위한 전정
- 유실수의 화아나 엽아 형성을 촉진시키거나 해거리를 조절하기 위한 전정

④ 생리 조절
- 수목 이식시 단근 작업으로 지상부와 지하부의 균형 유지를 위해 가지와 잎을 전정

⑤ 수세 회복
- 노화지나 생기를 잃은 묵은 가지를 잘라내어 새로운 가지 형성
- 맹아력이 강한 장미, 배롱나무, 느티나무, 버즘나무 등은 수목의 밑둥을 자르면 새로운 줄기가 나와 새로운 형태로 갱신

5) 전정방법

① 전정 순서
- 주변 수목과의 조화 및 나무 전체에 대한 형태 구상
- 위에서 아래로, 밖에서 안으로 전정
- 굵은 가지에서부터 가는 가지로 전정

② 전정 대상

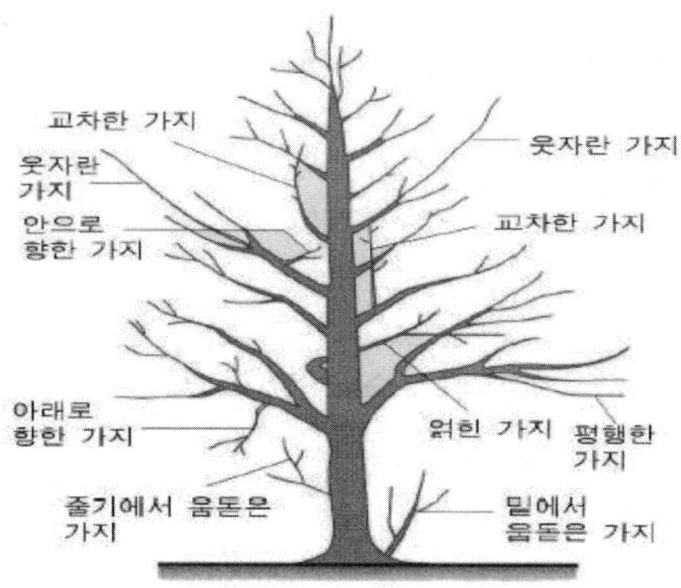

[출처: 고등학교 조경 기술 1, 교육인적자원부]

- 웃자란 가지(도장지)
- 교차한 가지
- 평행한 가지
- 뿌리분 주변 및 줄기에서 움돋은 가지(맹아지)
- 안으로 향한가지, 고사지, 병해충 피해를 입은 가지

② 전정방법
- 굵은 가지 자르기
    • 다음에 생장할 수 있는 눈을 하나도 남기지 않고 가지를 잘라 버리거나 줄기의 길이를 줄이는 작업으로 이식 시 활착을 좋게 하기 위해 시행한다.
    • 자르려는 가지가 시작되는 부분 위로 아래부분에 1/3정도 까지 톱으로 절단하고 위에서 나머지를 절단하면 굵은 가지가 제거되고 남은 가지를 톱으로 깔끔하게 절단한다.
- 마디 위 자르기
    눈 위에서 자르면 그 눈에서 새로운 가지가 안쪽으로 자라서 통풍, 수광을 나쁘게 하므로 바깥쪽 위를 잘라 가지가 바깥으로 자라도록 한다.

- 가지솎기
    가지가 대생, 호생일 경우 좌우 균형이 되도록 좌우 가지의 길이도 동일하게 달라 균형을 유지한다.
- 수관다듬기
    나무의 수관을 긴 전정가위로 일률적으로 잘라버리는 작업으로 봄, 가을 생장 이전, 이후가 적기
- 순지르기
    소나무의 가지 끝에 여러개의 눈이 있어 그냥 두면 모양이 나빠진다, 5~6월경 손으로 순을 2~3개를 남기고 나머지 제거하고 남긴 순은 1/2~2/3를 손으로 꺾는 작업
- 깎아 다듬기
    수관 전체를 전정가위 등을 이용하여 계획된 모양이나 형태를 만들어 내는 작업으로 생울타리, 토피어리, 조형수목 등이 있다.

③ 수관모양에 따른 형태
- 원주형은 기둥 같은 긴 수관을 형성하여야 한다.
- 원통형은 아래, 위 수관폭이 동일한 수관을 형성하여야 한다.
- 원추형은 수고의 끝이 뾰족한 긴 삼각형 모양의 수관을 형성하여야 한다.
- 우산형은 우산모양의 수관을 형성하여야 한다.
- 첨탑형은 위, 아래의 수관선이 양쪽으로 들어가는 원추형곡선 모양의 수관을 형성하여야 한다.
- 원개형은 지하고 낮고, 지엽이 옆으로 확장되는 수관을 형성하여야 한다.
- 타원형은 타원 모양의 수관을 형성하여야 한다.
- 난형은 달걀 모양의 수관을 형성하여야 한다.
- 구형은 공 모양의 수관을 형성하여야 한다
- 배상형은 수관 상부가 평면 또는 곡선으로 이루는 술잔 모양의 수관을 형성하여야 한다.

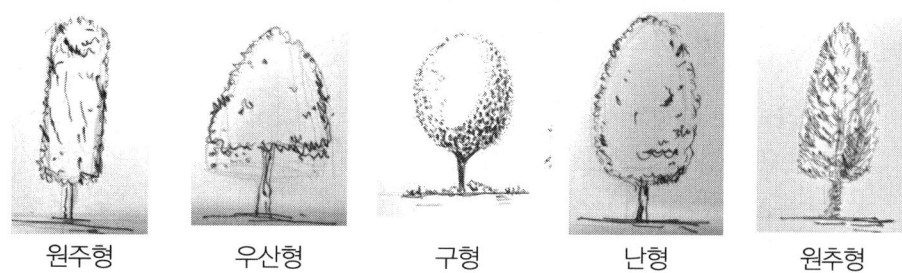

원주형   우산형   구형   난형   원추형

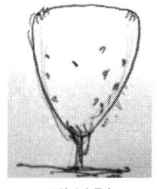    

| 배상형 | 능수형 | 부정형 | 포복형 | 원통형 |

④ 교목의 전정
- 가로수 등은 사람, 차량 통해에 지장이 없도록 지하고 2.5m 이상되도록 전정
- 수관의 높이와 지하고의 비율은 6:4 ~ 5:5 유지

⑤ 가지의 유인
- 조형소나무 등 가지의 방향과 각도를 원하는 모양으로 만들기 위해 굵은 철사, 대나무 등을 이용 오랜 시간 가지 유도
- 유인한 가지가 견인줄을 제거해도 원 상태로 돌아가지 않을 때까지 상태 유지

2. 조경수목의 뿌리돌림 및 단근 작업

1) 개념
① 수목 이식 전에 뿌리 분 밖으로 돌출된 뿌리를 깨끗하게 절단하여주근 가까운 곳의 측근과 잔뿌리를 발달을 촉진하는 작업
② 야생 상태의 나무나 대형 수목의 경우 반드시 시행

2) 뿌리돌림 및 단근 작업 시기
① 혹한기, 혹서기 및 가뭄이 계속되는 시기를 제외한 연중 상시 가능
② 봄에 해동 및 생육 활동이 시작되기 전에 시행

3) 뿌리돌림 및 단근 작업 방법
① 묘목
- 삽으로 뿌리분 주변을 삽을 이용해 뿌리를 끊는다
- 들뜬 흙은 고르게 눌러 진압한다.

② 소교목(근경 4~5cm)
- 2~3회 정도 삽 지르기 실시
- 들뜬 흙은 진압

③ 소나무 및 대형 수목
- 근원 직경의 4~6배 둘레를 40~50cm 깊이로 파고 굵은 뿌리를 자르거나 환상박피한다.
- 한 해에 전부 실시하지 않고 2회 또는 3~4회 나누어서 2~3년에 걸쳐 연차적으로 시행한다.

4) 수목의 외과 수술과 수간 주입
① 외과수술

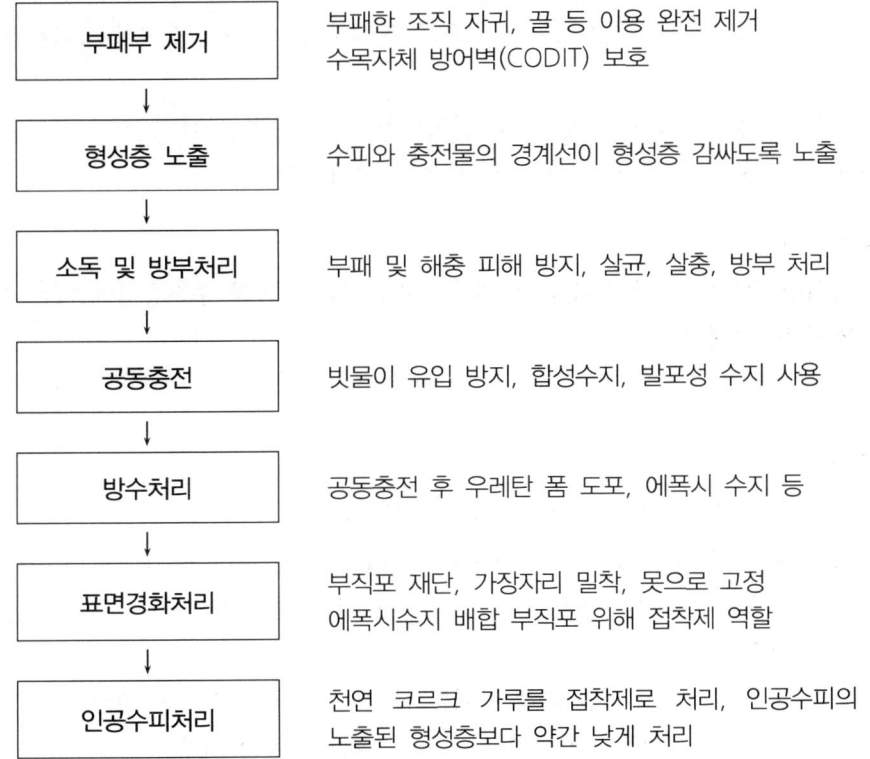

② 수간 주사
- 시기 : 4-9월 증산 작용이 왕성한 맑은 날 실시
- 구멍은 수간에 통상적으로 2곳에 작업
- 5-10cm 떨어진 곳에 반대편에 위치
- 수간주입 구멍의 각도는 20 ~ 30°, 구멍지름은 5mm, 깊이 3 ~ 4cm 조성
- 수간 주입기는 높이 150 - 180cm에 고정

3. 조경수목의 환경조건에 따른 피해

1) 한해(건조 피해)

① 개념
- 토양의 수분이 건조해져 수목이나 지피류 등이 말라 시드는 피해
- 지속적 관수, 토양개량, 퇴비, 멀칭, 수피보호 등의 조치

② 관수
- 위조점 : 토양이 건조하여 식물의 뿌리가 수분을 흡수하기 어렵게 되어 식물이 점점 마르기 시작하는 시점으로 뿌리와 잎, 줄기에 수분을 공급하면 살아난다.
- 영구위조점 : 식물에 물을 줘도 살아나지 못하게 된 시점
- 관수 시간은 한 낮을 피해 아침 또는 저녁에 실시

③ 수피감기
- 이식한 수목의 수간(수피)을 새끼나 마대, 진흙을 발라 수분증산에 따른 피소현상 억제 및 충해 방재

2) 동해

① 개념
- 0℃ 이하 결빙에 의해 수목이 얼어버리는 피해
- 식물 세포막의 결빙으로 세포 내 수분 탈취, 원형질 분리 및 응고로 고사하는 현상
- 이식 수목은 기존 생육지의 환경과 기후 등에 차이로 인해 동해 위험이 높아 월동 작업 필요
- 상해(서리) : 서리로 인한 피해로 이른 봄 긴 언덕, 산으로 둘러싸인 곳, 강변, 산기슭 등에서 기상의 일변화가 심한 곳에서 발생
  * 만상- 늦서리(이른 봄), 조상(가을철 첫서리)
- 상렬 : 겨울철 수간이 동결하는 과정에서 변재부(표피)가 심재(목 질부)보다 심하게 수축(증산)되는 과정에서 수직방향으로 갈라지는 현상으로 도심지 도로변에서 피해가 심하다, 목백합, 산딸나무, 단풍나무 등이 대표적 피해목

② 동해 방지 작업
- 짚싸기 및 짚덮어주기
- 흙묻이
- 멀칭

3) 풍해(바람 영향)

① 방풍림
- 바람이 불어오는 방향의 직각으로 조성
- 상록수의 심근성 수종, 가지가 강인하고 잎이 치밀한 수종
- 방풍림의 폭은 10 ~ 20m

② 가지치기
- 바람의 영향을 최소화하기 위한 굵은 가지 제거, 통풍 증진
- 밀생한 가지, 도장지, 부러지기 쉬운 가지 등 제거

③ 지주목
- 삼각지주목에 쐐기 말목 고정
- 철선 감기

4) 수해

① 우수로 인한 피해
- 낙엽과 이물질로 인한 배수구 막힘 방지, 집수정 청소
- 표면수 유도

② 눈에 의한 피해
- 눈의 무게로 인한 나뭇가지가 휘거나 부러짐 피해
- 동절기 전 가지치기 시행

4. 시비

1) 시비의 목적

① 토양 환경 및 양분 개선, 수목생육 활성화, 환경적응력 증대
② 병해, 충해, 동해, 한해, 풍해, 공해에 저항력 증가
③ 개화, 결실 증대, 생산성 향상

2) 시비 방법

종류	방법
토양시비	- 토양에서 이동이 잘 안되는 원소(인, 칼륨, 칼슘)들과 유기질 비료는 구멍 또는 도랑을 파서 토양 속에 직접 넣음 - 토양에서 흡수와 이동이 용이한 질소질 비료는 토양 표면에 전체적으로 고르게 살포 - 비료 성분이 나무뿌리 주변에 닿도록 비오기 전 또는 마른 비료를 살포 후 물을 충분히 관수하여 비료 성분의 흡수 유도 - 표면 살포시 시비 범위는 수관 가장자리 보다 넓게 함 - 전면, 윤상, 격윤상, 방사상, 천공, 선상, 관목 거름 주기 윤상 시비법 / 방사성 시비법 / 선상 시비법 / 점상 시비법
엽면시비	- 수용성 비료를 엽면에 살포 - 체내 이동이 잘 안되는 철분, 아연, 망간, 구리의 결핍증상을 치료
수간주사	- 빠른 수세 회복을 필요로 할 때 사용

3) 시비(거름) 시기

① 생육이 왕성한 봄, 낙엽이 진 후
② 겨울 눈이 트기 4~6주 전, 늦은 겨울 또는 이른 봄
③ 속효성 비료 : 질소질 비료 등 효력이 빠른 비료를 3월경 싹이 틀때, 꽃이 졌을 때, 열매를 땄을 때 준다.
④ 지효성 비료 : 효력이 늦은 비료, 늦가을에서 이른 봄에 준다.
⑤ 화목류는 7~8월에 준다.

4) 식물생육에 필요한 필수요소

① 다량원소
- C, H, O, N, P, K, Ca, Mg, S

② 미량원소
- Fe, Mn, Mo, B, Zn, Cu, Cl

③ 비료의 3요소[4요소]
  - 질소(N), 인산(P), 칼륨(K), [칼슘(Ca)]

④ 비료의 효과 및 결핍

비료	효과	과잉, 결핍 시 현상
질소(N)	광합성 촉진, 생장에 영향	결핍 : 생장 위축, 빠른 성숙 과잉 : 도장지 발달 늦은 성숙, 수세 약화
인산(P)	꽃, 열매, 뿌리 발육	결핍 : 꽃과 열매가 나빠진다. 과잉 : 성숙이 촉진, 수확량감소
칼륨(K)	꽃, 열매의 향기, 색 조절	결핍 : 황화현상
칼슘(Ca)	단백질 합성, 식물체 유기산 중화	결핍 : 생장점 파괴, 갈변
철(Fe)	산소운반, 엽록소 생성, 촉매작용	결핍 : 잎조직 황화현상
황(S)	호흡작용, 콩과식물의 근류형성	결핍 : 단백질 합성 지연, 침엽수의 잎끝이 황색 또는 적색으로 변함
붕소(B)	꽃의 개화, 결실 형성	결핍 : 잎의 변색, 착화 곤란, 뿌리 성장 저하

5. 병해충 방제

1) 병해충 방제 방법

① 생물학적 방제
  - 기생성, 포식성 천적 이용
  - 원생동물, 세균, 진균, 바이러스등 곤충에 기생하여 병을 일으키는 병원미생물 이용

② 화학적 방제
  - 살충제 등 약제 살포
  - 해충의 행동, 발육 및 생리현상 등 활성이 되는 물질을 이용

③ 임업적 방제
  - 내충성 품종 사용
  - 간벌 등 임목밀도 조정으로 활력 증대
  - 피해목의 수세회복을 위한 시비

④ 기계적·물리적 방제
  - 해충을 직접 포살하여 채취, 소각

- 번식기 곤충의 추광성을 이용하는 등화유살, 유아등 사용
- 솔잎혹파리 등은 땅에서 우화, 성충시 나무위로 이동하는 차단하는 방법

2) 주요 병해와 병징

① 개념
- 병징(symptom) : 미량원소의 결핍, 공해, 병원균의 작용 등에 의하여 기주식물에 나타나는 반응으로 세포조직, 기관에 이상이 생겨 외부로 나타나는 잎의 변색, 반점, 시들음, 빗자루병 등의 증상 등에 의한 진단
- 표징(sign) : 병든 부분에 병원균(균사, 포자, 자실체 등)가 나타나서 병의 발생을 직접 표시하는 것

② 주요 수목 병해
- 소나무재선충병(소나무, 해송, 잣나무)
  - 여름 이후 급격히 처지면서 마르고 송진이 나오지 않음
  - 감염 고사목의 가지 및 줄기의 수피 밑에서 솔수염하늘소(매개충)의 가늘고 길쭉한 배설물
  - 고사목의 수피에 집게로 집은 듯한 산란 흔적

 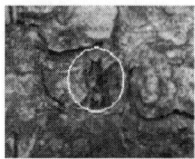 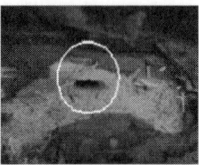 

고사목　　　　　산란흔적　　　　　침입공　　　　　수피밑의 배설물
(솔잎이 아래로 처짐)

- 소나무류 피목가지마름병(소나무, 곰솔, 잣나무)
  - 초봄에 발현, 피해가 약한 경우 가지 또는 줄기 고사
  - 살아있는 부분과 죽은 부분의 줄기의 경계가 뚜렷하다.
  - 초봄에 수피 밑에 검은색의 돌기(미숙한 자실체)가 있음
  - 5월 중순 이후 피목부위의 수피를 뚫고 돌기가 모여서 나옴

  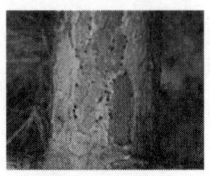 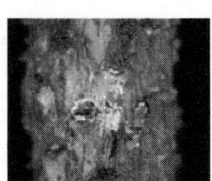

피해모습　　　　피해부분 경계　　　수피밑 검은 돌기　　표피에 돌출된 자실체

- 푸사리움가지마름병(리기다, 곰솔, 리기테다, 버지니아소나무)
    - 상단부의 작은 가지가 고사
    - 고사지 송진이 말라 있거나 흐르며, 피해가 심한 경우 줄기에 송진 흘러내림

피해모습 　　　 병든 부위 송진 누출 　　　 줄기 전체에 송진 흐름

- 소나무류 잎마름성병(소나무, 곰솔)
    - 적갈색의 반점 형성, 잎끝부분이 죽는 병징
    - 정확한 진단을 위해 확대경 사용하여 표징 관찰
    - 변색부위에 쥐색털 모양의 균사체 확인

병징 및 표징 　　　 쥐색털 모양의 균체

- 잣나무털녹병(잣나무)
    - 5월경 가지나 줄기에 담황색 주머니 형태의 돌기가 튀어나오고, 주머니가 터지면서 노란가루(녹포자)가 비산한다.
    - 병든 부위에는 가을에 노란 물집이 맺히고, 물집이 있는 주변의 수피는 거칠고 조잡하게 보인다.
    - 주변에 중간기주인 송이풀이 분포한다.

 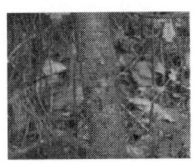 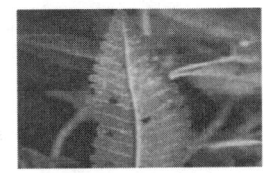

잣나무 줄기의 녹포자퇴 　 10월경 녹병정자 　 잎뒷면의 여름포자(중간기주 송이풀)

- 침엽수 리지나뿌리썩음병(소나무, 곰솔, 낙엽송, 전나무 등)
    - 해안지역에서 몇 그루가 군집으로 죽는다.
    - 병발생지 주변에는 모닥불이나 불을 사용한 흔적이 있다.
    - 여름철에 죽은 나무 밑이나 외곽지역에 물결형태의 버섯(병원균의 자실체, 파상땅해파리버섯)이 발생한다.

- 미숙한 버섯의 가장자리는 하얀색을 띠며, 일찍 발생한 버섯은 검은색으로 말라 있다.

불을 사용한 주변으로 소나무고사   자실체   자실체(파상땅해파리버섯)의 내부   오래된 자실체

- 향나무 녹병(향나무류)
  - 4월경부터 향나무의 잎, 가지, 줄기에 황갈색계통의 돌기가 나타난다.
  - 비가 온 후 노란색 우무처럼 부풀어 오르며, 비가 개고 나면 말라 버린다.

   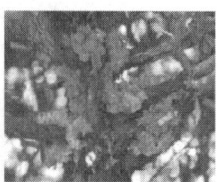

잎에 나온 돌기   혹 모양의 돌기   돌기가 부풀은 모양(잎)   돌기가 부풀은 모양(줄기)

- 대추나무빗자루병(대추나무)
  - 연녹색의 작은 잎이 많이 발생하여 빗자루모양으로 더부룩하게 된다.
  - 병든 가지는 꽃이 피지 않기 때문에 대추가 열리지 않는다.

병든 가지(작은잎 총생)   병든 가지의 잎은 겨울에도 낙엽되지 않음   나무를 잘라도 병징 발현

- 벚나무갈색무늬구멍병(벚나무류)
  - 잎에 갈색의 둥근 반점이 있고 반점이 탈락한 구멍이 있다.
  - 약해 피해도 이와 유사한 증상을 나타내므로 약제사용 여부를 파악한다.

갈색반점과 탈락된 구멍

- 철쭉류 떡병(철쭉류)
  - 철쭉류의 떡병은 Exobasidium속균에 의하여 5월경에 발생하는데 균종에 따라 다양한 형태를 나타내며, 기주 특이성을 가지므로 수종별로 관계하는 균이 다르다.
  - 잎, 꽃의 일부분이 하얗게 부풀어 떡모양을 나타낸다(떡병).
  - 잎에 둥근 반점이 나타나고 뒷면은 흰색을 띈다(민떡병).

떡병(산철쭉) 민떡병(철쭉) 민떡병(산철쭉) 민떡병(철쭉 잎 뒷면)

- 장미과붉은별무늬병(배나무류, 사과나무류, 모과, 명자, 팥배 등)
  - 5월경부터 잎, 녹지, 과일에 노란색의 반점이 나오고 반점 가운데는 검은점이 있다(녹병정자기 세대).
  - 병든 부위의 잎뒷면, 녹지나 과일 표면에 털과 같은 물체(녹포자퇴)가 나온다.

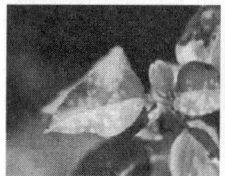 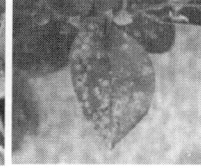 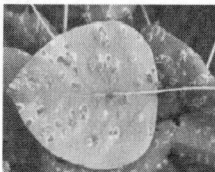 

녹병정자(배나무) 녹병정자(모과나무) 녹포자(배나무) 과일에 발생한 붉은별무늬병(모과)

- 흰가루병(활엽수)
  - 흰가루병균목의 곰팡이에 의하여 발생하는 병으로 기주특이성을 가져 수종별로 관여하는 병원균의 종류가 다르다.
  - 봄부터 여름까지는 주로 하얀 밀가루를 뿌려놓은 듯한 모양(병원균의 균사 및 불완전 세대)을 나타낸다.
  - 늦여름이나 가을로 접어들면 병원균의 완전세대의 모습으로 알갱이 모양이 나타나며, 처음에는 노란색 계통의 색깔에서 흑갈색으로 변한다.

배롱나무 흰가루병 가중나무 흰가루병 싸리나무 흰가루병 참나무흰가루병 (심한 경우 고사)

② 주요 수목 충해
- 솔잎혹파리(소나무, 곰솔)
  - 유충이 솔잎의 기부에서 즙액을 빨아먹음, 솔잎 기부가 점차 부풀어 방추형이 된다.
  - 충영은 6월 하순부터 부풀기 시작하여 9월 이후 혹이 확실하게 보이는데 쪼개보면(피해엽이 분리되지 않음) 등황색의 충이 보인다.
  - 피해엽은 10월부터 황색을 띄며 차차 고사하여 그 해에 낙엽되기 시작하며 생장이 중지되어 건전엽의 1/2이 된다.
  - 피해가 심할 경우에는 멀리서 보아 임지가 붉은색을 띈다.

 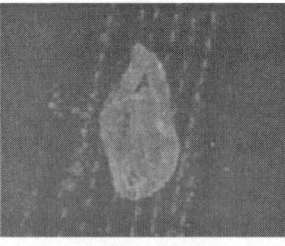 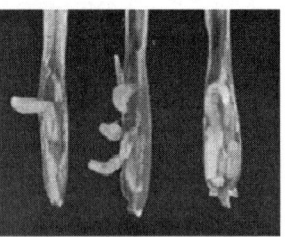

솔잎사이의 알덩어리 산란 　 충영과 유충 　 피해가지

- 소나무좀(소나무, 곰솔, 잣나무 등)
  - 수세가 쇠약한 나무의 수간에 구멍을 뚫고 침입하여 형성층에서 위쪽으로 구멍을 만들고 알을 낳는다.
  - 유충은 모갱과 직각으로 먹어 들어간다.
  - 6월 초순부터 우화하여 새로 나온 성충은 새순에 구멍을 뚫고 식해한다.
  - 소나무 벌채지, 원목집채지 부근에서 발생하기 쉬운 해충이다.
  - 6월 이후 가해 받은 새순은 고사하고 바람에 쉽게 부러진다.

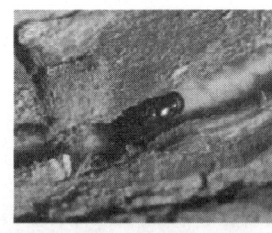  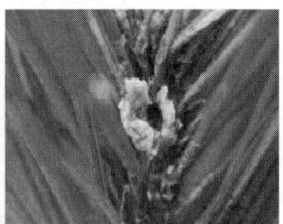

성충소나무 내 좀 　 유충 　 소나무좀 피해

- 솔껍질깍지벌레(소나무, 곰솔)
  - 소나무 주간(3~10년생) 및 가지(3년생 이상)의 인편 또는 수피 밑에 정착하여 가는 실같은 입을 인피부에 꽂고 즙액을 흡수하여 가해
  - 피해를 받은 나무는 대부분 수관하부의 가지부터 고사

- 고사된 가지의 잎은 적갈색을 나타내며 3~5월에 피해가 가장 심하게 나타난다.

 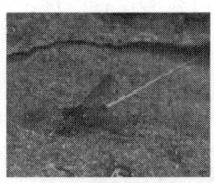  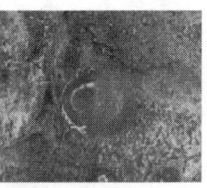

　　암컷성충(곰솔)　　수컷성충(곰솔)　　알덩어리　　후약충

- 솔나방(소나무, 곰솔, 잣나무, 리기다. 낙엽송, 시다류, 잣나무)
  - 어린 유충은 솔잎의 한쪽 엽육부분만 먹으면서 자라며 노숙 유충은 끝에서부터 모조리 먹는다.
  - 피해를 심하게 받는 나무는 가지만 앙상하게 남아 고사

　알덩어리(소나무)　가을유충(소나무)　노숙유충(방크스소나무)　고치(소나무)

- 잣나무넓적잎벌(잣나무)
  - 유충이 여러 개의 잣나무잎을 거미줄로 잇대어 놓고 그 속에서 1~2마리가 잠복하여 잎을 먹는다.
  - 임분의 중심부, 수관의 상부에서부터 가지가 앙상하게 나타나기 시작한다.

 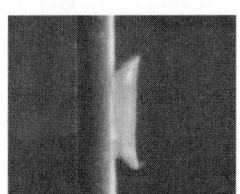

　　유충(잣나무)　　　알(잣나무잎)

- 갈무늬재주나방(참나무재주나방) (상수리, 굴참, 졸참나무 등)
  - 어린 유충은 엽육만을 먹으나 3령기부터는 주맥만을 남기고 잎전체를 먹는다.
  - 유충은 군서하는 습성이 있으며 노숙한 유충은 6월 하순에 번데기가 될 장소를 찾아 줄기를 따라 땅으로 내려와 땅속 3~6cm 깊이에서 적갈색의 고치를 짓고 번데기가 된다.

상수리나무

- 매미(집시)나방(참나무류, 포플러류, 소나무류, 느릅, 밤, 벚나무)
  - 유충이 활엽수와 침엽수의 잎을 식해하며 유충 1마리가 1세대 동안 700~1,800㎠의 참나무 잎을 먹는다.
  - 지역에 따라 돌발적으로 대발생하는 경우가 있다.

 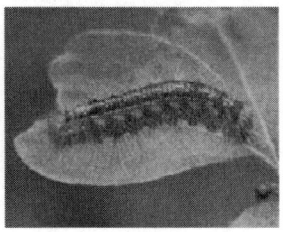

산란하고 있는 성충   유충

- 미국흰불나방(포플러류, 버즘나무, 벚나무, 단풍나무 등)
  - 어린 유충은 거미줄로 잎을 쌓고 그 속에서 군서한다.
  - 유충은 분산하여 엽맥을 남기고 먹는다.
  - 가로수, 정원수에 특히 피해가 심하다.
  - 잎과 작은가지에 거미줄 같은 것으로 감아 놓는 표식

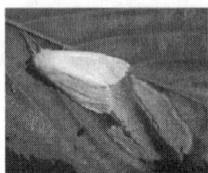 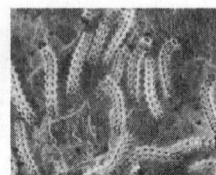 

산란 중인   어린유충(버즘나무)   노숙유충(벚나무)   피해모습(버즘나무)
성충(벚나무)

- 도토리거위벌레(밤, 호두, 버즘, 상수리, 은행나무, 벚나무)
  - 알에서 부화한 유충이 과육을 식해한다.
  - 참나무류의 도토리에 주둥이로 구멍을 뚫고 산란한 후, 도토리가 달린 가지를 주둥이로 잘라 땅에 떨어뜨린다.

도토리거위벌레

- 대벌레(상수리나무, 졸참나무, 갈참나무, 밤나무, 생강나무)
  - 기주식물의 잎을 식해한다.
  - 대벌레는 죽음을 위장하는 위장술이 뛰어난 해충

대벌레

- 밤나무 혹벌(밤나무)
  - 충영은 4월하순~5월 상순에 팽대해져서 가지의 생장이 정지된다.
  - 신초가 자라지 못하고 개화, 결실이 되지 않는다.
  - 피해목은 고사하는 경우가 많다.
  - 밤나무눈에 기생하여 직경 10~15mm의 충영을 만든다.

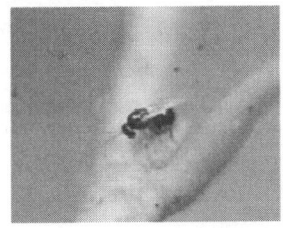 
산란하고 있는 성충(밤나무)   충영(밤나무)

- 버즘나무방패벌레(버즘나무, 물푸레나무, 닥나무)
  - 약충이 버즘나무류의 잎뒷면에 모여 흡즙, 가해하며 피해 잎은 황백색으로 변한다.
  - 가로수로 사용되는 버즘나무의 잎을 변색, 경관훼손
  - 응애류 피해와 비슷하나 가해부위에 검은색의 배설물과 탈피각이 붙어있다.
  - 성충으로 버즘나무 수피틈에서 월동한 후 4월 말경부터 수상으로 이동하여 흡즙 가해하며 잎 뒷면의 주맥과 부맥에 알을 낳는다.

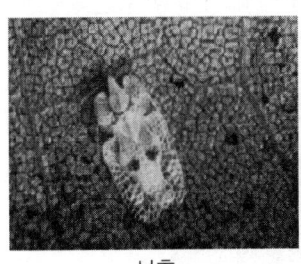 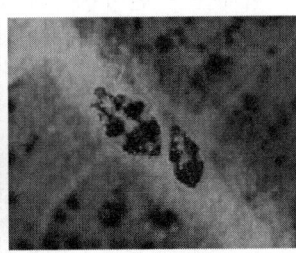 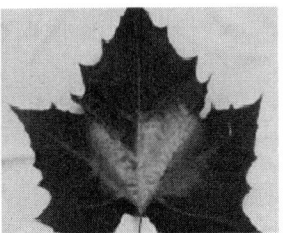
성충   약충   버즘나무 피해

- 복숭아명나방(밤나무, 상수리나무, 복사나무, 벚나무, 사과나무)
  - 부화한 유충은 과실속으로 먹어 들어가면서 과실표면에 암갈색의 똥과 즙액을 배출
  - 엉성한 회백색의 고치를 짓고 번데기가 되며 표면은 나무 부스러기로 덮여있다. 7~8월 상순에 성충으로 우화

유충(구상나무)   피해(구상나무)

- 어스렝이나방(밤나무, 호두나무, 버즘나무, 상수리, 은행나무, 벚나무)
  - 유충 1마리가 1세대동안 암컷이 평균 3,500㎠, 수컷이 2,400㎠의 잎을 식해 한다.
  - 피해를 심하게 받은 밤나무는 수세가 약하게 되어 밤 수확량이 감소 한다.
  - 수피위에서 알로 월동, 4월말~5월초 부화, 어린 유충은 모여서 잎을 가해, 성충은 분산하여 잎을 가해한다.
  - 6월말 ~ 7월 초에 잎 사이에 망상의 고치를 짓고 번데기가 된다.

 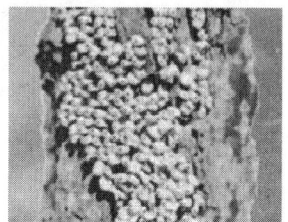

유충(밤나무)   알덩어리(밤나무 줄기)

- 오리나무잎벌레(오리나무, 박달나무, 개암나무, 밤나무, 서어나무)
  - 어린 유충은 잎 뒷면에서 머리를 가지런히 병렬하여 엽육만 먹다가 성장하면 분산하여 먹으며, 피해는 수관하부부터 심하게 나타난다.
  - 잎이 붉게 변색, 발견이 용이

오리나무 잎벌레 성충   오리나무 잎벌레 유충

③ 주요수목의 병해와 방제

병명	피해 수종	병징	방제
잎마름병	주목, 소나무, 곰솔(묘목1~2년생), 잣나무	봄 띠모양의 황색 반점이 잎의 윗부분에 형성, 갈변 후 합쳐짐	병든 묘목 소화. 5~8월 2주간격 구리제 살포
털녹병	잣나무	4월 중순 줄기에 흰색, 황백색의 주머니 형성, 6월 하순 나무껍질 파열	기주식물(송이풀, 까치밥나무류)제거, 가지치기
흰가루병	밤나무, 참나무, 느티나무, 물푸레나무, 감나무, 장미, 배롱나무 등	잎과 새가지에 흰가루, 참나무류 가을에 검은색 미립점	일광, 통풍 유지 석회황합제 살포 병든가지 소각
그을음병	소나무류, 주목, 배롱나무, 감나무	깍지벌레, 진딧물의 배설물	일광, 통풍 유지 진딧물, 깍지벌레 등 흡즙성 해충 방제
줄기마름병 (동고병)	밤나무, 포플러, 자작나무, 벚나무, 은행나무	나무껍질 파열, 환부 표면에 균체 형성 밤나무 부채꼴 균사체	전정 후 상처치료제와 방수제 사용
빗자루병	전나무, 오동나무, 대추나무, 벚나무, 대나무, 살구나무	연약한 가는 가지와 잎이 총생 잎은 소형으로 담황록색	마이코플라즈마에 의한 병해 : 매개충을 매프수화제나 비피유제 2주간격 살포, 병든부위 절단 후 소각 자낭균에의한 병해: 이른봄 병든가지 절단 후 소각, 보르도액 2~3회 살포
갈색무늬병	포플러류, 오리나무, 아카시, 느티나무, 자작나무, 밤나무, 대나무	7월 상순부터 늦가을 잎에 갈색무늬, 조기 낙엽	병든잎 소각 및 매립 초기에 만테브, 벤노밀수화제 2주간격 살포
세균성구멍병	벚나무, 살구나무. 자두나무	5~6월, 8~9월 피해 극심 잎에 원형 갈색점무늬 형성후 병 환부 탈락, 구멍	잎을 소각 및 매립 보르도액3~4회 살포
뿌리썩음병	소나무류, 삼나무, 낙엽송, 전나무, 밤나무, 오동나무	뿌리 및 줄기에 발생 나무껍질 속에 흰색균사 가을에 환부에 버섯	토양이나 종자소독, 배수관리, 통기확보 질소과용 금지, 인산질, 부숙퇴비 사용

3) 주요 수목의 해충 방제

① 가해 부위 및 방법
- 가해부위 : 종실, 새순, 묘목, 잎, 줄기와 인피, 뿌리
- 가해방법 : 식엽, 흡즙, 천공, 충영, 토양 해충

② 피해 부위 및 해충명

피해부위	해충명	피해형태
종실(구과), 묘목, 눈, 새순	밤바구미, 복숭아명나방, 백송애기잎 말이나방, 솔알락명나방	벌레구멍, 기형, 벌레똥, 수액누출
잎	솔나방, 솔잎혹파리, 진딧물류, 깍지벌레류, 응애류	변색, 식흔, 벌레똥, 잎의기형, 벌레혹, 개미집결
가지	깍지벌레류, 나무좀류, 진딧물류, 황철나무알락하늘소, 말매미	변색, 가지총생, 가지고사, 갱도, 벌레똥, 개미집결
뿌리와 지제부	굼벵이(풍뎅이)류, 하늘소류, 나무좀류	변색, 수액누출, 수피밑 공동, 목분배출
줄기와 인피부(체관)	나무좀류, 솔껍질깍지벌레, 바구미류, 하늘소류	변색, 수지누출, 나무가루, 갱도, 구멍, 수피밑 공동
목재	하늘소류, 흰개미, 가루나무좀, 바구미류 등	나무가루, 작은 구멍, 수지누출, 갱도 등

③ 가해 습성에 따른 분류

유형	주요해충
식엽성(잎을 갉아먹는 피해)	흰불나방, 풍뎅이류, 집시나방, 회양목명나방
흡즙성(가지의 즙을 먹는 피해)	진딧물, 응애, 깍지벌레, 방패벌레
천공성(체관에 구멍을 내는 피해)	소나무좀, 하늘소 박쥐나방
충영(잎 사이에 부화, 즙액)	솔잎혹파리, 혹진딧물류, 혹응애

④ 가해 유형에 따른 해충 구분

구분		피해	생활사	방제
식엽성 해충	솔나방	솔잎에 가해	연간 1회 발생, 5령충으로 월동, 송충이 4월경 애벌레로 솔잎을 가해, 7월 초·중순 번데기 기간을 거쳐 7월 중순에서 8월 하순 우화	직접 포획 9월초~10월말 살충제 살포 7월말~8월중순 등불로 유살 10월말 잠복소 설치
	미국흰불나무	포플러류, 버즘나무류등 160종의 활엽수 가해	연간 2회 발생, 7~8월 우화 잎 뒷면에 600~700개의 알 알 7~8일, 애벌레 40~50일, 4령충까지 무리지어 생활, 6회 탈피	애벌레 가해기 살충제 수관에 살포. 피해잎과 애벌레를 태워 방제 8월 중 피해나무 줄기에 잠보속 설치 유인, 포살
흡즙성 해충	깍지벌레류	대부분의 수종	연간1~3회발생, 암컷 불완전변태, 수컷 완전변태, 즙액, 밀랍분비하여 깍지를 만듬	5월 중·하순 1주일 간격 살충제를 2~3회 살포
	응애류	대부분의수종	잎의 즙액 흡수, 황색의 반점, 계속적인 피해시 생장이 감퇴, 수세가 약해지고 고사	4월 중·하순 살비제 7~10일 간격 2~3회 수간에 살포
	진딧물류	대부분의수종	침엽수와 활엽수에 광범위하게 피해 즙액을 빨아머거 감로를 생산, 개미와 벌등으로 그을음병 등 2차피해	메프유제, 나크수화제를 수관에 7~10일간격으로 2~3회살포
천공성 해충	소나무좀	이식수 등 수세가 약한 수종	성충으로 월동 3~4월 수피에 구멍을 뚫고 산란	봄철 이식시 수간에 살충제 살포, 성충의 산란을 막거나 훈증으로 방제
	바구미	소나무, 곰솔, 잣나무, 가문비	연1회발생, 성충으로 월동, 4월에 수피가 얇은 곳에 구멍을 뚫고 산란	활력증진, 쇠약목 및 벌채원목으로 유인, 5월중 박피후 소각

6. 잔디관리

1) 잔디의 특성 및 종류

구분	특성	종류
한국잔디	• 건조, 고온, 척박지에서 생육, 산성토양에 잘 견딤 • 음지에서 생육 및 종자번식 어려움 • 완전포복형으로 답압에 매우 강함 • 잔디 조성에 많은 시간 소요 • 손상 후 회복 속도 느림	• 들잔디(Zoysia japonica) • 금잔디 • 고려잔디(Z. matrella) • 비로드잔디(Z. tenuifolia) • 갯잔디(Z.sinica)
서양잔디	• 상록성 다년초 • 내음성 우수 고온과 병에 약함 • 관수, 비배에 많은 노력 필요	• 버뮤다그라스 • 켄터키블루그라스 • 벤트 그라스 • 파인 페스큐 • 톨 페스큐 • 라이 그라스 • 위핑 러브 그라스

2) 사용 및 관리에 따른 분류

① 사용량이 많은 지역
  - 톨 페스큐, 라이그라스, 한국잔디, 버뮤다 그라스

② 추위가 심한 지역
  - 캔터키 블루 그라스

③ 관리가 어려운 지역
  - 페스큐, 한국잔디

④ 관리요구도가 높은 잔디
  - 벤트, 캔터키 블루, 라이그라스

⑤ 관리요구도가 낮은 잔디
  - 한국잔디, 파인 페스큐

⑥ 골프장 그린용
  - 벤트그라스, 비로드잔디

⑦ 토양침식 방지용
- 톨 페스큐, 위핑 러브그라스

3) 잔디깍기

① 목적
- 잡초방제, 잔디분얼 촉진, 통풍, 병충해 방제
- 균일한 잔디면 조성, 이용편의
- 경관 향상

② 이용 형태별 잔디 깍기 높이
- 가정, 공원, 공장 : 20~30mm
- 골프장 : 그린(10mm이하), 티(10~12mm),
  페어웨이(20~25mm), 러프(40~50mm)
- 축구장 : 10~20mm

③ 깍는 횟수
- 한국잔디 : 년간 3회 이상
- 서양잔디 : 연간 6회 이상
- 벤트그라스 : 연간 35 ~ 36회
- 가정용 정원 : 연간 6회
- 공원용 : 연간 11 ~ 13회
- 경기장용 잔디 : 연간 18 ~ 24회

④ 잔디깍기 기계
- 핸드모어 : 소규모 대략 150㎡ 미만의 잔디면 관리
- 그린모어 : 골프장 그린 등 일정한 잔디면 유지 필요
- 로타리모어 : 넓은 면적의 잔디면적, 골프장 러프 등에 사용
- 어프로치모어 : 품질이 우수한 잔디면 요구 시
- 갱모어 : 대규모 경기장 등에 사용, 경사지 평탄지 모든 지형에서 균일한 높이로 깍기 가능

3) 제초

① 화학적 방제
- 접촉성 제초제

- 이행성 제초제
- 발아전처리 제초제
- 경엽처리제 : 2.4-D, MCP
- 비선택성 제초제

③ 물리적 방제
- 인력에 의한 뽑기
- 잔디밭 조성 전 잡초 제거 후 식재

4) 관수

① 시기
- 겨울은 오전, 여름은 일출 일몰 전,후

② 관수 방법
- 인력관수, 스프링클러, 점적관수

5) 배토(뗏밥주기)

① 개념
- 지면에 노출된 지하줄기의 보호 및 평탄성 유지
- 부정근, 부정아 발달, 원활한 잔디생육

② 뗏밥
- 모래:밭흙:유기물 = 2:1:1로 5mm 공시체를 통과한 흙 사용
- 난지형 잔디는 5월, 한지형 잔디는 이른 봄, 가을에 시행
- 2~4mm 두께로 소량 자주 살포

6) 통기작업

① 개념
- 이용도가 높은 골프장, 운동장 등은 답압으로 토양 고결화 및 대취가 축적되어 토양의 물리성이 악화된 잔디밭의 물리성 개선을 위한 작업

② 통기작업의 장·단점

구분	장점	단점
통기 작업	- 토양 고결완화, 완충효과 향상 - 물,공기,배토사, 고토, 농약 등을 근권층까지 공급 - 식물뿌리에 필요한 산소공급 - 근권층 독성가스 대기중 배출 - 토양 과습 방지, 뿌리 생장 촉진 - 배토등으로 인한 이질층 개선 - 갱신, 오버시딩, 인터시딩을 위한 시드베드 형성	- 뿌리,토양표면 노출로 인해 표면건조 증가 - 토양완화로 인한 곤충, 해충의 서식처 제공으로 발생증가

③ 통기작업의 종류
- 코어링 : 이른 봄에 단단해진 토양을 지름 0.5~2mm, 깊이 4~10cm 원통 형 모양으로 토양 제거
- 슬라이싱 : 칼이 달린 작업 도구로 토양을 절단, 잔디밀도를 높이며 상처가 작아 피해도 적다.
- 스파이킹 : 못이 달린 작업도구로 토양에 구멍을 내는 작업으로 잔디 회복시간이 빠르고 스트레스 기간 중에도 사용
- 버티컬 모잉 : 잔디만 잘라주는 작업으로 슬라이싱과 유사하나 깊이가 토양의 표면만 잘라주는 작업
- 롤링 : 중량이 있는 로울러를 이용하여 표면을 균일하게 눌러주는 작업으로 습해와 건조의 해 방지 목적
  * 태치(Thatch) : 예초(잔디깍기) 등으로 잘린 잎이나 말라 죽은 잎이 땅 위에 축적된 상태로 물과 양분이 땅에 스며들기 힘드며 습한 환경으로 곰팡이 발생

7) 잔디병해

구분		난지형 잔디	한지형 잔디
고온성 병		• 라지패치 발병온도 :15~30℃ 잦은 강우, 과습시 과다한 태치 축적 배수불량, 질소질 비료 과용	• 브라운패치 질소과다사용, 고온다습시, 태치 축적으로 인한 병해
		• 녹병 질소 부족 시 시비 불균형	• 면부병 배수와 통풍에 큰 영향, 잎이 물에 젖은 것처럼 땅에 누우며, 미끈한 감촉과 토양내 썩는 냄새
저온성 병		• 푸사리움패치 질소 성분 과다 가을 비료 과용	• 옐로패치 늦가을 찬비, 과습 시 늦가을 질소 시비 과잉시

7. 조경관리

1) 조경관리의 개념 및 특성

① 개념
- 조경 공간의 질적 수준의 향상과 유지
- 운영 및 이용에 관해 관리

② 특성
- 관리 대상자원의 다변화
- 비생산성
- 조경공간 기능의 다양성, 유동성

2) 조경관리의 구분

① 유지관리
- 수목과 시설물을 항상 이용에 용이하게 점검 보수
- 본래의 기능을 양호한 상태로 유지

② 운영관리
- 이용 가능한 구성요소를 더 효과적이고 안전하고 더 많은 사람이 이용하기 위해 조직구성, 사업분담, 조직간 협력체계
  예) 예산, 재무제도, 조직, 재산 등에 관한 관리
- 운영관리의 방식
  • 직영방식

장점	단점	대상업무
• 관리책임,책임소재가 명확하고 긴급한 대응 가능, • 관리실태 파악이 용이 하며, 임기응변의 조치가 가능 • 양질의 서비스제공, 애착심, 관리효율 향상	• 업무의 타성화와 인사정체 • 직원의 배치전환이 어렵고 필요 이상의 인건비 지출	• 신속한 대응이 필요한 업무 • 연속해서 행할 수 없는 업무 • 진척상황이 명확치 않고, 금액이 적고 간편하며 일상적인 업무

- 도급방식

장점	단점	대상업무
• 규모가 큰 시설관리 • 전문가를 합리적으로 이용, 관리의 단순화 • 전문적 지식, 기능, 자격에 의한 양질의 서비스, 관리비가 적게 소요	책임소재, 권한의 범위 불명확 전문업체의 충분한 활용 문제점	• 장기에 걸친 단순 업무 • 전문지식, 기능 필요 업무 규모가 크고 노력, 재료 등을 포함하는 업무 • 관리주체가 보유한 설비로는 불가능한 업무 • 관리인원이 부족한 업무

③ 이용관리
- 이용자의 행태, 선호, 고려, 프로그램 개발, 홍보 등
- 주민참여단계 : 비참가의 단계 → 형식적 참가 → 시민권력 단계

3) 레크레이션관리

① 레크레이션 관리체계의 3가지 기본요소
- 이용자 : 레크레이션 경험의 수요를 창출하는 주체, 가장 중요함
- 자연자원기반 : 레크레이션 활동 및 이용이 발생하는 근거, 이용자의 만족도를 좌우하는 요소
- 서비스관리 : 이용자를 수용하기 위해 물리적인 공간을 개방하거나 접근로 및 특정의 서비스를 제공하는 것

② 레크리에이션 관리의 기본전략
- 완전방임형
- 폐쇄 후 자연회복형 : 회복에 오랜 시간이 소요, 자원중심형의 자연 지역적인 경우에 적용
- 폐쇄후 육성관리 : 빠른 회복을 위하여 적당한 육성관리
- 순환식 개방에 의한 휴식기간 확보 : 충분한 시설과 공간이 추가적으로 확보되어야 회복을 위한 휴식기간을 순환적으로 가질 수 있음
- 계속적 개방, 이용상태 하에서 육성관리 : 가장 이상적인 관리전략, 최소한의 손상이 발생하는 경우에 한해서 유효한 방법

③ 레크레이션 수용능력 : 생물학적, 제도적, 심리적 수용능력

4) 모니터링(monitoring)

① 이용에 따른 물리적 자원에 대한 영향과 관리작업의 효율 등 제반 관리적 상황에 대한 파악을 위해 활용

② 시각적 평가, 사진, 물리적 자원의 변화 측정

③ 합리적인 측정단위의 위치 설정, 적은 비용, 측정기법의 신뢰성, 영향을 적절하게 측정할 수 있는 지표설정

7. 조경시설물의 유지관리

1) 목재시설물 관리

① 부패
- 부패된 부위 제거 후 나무못 박기, 퍼티 도포 후 건조
- 방충제, 방균제 살포 및 방부페인트 도포

② 갈라졌을 경우
- 피복 도장면 등 제거 및 샌딩
- 갈라진 틈을 퍼티로 채움
- 샌드페이퍼로 문지르고 마무리
- 방부페인트 도포 처리

③ 교체
- 지면과 접한 부위는 정기적으로 방부제 또는 콜타르 도포

2) 콘크리트 제품 관리

① 균열
- 표면실링공법 : 0.2mm 이하의 균열부에 적용, 에폭시계 재료 및 알카리성 폴리우레탄 사용
- V자형 절단 공법 : 표면실링공법보다 효과 우수하며 누수가 있는 곳에 사용, 폴리우레탄폼계
- 고무압식 주입공법 : 24시간 이상 양생

3) 철재 제품 관리
- 인위적인 힘에 의한 파손(휘거나, 닳아서 손상, 용접부위의 파열 등) : 나무망치로 원상복구, 부분절단 후 교체

- 부식에 의한 손상 : 샌드페이퍼로 닦아낸 후 녹막이 페인트 칠 후 도장

4) 석재 제품

① 파손
- 접착부위를 에틸알콜로 세척 후 석재용 에폭시 본드로 접착
- 24시간 정도 고무밴드로 고정

② 균열
- 표면실링공법, 고무압식 주입공법

5) 토사 및 아스팔트 포장 관리

① 토사 포장
- 먼지, 과습, 비산, 먼지 발생 등에 의한 파손

② 아스팔트 포장
- 균열 : 아스팔트 자재 부족, 지내력 부족, 시공이음새 불량
- 국부적 침하 : 지내력 부족, 부동침하
- 요철 : 지내력 불균일, 입도, 공극률 불량
- 박리 : 혼합비율 및 품질불량, 지하수위가 높은 지역, 차량 기름
- 연화 : 아스팔트 자재 과잉 사용, 골재 입도 불량

③ 보수 방법
- 패칭공법 : 균열, 국부침하, 부분적 박리에 적용
- 노면치환공법 : 차량통행이 적고, 균열 정도, 범위가 심각하지 않을 경우 메우거나 덮어 씌워 재생
- 오버레이공법 : 기존포장을 재생, 새 포장으로 조성

6) 시멘트포장

① 패칭공법
- 파손이 심하여 보수가 불가능할 때

② 모르타르주입공법
- 포장면과 기층의 공극에 모르타르 주입
- 포장면을 들어올려 기층의 지지력 회복

③ 오버레이공법
- 전면적으로 파손 및 광범위한 부분이 파손될 우려가 있을 경우

7) 블럭포장

① 모서리 파손
② 포장 자체 파손
③ 포장 요철, 단차, 만곡

8) 배수관리

① 토사 측구
- 잡초가 무성한 지역은 정기적으로 벌초 및 제초 작업을 함
- 단면 및 저면 구배를 일정하게 유지, 토사 측구 침식 퇴적이 현저한 지점은 콘크리트 측구로 개조

② 콘크리트측구
- 토압에 의해 파손되는 경우 측면 배면의 토사를 물이 잘 빠지는 것으로 치환

③ 비탈면 배수
- 비탈면 어깨배수(산마루 도수로)
- 비탈면 종배수(비탈면 도수로)
- 비탈면 횡배수(소단 배수구)

9) 편익 및 유희시설물 관리

① 벤치, 야외 탁자
- 갈라진 곳은 퍼티로 채움
- 목재, 석재, 철재, 콘크리트 제품의 관리 부분 적용

② 옥외조명 : 연 1회이상 정기적 청소
- 백열등 : 수명 짧고 효율이 낮다. 색채연출이 가능
- 형광등 : 일정한 발광이 어렵고 교체주기가 짧다
- 수은등 : 수명이 길다(10,000./h) 색채연출을 위해 안을 코팅
- 나트륨등 : 설치비가 비싸나 유지관리비가 적다.
- 금속할로겐등 : 빛의 조절이나 통제 용이, 색채연출 우수
- LED : 초기비용이 비싸나 장기적으로 전기요금 및 관리비가 경제적이다

10) 안내판 등 SIGNAGE의 유지관리
　① 공원 등은 월 1회, 도로는 월 1~ 2회 청소
　② 재도장 : 2~3년에 1회 도장면 파손 및 훼손 시

3과목 ▎조경 관리

문 1) 수피에 아름다운 얼룩무늬가 관상 요소인 수종이 아닌 것은?

① 노각나무　　② 모과나무　　③ 배롱나무　　④ 자귀나무

문 2) 열매를 관상목적으로 하는 조경 수목 중 열매색이 적색(홍색) 계열이 아닌 것은?
(단, 열매색의 분류 : 황색, 적색, 흑색)

① 주목　　② 화살나무　　③ 산딸나무　　④ 굴거리나무

문 3) 흰말채나무의 특징 설명으로 틀린 것은?

① 노란색의 열매가 특징적이다.
② 층층나무과로 낙엽활엽관목이다.
③ 수피가 여름에는 녹색이나 가을, 겨울철의 붉은 줄기가 아름답다.
④ 잎은 대생하며 타원형 또는 난상타원형이고, 표면에 작은 털이 있으며 뒷면은 흰색의 특징을 갖는다.

문 4) 수목식재에 가장 적합한 토양의 구성비는? (단, 구성은 토양 : 수분 : 공기의 순서임)

① 50% : 25% : 25%　　② 50% : 10% : 40%
③ 40% : 40% : 20%　　④ 30% : 40% : 30%

1. ④　2. ④　3. ①　4. ①

문 5) 차량 통행이 많은 지역의 가로수로 가장 부적합한 것은?
① 은행나무　② 충충나무　③ 양버즘나무　④ 단풍나무

문 6) 지주목 설치에 대한 설명으로 틀린 것은?
① 수피와 지주가 닿은 부분은 보호조치를 취한다.
② 지주목을 설치할 때에는 풍향과 지형 등을 고려한다.
③ 대형목이나 경관상 중요한 곳에는 당김줄형을 설치한다.
④ 지주는 뿌리 속에 박아 넣어 견고히 고정되도록 한다.

문 7) 조경공사의 유형 중 환경생태복원 녹화공사에 속하지 않는 것은?
① 분수공사　　　　　　② 비탈면녹화공사
③ 옥상 및 벽체녹화공사　④ 자연하천 및 저수지공사

문 8) 수목의 가식 장소로 적합한 곳은?
① 배수가 잘 되는 곳
② 차량출입이 어려운 한적한 곳
③ 햇빛이 잘 안들고 점질 토양의 곳
④ 거센 바람이 불거나 흙 입자가 날려 잎을 덮어 보온이 가능한 곳

문 9) 수목의 잎 조직 중 가스교환을 주로 하는 곳은?
① 책상조직　② 엽록체　③ 표피　④ 기공

5. ④　6. ④　7. ①　8. ①　9. ④

문 10) 곤충이 빛에 반응하여 일정한 방향으로 이동하려는 행동습성은?

① 주광성(phototaxis)   ② 주촉성(thigmotaxis)
③ 주화성(chemotaxis)   ④ 주지성(geotaxis)

문 11) 대추나무 빗자루병에 대한 설명으로 틀린 것은?

① 마름무늬매미충에 의하여 매개 전염된다.
② 각종 상처, 기공 등의 자연개구를 통하여 침입한다.
③ 잔가지와 황록색의 아주 작은 잎이 밀생하고, 꽃봉오리가 잎으로 변화된다.
④ 전염된 나무는 옥시테트라사이클린 항생제를 수간주입 한다.

문 12) 여름용(남방계) 잔디라고 불리며, 따뜻하고 건조하거나 습윤한 지대에서 주로 재배되는데 하루 평균기온이 10℃ 이상이 되는 4월 초순부터 생육이 시작되어 6~8월의 25~35℃ 사이에서 가장 생육이 왕성한 것은?

① 켄터키블루그라스   ② 버뮤다그라스
③ 라이그라스   ④ 벤트그라스

문 13) 지표면이 높은 곳의 꼭대기 점을 연결한 선으로, 빗물이 이것을 경계로 좌우로 흐르게 되는 선을 무엇이라 하는가?

① 능선   ② 계곡선
③ 경사 변환점   ④ 방향 변환점

10. ①   11. ②   12. ②   13. ①

문 14) 수변의 디딤돌(징검돌) 놓기에 대한 설명으로 틀린 것은?

① 보행에 적합하도록 지면과 수평으로 배치한다.
② 징검돌의 상단은 수면보다 15㎝ 정도 높게 배치한다.
③ 디딤돌 및 징검돌의 장축은 진행방향에 직각이 되도록 배치한다.
④ 물 순환 및 생태적 환경을 조성하기 위하여 투수지역에서는 가벼운 디딤돌을 주로 활용한다.

문 15) 수경시설(연못)의 유지관리에 관한 내용으로 옳지 않은 것은?

① 겨울철에는 물을 2/3 정도만 채워둔다.
② 녹이 잘 스는 부분은 녹막이 칠을 수시로 해준다.
③ 수중식물 및 어류의 상태를 수시로 점검한다.
④ 물이 새는 곳이 있는지의 여부를 수시로 점검하여 조치한다.

문 16) 화단에 심겨지는 초화류가 갖추어야 할 조건으로 가장 부적합한 것은?

① 가지수는 적고 큰 꽃이 피어야 한다.
② 바람, 건조 및 병·해충에 강해야 한다.
③ 꽃의 색채가 선명하고, 개화기간이 길어야 한다.
④ 성질이 강건하고 재배와 이식이 비교적 용이해야 한다.

문 17) 봄에 향나무의 잎과 줄기에 갈색의 돌기가 형성되고 비가 오면 한천모양이나 젤리모양으로 부풀어 오르는 병은?

① 향나무 가지마름병   ② 향나무 그을음병
③ 향나무 붉은별무늬병   ④ 향나무 녹병

14. ④   15. ①   16. ①   17. ④

문 18) 잔디의 병해 중 녹병의 방제약으로 옳은 것은?
① 글루포시네이트암모늄(액) ② 테부코나졸(유)
③ 에마멕틴벤조에이트(유) ④ 만코제브(수)

문 19) 25% A유제 100mL를 0.05%의 살포액으로 만드는데 소요되는 물의 양(L)으로 가장 가까운 것은? (단, 비중은 1.0 이다.)
① 5 ② 25 ③ 50 ④ 100

문 20) 해충의 체(體) 표면에 직접 살포하거나 살포된 물체에 해충이 접촉되어 약제가 체내에 침입하여 독(毒) 작용을 일으키는 약제는?
① 유인제 ② 접촉살충제 ③ 소화중독제 ④ 화학불임제

문 21) 장미 검은무늬병은 주로 식물체 어느 부위에 발생하는가?
① 꽃 ② 잎 ③ 뿌리 ④ 식물전체

문 22) 진딧물의 방제를 위하여 보호하여야 하는 천적으로 볼 수 없는 것은?
① 무당벌레류 ② 꽃등에류 ③ 솔잎벌류 ④ 풀잠자리류

문 23) 수목의 이식 전 세근을 발달시키기 위해 실시하는 작업을 무엇이라 하는가?
① 가식 ② 뿌리돌림 ③ 뿌리분 포장 ④ 뿌리외과수술

18. ② 19. ③ 20. ② 21. ② 22. ③ 23. ②

문 24) 수목을 장거리 운반할 때 주의해야 할 사항이 아닌 것은?
① 병충해 방제 ② 수피 손상 방지
③ 분 깨짐 방지 ④ 바람 피해 방지

문 25) 인간이나 기계가 공사 목적물을 만들기 위하여 단위물량 당 소요로 하는 노력과 품질을 수량으로 표현한 것을 무엇이라 하는가?
① 할증 ② 품셈 ③ 견적 ④ 내역

문 26) 작업현장에서 작업물의 운반작업 시 주의사항으로 옳지 않은 것은?
① 어깨높이 보다 높은 위치에서 하물을 들고 운반하여서는 안 된다.
② 운반시의 시선은 진행방향을 향하고 뒷걸음 운반을 하여서는 안 된다.
③ 무거운 물건을 운반할 때 무게 중심이 높은 하물은 인력으로 운반하지 않는다.
④ 단독으로 긴 물건을 어깨에 메고 운반할 때에는 뒤쪽을 위로 올린 상태로 운반한다.

문 27) 예불기(예취기) 작업 시 작업자 상호간의 최소 안전거리는 몇 m 이상이 적합한가?
① 4m ② 6m ③ 8m ④ 10m

문 28) 지형도상에서 2점간의 수평거리가 200m이고, 높이차가 5m라 하면 경사도는 얼마인가?
① 2.5% ② 5.0% ③ 10.0% ④ 50.0%

24. ① 25. ② 26. ④ 27. ④ 28. ①

문 29) 옥상녹화 방수 소재에 요구되는 성능 중 가장 거리가 먼 것은?

① 식물의 뿌리에 견디는 내근성
② 시비, 방제 등에 견디는 내약품성
③ 박테리아에 의한 부식에 견디는 성능
④ 색상이 미려하고 미관상 보기 좋은 것

문 30) 다음 중 조경수의 이식에 대한 적응이 가장 어려운 수종은?

① 편백
② 미루나무
③ 수양버들
④ 일본잎갈나무

문 31) 방풍림(wind shelter) 조성에 알맞은 수종은?

① 팽나무, 녹나무, 느티나무
② 곰솔, 대나무류, 자작나무
③ 신갈나무, 졸참나무, 향나무
④ 박달나무, 가문비나무, 아까시나무

문 32) 조경 수목은 식재기의 위치나 환경조건 등에 따라 적절히 선정하여야 한다. 다음 중 수목의 구비조건으로 가장 거리가 먼 것은?

① 병충해에 대한 저항성이 강해야 한다.
② 다듬기 작업 등 유지관리가 용이해야 한다.
③ 이식이 용이하며, 이식 후에도 잘 자라야 한다.
④ 번식이 힘들고 다량으로 구입이 어려워야 희소성 때문에 가치가 있다.

29. ④ 30. ④ 31. ① 32. ④

문 33) 농약제제의 분류 중 분제(粉劑, dusts)에 대한 설명으로 틀린 것은?

① 잔효성이 유제에 비해 짧다.
② 작물에 대한 고착성이 우수하다.
③ 유효성분 농도가 1 ~ 5% 정도인 것이 많다.
④ 유효성분을 고체증량제와 소량의 보조제를 혼합 분쇄한 미분말을 말한다.

문 34) 다음 중 철쭉, 개나리 등 화목류의 전정시기로 가장 알맞은 것은?

① 가을 낙엽 후 실시한다.
② 꽃이 진 후에 실시한다.
③ 이른 봄 해동 후 바로 실시한다.
④ 시기와 상관없이 실시할 수 있다.

문 35) 조경수목에 공급하는 속효성 비료에 대한 설명으로 틀린 것은?

① 대부분의 화학비료가 해당된다.
② 늦가을에서 이른 봄 사이에 준다.
③ 시비 후 5 ~ 7일 정도면 바로 비효가 나타난다.
④ 강우가 많은 지역과 잦은 시기에는 유실정도가 빠르다.

문 36) 잔디공사 중 떼심기 작업의 주의사항이 아닌 것은?

① 뗏장의 이음새에는 흙을 충분히 채워준다.
② 관수를 충분히 하여 흙과 밀착되도록 한다.
③ 경사면의 시공은 위쪽에서 아래쪽으로 작업한다.
④ 뗏장을 붙인 다음에 롤러 등의 장비로 전압을 실시한다.

33. ② 34. ② 35. ② 36. ③

문 37) 천적을 이용해 해충을 방제하는 방법은?

① 생물적 방제 ② 화학적 방제
③ 물리적 방제 ④ 임업적 방제

문 38) 곰팡이가 식물에 침입하는 방법은 직접침입, 연개구로 침입, 상처침입으로 구분할 수 있다. 다음 중 직접침입이 아닌 것은?

① 피목침입 ② 흡기로 침입
③ 세포간 균사로 침입 ④ 흡기를 가진 세포간 균사로 침입

문 39) 토공사에서 터파기할 양이 100m³, 되메우기양이 70m³일 때 실질적인 잔토처리량(m³)은? (단, L = 1.1, C = 0.8이다.)

① 24 ② 30 ③ 33 ④ 39

문 40) 다음 설명의 ( )안에 적합한 것은?

> (　　)란 지질 지표면을 이루는 흙으로, 유기물과 토양 미생물이 풍부한 유기물층과 용탈층 등을 포함한 표층 토양을 말한다.

① 표토 ② 조류(algae) ③ 풍적토 ④ 충적토

문 41) 조경시설물 유지관리 연관 작업계획에 포함되지 않는 작업 내용은?

① 수선, 교체 ② 개량, 신설
③ 복구, 방제 ④ 제초, 전정

37. ① 38. ① 39. ③ 40. ① 41. ④

문 42) 수준측량에서 표고(標高 : elevation)라 함은 일반적으로 어느 면(面)으로부터 연직거리를 말하는가?

① 해면(海面)　　　　② 기준면(基準面)
③ 수평면(水平面)　　④ 지평면(地平面)

문 43) 다음 중 현장 답사 등과 같은 높은 정확도를 요하지 않는 경우에 간단히 거리를 측정하는 약측정 방법에 해당하지 않는 것은?

① 목측　　② 보측　　③ 시각법　　④ 줄자측정

문 44) 토양환경을 개선하기 위해 유공관을 지면과 수직으로 뿌리 주변에 세워 토양내 공기를 공급하여 뿌리호흡을 유도하는데, 유공관의 깊이는 수종, 규격, 식재지역의 토양 상태에 따라 다르게 할 수 있으나, 평균 깊이는 몇 미터 이내로 하는 것이 바람직한가?

① 1m　　② 1.5m　　③ 2m　　④ 3m

문 45) 수목을 이식할 때 고려사항으로 가장 부적합한 것은?

① 지상부의 지엽을 전정해 준다.
② 뿌리분의 손상이 없도록 주의하여 이식한다.
③ 굵은 뿌리의 자른 부위는 방부처리 하여 부패를 방지한다.
④ 운반이 용이하게 뿌리분은 기준보다 가능한 한 작게 하여 무게를 줄인다.

문 46) 다음 중 과일나무가 늙어서 꽃 맺음이 나빠지는 경우에 실시하는 전정은 어느 것인가?

① 생리를 조절하는 전정　　② 생장을 돕기 위한 전정
③ 생장을 억제하는 전정　　④ 세력을 갱신하는 전정

42. ②　43. ④　44. ①　45. ④　46. ④

문 47) 소나무 순지르기에 대한 설명으로 틀린 것은?

① 매년 5~6월경에 실시한다.
② 중심 순만 남기고 모두 자른다.
③ 새순이 5~10㎝의 길이로 자랐을 때 실시한다.
④ 남기는 순도 힘이 지나칠 경우 1/2~1/3 정도로 자른다.

문 48) 코흐의 4원칙에 대한 설명 중 잘못된 것은?

① 미생물은 반드시 환부에 존재해야 한다.
② 미생물은 분리되어 배지상에서 순수 배양되어야 한다.
③ 순수 배양한 미생물은 접종하여 동일한 병이 발생되어야 한다.
④ 발병한 피해부에서 접종에 사용한 미생물과 동일한 성질을 가진 미생물이 반드시 재분리 될 필요는 없다.

문 49) 파이토플라스마에 의한 수목병이 아닌 것은?

① 벚나무 빗자루병　　　② 붉나무 빗자루병
③ 오동나무 빗자루병　　④ 대추나무 빗자루병

문 50) 공사의 설계 및 시공을 의뢰하는 사람을 뜻하는 용어는?

① 설계자　　② 시공자　　③ 발주자　　④ 감독자

문 51) 식재작업의 준비단계에 포함되지 않는 것은?

① 수목 및 양생제 반입 여부를 재확인한다.
② 공정표 및 시공도면, 시방서 등을 검토한다.
③ 빠른 식재를 위한 식재지역의 사전조사는 생략한다.
④ 수목의 배식, 규격, 지하 매설물 등을 고려하여 식재 위치를 결정한다.

47. ②　48. ④　49. ①　50. ③　51. ③

문 52) 아황산가스에 민감하지 않은 수종은?

　① 소나무　　② 겹벚나무　　③ 단풍나무　　④ 화백

문 53) 다음 입찰계약 순서 중 옳은 것은?

　① 입찰공고→낙찰→계약→개찰→입찰→현장설명
　② 입찰공고→현장설명→입찰→계약→낙찰→개찰
　③ 입찰공고→현장설명→입찰→개찰→낙찰→계약
　④ 입찰공고→계약→낙찰→개찰→입찰→현장설명

문 54) 조경 목재시설물의 유지관리를 위한 대책 중 적절하지 않는 것은?

　① 통풍을 좋게 한다.
　② 빗물 등의 고임을 방지한다.
　③ 건조되기 쉬운 간단한 구조로 한다.
　④ 적당한 20~40℃ 온도와 80% 이상의 습도를 유지시킨다.

문 55) 토양 및 수목에 양분을 처리하는 방법의 특징 설명이 틀린 것은?

　① 액비관주는 양분흡수가 빠르다.
　② 수간주입은 나무에 손상이 생긴다.
　③ 엽면시비는 뿌리 발육 불량 지역에 효과적이다.
　④ 천공시비는 비료 과다투입에 따른 염류장해발생 가능성이 없다.

문 56) 다음 중 원가계산에 의한 공사비의 구성에서 『경비』에 해당하지 않는 항목은?

　① 안전관리비　　　　② 운반비
　③ 가설비　　　　　　④ 노무비

52. ④　53. ③　54. ④　55. ④　56. ④

문 57) 잔디깎기의 목적으로 옳지 않은 것은?
① 잡초 방제
② 이용 편리 도모
③ 병충해 방지
④ 잔디의 분열억제

문 58) 다음 중 시설물의 사용연수로 가장 부적합한 것은?
① 철재 시소 : 10년
② 목재 벤치 : 7년
③ 철재 파고라 : 40년
④ 원로의 모래자갈 포장 : 10년

문 59) 다음 중 금속재의 부식 환경에 대한 설명이 아닌 것은?
① 온도가 높을수록 녹의 양은 증가한다.
② 습도가 높을수록 부식속도가 빨리 진행된다.
③ 도장이나 수선 시기는 여름보다 겨울이 좋다.
④ 내륙이나 전원지역보다 자외선이 많은 일반 도심지가 부식속도가 느리게 진행된다.

문 60) 다음 중 같은 밀도(密度)에서 토양공극의 크기(size)가 가장 큰 것은?
① 식토
② 사토
③ 점토
④ 식양토

문 61) 다음 중 경사도에 관한 설명으로 틀린 것은?
① 45° 경사는 1:1이다.
② 25% 경사는 1:4이다.
③ 1:2는 수평거리 1, 수직거리 2를 나타낸다.
④ 경사면은 토양의 안식각을 고려하여 안전한 경사면을 조성한다.

57. ④   58. ③   59. ④   60. ②   61. ③

문 62) 표준품셈에서 수목을 인력시공 식재 후 지주목을 세우지 않을 경우 인력품의 몇 %를 감하는가?

① 5%　　　② 10%　　　③ 15%　　　④ 20%

문 63) 다음 중 멀칭의 기대 효과가 아닌 것은?

① 표토의 유실을 방지　　② 토양의 입단화를 촉진
③ 잡초의 발생을 최소화　　④ 유익한 토양미생물의 생장을 억제

문 64) 다음 중 등고선의 성질에 대한 설명으로 맞는 것은?

① 지표의 경사가 급할수록 등고선 간격이 넓어진다.
② 같은 등고선 위의 모든 점은 높이가 서로 다르다.
③ 등고선은 지표의 최대 경사선의 방향과 직교하지 않는다.
④ 높이가 다른 두 등고선은 동굴이나 절벽의 지형이 아닌 곳에서는 교차하지 않는다.

문 65) 습기가 많은 물가나 습원에서 생육하는 식물을 수생식물이라 한다. 다음 중 이에 해당하지 않는 것은?

① 부처손, 구절초　　② 갈대, 물억새
③ 부들, 생이가래　　④ 고랭이, 미나리

문 66) 가로 2m × 세로 50m의 공간에 H0.4×W0.5 규격의 영산홍으로 생울타리를 만들려고 하면 사용되는 수목의 수량은 약 얼마인가?

① 50주　　　② 100주　　　③ 200주　　　④ 400주

62. ②　63. ④　64. ④　65. ①　66. ④

문 67) 식물명에 대한 『코흐의 원칙』의 설명으로 틀린 것은?

① 병든 생물체에 병원체로 의심되는 특정 미생물이 존재해야 한다.
② 그 미생물은 기주생물로부터 분리되고 배지에서 순수배양되어야 한다.
③ 순수배양한 미생물을 동일 기주에 접종하였을 때 동일한 병이 발생되어야 한다.
④ 병든 생물체로부터 접종할 때 사용하였던 미생물과 동일한 특성의 미생물이 재분리되지만 배양은 되지 않아야 한다.

문 68) 다음 중 철쭉류와 같은 화관목의 전정시기로 가장 적합한 것은?

① 개화 1주 전
② 개화 2주 전
③ 개화가 끝난 직후
④ 휴면기

문 69) 미국흰불나방에 대한 설명으로 틀린 것은?

① 성충으로 월동한다.
② 1화기 보다 2화기에 피해가 심하다.
③ 성충의 활동시기에 피해지역 또는 그 주변에 유아등이나 흡입포충기를 설치하여 유인 포살한다.
④ 알 기간에 알덩어리가 붙어 있는 잎을 채취하여 소각하며, 잎을 가해하고 있는 군서 유충을 소살한다.

문 70) 다음 중 제초제 사용의 주의사항으로 틀린 것은?

① 비나 눈이 올 때는 사용하지 않는다.
② 될 수 있는 대로 다른 농약과 섞어서 사용한다.
③ 적용 대상에 표시되지 않은 식물에는 사용하지 않는다.
④ 살포할 때는 보안경과 마스크를 착용하며, 피부가 노출되지 않도록 한다.

67. ④ 68. ③ 69. ① 70. ②

문 71) 잔디재배 관리방법 중 칼로 토양을 베어주는 작업으로, 잔디의 포복경 및 지하경도 잘라주는 효과가 있으며 레노베이어, 론에어 등의 장비가 사용되는 작업은?
① 스파이킹　　　② 롤링
③ 버티컬 모잉　　④ 슬라이싱

문 72) 페니트로티온 45% 유제 원액 100cc를 0.05%로 희석 살포액을 만들려고 할 때 필요한 물의 양은 얼마인가? (단, 유제의 비중은 1.0이다.)
① 69,900cc　　　② 79,900cc
③ 89,900cc　　　④ 99,900cc

문 73) 대추나무에 발생하는 전신병으로 마름무늬매미충에 의해 전염되는 병은?
① 갈반병　　　② 잎마름병
③ 흑병　　　　④ 빗자루병

문 74) 다음 복합비료 중 주성분 함량이 가장 많은 비료는?
① 21-21-17　　② 11-21-11
③ 18-18-18　　④ 0-40-10

문 75) 해충의 방제방법 중 기계적 방제방법에 해당하지 않는 것은?
① 경운법　　　② 유살법
③ 소살법　　　④ 방사선이용법

71. ④　72. ③　73. ④　74. ①　75. ④

문 76) 물 200L를 가지고 제초제 1000배액을 만들 경우 필요한 약량은 몇 mL인가?

① 10　　　② 100　　　③ 200　　　④ 500

문 77) 동일한 규격의 수목을 연속적으로 모아 심었거나 줄지어 심었을 때 적합한 지주 설치법은?

① 단각지주　　　② 이각지주
③ 삼각지주　　　④ 연결형지주

문 78) 관리업무 수행 중 도급방식의 대상으로 옳은 것은?

① 긴급한 대응이 필요한 업무
② 금액이 적고 간편한 업무
③ 연속해서 행할 수 없는 업무
④ 규모가 크고, 노력, 재료 등을 포함하는 업무

문 79) 다음 중 유충과 성충이 동시에 나무 잎에 피해를 주는 해충이 아닌 것은?

① 느티나무벼룩바구미
② 버들꼬마잎벌레
③ 주둥무늬차색풍뎅이
④ 큰이십팔점박이무당벌레

문 80) 다음 중 생리적 산성비료는?

① 요소　　　② 용성인비　　　③ 석회질소　　　④ 황산암모늄

76. ③　77. ④　78. ④　79. ③　80. ④

문 81) 40%(비중=1)의 어떤 유제가 있다. 이 유제를 1000배로 희석하여 10a 당 9L를 살포하고자 할 때, 유제의 소요량은 몇 mL 인가?
① 7   ② 8   ③ 9   ④ 10

문 82) 흡즙성 해충으로 버즘나무, 철쭉류, 배나무 등에서 많은 피해를 주는 해충은?
① 오리나무잎벌레   ② 솔노랑잎벌
③ 방패벌레   ④ 도토리거위벌레

문 83) 골프코스에서 홀(hole)의 출발지점을 무엇이라 하는가?
① 그린   ② 티   ③ 러프   ④ 페어웨이

문 84) 농약 혼용 시 주의하여야 할 사항으로 틀린 것은?
① 혼용 시 침전물이 생기면 사용하지 않아야한다.
② 가능한 한 고농도로 살포하여 인건비를 절약한다.
③ 농약의 혼용은 반드시 농약 혼용가부표를 참고한다.
④ 농약을 혼용하여 조제한 약제는 될 수 있으면 즉시 살포하여야 한다.

문 85) 목적에 알맞은 수형으로 만들기 위해 나무의 일부분을 잘라주는 관리방법을 무엇이라 하는가?
① 관수   ② 멀칭   ③ 시비   ④ 전정

81. ③   82. ③   83. ②   84. ②   85. ④

문 86) 다음 중 지형을 표시하는데 가장 기본이 되는 등고선은?

① 간곡선　　② 주곡선　　③ 조곡선　　④ 계곡선

문 87) 경관에 변화를 주거나 방음, 방풍 등을 위한 목적으로 작은 동산을 만드는 공사의 종류는?

① 부지정지 공사　　② 흙깎기 공사
③ 멀칭 공사　　　　④ 마운딩 공사

문 88) 잣나무 털녹병의 중간 기주에 해당하는 것은?

① 등골나무　　　　② 향나무
③ 오리나무　　　　④ 까치밥나무

문 89) 공원의 주민참가 3단계 발전과정이 옳은 것은?

① 비참가 → 시민권력의 단계 → 형식적 참가
② 형식적 참가 → 비참가 → 시민권력의 단계
③ 비참가 → 형식적 참가 → 시민권력의 단계
④ 시민권력의 단계 → 비참가 → 형식적 참가

문 90) 농약의 물리적 성질 중 살포하여 부착한 약제가 이슬이나 빗물에 씻겨 내리지 않고 식물체 표면에 묻어있는 성질을 무엇이라 하는가?

① 고착성(tenacity)　　　② 부착성(adhesiveness)
③ 침투성(penetrating)　 ④ 현수성(suspensibility)

86. ②　87. ④　88. ④　89. ③　90. ①

문 91) 소나무류의 순자르기에 대한 설명으로 옳은 것은?

① 10 ~ 12월에 실시한다.
② 남길 순도 1/3 ~ 1/2 정도로 자른다.
③ 새순이 15cm 이상 길이로 자랐을 때에 실시한다.
④ 나무의 세력이 약하거나 크게 기르고자 할 때 순자르기를 강하게 실시한다.

문 92) 일반적인 실물간 양료 요구도(비옥도)가 높은 것부터 차례로 나열 된 것은?

① 활엽수 〉유실수 〉소나무류 〉침엽수
② 유실수 〉침엽수 〉활엽수 〉소나무류
③ 유실수 〉활엽수 〉침엽수 〉소나무류
④ 소나무류 〉침엽수 〉유실수 〉활엽수

문 93) 우리나라에서 발생하는 수목의 녹병 중 기주교대를 하지 않는 것은?

① 소나무 잎녹병   ② 후박나무 녹병
③ 버드나무 잎녹병   ④ 오리나무 잎녹병

문 94) 식물의 주요한 표징 중 병원체의 영양기관에 의한 것이 아닌 것은?

① 균사   ② 균핵   ③ 포자   ④ 자좌

문 95) 다음 중 굵은 가지 절단 시 제거하지 말아야 하는 부위는?

① 목질부   ② 지피융기선   ③ 지륭   ④ 피목

91. ②　92. ③　93. ②　94. ③　95. ③

문 96) 다음 중 생울타리 수종으로 가장 적합한 것은?
① 쥐똥나무　② 이팝나무
③ 은행나무　④ 굴거리 나무

문 97) 조경관리 방식 중 직영방식의 장점에 해당하지 않는 것은?
① 긴급한 대응이 가능하다.
② 관리실태를 정확하게 파악할수 있다.
③ 애착심을 가지므로 관리효율의 향상을 꾀한다.
④ 규모가 큰 시설 등의 관리를 효율적으로 할 수 있다.

문 98) 다음 중 시비시기와 관련된 설명 중 틀린 것은?
① 온대지방에서는 수종에 관계없이 가장 왕성한 생장을 하는 시기가 봄이며, 이 시기에 맞게 비료를 주는 것이 가장 바람직하다.
② 시비효과가 봄에 나타나게 하려면 겨울눈이 트기 4~6주전인 늦은 겨울이나 이른 봄에 토양에 시비한다.
③ 질소비료를 제외한 다른 대량원소는 연중 필요할 때 시비하면 되고, 미량원소를 토양에 시비할 떼에는 가을에 실시한다.
④ 우리나라의 경우 고정생장을 하는 소나무, 전나무, 가문비나무 등은 9~10월 보다는 2월에 시비가 적절하다.

문 99) 다음 중 한국잔디류에 가장 많이 발생하는 병은?
① 녹병　② 탄저병　③ 설부병　④ 브라운 패치

96. ①　97. ④　98. ④　99. ①

문 100) 다음 중 토사붕괴의 예비책으로 틀린 것은?

① 지하수위를 높인다.
② 적절한 경사면의 기울기를 계획한다.
③ 활동할 가능성이 있는 토석은 제거하여야 한다.
④ 말뚝(강관, H형강, 철근 콘크리트)을 타입하여 지반을 강화시킨다.

문 101) 병의 발생에 필요한 3가지 요인을 정량화하여 삼각형의 각 변으로 표시하고 이들 상호관계에 의한 삼각형의 면적을 발병량으로 나타내는 것을 병삼각형이라 한다. 여기에 포함되지 않는 것은?

① 병원체　　　② 환경　　　③ 기주　　　④ 저항성

문 102) 목재 시설물에 대한 특징 및 관리 등의 설명으로 틀린 것은?

① 감촉이 좋고 외관이 아름답다.
② 철재보다 부패하기 쉽고 잘 갈라진다.
③ 정기적인 보수와 칠을 해 주어야 한다.
④ 저온 때 충격에 의한 파손이 우려된다.

문 103) 소나무좀의 생활사를 기술한 것 중 옳은 것은?

① 유충은 2회 탈피하며 유충기간은 약 20일이다.
② 1년에 1~3회 발생하며 암컷은 불완전변태를 한다.
③ 부화유충은 잎, 줄기에 붙어 즙액을 빨아 먹는다.
④ 부화한 애벌레가 쇠약목에 침입하여 갱도를 만든다.

100. ①　101. ④　102. ④　103. ①

문 104) 살비제(acaricide)란 어떠한 약제를 말하는가?

① 선충을 방제하기 위하여 사용하는 약제
② 나방류를 방제하기 위하여 사용하는 약제
③ 응애류를 방제하기 위하여 사용하는 약제
④ 병균이 식물체에 침투하는 것을 방지하는 약제

문 105) 일반적인 공사 수량 산출 방법으로 가장 적합한 것은?

① 중복이 되지 않게 세분화 한다.
② 수직방향에서 수평방향으로 한다.
③ 외부에소 내부로 한다.
④ 작은 곳에서 큰 곳으로 한다.

문 106) 수목의 필수원소 중 다량원소에 해당하지 않는 것은?

① H　　② K　　③ CI　　④ C

문 107) 근원직경이 18 cm 나무의 뿌리분을 만들려고 한다. 다음 식을 이용하여 소나무 뿌리분의 지름을 계산하면 얼마인가? (단, 공식 24+(N-3)×d, d는 상록수 4, 활엽수 5 이다.)

① 80 cm　　② 82 cm　　③ 84 cm　　④ 86 cm

문 108) 농약은 라벨과 두껑의 색으로 구분하여 표기하고 있는데, 다음 중 연결이 바른 것은?

① 제초제 - 노란색　　② 살균제 - 녹색
③ 살충제 - 파란색　　④ 생장조절제 - 흰색

104. ③　105. ①　106. ③　107. ③　108. ①

문 109) 다음 중 순공사원가에 속하지 않는 것은?

① 재료비　　　　　② 경비
③ 노무비　　　　　④ 일반관리비

문 110) 20L 들이 분무기 한통에 1000배액의 농약 용액을 만들고자 할 때 필요한 농약의 약량은?

① 10 mL　　　　　② 20 mL
③ 30 mL　　　　　④ 50 mL

문 111) 가지가 굵어 이미 찢어진 경우에도 도목 등의 위험을 방지 하고자 하는 방법으로 가장 알맞은 것은?

① 지주설치　　　　② 쇠조임(당김줄설치)
③ 외과수술　　　　④ 가지치기

문 112) 수목의 뿌리분 굴취와 관련된 설명으로 틀린 것은?

① 분의 쿠기는 뿌리목 줄기 지름의 3 ~ 4배를 기준으로 한다.
② 수목 주위를 파 내려가는 방향은 지면과 직각이 되도록 한다.
③ 분의 주위를 1/2정도 파 내려갔을 무렵부터 뿌리감기를 시작한다.
④ 분 감기 직근을 잘라야 용이하게 작업할 수 있다.

문 113) 우리나라에서 1929년 서울의 비원(祕苑)과 전남 목포지방에서 처음 발견된 해충으로 솔잎 기부에 충영을 형성하고 그 안에서 흡즙해 소나무에 피해를 주는 해충은?

① 솔껍질깍지벌레　　② 솔잎혹파리
③ 솔나방　　　　　　④ 솔잎벌

109. ④　110. ②　111. ②　112. ④　113. ②

문 114) 다음 중 비료의 3요소에 해당하지 않는 것은?
① N ② K
③ P ④ Mg

문 115) 합성수지 놀이시설물의 관리 요령으로 가장 적합한 것은?
① 자체가 무거워 균열 발생 전에 보수한다.
② 정기적인 보수와 도료 등을 칠해 주어야 한다.
③ 회전하는 축에는 정기적으로 그리스를 주입한다.
④ 겨울철 저온기 때 충격에 의한 파손을 주의한다.

문 116) 다음 중 지피식물 선택 조건으로 부적합한 것은?
① 치밀하게 피복되는 것이 좋다.
② 키가 낮고 다년생이며 부드러워야 한다.
③ 병충해에 강하며 관리가 용이하여야 한다.
④ 특수 환경에 잘 적응하며 희소성이 있어야 한다.

문 117) 다음 중 토양 통기성에 대한 설명으로 틀린 것은?
① 기체는 농도가 낮은 곳에서 높은 곳으로 확산작용에 의해 이동한다.
② 토양 속에는 대기와 마찬가지로 질소, 산소 이산화탄소 등의 기체가 존재한다.
③ 토양생물의 호흡과 분해로 인해 토양 공기 중에는 대기에 비하여 산소가 적고 이산화탄소가 많다.
④ 건조한 토양에서는 이산화탄소와 산소의 이동이나 교환이 쉽다.

114. ④   115. ④   116. ④   117. ①

문 118) 과다 사용시 병에 대한 저항력을 감소시키므로 특히 토양의 비배관리에 주의해야 하는 무기성분은?

① 질소　　② 규산　　③ 칼륨　　④ 인산

문 119) 토양수분 중 식물이 생육에 주로 이용하는 유효수분은?

① 결합수　　② 흡습수　　③ 모세관수　　④ 중력수

문 120) 인공 식재 기반 조성에 대한 설명으로 틀린 것은?

① 토양, 방수 및 배수시설 등에 유의한다.
② 식재층과 배수층 사이는 부직포를 깐다.
③ 심근성 교목의 생존 최소 깊이는 40cm로 한다.
④ 건축물 위의 인공식재 기반은 방수처리 한다.

문 121) 개화 결실을 목적으로 실시하는 정지-전정의 방법으로 틀린 것은? (문제 오류로 실제 시험에서는 1, 2번이 정답 처리된듯 합니다. 여기서는 2번을 누르면 정답 처리 됩니다.)

① 약지는 길게, 강지는 짧게 전정하여야 한다.
② 묵은 가지나 병충해 가지는 수액유동후에 전정한다.
③ 작은 가지나 내측으로 뻗은 가지는 제거한다.
④ 개화결실을 촉진하기 위하여 가지를 유인하거나 단근 작접을 실시한다.

문 122) 도시공원의 식물 관리비 계산시 산출근거와 관련이 없는 것은?

① 식물의 수량　　② 식물의 품종
③ 작업률　　　　④ 작업회수

118. ① 119. ③ 120. ③ 121. ② 122. ②

문 123) 안전관리 사고의 유형은 설치, 관리, 이용자·보호자·주최자 등의 부주의, 자연재해 등에 의한 사고로 분류된다. 다음 중 관리하자에 의한 사고의 종류에 해당하지 않는 것은?

① 위험물 방치에 의한 것
② 시설의 노후 및 파손에 의한 것
③ 시설의 구조 자체의 결함에 의한 것
④ 위험장소에 대한 안전대책 미비에 의한 것

문 124) 다음 중 방제 대상별 농약 포장지 색깔이 옳은 것은?

① 살충제 – 노란색   ② 살균제 – 초록색
③ 제초제 – 분홍색   ④ 생장 조절제 – 청색

문 125) 다음 중 콘크리트의 파손 유형이 아닌 것은?

① 균열(crack)   ② 융기(blow-up)   ③ 단차(faulting)   ④ 양생(curing)

문 126) 수간과 줄기 표면의 상처에 침투성 약액을 발라 조직내로 약효성분이 흡수되게 하는 농약 사용법은?

① 도포법   ② 관주법   ③ 도말법   ④ 분무법

문 127) 참나무 시들음병에 관한 설명으로 틀린 것은?

① 피해목은 벌채 및 훈증처리 한다.
② 솔수염하늘소가 매개충이다.
③ 곰팡이가 도관을 막아 수분과 양분을 차단한다.
④ 우리나라에서는 2004년 경기도 성남시에서 처음 발견되었다.

123. ③   124. ④   125. ④   126. ①   127. ②

문 128) 적심(摘心, candle pinching)에 대한 설명으로 틀린 것은?

① 고정생장하는 수목에 실시한다.
② 참나무과(科) 수종에서 주로 실시한다.
③ 수관이 치밀하게 되도록 교정하는 작업이다.
④ 촛대처럼 자란 새순을 가위로 잘라주거나 손끝으로 끊어준다.

문 129) 이종기생균이 그 생활사를 완성하기 위하여 기주를 바꾸는 것을 무엇이라고 하는가?

① 기주교대   ② 중간기주   ③ 이종기생   ④ 공생교환

문 130) 수목식재시 수목을 구덩이에 앉히고 난 후 흙을 넣는 데 수식(물죔)과 토식(흙죔)이 있다. 다음 중 토식을 실시하기에 적합하지 않은 수종은?

① 목련   ② 전나무   ③ 서향   ④ 해송

문 131) 식물의 아래 잎에서 황화현상이 일어나고 심하면 잎 전면에 나타나며, 잎이 작지만 잎수가 감소하며 초본류의 초장이 작아지고 조기 낙엽이 비료결핍의 원인이라면 어느 비료 요소와 관련된 설명인가?

① P   ② N   ③ Mg   ④ K

문 132) 뿌리분의 크기를 구하는 식으로 가장 적합한 것은?

① 24 + (N-3)×d   ② 24 + (N+3)÷d
③ 24 · (n-3)+d   ④ 24 - (n-3)-d

128. ②   129. ①   130. ①   131. ②   132. ①

문 133) 제초제 1000ppm은 몇 %인가?

① 0.01%   ② 0.1%   ③ 1%   ④ 10%

문 134) 수목 외과 수술의 시공 순서로 옳은 것은

> ① 동공 가장자리의 형성층 노출
> ② 부패부 제거
> ③ 표면 경화처리
> ④ 동공 충진
> ⑤ 방수처리
> ⑥ 인공수피 처리
> ⑦ 소독 및 방부처리

① ①-⑥-②-③-④-⑤-⑦   ② ②-⑦-①-⑥-⑤-③-④
③ ①-②-③-④-⑤-⑥-⑦   ④ ②-①-⑦-④-⑤-③-⑥

문 135) 저온의 해를 받은 수목의 관리방법으로 적당하지 않은 것은?

① 멀칭
② 바람막이 설치
③ 강전정과 과다한 시비
④ wilt-pruf(시들음방지제) 살포

문 136) 더운 여름 오후에 햇빛이 강하면 수간의 남서쪽 수피가 열에 의해서 피해(터지거나 갈라짐)를 받을 수 있는 현상을 무엇이라 하는가?

① 피소   ② 상렬   ③ 조상   ④ 한상

133. ②   134. ④   135. ③   136. ①

문 137) 식물이 필요로 하는 양분요소 중 미량원소로 옳은 것은?
① O   ② K   ③ Fe   ④ S

문 138) 진딧물이나 깍지벌레의 분비물에 곰팡이가 감염되어 발생하는 병은?
① 흰가루병   ② 녹병
③ 잿빛곰팡이병   ④ 그을음병

문 139) 해충의 방제방법 중 기계적 방제에 해당되지 않는 것은?
① 포살법   ② 진동법
③ 경운법   ④ 온도처리법

문 140) 철재시설물의 손상부분을 점검하는 항목으로 가장 부적합한 것은?
① 용접 등의 접합부분   ② 충격에 비틀린 곳
③ 부식된 곳   ④ 침하된 것

문 141) 조경식재 공사에서 뿌리돌림의 목적으로 가장 부적합한 것은?
① 뿌리분을 크게 만들려고
② 이식 후 활착을 돕기 위해
③ 잔뿌리의 신생과 신장도모
④ 뿌리 일부를 절단 또는 각피하여 잔부리 발생촉진

137. ③   138. ④   139. ④   140. ④   141. ①

문 142) 농약의 사용목적에 따른 분류 중 응애류에만 효과가 있는 것은?

① 살충제   ② 살균제   ③ 살비제   ④ 살초제

문 143) 생물분류학적으로 거미강에 속하며 덥고, 건조한 환경을 좋아하고 뾰족한 입으로 즙을 빨아먹는 해충은?

① 진딧물   ② 나무좀   ③ 응애   ④ 가루이

문 144) 다음 노목의 세력회복을 위한 뿌리자르기의 시기와 방법 설명 중 ( )에 들어갈 가장 적합한 것은?

- 뿌리자르기의 가장 좋은 시기는 (㉠)이다.
- 뿌리자르기 방법은 나무의 근원 지름의 (㉡) 배되는 길이로 원을 그려, 그 위치에서 (㉢)의 깊이로 파내려간다.
- 뿌리 자르는 각도는 (㉣)가 적합하다.

① (ㄱ) 월동 전, (ㄴ) 5~6, (ㄷ) 45~50cm, (ㄹ) 위에서 30°
② (ㄱ) 땅이 풀린 직후부터 4월 상순, (ㄴ) 1~2, (ㄷ) 10~20cm (ㄹ) 위에서 45°
③ (ㄱ) 월동전, (ㄴ) 1~2, (ㄷ) 직각또는 아래쪽으로 30° (ㄹ) 직각 또는 아래쪽으로 30°
④ (ㄱ) 땅이 풀린 직후부터 4월 상순, (ㄴ) 5~6, (ㄷ) 45~50cm (ㄹ) 직각 또는 아래쪽으로 45°

문 145) 우리나라에서 발생하는 주요 소나무류에 잎녹병을 발생시키는 병원균의 기주로 맞지 않는 것은?

① 소나무   ② 해송
③ 스트로브잣나무   ④ 송이풀

142. ③   143. ③   144. ④   145. ④

문 146) 다음 중 한 가지에 많은 봉우리가 생긴 경우 솎아 낸다든지, 열매를 따버리는 등의 작업을 하는 목적으로 가장 적당한 것은?

① 생장조장을 돕는 가지 다듬기
② 세력을 갱신하는 가지 다듬기
③ 착화 및 착과 촉진을 위한 가지 다듬기
④ 생장을 억제하는 가지 다듬기

문 147) 조경수목의 단근작업에 대한 설명으로 틀린 것은?

① 뿌리 기능이 쇠약해진 나무의 세력을 회복하기 위한 작업이다.
② 잔뿌리의 발달을 촉진시키고, 뿌리의 노화를 방지한다.
③ 굵은 뿌리는 모두 잘라야 아랫가지의 발육이 좋아진다.
④ 땅이 풀린 직후부터 4월 상순까지가 가장 좋은 작업시기다.

문 148) 실내조경 식물의 잎이나 줄기에 백색 점무늬가 생기고 점차 퍼져서 흰 곰팡이 모양이 되는 원인으로 옳은 것은?

① 탄저병   ② 무름병
③ 흰가루병 ④ 모자이크병

문 149) 다음 중 이식하기 어려운 수종이 아닌 것은?

① 소나무   ② 자작나무
③ 섬잣나무 ④ 은행나무

146. ③   147. ③   148. ③   149. ④

문 150) 잔디의 뗏밥 넣기에 관한 설명으로 가장 부적합한 것은?

① 뗏밥은 가는 모래 2, 밭흙 1, 유기물 약간을 섞어 사용한다.
② 뗏밥은 이용하는 흙은 일반적으로 열처리하거나 증기소독등 소독을 하기도 한다.
③ 뗏밥은 한지형 잔디의 경우 봄, 가을에 주고 난지형 잔디의 경우 생육이 왕성한 6~8월에 주는 것이 좋다.
④ 뗏밥의 두께는 30㎜ 정도로 주고, 다시 줄 때에는 일주일이 지난 후에 잎이 덮일 때까지 주어야 좋다.

문 151) 조경관리에서 주민참가의 단계는 시민 권력의 단계, 형식참가의 단계, 비참가의 단계 등으로 구분되는데 그중 시민권력의 간계에 해당되지 않는 것은?

① 가치관리(citizen control)
② 유화(placation)
③ 권한 위양(delegated power)
④ 파드너쉽(partnership)

문 152) 다음 중 조경수목의 꽃눈분화, 결실 등과 가장 관련이 깊은 것은?

① 질소와 탄소비율
② 탄소와 칼륨비율
③ 질소와 인산비율
④ 인산과 칼륨비율

문 153) 다음 중 잔디의 종류 중 한국잔디(korean lawngrass or Zoysiagrass)의 특징 설명으로 옳지 않은 것은?

① 우리나라의 자생종이다.
② 난지형 잔디에 속한다.
③ 뗏장에 의해서만 번식 가능하다
④ 손상 시 회복속도가 느리고 겨울 동안 황색상태로 남아 있는 단점이 있다.

150. ④ 151. ② 152. ① 153. ③

문 154) 다음 중 차폐식재에 적용 가능한 수종의 특징으로 옳지 않은 것은?

① 지하고가 낮고 지엽이 치밀한 수종
② 전정에 강하고 유지 관리가 용이한 수종
③ 아랫가지가 말라죽지 않는 상록수
④ 높은 식별성 및 상징적 의미가 있는 수종

문 155) 농약살포가 어려운 지역과 솔잎혹파리 방제에 사용되는 농약 사용법은?

① 도포법　　　　　　　② 수간주사법
③ 입제살포법　　　　　④ 관주법

문 156) 900㎡의 잔디광장을 평떼로 조성하려고 할 때 필요한 잔디량은 약 얼마인가?

① 약 1,000매　　　　　② 약 5,000매
③ 약 10,000매　　　　 ④ 약 20,000매

문 157) 한 가지 약제를 연용하여 살포시 방제효과가 떨어지는 대표적인 해충은?

① 깍지벌레　　② 진딧물　　③ 잎벌　　④ 응애

문 158) 시설물 관리를 위한 페인트 칠하기의 방법으로 가장 거리가 먼 것은?

① 목재의 바탕칠을 할 때에는 별도의 작업없이 불순물을 제거한 후 바로 수성페인트를 칠한다.
② 철재의 바탕칠을 할 때에는 별도의 작업없이 불순물을 제거한 후 바로 수성페인트를 칠한다.
③ 목재의 갈라진 구멍, 홈, 틈은 퍼티로 땜질하여 24시간후 초벌칠을 한다.
④ 콘크리트, 모르타르면의 틈은 석고로 땜질하고 유성 또는 수성페인트를 칠한다.

154. ④　155. ②　156. ③　157. ④　158. ②

문 159) 형상수(topiary)를 만들 때 유의 사항이 아닌 것은?

① 망설임 없이 강전정을 통해 한 번에 수형을 만든다.
② 형상수를 만들 수 있는 대상수종은 맹아력이 좋은 것을 선택한다.
③ 전정 시시는 상처를 아물게 하는 유합조직이 잘 생기는 3월 중에 실시한다.
④ 수형을 잡는 방법은 통대나무에 가지를 고정시켜 유인하는 방법, 규준틀을 만들어 가지를 유인하는 방법, 가지에 전정만을 하는 방법 등이 있다.

문 160) 다음 중 루비깍지벌레의 구제에 가장 효과적인 농약은?

① 페니트로티온수화제
② 다이아지논분제
③ 포스파미돈액제
④ 옥시테트라사이클린수화제

문 161) 지형을 표시하는데 가장 기본이 되는 등고선의 종류는?

① 조곡선　　② 주곡선　　③ 간곡선　　④ 계곡선

문 162) 다음 중 소나무의 순자르기 방법으로 가장 거리가 먼 것은?

① 수세가 좋거나 어린나무는 다소 빨리 실시하고, 노목이나 약해 보이는 나무는 5~7일 늦게 한다.
② 손으로 순을 따 주는 것이 좋다.
③ 5~6월경에 새순이 5~10㎝ 자랐을 때 실시한다.
④ 자라는 힘이 지나치다고 생각될 때에는 1/3~1/2정도 남겨두고 끝 부분을 따 버린다.

159. ①　160. ③　161. ②　162. ①

문 163) 난지형 한국잔디의 발아적온으로 맞는 것은?

① 15~20℃ ② 20~23℃ ③ 25~30℃ ④ 30~33℃

문 164) 다음 중 잡초의 특성으로 옳지 않은 것은?

① 재생 능력이 강하고 번식 능력이 크다.
② 종자의 휴면성이 강하고 수명이 길다.
③ 생육 환경에 대하여 적응성이 작다.
④ 땅을 가리지 않고 흡비력이 강하다.

문 165) 겨울철에 제설을 위하여 사용되는 해빙염(deicing salt)에 관한 설명으로 옳지 않은 것은?

① 염화칼슘이나 염화나트륨이 주로 사용된다.
② 장기적으로는 수목의 쇠락(decline)으로 이어진다.
③ 흔히 수목의 잎에는 괴사성 반점(점무늬)이 나타난다.
④ 일반적으로 상록수가 낙엽수보다 더 큰 피해를 입는다.

문 166) 소나무류의 잎솎기는 어느 때 하는 것이 가장 좋은가?

① 12월경 ② 2월경 ③ 5월경 ④ 8월경

문 167) 다음 중 천적 등 방제대상이 아닌 곤충류에 가장 피해를 주기 쉬운 농약은?

① 훈증제 ② 전착제
③ 침투성 살충제 ④ 지속성 접촉제

163. ④ 164. ③ 165. ③ 166. ④ 167. ④

문 168) 토양수분 중 식물이 이용하는 형태로 가장 알맞은 것은?

① 결합수　　② 자유수　　③ 중력수　　④ 모세관수

문 169) 전정도구 중 주로 연하고 부드러운 가지나 수관 내부의 가늘고 약한 가지를 자를 때와 꽃꽂이를 할 때 흔히 사용하는 것은?

① 대형전정가위　　② 적심가위 또는 순치기가위
③ 적화, 적과가위　　④ 조형 전정가위

문 170) 이식한 수목의 줄기와 가지에 새끼로 수피감기하는 이유로 가장 거리가 먼 것은?

① 경관을 향상시킨다.
② 수피로부터 수분 증산을 억제한다.
③ 병해충의 침입을 막아준다.
④ 강한 태양광선으로부터 피해를 막아준다.

문 171) 농약을 유효 주성분의 조성에 따라 분류한 것은?

① 입제　　② 훈증제
③ 유기인계　　④ 식물생장 조정제

문 172) 소나무류 가해 해충이 아닌 것은?

① 알락하늘소　　② 솔잎혹파리
③ 솔수염하늘소　　④ 솔나방

168. ④　169. ②　170. ①　171. ③　172. ①

문 173) 토양침식에 대한 설명으로 옳지 않은 것은?

　① 토양의 침식량은 유거수량이 많을수록 적어진다.
　② 토양유실량은 강우량보다 최대강우강도와 관계가 있다.
　③ 경사도가 크면 유속이 빨라져 무거운 입자도 침식된다.
　④ 식물의 생장은 투수성을 좋게 하여 토양 유실량을 감소시킨다.

문 174) 조경시설물의 관리원칙으로 옳지 않은 것은?

　① 여름철 그늘이 필요한 곳에 차광시설이나 녹음수를 식재한다.
　② 노인, 주부 등이 오랜 시간 머무는 곳은 가급적 석재를 사용한다.
　③ 바닥에 물이 고이는 곳은 배수시설을 하고 다시 포장한다.
　④ 이용자의 사용빈도가 높은 것은 충분히 조이거나 용접한다.

문 175) 수목의 전정작업 요령에 관한 설명으로 옳지 않은 것은?

　① 상부는 가볍게, 하부는 강하게 한다.
　② 우선 나무의 정상부로부터 주지의 전정을 실시한다.
　③ 전정작업을 하기 전 나무의 수형을 살펴 이루어질 가지의 배치를 염두에 둔다.
　④ 주지의 전정은 주간에 대해서 사방으로 고르게 굵은가지를 배치하는 동시에 상하(上下)로도 적당한 간격으로 자리잡도록 한다.

문 176) 개화를 촉진하는 정원수 관리에 관한 설명으뮨)로 옳지 않은 것은?

　① 햇빛을 충분히 받도록 해준다.
　② 물을 되도록 적게 주어 꽃눈이 많이 생기도록 한다.
　③ 깻묵, 닭똥, 요소, 두엄 등을 15일 간격으로 시비한다.
　④ 너무 많은 꽃봉오리는 솎아낸다.

173. ①　174. ②　175. ①　176. ③

문 177) 다음 중 일반적으로 전정시 제거해야 하는 가지가 아닌 것은?

① 도장한 가지 ② 바퀴살 가지
③ 얽힌 가지   ④ 주지(主枝)

문 178) 일반적으로 근원 직경이 10㎝인 수목의 뿌리분을 뜨고자 할 때 뿌리분의 직경으로 적당한 크기는?

① 20㎝   ② 40㎝   ③ 80㎝   ④ 120㎝

문 179) 마운딩(maunding)의 기능으로 옳지 않은 것은?

① 유효 토심확보   ② 배수 방향 조절
③ 공간 연결의 역할   ④ 자연스러운 경관 연출

문 180) 수목의 키를 낮추려면 다음 중 어떠한 방법으로 전정하는 것이 가장 좋은가?

① 수액이 유동하기 전에 약전정을 한다.
② 수액이 유동한 후에 약전정을 한다.
③ 수액이 유동하기 전에 강전정을 한다.
④ 수액이 유동한 후에 강전정을 한다.

문 181) 꺾꽂이(삽목)번식과 관련된 설명으로 옳지 않은 것은?

① 왜성화할 수도 있다.
② 봄철에는 새싹이 나오고 난 직후에 실시한다.
③ 실생묘에 비해 개화·결실이 빠르다.
④ 20~30℃의 온도와 포화상태에 가까운 습도 조건이면 항시 가능하다.

177. ④   178. ②   179. ③   180. ③   181. ②

문 182) 흡즙성 해충의 분비물로 인하여 발생하는 병은?
① 흰가루병 ② 흑병
③ 그을음병 ④ 점무늬병

문 183) 다음 중 토양수분의 형태적 분류와 설명이 옳지 않은 것은?
① 결합수(結合水) - 토양 줄의 화합물의 한 성분
② 흡습수(吸濕水) - 흡착되어 있어서 식물이 이용하지 못하는 수분
③ 모관수(毛管水) - 식물이 이용할 수 있는 수분의 대부분
④ 중력수(重力水) - 중력에 내려가지 않고 표면장력에 의하여 토양입자에 붙어 있는 수분

문 184) 조경현장에서 사고가 발생하였다고 할 때 응급조치를 잘못 취한 것은?
① 기계의 작동이나 전원을 단절시켜 사고의 진행을 막는다.
② 현장에 관중이 모이거나 흥분이 고조되지 않도록 하여야 한다.
③ 사고 현장은 사고 조사가 끝날 때까지 그대로 보존하여 두어야 한다.
④ 상해자가 발생시는 관계 조사관이 현장을 확인 보존 후 이후 전문의의 치료를 맡게 한다.

문 185) 과습지역 토양의 물리적 관리 방법이 아닌 것은?
① 암거배수 시설설치 ② 명거배수 시설설치
③ 토양치환 ④ 석회사용

182. ③ 183. ④ 184. ④ 185. ④

문 186) 잎응애(spider mite)에 관한 설명으로 옳지 않은 것은?

① 절지동물로서 기미강에 속한다.
② 무당벌레, 풀잠자리, 거미 등의 천적이 있다.
③ 5월부터 세심히 관찰하여 약충이 발견되면, 다이아지논입체 등 살충제를 살포한다.
④ 육안으로 보이지 않기 때문에 응해피해를 다른 병으로 잘못 진단하는 경우가 자주 있다.

문 187) 단풍나무를 식재 적기가 아닌 여름에 옮겨 심을 때 실시해야 하는 작업은?

① 뿌리분을 크게 하고, 잎을 모조리 따내고 식재
② 뿌리분을 적게 하고, 가지를 잘라낸 후 식재
③ 굵은 뿌리는 자르고, 가지를 솎아내고 식재
④ 잔뿌리 및 굵은 뿌리를 적당히 자르고 식재

문 188) 잔디의 잎에 갈색 냉반이 동그랗게 생기고, 특히 6~9월경에 벤트 그라스에 주로 나타나는 병해는?

① 녹병   ② 황화병   ③ 브라운패치   ④ 설부병

문 189) 소나무류는 생장조절 및 수형을 바로잡기 위하여 순따기를 실시하는데 대략 어느 시기에 실시하는가?

① 3~4월   ② 5~6월   ③ 9~10월   ④ 11~12월

문 190) 다음 중 미국흰불나방 구제에 가장 효과가 좋은 것은?

① 디캄바액제(반벨)   ② 디니코나졸수화제(빈나리)
③ 시마진수화제(씨마진)   ④ 카바릴수화제(세빈)

186. ③   187. ①   188. ③   189. ②   190. ④

문 191) 난지형 잔디에 뗏밥을 주는 가장 적합한 시기는?

　　① 3~4월　　② 5~7월　　③ 9~10월　　④ 11~1월

문 192) 조경수를 이용한 가로막이 시설의 기능이 아닌 것은?

　　① 보행자의 움직임 규제　　② 시선차단
　　③ 광선방지　　　　　　　　④ 악취방지

문 193) 모래밭(모래터) 조성에 관한 설명으로 가장 부적합한 것은?

　　① 적어도 하루에 4~5시간의 햇볕이 쬐고 통풍이 잘되는 곳에 설치한다.
　　② 모래밭은 가급적 휴게시설에서 멀리 배치한다.
　　③ 모래밭의 깊이는 놀이의 안전을 고려하여 30㎝ 이상으로 한다.
　　④ 가장자리는 방부처리한 목재 또는 각종 소재를 사용하여 지표보다 높게 모래막이 시설을 해준다.

문 194) 다음 중 정형식 배식유형은?

　　① 부등변삼각형식재　　② 임의식재
　　③ 군식　　　　　　　　④ 교호식재

문 195) 사철나무 탄저병에 관한 설명으로 틀린 것은?

　　① 관리가 부실한 나무에서 많이 발생하므로 거름주기와 가지치기 등의 관리를 철저히 하면 문제가 없다.
　　② 흔히 그을음병과 같이 발생하는 경향이 있으며 병징도 혼동될 때가 있다.
　　③ 상습발생지에서는 병든 잎을 모아 태우거나 땅 속에 묻고, 6월경부터 살균제를 3~4회 살포한다.
　　④ 잎에 크고 작은 점무늬가 생기고 차츰 움푹 들어가면 진전되므로 지저분한 느낌을 준다.

191. ②　192. ④　193. ②　194. ④　195. ②

문 196) 다음 중 수목의 전정 시 제거해야 하는 가지가 아닌 것은?
① 밑에서 움돋는 가지 ② 아래를 향해 자란 하향지
③ 위를 향해 자라는 주지 ④ 교차한 교차지

문 197) 다음 중 접붙이기 번식을 하는 목적으로 가장 거리가 먼 것은?
① 종자가 없고 꺾꽂이로도 뿌리 내리지 못하는 수목의 증식에 이용된다.
② 씨뿌림으로는 품종이 지니고 있는 고유의 특징을 계승시킬 수 없는 수목의 증식에 이용된다.
③ 가지가 쇠약해지거나 말라 죽은 경우 이것을 보태주거나 또는 힘을 회복시키기 위해서 이용된다.
④ 바탕나무의 특성보다 우수한 품종을 개발하기 위해 이용된다.

문 198) 다음 중 밭에 많이 발생하여 우생하는 잡초는?
① 바랭이 ② 올미 ③ 가래 ④ 너도방동사니

문 199) 소나무의 순지르기, 활엽수의 잎 따기 등에 해당하는 전정법은?
① 생장을 돕기 위한 전정 ② 생장을 억제하기 위한 전정
③ 생리를 조절하는 전정 ④ 세력을 갱신하는 전정

문 200) 배롱나무, 장미 등과 같은 내한성이 약한 나무의 지상부를 보호하기 위하여 사용되는 가장 적합한 월동 조치법은?
① 흙묻기 ② 새끼감기 ③ 연기쐬우기 ④ 짚싸기

196. ③ 197. ④ 198. ① 199. ② 200. ④

문 201) 다음 중 큰 나무의 뿌리돌림에 대한 설명으로 가장 거리가 먼 것은?

① 굵은 뿌리를 3~4개 정도 남겨둔다.
② 굵은 뿌리 절단시는 톱으로 깨끗이 절단한다.
③ 뿌리돌림을 한 후에 새끼로 뿌리분을 감아두면 뿌리의 부패를 촉진하여 좋지 않다.
④ 뿌리돌림을 하기 전 수목이 흔들리지 않도록 지주목을 설치하여 작업하는 방법도 좋다.

문 202) 다음 중 침상화단(Sunken garden)에 관한 설명으로 가장 적합한 것은?

① 관상하기 편리하도록 지면을 1~2m 정도 파내려가 꾸민 화단
② 중앙부를 낮게하기 위하여 키 작은 꽃을 중앙에 심어 꾸민 화단
③ 양탄자를 내려다 보듯이 꾸민 화단
④ 경계부분을 따라서 1열로 꾸민 화단

문 203) 양분결핍 현상이 생육초기에 일어나기 쉬우며, 새잎에 황화 현상이 나타나고 엽맥 사이가 비단무늬 모양으로 되는 결핍 원소는?

① Fe　　　　　　　　② Mn
③ Zn　　　　　　　　④ Cu

문 204) 공원 내에 설치된 목재벤치 좌판(坐板)의 도장보수는 보통 얼마 주기로 실시하는 것이 좋은가?

① 계절이 바뀔 때　　　② 6개월
③ 매년　　　　　　　　④ 2~3년

201. ③　202. ①　203. ①　204. ④

문 205) 다음 중 교목류의 높은 가지를 전정하거나 열매를 채취할 때 주로 사용할 수 있는 가위는?

① 대형전정가위
② 조형전정가위
③ 순치기가위
④ 갈쿠리전정가위

문 206) 다음 복합비료 중 주성분 함량이 가장 많은 비료는?

① 0-40-10
② 11-21-11
③ 21-21-17
④ 18-18-18

문 207) 눈이 트기 전 가지의 여러 곳에 자리 잡은 눈 가운데 필요로 하지 않은 눈을 따버리는 작업을 무엇이라 하는가?

① 순자르기
② 열매따기
③ 눈따기
④ 가지치기

문 208) 심근성 수목을 굴취할 때 뿌리분의 형태는?

① 접시분
② 사각평분
③ 보통분
④ 조개분

문 209) 수목에 영양공급 시 그 효과가 가장 빨리 나타나는 것은?

① 토양천공시비
② 수간주사
③ 엽면시비
④ 유기물시비

205. ④ 206. ③ 207. ③ 208. ④ 209. ③

문 210) 다음 토양층위 중 집적층에 해당되는 것은?
  ① A층   ② B층   ③ C층   ④ O층

문 211) 이른 봄 늦게 오는 서리로 인한 수목의 피해를 나타내는 것은?
  ① 조상(早霜)   ② 만상(晩霜)
  ③ 동상(凍傷)   ④ 한상(寒傷)

문 212) 다음 수목의 외과 수술용 재료 중 동공 충전물의 재료로 가장 부적합한 것은?
  ① 콜타르   ② 에폭시수지
  ③ 불포화 폴리에스테르 수지   ④ 우레탄 고무

문 213) 솔잎혹파리에 대한 설명 중 틀린 것은?
  ① 1년에 1회 발생한다.
  ② 유충으로 땅속에서 월동한다.
  ③ 우리나라에서는 1929년에 처음 발견되었다.
  ④ 유충은 솔잎을 일부에서부터 갉아 먹는다.

문 214) 토양의 물리성과 화학성을 개선하기 위한 유기질 토양 개량재는 어떤 것인가?
  ① 펄라이트   ② 버미큘라이트
  ③ 피트모스   ④ 제올라이트

210. ②   211. ②   212. ①   213. ④   214. ③

문 215) 다음 중 주요 기능의 관점에서 옥외 레크레이션의 관리 체계와 가장 거리가 먼 것은?

① 이용자관리　　② 자원관리
③ 공정관리　　　④ 서비스관리

문 216) 잔디밭에서 많이 발생하는 잡초인 클로버(토끼풀)를 제초하는데 가장 효율적인 것은?

① 베노밀 수화제　　② 캡탄 수화제
③ 디코폴 수화제　　④ 디캄바 수화제

문 217) 농약 살포작업을 위해 물 100L를 가지고 1000배액을 만들 경우 얼마의 약량이 필요한가?

① 50㎖　　② 100㎖　　③ 150㎖　　④ 200㎖

문 218) 생울타리처럼 수목이 대상으로 군식되었을 때 거름 주는 방법으로 가장 적당한 것은?

① 전면거름주기　　② 천공거름주기
③ 선상거름주기　　④ 방사상거름주기

문 219) 임해매립지 식재지반에서의 조경 시공시 고려하여야 할 사항으로 가장 거리가 먼 것은?

① 지하수위조정　　　② 염분제거
③ 발생가스 및 악취제거　　④ 배수관부설

215. ③　216. ④　217. ②　218. ③　219. ③

문 220) 다음 제초제 중 잡초와 작물 모두를 살멸시키는 비선택성 제초제는?

① 디캄바액제　　　② 글리포세이트액제
③ 펜티온유제　　　④ 에터폰액제

문 221) 소나무류의 순따기에 알맞은 적이는?

① 1 ~ 2월　　　② 3 ~ 4월
③ 5 ~ 6월　　　④ 7 ~ 8월

문 222) 다음 설명하는 잡초로 옳은 것은?

- 밀년생 광엽잡초
- 눈잡초로 많이 발생할 경우는 기계수확이 곤란
- 줄기 기부가 비스듬히 땅을 기며 뿌리가 내리는 잡초

① 메꽃　　② 한련초　　③ 가막사리　　④ 사마귀풀

문 223) 다음 가지다듬기 중 생리조정을 위한 가지 다듬기는?

① 병·해충 피해를 입은 가지를 잘라내었다.
② 향나무를 일정한 모양으로 깎아 다듬었다.
③ 늙은 가지를 젊은 가지로 갱신 하였다
④ 이식한 정원수의 가지를 알맞게 잘라냈다.

220. ②　221. ③　222. ④　223. ④

문 224) 평판측량에서 평판을 정치하는데 생기는 오차 중 측량결과에 가장 큰 영향을 주므로 특히 주의해야 할 것은?

① 수평맞추기 오차
② 중심맞추기 오차
③ 방향맞추기 오차
④ 엘리데이드의 수준기에 따른 오차

문 225) 잔디밭을 조성하려 할 때 뗏장붙이는 방법으로 틀린 것은?

① 뗏장붙이기 전에 미리 땅을 갈고 정지(整地)하여 밑거름을 넣는 것이 좋다.
② 뗏장붙이는 방법에는 전면붙이기, 어긋나게붙이기, 줄붙이기 등이 있다.
③ 줄붙이기나 어긋나게붙이기는 뗏장을 절약하는 방법이지만, 아름다운 잔디밭이 완성되기까지에는 긴 시간이 소요된다.
④ 경사면에는 평떼 전면붙이기를 시행한다.

문 226) 다음 중 식엽성(食葉性) 해충이 아닌 것은?

① 솔나방
② 텐트나방
③ 복숭아명나방
④ 미국흰불나방

문 227) 조형(造形)을 목적으로 한 전정을 가장 잘 설명한 것은?

① 고사지 또는 병지를 제거한다.
② 밀생한 가지를 솎아준다.
③ 도장지를 제거하고 곁가지를 조정한다.
④ 나무 원형의 특징을 살려 다듬는다.

문 228) 다져진 잔디밭에 공기 유통이 잘되도록 구멍을 뚫는 기계는?

① 소드 바운드(sod bound)
② 론 모우어(lawn mower)
③ 론 스파이크(lawn spike)
④ 레이크(take)

224. ③ 225. ④ 226. ③ 227. ④ 228. ③

문 229) 다음 중 흙쌓기에서 비탈면의 안정효과를 가장 크게 얻을 수 있는 경사는?

① 1 : 0.3
② 1 : 0.5
③ 1 : 0.8
④ 1 : 1.5

문 230) 다음 중 들잔디의 관리 설명으로 옳지 않은 것은?

① 들잔디의 깎기 높이는 2~3cm로 한다.
② 뗏밥은 초겨울 또는 해동이 되는 이른 봄에 준다
③ 해충은 황금충류가 가장 큰 피해를 준다.
④ 병은 녹병의 발생이 많다.

문 231) 생울타리를 전지·전정 하려고 한다. 태양의 광선을 골고루 받게 하여 생울타리의 밑가지 생육을 건전하게 하려면 생울타리의 단면 모양은 어떻게 하는 것이 가장 적합한가?

① 삼각형
② 사각형
③ 팔각형
④ 원형

문 232) 설계도서에 포함되지 않는 것은?

① 물량내역서
② 공사시방서
③ 설계도면
④ 현장사진

문 233) 다음 중 파이토플라스마에 의한 수목병은?

① 뽕나무 오갈병
② 잣나무 털녹병
③ 밤나무 뿌리혹병
④ 낙엽송 끝마름병

229. ④ 230. ② 231. ① 232. ④ 233. ①

문 234) 건물이나 담장 앞 또는 원로에 따라 길게 만들어지는 화단은?
① 모듬화단   ② 경재화단   ③ 카펫화단   ④ 침상화단

문 235) 수간에 약액 주입시 구멍 뚫는 각도로 가장 적절한 것은?
① 수평   ② 0 ~ 10   ③ 20 ~ 30   ④ 50 ~ 60

문 236) 토양의 입경조성에 의한 토양의 분류를 무엇이라고 하는가?
① 토성   ② 토양통   ③ 토양반응   ④ 토양분류

문 237) 비료의 3요소가 아닌 것은?
① 질소(N)   ② 인산(P)   ③ 칼슘(Ca)   ④ 칼륨(K)

문 238) 조경설계기준상 휴게시설의 의자에 관한 설명으로 틀린 것은?
① 체류시간을 고려하여 설계하며, 긴 휴식에 이용되는 의자는 앉음판의 높이가 낮고 등받이를 길게 설계 한다.
② 등받이 각도는 수평면을 기준으로 85~95°를 기준으로 한다.
③ 앉음판의 높이는 34~46cm를 기준으로 하되 어린이를 위한 의자는 낮게 할 수 있다.
④ 의자의 길이는 1인당 최소 45cm를 기준으로 하되, 팔걸이부분의 폭은 제외한다.

234. ②   235. ③   236. ①   237. ③   238. ②

문 239) 공사 일정 관리를 위한 횡선식 공정표와 비교한 네트워크(NET WORK) 공정표의 설명으로 옳지 않은 것은?

① 공사 통제 기능이 좋다.
② 문제점의 사전 예측이 용이하다.
③ 일정의 변화를 탄력적으로 대처할 수 있다.
④ 간단한 공사 및 시급한 공사, 개략적인 공정에 사용된다.

문 240) 소량의 소수성 용매에 원제를 용해하고 유화제를 사용하여 물에 유화시킨 액을 의미하는 것은?

① 용액   ② 유탁액   ③ 수용액   ④ 현탁액

문 241) Methidathion(메치온) 40% 유제를 1000배액으로 희석해서 10a 당 6말(20L/말)을 살포하여 해충을 방제하고자 할 때 유제의 소요량은 몇 mL 인가?

① 100   ② 120   ③ 150   ④ 240

문 242) 가로수는 키큰나무(교목)의 경우 식재간격을 몇 m 이상으로 할 수 있는가? (단, 도로의 위치와 주위 여건, 식재수종의 수관폭과 생장속도, 가로수로 인한 피해 등을 고려하여 식재간격을 조정할 수 있다.)

① 6m   ② 8m   ③ 10m   ④ 12m

문 243) 마스터 플랜(Master plan)이란?

① 기본계획이다.   ② 실시설계이다.
③ 수목 배식도이다.   ④ 공사용 상세도이다.

239. ④   240. ②   241. ②   242. ②   243. ①

문 244) 화단에 초화류를 식재하는 방법으로 옳지 않은 것은?

① 식재할 곳에 1m²당 퇴비 1~2kg, 복합비료 80~120g을 밑거름으로 뿌리고 20~30cm 깊이로 갈아 준다.
② 큰 면적의 화단은 바깥쪽부터 시작하여 중앙부위로 심어 나가는 것이 좋다.
③ 식재하는 줄이 바뀔 때마다 서로 어긋나게 심는 것이 보기에 좋고 생장에 유리하다.
④ 심기 한나절 전에 관수해 주면 캐낼 때 뿌리에 흙이 많이 붙어 활착에 좋다.

문 245) 나무의 특성에 따라 조화미, 균형미, 주위 환경과의 미적 적응 등을 고려하여 나무 모양을 위주로 한 전정을 실시하는데, 그 설명으로 옳은 것은?

① 조경수목의 대부분에 적용되는 것은 아니다.
② 전정시기는 3월 중순~6월 중순, 10월 말 ~ 12월 중순이 이상적이다.
③ 일반적으로 전정작업 순서는 위에서 아래로 수형의 균형을 잃은 정도로 강한 가지, 얽힌 가지, 난잡한 가지를 제거한다.
④ 상록수의 전정은 6월~9월이 좋다.

문 246) 일반적으로 빗자루병이 가장 발생하기 쉬운 수종은?

① 향나무　　② 대추나무　　③ 동백나무　　④ 장미

문 247) 다음 [보기]의 잔디종자 파종작업들을 순서대로 바르게 나열한 것은?

| ㉠ 기비 살포 | ㉡ 정지작업 | ㉢ 파종 | ㉣ 멀칭 |
| ㉤ 전압 | ㉥ 복토 | ㉦ 경운 | |

① ㉦ → ㉠ → ㉡ → ㉢ → ㉥ → ㉤ → ㉣
② ㉠ → ㉢ → ㉡ → ㉥ → ㉣ → ㉤ → ㉦
③ ㉡ → ㉢ → ㉤ → ㉥ → ㉠ → ㉣ → ㉦
④ ㉢ → ㉠ → ㉡ → ㉥ → ㉤ → ㉦ → ㉣

244. ②　245. ③　246. ②　247. ①

문 248) 건물과 정원을 연결시키는 역할을 하는 시설은?

　① 아치　　　② 트렐리스　　　③ 퍼걸러　　　④ 테라스

문 249) 시설물의 기초부위에서 발생하는 토공량의 관계식으로 옳은 것은?

　① 잔토처리 토량 = 되메우기 체적 - 터파기 체적
　② 되메우기 토량 = 터파기 체적 - 기초 구조부 체적
　③ 되메우기 토량 = 기초 구조부 체적 - 터파기 체적
　④ 잔토처리 토량 = 기초 구조부 체적 - 터파기 체적

문 250) 꽃이 피고 난 뒤 낙화할 무렵 바로 가지다듬기를 해야 하는 좋은 수종은?

　① 철쭉　　　② 목련　　　③ 명자나무　　　④ 사과나무

문 251) 원로의 시공계획시 일반적인 사항을 설명한 것 중 틀린 것은?

　① 원로는 단순 명쾌하게 설계, 시공이 되어야 한다.
　② 보행자 한사람 통행 가능한 원로폭은 0.8~1.0m 이다.
　③ 원칙적으로 보도와 차도를 겸할 수 없도록 하고, 최소한 분리시키도록 한다.
　④ 보행자 2인이 나란히 통행 가능한 원로폭은 1.5~2.0m 이다.

문 252) 다음 중 관리하자에 의한 사고에 해당되지 않는 것은?

　① 시설의 구조자체의 결함에 의한 것
　② 시설의 노후 · 파손에 의한 것
　③ 위험장소에 대한 안전대책 미비에 의한 것
　④ 위험물 방치에 의한 것

248. ④　249. ②　250. ①　251. ③　252. ①

문 253) 관수의 효과가 아닌 것은?

① 토양 중의 양분을 용해하고 흡수하여 신진대사를 원활하게 한다.
② 증산작용으로 인한 잎의 온도 상승을 막고 식물체 온도를 유지한다.
③ 지표와 공중의 습도가 높아져 증산량이 증대된다.
④ 토양의 건조를 막고 생육 환경을 형성하여 나무의 생장을 촉진시킨다.

문 254) 다음 설명하는 해충은?

- 가해 수종으로는 향나무, 편백, 삼나무 등
- 똥을 줄기 밖으로 배출하지 않기 때문에 발견하기 어렵다.
- 기생성 천적인 좀벌류, 맵시벌류, 기생파리류로 생물학적 방제를 한다.

① 박쥐나방 ② 측백나무하늘소
③ 미끈이하늘소 ④ 장수하늘소

문 255) 창살울타리(Trellis)는 설치 목적에 따라 높이가 차이가 결정되는데 그 목적이 적극적 침입방지의 기능일 경우 최소 얼마 이상으로 하여야 하는가?

① 2.5m ② 1.5m ③ 1m ④ 50cm

문 256) 다음 뗏장을 입히는 방법 중 줄붙이기 방법에 해당하는 것은?

253. ③ 254. ② 255. ② 256. ④

문 257) 다음 중 전정의 목적 설명으로 옳지 않은 것은?

① 희귀한 수종의 번식에 중점을 두고 한다.
② 미관에 중점을 두고 한다.
③ 실용적인 면에 중점을 두고 한다.
④ 생리적인 면에 중점을 두고 한다.

문 258) 흙을 이용하여 2m 높이로 마운딩하려 할 때, 더돋기를 고려해 실제 쌓아야 하는 높이로 가장 적합한 것은?

① 2m   ② 2m 20cm   ③ 3m   ④ 3m 30cm

문 259) 비중이 1.15인 이소푸로치오란 유제(50%) 100ml 로 0.05% 살포액을 제조하는데 필요한 물의 양은?

① 104.9L   ② 110.5L   ③ 114.9L   ④ 124.9L

문 260) 중앙에 큰 암거를 설치하고 좌우에 작은 암거를 연결시키는 형태로, 경기장과 같이 전 지역의 배수가 균일하게 요구되는 곳에 주로 이용되는 형태는?

① 어골형   ② 즐치형   ③ 자연형   ④ 차단법

문 261) 상해(霜害)의 피해와 관련된 설명으로 틀린 것은?

① 분지를 이루고 있는 우묵한 지형에 상해가 심하다.
② 성목보다 유령목에 피해를 받기 쉽다.
③ 일차(日差)가 심한 남쪽 경사면 보다 북쪽 경사면이 피해가 심하다.
④ 건조한 토양보다 과습한 토양에서 피해가 많다.

257. ①   258. ②   259. ③   260. ①   261. ③

문 262) 상록수를 옮겨심기 위하여 나무를 캐 올릴 때 뿌리분의 지름으로 가장 적합한 것은?

① 근원직경의 1/2배   ② 근원직경의 1배
③ 근원직경의 3배   ④ 근원직경의 4배

문 263) 솔나방의 생태적 특성으로 옳지 않은 것은?

① 식엽성 해충으로 분류된다.
② 줄기에 약 400개의 알을 낳는다.
③ 1년에 1회로 성충은 7~8월에 발생한다.
④ 유충이 잎을 가해하며, 심하게 피해를 받으면 소나무가 고사하기도 한다.

문 264) 일반적인 조경관리에 해당되지 않는 것은?

① 운영관리   ② 유지관리   ③ 이용관리   ④ 생산관리

문 265) 다음 해충 중 성충의 피해가 문제되는 것은?

① 솔나방   ② 소나무좀
③ 뽕나무하늘소 ④ 밤나무순혹벌

문 266) 조경설계기준에서 인공지반에 식재된 식물과 생육에 필요한 최소 식재토심으로 옳은 것은? (단, 배수구배는 1.5~2%, 자연토양을 사용)

① 잔디 : 15cm   ② 초본류 : 20cm
③ 소관목 : 40cm   ④ 대관목 : 60cm

262. ④   263. ②   264. ④   265. ②   266. ①

문 267) 다음 중 한발이 계속될 때 짚 깔기나 물주기를 제일 먼저 해야 될 나무는?

① 소나무
② 향나무
③ 가중나무
④ 낙우송

문 268) 우리나라의 조선시대 전통정원을 꾸미고자 할 때 다음 중 연못시공으로 적합한 호안공은?

① 자연석 호안공
② 사괴석 호안공
③ 편책 호안공
④ 마름돌 호안공

문 269) 다음 중 농약의 보조제가 아닌 것은?

① 증량제
② 협력제
③ 유인제
④ 유화제

문 270) 주로 종자에 의하여 번식되는 잡초는?

① 올미
② 가래
③ 피
④ 너도방동사니

문 271) 삼각형의 세변의 길이가 각각 5m, 4m, 5m 라고 하면 면적은 약 얼마인가?

① 약 8.2㎡
② 약 9.2㎡
③ 약 10.2㎡
④ 약 11.2㎡

267. ④ 268. ② 269. ③ 270. ③ 271. ②

문 272) 곁눈 밑에 상처를 내어 놓으면 잎에서 만들어진 동화물질이 축적되어 잎눈이 꽃눈으로 변하는 일이 많다. 어떤 이유 때문인가?

① C/N 율이 낮아지므로 ② C/N 율이 높아지므로
③ T/R 율이 낮아지므로 ④ T/R 율이 높아지므로

문 273) 관상하기에 편리하도로고 땅을 1~2m 깊이로 파내려가 평평한 바닥을 조성하고, 그 바닥에 화단을 조성한 것은?

① 기식화단   ② 모둠화단   ③ 양탄자화단   ④ 침상화단

문 274) 다음 중 줄기의 수피가 얇아 옮겨 심은 직후 줄기 감기를 반드시 하여야 되는 수종은?

① 배롱나무   ② 소나무   ③ 향나무   ④ 은행나무

문 275) 돌쌓기 시공상 유의해야 할 사항으로 옳지 않은 것은?

① 서로 이웃하는 상하층의 세로 줄눈을 연속하게 된다.
② 돌쌓기 시 뒤채움을 잘 하여야 한다.
③ 석재는 충분하게 수분을 흡수시켜서 사용해야 한다.
④ 하루에 1 ~ 1.2m 이하로 찰쌓기를 하는 것이 좋다.

문 276) 잔디밭의 관수시간으로 가장 적당한 것은?

① 오후 2시 경에 실시하는 것이 좋다.
② 정오 경에 실시하는 것이 좋다.
③ 오후 6시 이후 저녁이나 일출 전에 한다.
④ 아무 때나 잔디가 타면 관수한다.

272. ②   273. ④   274. ①   275. ①   276. ③

문 277) 내충성이 강한 품종을 선택하는 것은 다음 중 어느 방제법에 속하는가?

① 물리적 방제법　　② 화학적 방제법
③ 생물적 방제법　　④ 재배학적 방제법

문 278) 작물 -잡초 간의 경합에 있어서 임계 경합기간(critical period of competition)이란?

① 경합이 끝나는 시기
② 경합이 시작되는 시기
③ 작물이 경합에 가장 민감한 시기
④ 잡초가 경합에 가장 민감한 시기

문 279) 다음 중 정원수의 덧거름으로 가장 적합한 것은?

① 요소　　② 생석회　　③ 두엄　　④ 쌀겨

문 280) 다음 중 교목의 식재 공사 공정으로 옳은 것은?

① 구덩이 파기 → 물 죽쑤기 → 묻기 → 지주세우기 → 수목방향 정하기 → 물집 만들기
② 구덩이 파기 → 수목방향 정하기 → 묻기 → 물 죽쑤기 → 지주세우기 → 물집 만들기
③ 수목방향 정하기 → 구덩이 파기 → 물 죽쑤기 → 묻기 → 지주세우기 → 물집 만들기
④ 수목방향 정하기 → 구덩이 파기 → 묻기 → 지주세우기 → 물 죽쑤기 → 물집 만들기

277. ④　　278. ③　　279. ①　　280. ②

문 281) 질소기아 현상에 대한 설명으로 옳지 않은 것은?

① 탄질율이 높은 유기물이 토양에 가해질 경우 발생 한다.
② 미생물과 고등식물 간에 질소경쟁이 일어난다.
③ 미생물 상호 간의 질소경쟁이 일어난다.
④ 토양으로부터 질소의 유실이 촉진된다.

문 282) 다음 중 세균에 의한 수목병은?

① 밤나무 뿌리혹병　　② 뽕나무 오갈병
③ 소나무 잎녹병　　　④ 포플러 모자이크병

문 283) 겨울 전정의 설명으로 틀린 것은?

① 12~3월에 실시한다.
② 상록수는 동계에 강전정하는 것이 가장 좋다.
③ 제거 대상가지를 발견하기 쉽고 작업도 용이하다.
④ 휴면 중이기 때문에 굵은 가지를 잘라 내어도 전정의 영향을 거의 받지 않는다.

문 284) 공사의 실시방식 중 공동 도급의 특징이 아닌 것은?

① 공사이행의 확실성이 보장된다.
② 여러 회사의 참여로 위험이 분산된다.
③ 이해 충돌이 없고, 임기응변 처리가 가능하다.
④ 공사의 하자책임이 불분명하다.

281. ④　282. ①　283. ②　284. ③

문 285) 다음 중 수간주입 방법으로 옳지 않은 것은?

① 구멍속의 이물질과 공기를 뺀 후 주입관을 넣는다.
② 중력식 수간주사는 가능한 한 지제부 가까이에 구멍을 뚫는다.
③ 구멍의 각도는 50 ~ 60도 가량 경사지게 세워서, 구멍지름 20㎜ 정도로 한다.
④ 뿌리가 제구실을 못하고 다른 시비방법이 없을 때, 빠른 수세회복을 원할 때 사용한다.

문 286) 다음 중 뿌리분의 형태별 종류에 해당하지 않는 것은?

① 보통분　　② 사각분　　③ 접시분　　④ 조개분

문 287) 다음 [보기]를 공원 행사의 개최 순서대로 나열한 것은?

① 제작　② 실시　③ 기획　④ 평가

① ① → ② → ③ → ④
② ③ → ① → ② → ④
③ ④ → ① → ② → ③
④ ① → ④ → ③ → ②

문 288) 다음 중 수목의 굵은 가지치기 방법으로 옳지 않은 것은?

① 잘라낼 부위는 먼저 가지의 밑동으로 부터 10 ~ 15㎝ 부위를 위에서부터 아래까지 내리자른다.
② 잘라낼 부위는 아래쪽에 가지굵기의 1/3정도 깊이 까지 톱자국을 먼저 만들어 놓는다.
③ 톱을 돌려 아래쪽에 만들어 놓은 상처보다 약간 높은 곳을 위에서부터 내리자른다.
④ 톱으로 자른 자리의 거친 면은 손칼로 깨끗이 다듬는다.

285. ③　286. ②　287. ②　288. ①

문 289) 지형도에서 U자 모양으로 그 바닥이 낮은 높이의 등고선을 향하면 이것은 무엇을 의미하는가?

① 계곡   ② 능선   ③ 현애   ④ 동굴

문 290) 크롬산 아연을 안료로 하고, 알키드 수지를 전색료로 한 것으로서 알루미늄 녹막이 초벌칠에 적당한 도료는?

① 광명단　　　　　　② 파커라이징
③ 그라파이트　　　　④ 징크로메이트

문 291) 한국 잔디의 해충으로 가장 큰 피해를 주는 것은?

① 풍뎅이 유충　　　　② 거세미나방
③ 땅강아지　　　　　④ 선충

문 292) 생울타리처럼 수목이 대상으로 군식 되었을때 거름주는 방법으로 가장 적당한 것은?

① 전면 거름주기　　　② 방사상 거름주기
③ 천공 거름주기　　　④ 선상 거름주기

문 293) 정원수의 거름주기 설명으로 옳지 않은 것은?

① 속효성 거름은 7월 이후에 준다.
② 지효성의 유기질 비료는 밑거름으로 준다.
③ 질소질 비료와 같은 속효성 비료는 덧거름으로 준다.
④ 지효성 비료는 늦가을에서 이른 봄 사이에 준다.

289. ②　290. ④　291. ①　292. ④　293. ①

문 294) 배수공사 중 지하층 배수와 관련된 설명으로 옳지 않은 것은?

① 지하층 배수는 속도랑을 설치해 줌으로써 가능하다.
② 암거배수의 배치형태는 어골형, 평행형, 빗살형, 부채살형, 자유형 등이 있다.
③ 속도랑의 깊이는 심근성보다 천근성 수종을 식재할 때 더 깊게 한다.
④ 큰 공원에서는 자연 지형에 따라 배치하는 자연형 배수방법이 많이 이용된다.

문 295) 흙깎기(切土) 공사에 대한 설명으로 옳은 것은?

① 보통 토질에서는 흙깎기 비탈면 경사를 1 : 0.5 정도로 한다.
② 흙깎기를 할 때는 안식각보다 약간 크게 하여 비탈면의 안정을 유지한다.
③ 작업물량이 기준보다 작은 경우 인력보다는 장비를 동원하여 시공하는 것이 경제적이다.
④ 식재공사가 포함된 경우의 흙깎기에서는 지표면 표토를 보존하여 식물생육에 유용하도록 한다.

문 296) 참나무 시들음병에 대한 설명으로 옳지 않은 것은?

① 매개충은 광릉긴나무좀이다.
② 피해목은 초가을에 모든 잎이 낙엽된다.
③ 매개충의 암컷등판에는 곰팡이를 넣는 균낭이 있다
④ 월동한 성충은 5월경에 침입공을 빠져나와 새로운 나무를 가해한다.

문 297) 다음 설명하는 해충으로 가장 적합한 것은?

```
- 유충은 적색, 분홍색, 검은색이다.
- 끈끈한 분비물을 분비한다.
- 식물의 어린잎이나 새가지, 꽃봉오리에
  붙어 수액을 빨아먹어 생육을 억제한다.
- 점착성 분비물을 배설하며 그을음병을
  발생시킨다.
```

① 응애   ② 솜벌레   ③ 진딧물   ④ 깍지벌레

294. ③ 295. ④ 296. ② 297. ③

문 298) 잔디의 상토 소독에 사용하는 약제는?
　　　① 디캄바　　　　　② 에테폰
　　　③ 메티다티온　　　④ 메틸브로마이드

문 299) 다음 중 학교 조경의 수목 선정 기준에 가장 부적합한 것은?
　　　① 생태적 특성　　　② 경관적 특성
　　　③ 교육적 특성　　　④ 조형적 특성

문 300) 어린이 놀이 시설물 설치에 대한 설명으로 옳지 않은 것은?
　　　① 시소는 출입구에 가까운 곳, 휴게소 근처에 배치하도록 한다.
　　　② 미끄럼대의 미끄럼판의 각도는 일반적으로 30 ~ 40도 정도의 범위로 한다.
　　　③ 그네는 통행이 많은 곳을 피하여 동서방향으로 설치한다.
　　　④ 모래터는 하루 4 ~ 5시간의 햇볕이 쬐고 통풍이 잘 되는 곳에 위치한다.

문 301) 토공작업시 지반면보다 낮은 면의 굴착에 사용하는 기계로 깊이 6m 정도의 굴착에 적당하며, 백호우 라고도 불리는 기계는?
　　　① 클램 쉘　　　　② 드랙 라인
　　　③ 파워 쇼벨　　　④ 드랙 쇼벨

문 302) 거실이나 응접실 또는 식당 앞에 건물과 잇대어서 만드는 시설물은?
　　　① 정자　　② 테라스　　③ 모래터　　④ 트렐리스

298. ④　299. 4　300. ③　301. ④　302. ②

문 303) 다음 보도블록 포장공사의 단면 그림 중 블록 아랫부분은 무엇으로 채우는 것이 좋은가?

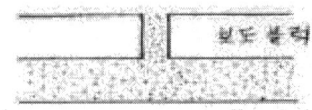

① 자갈   ② 모래   ③ 잡석   ④ 콘크리트

문 304) 원로의 디딤돌 놓기에 관한 설명으로 틀린 것은?
① 디딤돌은 주로 화강암을 넓적하고 둥글게 기계로 깎아 다듬어 놓은 돌만을 이용한다.
② 디딤돌은 보행을 위하여 공원이나 저원에서 잔디밭, 자갈 위에 설치하는 것이다.
③ 징검돌은 상·하면이 평평하고 지름 또한 한 면의 길이가 30 ~ 60cm, 높이가 30cm 이상인 크기의 강석을 주로 사용한다.
④ 디딤돌의 배치간격 및 형식 등은 설계도면에 따르되 윗면은 수평으로 놓고 지면과의 높이는 5cm 내외로 한다.

문 305) 다음 중 전정을 할 때 큰 줄기나 가지자르기를 삼가야 하는 수종은?
① 벚나무   ② 수양버들   ③ 오동나무   ④ 현사시나무

문 306) 오늘날 세계 3대 수목병에 속하지 않는 것은?
① 잣나무 털녹병   ② 느릅나무 시들음병
③ 밤나무 줄기마름병   ④ 소나무류리지나뿌리썩음병

303. ② 304. ① 305. ① 306. ④

문 307) 자연석(조경석) 쌓기의 설명으로 옳지 않은 것은?

① 크고 작은 자연석을 이용하여 잘 배치하고, 견고하게 쌓는다.
② 사용되는 돌의 선택은 인공적으로 다듬은 것으로 가급적 벌어짐이 없이 연결될 수 있도록 배치한다.
③ 자연석으로 서로 어울리게 배치하고 자연석 틈 사이에 관목류를 이용하여 채운다.
④ 맨 밑에는 큰 돌을 기초석을 배치하고, 보기 좋은 면이 앞면으로 오게 한다.

문 308) 다음 중 농약의 혼용사용 시 장점이 아닌 것은?

① 약해 증가　　　　　② 독성 경감
③ 약효 상승　　　　　④ 약효지속기간 연장

문 309) 실내조경 식물의 선정 기준이 아닌 것은?

① 낮은 광도에 견디는 식물　② 온도 변화에 예민한 식물
③ 가스에 잘 견디는 식물　　④ 내건성과 내습성이 강한 식물

문 310) 나무를 옮겨 심었을 때 잘려 진 뿌리로부터 새 뿌리가 오게 하여 활착이 잘되게 하는데 가장 중요한 것은?

① 호르몬과 온도　　　　② C/N율과 토양의 온도
③ 온도와 지주목의 종류　④ 입으로부터의 증산과 뿌리의 흡수

문 311) 퍼걸라(pergola) 설치 장소로 적합하지 않은 것은?

① 건물에 붙여 만들어진 테라스 위　② 주택 정원의 가운데
③ 통경선의 끝 부분　　　　　　　　④ 주택 정원의 구석진 곳

307. ②　308. ①　309. ②　310. ④　311. ②

문 312) 조경수 전정의 방법이 옳지 않은 것은?

① 전체적인 수형의 구성을 미리 정한다.
② 충분한 햇빛을 받을 수 있도록 가지를 배치한다.
③ 병해충 피해를 받은 가지는 제거한다.
④ 아래에서 위로 올라 가면서 전정한다.

문 313) 직영공사의 특징 설명으로 옳지 않은 것은?

① 공사내용이 단순하고 시공 과정이 용이 할 때
② 풍부하고 저렴한 노동력, 재료의 보유 또는 구입편의가 있을 때
③ 시급한 준공을 필요로 할 때
④ 일반도급으로 단가를 정하기 곤란한 특수한 공사가 필요할 때

문 314) 솔수염하늘소의 성충이 최대로 출연하는 최성기로 가장 적합한 것은?

① 3~4월   ② 4~5월   ③ 6~7월   ④ 9~10월

문 315) 다음 중 일반적인 토양의 상태에 따른 뿌리 발달의 특징 설명으로 옳지 않은 것은?

① 비옥한 토양에서는 뿌리목 가까이에서 많은 뿌리가 갈라져 나가고 길게 뻗지 않는다.
② 척박지에서는 뿌리의 갈라짐이 적고 길게 뻗어 나간다.
③ 건조한 토양에서는 뿌리가 짧고 좁게 퍼진다.
④ 습한 토양에서는 호흡을 위하여 땅 표면 가까운 곳에 뿌리가 퍼진다.

문 316) 비탈면의 기울기는 관목 식재시 어느 정도 경사보다 완만하게 식재하여야 하는가?

① 1:0.3보다 완만하게   ② 1:1보다 완만하게
③ 1:2보다 완만하게   ④ 1:3보다 완만하게

312. ④   313. ③   314. ③   315. ③   316. ③

문 317) 조경 시설물 중 관리 시설물로 분류되는 것은?
　　　① 분수, 인공폭포　　　② 그네, 미끄럼틀
　　　③ 축구장, 철봉　　　　④ 조명시설, 표지판

문 318) 지역이 광대해서 하수를 한 개소로 모으기가 곤란 할 때 배수지역을 수개 또는 그 이상으로 구분해서 배관하는 배수 방식은?
　　　① 직각식　　② 차집식　　③ 방사식　　④ 선형식

문 319) 다음 수목 중 식재시 근원직경에 의한 품셈을 적용할 수 있는 것은?
　　　① 은행나무　　② 왕벚나무　　③ 아왜나무　　④ 꽃사과나무

문 320) 항공사진측량의 장점 중 틀린 것은?
　　　① 축척 변경이 용이하다.
　　　② 분업화에 의한 작업능률성이 높다.
　　　③ 동적인 대상물의 측량이 가능하다.
　　　④ 좁은 지역 측량에서 50% 정도의 경비가 절약 된다.

문 321) 배식설계도 작성시 고려될 사항으로 옳지 않은 것은?
　　　① 배식평면도에는 수목의 위치, 수종, 규격, 수량 등을 표기한다.
　　　② 배식평면도에서는 일반적으로 수목수량표를 표제란에 기입한다.
　　　③ 배식평면도는 시설물평면도와 무관하게 작성할 수 있다.
　　　④ 배식평면도 작성시 수목의 성장을 고려하여 설계할 필요가 있다.

317. ④　318. ③　319. ④　320. ④　321. ③

문 322) 비교적 좁은 지역에서 대축척으로 세부 측량을 할 경우 효율적이며, 지역 내에 장애물이 없는 경우 유리한 평판측량방법은?
① 방사법 ② 전진법 ③ 전방교회법 ④ 후방교회법

문 323) 다음 중 질소질 속효성 비료로서 주로 덧거름으로 쓰이는 비료는?
① 황산암모늄 ② 두엄 ③ 생석회 ④ 깻묵

문 324) 터파기 공사를 할 경우 평균부피가 굴착 전 보다 가장 많이 증가하는 것은?
① 모래 ② 보통흙 ③ 자갈 ④ 암석

문 325) 다음 도시공원 시설 중 유희시설에 해당되는 것은?
① 야영장 ② 잔디밭 ③ 도서관 ④ 뉴시터

문 326) 정원에서 간단한 눈가림 구실을 할 수 있는 시설물로 가장 적합한 것은?
① 파고라 ② 트렐리스 ③ 정자 ④ 테라스

문 327) 수목을 옮겨심기 전에 뿌리돌림을 하는 이유로 가장 중요한 것은?
① 관리가 편리하도록
② 수목내의 수분 양을 줄이기 위하여
③ 무게를 줄여 운반이 쉽게 하기 위하여
④ 잔뿌리를 발생시켜 수목의 활착을 돕기 위하여

322. ① 323. ① 324. ④ 325. ④ 326. ② 327. ④

문 328) 오리나무잎벌레의 천적으로 가장 보호되어야 할 곤충은?

① 벼룩좀벌　② 침노린재　③ 무당벌레　④ 실잠자리

문 329) 조경 수목에 거름 주는 방법 중 윤상 거름주기 방법으로 옳은 것은?

① 수목의 밑동으로부터 밖으로 방사상 모양으로 땅을 파고 거름을 주는 방식이다.
② 수관폭을 형성하는 가지 끝 아래의 수관선을 기준으로 환상으로 둥글게 하고 거름 주는 방식이다.
③ 수목의 밑동부터 일정한 간격을 두고 도랑처럼 길게 구덩이를 파서 거름 주는 방식이다.
④ 수관선상에 구멍을 군데군데 뚫고 거름 주는 방식으로 주로 액비를 비탈면에 줄때 적용한다.

문 330) 식물병의 발병에 관여하는 3대 요인과 가장 거리가 먼 것은?

① 일조부족　　　　　　② 병원체의 밀도
③ 야생동물의 가해　　　④ 기주식물의 감수성

문 331) 제거대상 가지로 적당하지 않은 것은?

① 얽힌 가지　　　　　　② 죽은 가지
③ 세력이 좋은 가지　　　④ 병해충 피해 입은 가지

문 332) 소나무류를 옮겨 심을 경우 줄기를 진흙으로 이겨 발라 놓은 주요한 이유가 아닌 것은?

① 해충을 구제하기 위해　　② 수분의 증산을 억제
③ 겨울을 나기 위한 월동 대책　④ 일시적인 나무의 외상을 방지

328. ③　329. ②　330. ③　331. ③　332. ③

문 333) 조경수목의 관리를 위한 작업 가운데 정기적으로 해주지 않아도 되는 것은?

① 전정(剪定) 및 거름주기
② 병충해 방제
③ 잡초제거 및 관수(灌水)
④ 토양개량 및 고사목 제거

문 334) 경관석을 여러 개 무리지어 놓는 것에 대한 설명 중 틀린 것은?

① 홀수로 조합한다.
② 일직선상으로 놓는다.
③ 크기가 서로 다른 것을 조합한다.
④ 경관석 여러 개를 무리지어 놓는 것을 경관석 짜임이라 한다.

문 335) 울타리는 종류나 쓰이는 목적에 따라 높이가 다른데 일반적으로 사람의 침입을 방지하기 위한 울타리의 경우 높이는 어느 정도가 가장 적당한가?

① 20~30cm
② 50~60cm
③ 80~100cm
④ 180~200cm

문 336) 수목 줄기의 썩은 부분을 도려내고 구멍에 충진 수술을 하고자 할 때 가장 효과적인 시기는?

① 1~3월
② 5~8월
③ 10~12월
④ 시기는 상관없다.

문 337) 비탈면에 교목과 관목을 식재하기에 적합한 비탈면 경사로 모두 옳은 것은?

① 교목 1 : 2 이하, 관목 1 : 3 이하
② 교목 1 : 3 이상, 관목 1 : 2 이상
③ 교목 1 : 2 이상, 관목 1 : 3 이상
④ 교목 1 : 3 이하, 관목 1 : 2 이하

333. ④ 334. ② 335. ④ 336. ② 337. ④

문 338) 아스팔트 포장에서 아스팔트 양의 과잉이나 골재의 입도불량일 때 발생하는 현상은?

① 균열　　② 국부침하　　③ 파상요철　　④ 표면연화

문 339) 계절적 휴면형 잡초 종자의 감응 조건으로 가장 적합한 것은?

① 온도　　② 일장　　③ 습도　　④ 광도

문 340) 농약보관 시 주의하여야 할 사항으로 옳은 것은?

① 농약은 고온보다 저온에서 분해가 촉진된다.
② 분말제제는 흡습되어도 물리성에는 영향이 없다.
③ 유제는 유기용제의 혼합으로 화재의 위험성이 있다.
④ 고독성 농약은 일반 저독성 약제와 혼적하여도 무방하다.

문 341) 다음 중 설계도면을 작성할 때 치수선, 치수보조선에 이용되는 선의 종류는?

① 1점 쇄선　　② 2점 쇄선　　③ 파선　　④ 실선

문 342) 다음 중 잔디에 가장 많이 발생하는 병과 그에 따른 방제법이 맞는 것은?

① 녹병(綠炳) : 헥사코나졸수화제(5%) 살포
② 엽진병 : 다이아지논유제 살포
③ 흰가루병 : 디코폴수화제(5%) 살포
④ 근부병 : 다이아지논분제 살포

338. ④　339. ②　340. ③　341. ④　342. ①

문 343) 시멘트 500포대를 저장할 수 있는 가설창고의 최소 필요 면적은? (단, 쌓기 단수는 최대 13단으로 한다.)

① 15.4m² ② 16.5m2 ③ 18.5m² ④ 20.4m2

문 344) 다음 그림 중 수목의 가지에서 마디 위 다듬기의 요령으로 가장 좋은 것은?

① 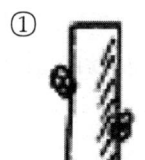 ② 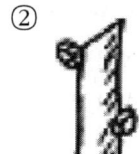 ③ 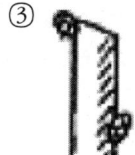 ④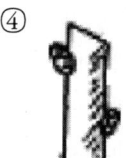

문 345) 다음 중 호박돌 쌓기의 방법 설명으로 부적합한 것은?
① 표면이 깨끗한 돌을 사용한다.
② 크기가 비슷한 것이 좋다.
③ 불규칙하게 쌓는 것이 좋다.
④ 기초공사 후 찰쌓기로 시공한다.

문 346) 다음 중 뿌리분의 형태를 조개분으로 굴취하는 수종으로 만 나열된 것은?
① 소나무, 느티나무　　② 버드나무, 가문비나무
③ 눈주목, 편백　　　　④ 사철나무, 사시나무

문 347) 다음 중 건설 기계의 용도 분류상 굴착용으로 사용하기에 부적합한 것은?
① 클램쉘　　　　　② 파워쇼벨
③ 드래그라인　　　④ 스크레이퍼

343. ① 344. ④ 345. ③ 346. ① 347. ④

문 348) 큰 돌을 운반하거나 앉힐 때 주로 쓰이는 기구는?

① 예불기　　② 스크레이퍼　　③ 체인블록　　④ 롤러

문 349) 철재(鐵材)로 만든 놀이시설에 녹이 슬어 다시 페인트칠을 하려 한다. 그 작업 순서로 옳은 것은?

① 녹닦기(샌드페이퍼 등) → 연단(광명단) 칠하기 → 에나멜 페인트 칠하기
② 에나멜 페인트 칠하기 → 녹닦기(샌드페이퍼 등) → 연단(광명단) 칠하기
③ 에나멜 페인트 칠하기 → 녹닦기(샌드페이퍼 등) → 바니쉬 칠하기
④ 에나멜 페인트 칠하기 → 바니쉬 칠하기 → 녹닦이(샌드페이퍼 등)

문 350) 다음 중 소나무 혹병의 중간 기주는?

① 송이풀　　② 배나무　　③ 참나무류　　④ 향나무

문 351) 살수기 설계시 배치 간격은 바람이 없을 때를 기준으로 살수 작동 최대간격을 살수직경의 몇 %로 제한하는가?

① 45 ~ 55%　　② 60 ~ 65%　　③ 70 ~ 75%　　④ 80 ~ 85%

문 352) 항공사진 측량시 낙엽수와 침엽수, 토양의 습윤도 등의 판독에 쓰이는 요소는?

① 질감　　② 음영　　③ 색조　　④ 모양

348. ③　349. ①　350. ③　351. ②　352. ③

문 353) 성인이 이용할 정원의 디딤돌 놓기 방법으로 틀린 것은?
① 납작하면서도 가운데가 약간 두둑하여 빗물이 고이지 않는 것이 좋다.
② 디딤돌의 간격은 보행폭을 기준하여 35 ~ 50cm 정도가 좋다.
③ 디딤돌은 가급적 사각형에 가까운 것이 자연미가 있어 좋다.
④ 디딤돌 및 징검돌의 장축은 진행방향에 직각이 되도록 배치한다.

문 354) 조경 수목의 관리계획에는 정기 관리작업, 부정기 관리작업, 임시 관리작업으로 분류할 수 있다. 그 중 정기 관리작업에 속하는 것은?
① 고사목 제거   ② 토양 개량   ③ 세척   ④ 거름주기

문 355) 설계안이 완공되었을 경우를 가정하여 설계 내용을 실제 눈에 보이는 대로 절단한 면에서 먼 곳에 있는 것은 작게, 가까이 있는 것은 크고 깊이가 있게 하나의 화면에 그리는 것은?
① 평면도   ② 조감도   ③ 투시도   ④ 상세도

문 356) 다음 중 굵은 가지를 진정하였을 때 다른 수종들 보다 전정부위에 반드시 도포제를 발라주어야 하는 것은?
① 잣나무   ② 메타세콰이어
③ 느티나무   ④ 자목련

문 357) 다음 단계 중 시방서 및 공사비 내역서 등을 주로 포함하고 있는 것은?
① 기본구상   ② 기본계획
③ 기본설계   ④ 실시설계

353. ③   354. ④   355. ③   356. ④   357. ④

문 358) 비탈면 경사의 표시에서 1:2.5에서 2.5는 무엇을 뜻하는가?
① 수직고   ② 수평거리
③ 경사면의 길이   ④ 안식각

문 359) 일반적으로 식재할 구동이 파기를 할 때 뿌리분 크기의 몇 배 이상으로 구덩이를 파고 해로운 물질을 제거해야하는가?
① 1.5   ② 2.5   ③ 3.5   ④ 4.5

문 360) 다음 보기에서 설명하는 기상 피해는?

> 어린 나무에서는 피해가 거의 생기지 않고 흉고 직경 15~20cm 이상인 나무에서 피해가 많다. 피해방향은 남쪽과 남서쪽에 위치하는 줄기부위이다. 특히 남서 방향의 1/2부위가 가장 심하며 북측은 피해가 없다. 피해 범위는 지제부에서 지상 2m 높이 내외이다.

① 볕데기(皮燒)   ② 한해(寒害)   ③ 풍해(風害)   ④ 설해(雪害)

문 361) 진딧물, 깍지벌레와 관계가 가장 깊은 병은?
① 흰가루병   ② 빗자루병   ③ 줄기마름병   ④ 그을음병

문 362) 다음 중 전정의 효과로 적합하지 않은 것은?
① 수목의 생장을 촉진시킨다.
② 수관 내부의 일조 부족에 의한 허약한 가지와 병충해 발생의 원인을 제거한다.
③ 도장지의 처리로 생육을 고르게 한다.
④ 화목류의 적절한 전정은 개화, 결실을 촉진시킨다.

358. ②   359. ①   360. ①   361. ④   362. ①

문 363) 다수진 25% 유제 100cc를 0.05%로 희석하려 할 때 필요한 물의 양은?

① 5L   ② 25L   ③ 50L   ④ 100L

문 364) 잔디밭을 만들 때 잔디 종자가 사용되는데 다음 중 우량 종자의 구비 조건으로 부적합한 것은?

① 여러번 교잡한 잡종 종자일 것
② 본질적으로 우량한 인자를 가진 것
③ 완숙종자일 것
④ 신선한 햇 종자일 것

문 365) 약제를 식물체의 뿌리, 줄기, 잎 등에 흡수시켜 깍지벌레와 같은 흡즙성 해충을 죽게 하는 살충제의 형태는?

① 기피제   ② 유인제   ③ 소화중독제   ④ 침투성살충제

문 366) 기본 설계도 중 위에서 수직 투영된 모양을 일정한 축척으로 나타내는 도면으로 2차원적이며, 입체감이 없는 도면은?

① 평면도   ② 단면도   ③ 입면도   ④ 투시도

문 367) 정원수 전정의 목적으로 부적합한 것은?

① 지나치게 자라는 현상을 억제하여 나무의 자라는 힘을 고르게 한다.
② 움이 트는 것을 억제하여 나무를 속성으로 생김새를 만든다.
③ 강한 바람에 의해 나무가 쓰러지거나 가지가 손상 되는 것을 막는다.
④ 채광, 통풍을 도움으로서 병해충의 피해를 미연에 방지한다.

363. ③   364. ①   365. ④   366. ①   367. ②

문 368) 시방서의 기재사항이 아닌 것은?

① 재료의 종류 및 품질
② 건물인도의 시기
③ 재료의 필요한 시험
④ 시공방법의 정도 및 완성에 관한 사항

문 369) 주거지역에 인접한 공장부지 주변에 공장경관을 아름답게 하고, 가스, 분진 등의 대기오염과 소음 등을 차단하기 위해 조성되는 녹지의 형태는?

① 차폐녹지   ② 차단녹지   ③ 완충녹지   ④ 자연녹지

문 370) 측백나무 하늘소 방제로 가장 알맞은 시기는?

① 봄   ② 여름   ③ 가을   ④ 겨울

문 371) 뿌리돌림의 방법으로 옳은 것은?

① 노목은 피해를 줄이기 위해 한번에 뿌리돌림 작업을 끝내는 것이 좋다.
② 뿌리돌림을 하는 분은 이식할 당시의 뿌리분 보다 약간 크게 한다.
③ 낙엽수의 경우 생장이 끝난 가을에 뿌리돌림을 하는 것이 좋다.
④ 뿌리돌림 시 남겨 둘 곧은 뿌리는 15 ~ 20cm의 폭으로 환상 박피한다.

문 372) 점질토와 사질토의 특성 설명으로 옳은 것은?

① 투수계수는 사질토가 점질토 보다 작다.
② 건조 수축량은 사질토가 점질토 보다 크다.
③ 압밀속도는 사질토가 점질토 보다 빠르다.
④ 내부마찰각은 사질토가 점질토 보다 작다.

368. ②　369. ③　370. ①　371. ④　372. ③

문 373) 수목의 흰가루병은 가을이 되면 병환부에 흰가루가 섞여서 미세한 흑색의 알맹이가 다수 형성되는데 다음 중 이것을 무엇이라 하는가?

① 균사(菌絲)　　　　　　② 자낭구(子囊球)
③ 분생자병(分生子柄)　　④ 분생포자(分生胞子)

문 374) 다음 중 한발의 해에 가장 강한 수종은?

① 오리나무　　② 버드나무
③ 소나무　　　④ 미루나무

문 375) 수목의 총중량은 지상부와 지하부의 합으로 계산 할 수 있는데, 그 중 지하부(뿌리분)의 무게를 계산하는 식은 W=V×K 이다. 이 중 V가 지하부(뿌리분)의 체적일 때 K는 무엇을 의미하는가?

① 뿌리분의 단위체적 중량　　② 뿌리분의 형상 계수
③ 뿌리분의 지름　　　　　　 ④ 뿌리분의 높이

문 376) 자연석 무너짐 쌓기에 대한 설명으로 부적합한 것은?

① 크고 작은 돌이 서로 상재미가 있도록 좌우로 놓아 나간다.
② 돌을 쌓은 단면의 중간이 볼록하게 나오는 것이 좋다.
③ 제일 윗부분에 놓이는 돌은 돌의 윗부분이 수평이 되도록 놓는다.
④ 돌과 돌이 맞물리는 곳에는 작은 돌을 끼워 넣지 않도록 한다.

문 377) 축척 1/1000의 도면의 단위 면적이 16㎡일 것을 이용하여 축척 1/2000의 도면의 단위 면적으로 환산하면 얼마인가?

① 32㎡　　② 64㎡　　③ 128㎡　　④ 256㎡

373. ②　374. ③　375. ①　376. ②　377. ②

문 378) 1/1000축척의 도면에서 가로 20m, 세로 50m의 공간에 잔디를 전면붙이기를 할 경우 몇 장의 잔디가 필요한가? (단, 잔디는 25×25cm 규격을 사용한다.)

① 5500장
② 11000장
③ 16000장
④ 22000장

문 379) 비료는 화학적 반응을 통해 산성비료, 중성비료, 염기성 비료로 분류되는데, 다음 중 산성비료에 해당하는 것은?

① 황산암모늄
② 과인산석회
③ 요소
④ 용성인비

조경기능사 한 권으로 끝내기

실기

I. 조경 기초 실무

I. 조경 기초 실무

1. 조경설계

 1) 개념

   ① 환경설계의 한 분야로서 자연을 존중하는 가운데 땅을 중심으로 인간의 필요를 수용하는 합목적인 문화경관(文化景觀)을 형성하는 과정 및 결과이다.
   ② 예술적 창의성과 과학적 합리성을 동시에 추구한다.
   ③ 미(美)와 이용(利用)의 결합이다.

 2) 조경설계의 3가지 요소

   ① 기능(Function)
   ② 미(Beautiful)
   ③ 환경(Environment)

 3) 조경설계가의 역할

   ① 시설 제공자
     - 인간의 기대와 수요를 전망, 양적·질적 차원에서의 구체적 분석
     - 최적의 설계를 통해 주변의 맥락 고려, 전체적 조화 추구

   ② 경관 형성자의 역할
     - 경관자원을 활용하여 경관형성에 기여
     - 전체 경관 형성을 위한 단위경관의 구성과 조화 유지

   ③ 창작자의 역할
     - 인간사회의 자연환경의 중간적 위치
     - 미적 가치, 창작을 통한 예술미 발현

④ 환경운동가, 식물전문가
- 생태계 질서 유지, 구조와 기능 복원 및 복구
- 식물 소재에 대한 생태적, 환경적 특성 이해

2. 조경설계 준비단계

1) 설계 도구

① 제도판
- 600 × 900mm, 도면을 고정

② T자
- 제도판을 이용하여 수평선을 그리기 용이한 도구
- 삼각자를 이용하여 수직선과 사선을 긋는다.

③ 삼각자
- 30°, 45°, 60°, 75°, 90° 선을 긋는 도구

④ 템플릿
- 원형, 사각, 삼각형 등 다양한 크기의 형태로 수목이나 시설물을 표현하기 위한 도구

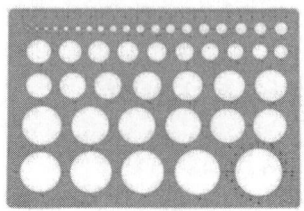

⑤ 기타 도구
- 스케일 : 1/100, 200, 300, 400, 500, 600 축척이 표시된 자
- 연필 : 연필심의 굳기(H)와 무르기(B)를 표시, 일반적 연필은 HB로 표시
- 지우개, 지우개판 : 지우개판은 도면에서 특정 부분만 지울 때 사용
- 제도용 빗자루 : 지우개 및 연필심 가루 제거 등 도면 청결을 위해 사용
- 테이프 : 도면을 고정하기 위한 종이테이프 및 반투명 테이프를 사용
- 제도(레터링)펜 : 도면용지(트레이싱 페이퍼)에 선명한 선을 나타내기 위한 설계 전용 펜(실기시험 시 사용 않함)

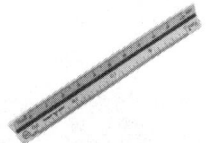  

2) 설계 기초

① 도면 용지 붙이기
- 제도판 위에 도면 용지를 중앙에 올려 놓는다.
- T자 위에 도면 용지 외곽의 하단부와 수평이 되도록 한다.
- 종이테이프를 2~4cm 정도 잘라서 도면 용지의 위, 오른쪽과 왼쪽 끝에 사선으로 붙인다.
- 도면의 하단부에 종이테이프를 붙이고 당기면서 제도판에 붙여 도면 용지가 제도판과 최대한 붙도록 한다.
- 도면용지가 제도판에 밀착되지 않을 경우, 선이 일정하지 않거나 찢어질 우려가 있으며 T자가 위, 아래로 여러번 움직이게 되므로 도면이 더러워 질 수 있다.
- T자의 움직임을 확인하고, 삼각자를 이용하여 도면용지의 수평, 수직을 확인한다.

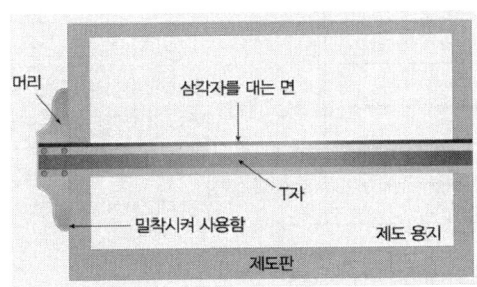

② 선그리기
- T자를 이용하여 수평선을 왼쪽에서 오른쪽으로 긋는다.

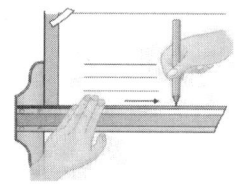
[수평선긋기]

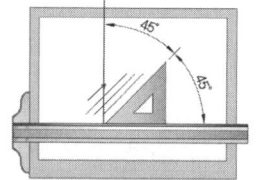
[사선긋기1]

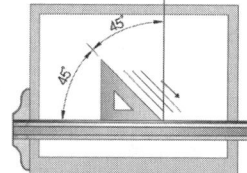
[사선긋기2]

- 연필은 엄지와 검지의 첫마디를 이용해서 시작점에서부터 시계방향으로 돌리면서 선을 긋는다. 이는 선의 굵기를 일정하게 유지할 수 있다.

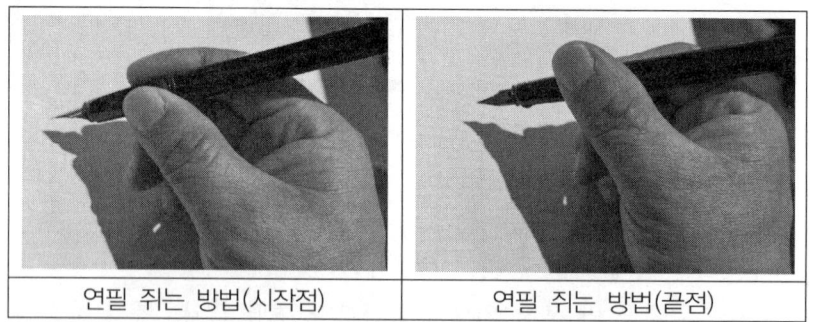

연필 쥐는 방법(시작점) / 연필 쥐는 방법(끝점)

- T자위에 삼각자를 올려서 수직선과 사선을 그려본다. 수직선은 아래서 위로 긋는다.
- 선은 간결하고 일정하도록 충분한 연습이 필요로 한다.
- 용도에 따라 다양한 선의 굵기가 요구됨으로 종류에 따라 연습한다.

종류	호칭	용도
———————	실선	외형선: 물체에 보이는 부분을 나타내는 선 단면선: 절단면의 윤곽선
———————	가는실선	치수선, 치수보조선, 지시선, 해치선: 설명, 보조, 지시 및 단면의 표시
·············	파선	보이지 않는 숨은선
— · — · —	1점쇄선	중심선, 기준선, 피치선 물체의 절단한 위치 및 경계표시
— · · — · · —	2점쇄선	가상선, 무게중심선, 광축선 물체가 있을 것으로 가상되는 부분 표시

③ 도면 글씨 쓰기(레터링) 연습
- 도면에는 도형등의 그림 뿐만 아니라 도면이 설명하고자 하는 내용을 적는다.
- 도면명, 인출선, 숫자, 범례표, 수량표, 주기란 등에 그림으로 나타내지 못하는 세부적인 내용을 글로 표현한다.

- 글씨는 도면의 완성도를 돋보이게 하는 역할을 한다.
- 도면 내의 글씨는 정해진 규칙은 없으나, 도면이 통일성 있고 간결하게 보이도록 동일한 글씨체와 글씨 크기를 유지하는 것이 유리하다.
- 글씨쓰기(레터링) 연습은 원고 용지와 같이 가상의 선을 이용하여 연습하도록 한다.
- 영문은 글씨를 3등분으로 가정하여 윗칸을 1/3, 아래칸을 2/3로 하여 직사각형에 글씨를 넣는 연습을 한다.
- 국문은 영문과 반대로 윗칸을 2/3, 아래칸을 1/3로 하여 글씨를 완성한다.

가막살나무 가시나무 갈참나무 갑나무 감탕나무
개나리 개비자나무 개오동 계수나무 골담초 곰솔
광나무 굴참나무 금목서 금봉 금식나무 꽝꽝나무
낙상홍 남천 노각나무 노랑말채나무 녹나무 눈향
느티나무 능소화 단풍나무 담쟁이덩굴 당매자나무
대추나무 독일가문비 돈나무 동백나무 등 때죽나무
떡갈나무 마가목 말채나무 매실나무 먼나무 모감주
모과나무 무궁화 물푸레나무 미선나무 박태기나무
반송 배롱나무 백당나무 백목련 백송 버드나무
벽오동 병꽃나무 보리수나무 복사나무 복자기
붉가시나무 사철나무 산딸나무 산벚나무 산사나무
산철쭉 살구나무 상수리나무 생강나무 시어나무
석류나무 소나무 수국 수수꽃다리 신갈나무 신나무
아까시나무 앵도나무 오동나무 은행나무 일본목련
자작나무 주목 중국단풍 진달래 측백나무 층층나무
칠엽수 태산목 탱자나무 피나무 호두나무 회양목

④ 도면 구성(일반적인 도면)
  - 도면용지

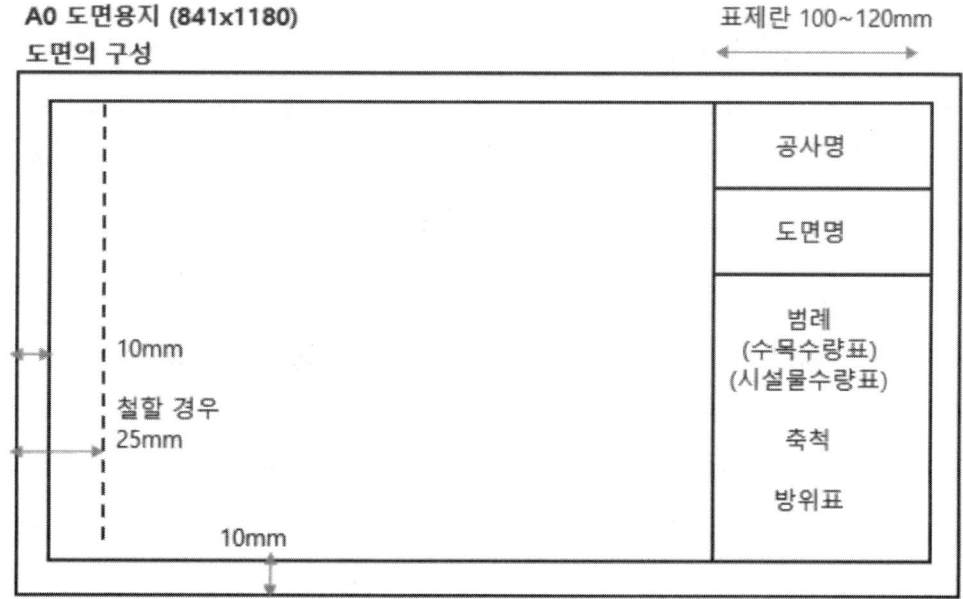

[제도용지]

- 도면용지에서 왼쪽, 오른쪽, 위, 아래를 10mm 씩 띄워서 굵은 선으로 외곽 테두리를 선을 긋는다.
- 표제란에는 공사명, 도면명, 범례, 축척, 방위표 등 도면을 설명하기 위한 내용을 적는 란으로 100~120mm의 공간을 만든다.

⑤ 조경기능사 출제용 도면
  - 도면 기본 형태
  - 범례는 우측 테두리로부터 70mm 이격하여 칸을 만들고 공사명, 도면명, 수목수량표, 시설물 수량표, 축척, 방위, 축척(스케일)을 표시한다.
  - 시각적 안정감을 줄 수 있도록 배치에 중점을 둔다.
  - 범례를 제외한 도면의 모서리를 대각선으로 임의의 선을 그어 교차한 부분을 중심으로 하여 도면을 배치한다.

3) 도면 구성 및 기재 방법
  ① 공사명
    - 설계 프로젝트의 성격과 이름, 장소성 등 공사의 내용을 알리는 함축된 이름표.

- 사업의 시작을 알리는 구체적인 내용
- 예) '순천만 국가정원 조성사업', '울산 태화강 생태공원 조성사업' 등

② 도면명
- 도면 목록에 따른 도면 구성
- 계획도, 구적도, 우•오수 배수도, 식재계획도, 시설물계획도, 포장계획도, 상세도
- 평면도, 입면도, 단면도, 부분상세도

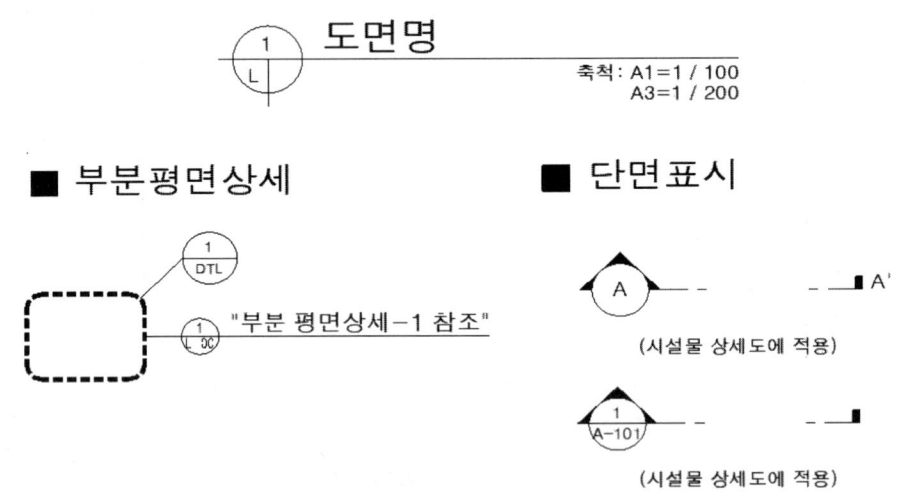

③ 재료 및 설명
- 인출선, 지시선을 이용하여 그림을 설명
- 규격 및 수량 표시
- 기호에 대한 용어
- 치수선과 치수보조선
- 단면 상세도 상의 재료별 표시
- 일반자재 표기법(시설물상세도에 적용)

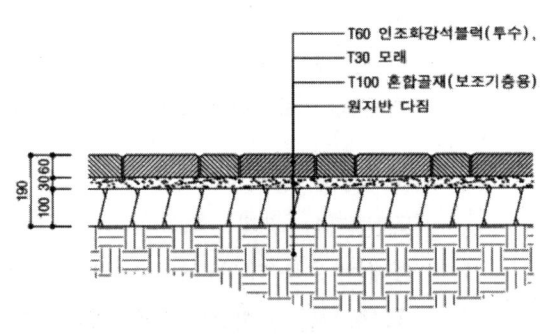

④ 단차, 계획고(level), 등고선(Mounding),
- 지면을 지표고 ±0으로 표시, 계획하고자 하는 지형 및 시설물의 설치 높이를 표시
- W.L(water level)은 수경시설의 연못의 깊이 등을 표시
- 등고선으로 식재지역의 토지 조형을 위한 마운딩 표시

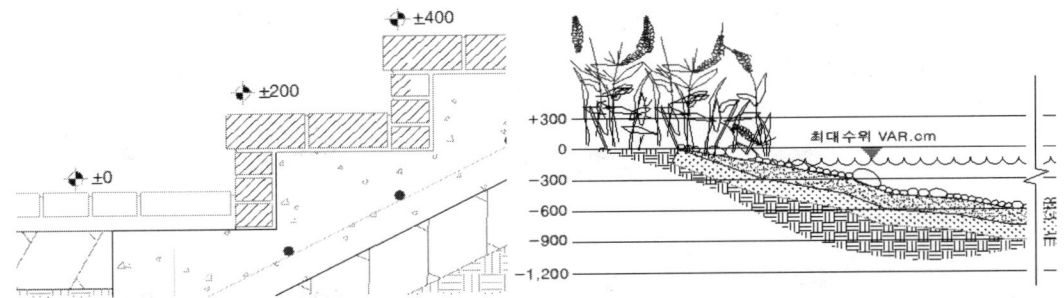

⑤ 축척(Scale) 및 방위표시
- 방위표시는 도면 작성에 있어 가장 중요한 부분
- 건축물 배치, 동선, 식재 및 시설물 계획 등 방위에 따라 계획의 변화 요인으로 작용
- 축척(Scale)은 실제크기를 비율로 줄여서 도면에 표현
- 축척자의 1/100, 1/200, 1/300, 1/400, 1/500, 1/600 이용하여 도면을 작성
  예 실제크기 1m(1,000mm)는 1/100의 축척자에서 1cm(10mm)로 도면에 표기
- 표기 방법

⑥ 방위표시
- 정북(North) 방향을 표시
- 도면 작성 시 가장 먼저 고려 할 사항

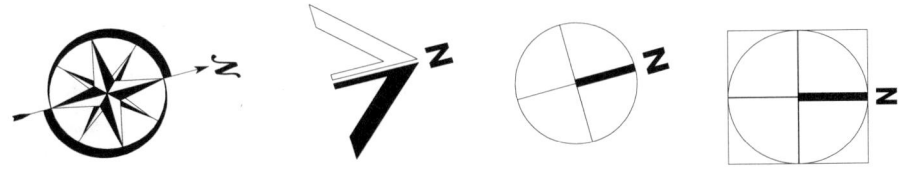

3. 조경설계의 기본

1) 조경식재 설계

① 수목의 평면 표현
- 과거 청사진으로 도면을 인쇄하던 시기, 트레이싱 지에 도면작업 시 템플릿의 원형에 연필을 이용해 그린 후 로트링펜으로 이용하여 수목 표현, 지우개로 연필 부분을 지워서 도면을 완성

- 교목 : 템플릿의 원형을 사용하여 적당한 크기의 원을 연하게 그린 후 수작업으로 침엽, 활엽수의 수목을 표현한다.

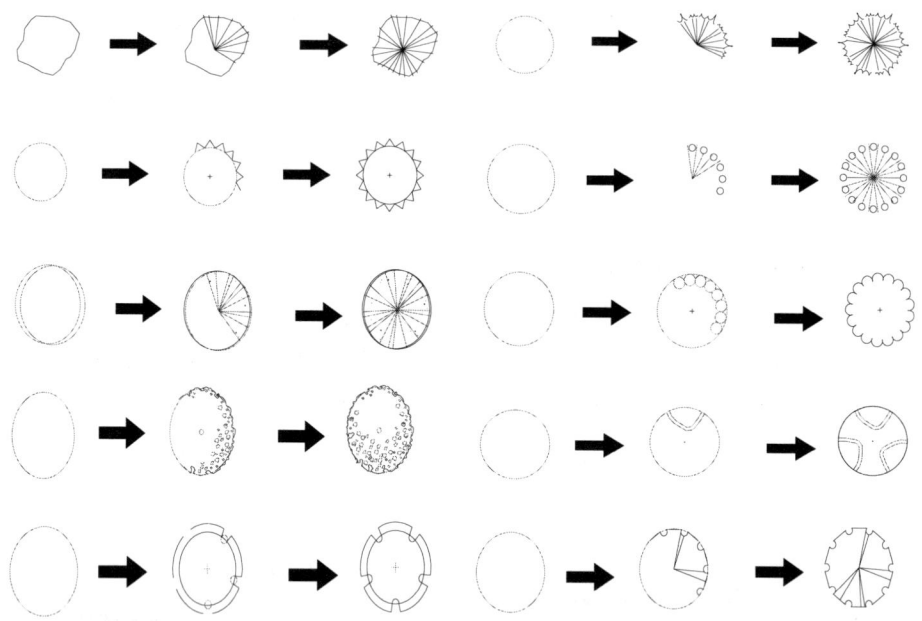

- 관목 : 템플릿의 원형을 크기가 다른 여러 개의 원을 그린 후 원형의 외곽선을 따라 침엽과 활엽의 이미지 표현

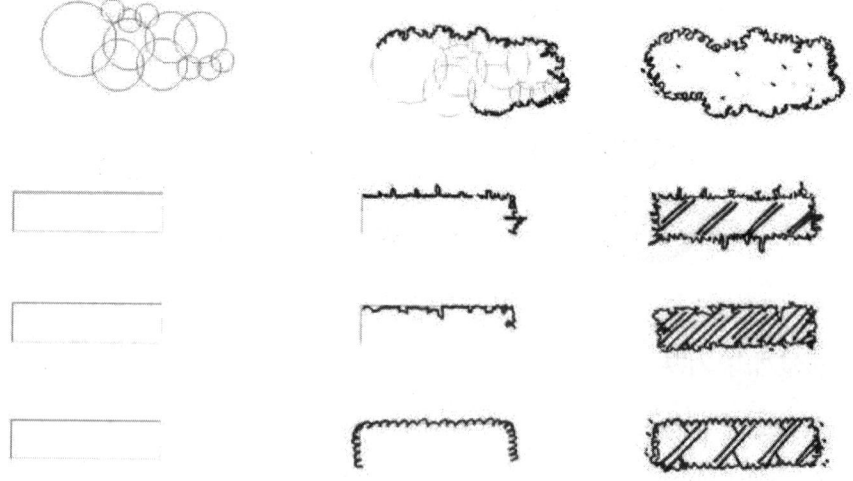

② 수목의 입면(단면) 표현
  - 공간의 단면도 작성 시 수목의 성상(형태)에 따른 표현

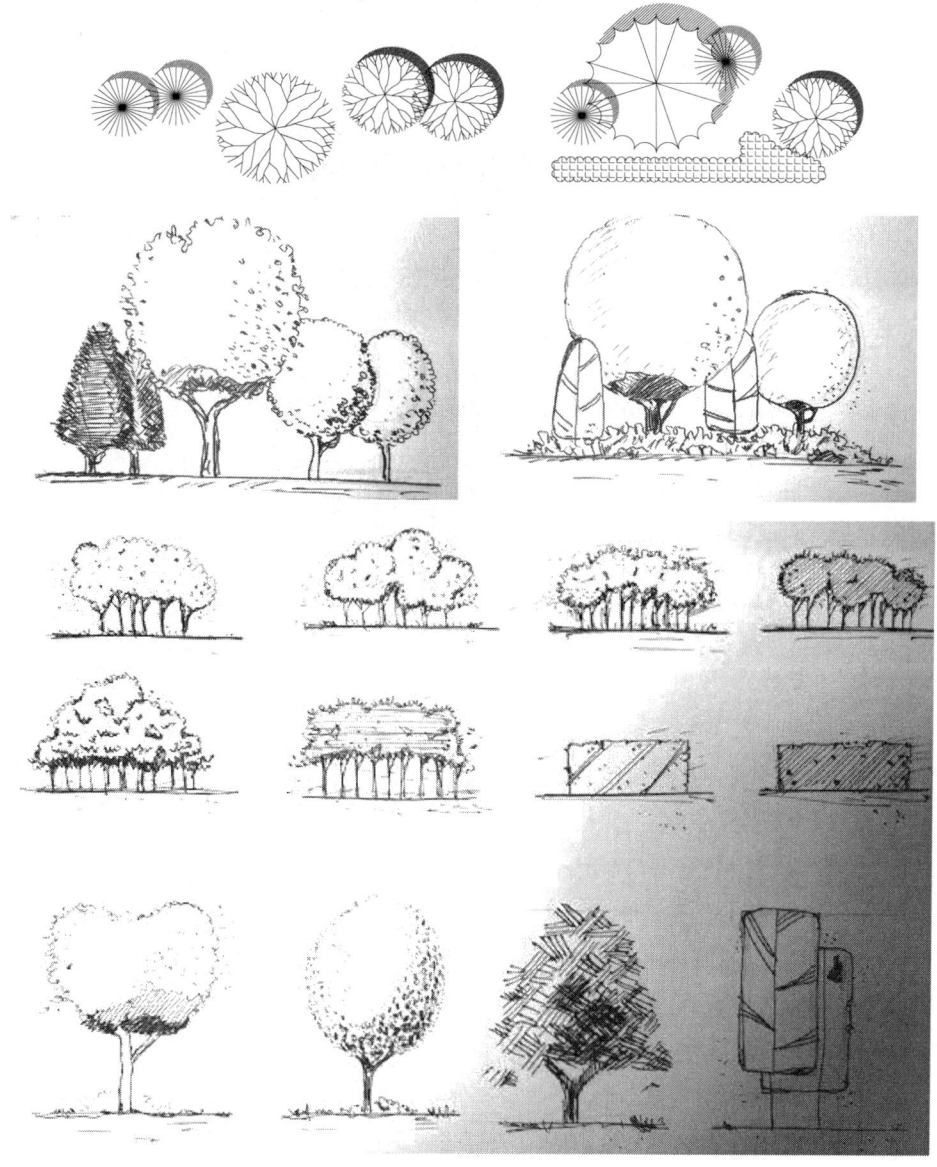

③ 수목의 규격 표시

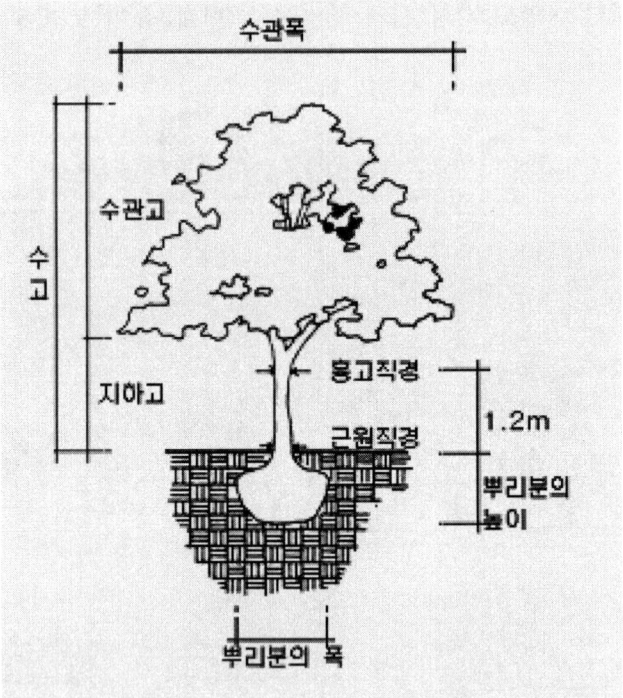

- 교목류 표시
  - 「수고(m)×흉고(cm) 또는 근원직경(cm)」으로 표시된 수목은 R=1.2B의 식으로 직경 환산 적용
  - 곧은 줄기가 있는 수목으로서 흉고부의 크기를 측정할 수 있는 수목은 「수고 H(m)×흉고직경B(cm)」 또는 「수고H(m)×수관폭W(m)×흉고직경B(cm)」으로 표시
  - 줄기가 흉고부 아래에서 갈라지거나 다른 이유로 흉고부의 크기를 측정할 수 없는 수목은 「수고H(m)×근원직경R(cm)」 또는 「수고H(m)×수관폭W(m)×근원직경R(cm)」으로 표시
  - 상록수로서 가지가 줄기의 아랫부분부터 자라는 수목은 「수고H(m)×수관폭W(m)」으로 표시
    H × W   (수고 × 수관폭)
    H × W × R   (수고 × 수관폭 × 근원직경)
    H × B   (수고 × 흉고직경)
    H × R   (수고 × 근원직경)

- 관목류의 표시
  - 「수고H(m)×수관폭W(m)」으로 표시하며, 필요에 따라 뿌리분의 크기, 지하고, 가지수(주립수), 수관길이 등을 지정
  - 일반적인 관목류로서 수고와 수관폭을 정상적으로 측정할 수 있는 수목은 「수고 H(m)×수관폭W(m)」으로 표시
  - 수관의 한쪽 길이 방향으로 성장이 발달하는 수목은 「수고H(m)×수관폭W(m)× 수관길이L(m)」로 표시
  - 줄기의 수가 적고 도장지가 발달하여 수관폭의 측정이 곤란하고 가지수가 중요한 수목은 「수고H(m)×수관폭W(m)×가지수(지)」로 표시
    H × W
    00년생
    H × 가지수
- 만경류(줄기, 넝쿨성 식물)
  - 「수고H(m)×근원직경R(cm)」으로 표시하며, 필요에 따라 「흉고직경B(cm)」을 지정
  - 그밖에 「수관길이 L(m)×근원직경 R(m)」, 「수관길이 L(m)」 또는 「수관길이 L(m)×○ 년생」 등으로 표시
- 초본
  본, 분얼, 포트(pot)
- 잔디
  m², 장
- 관목 및 초본류의 면적당 수량 표기

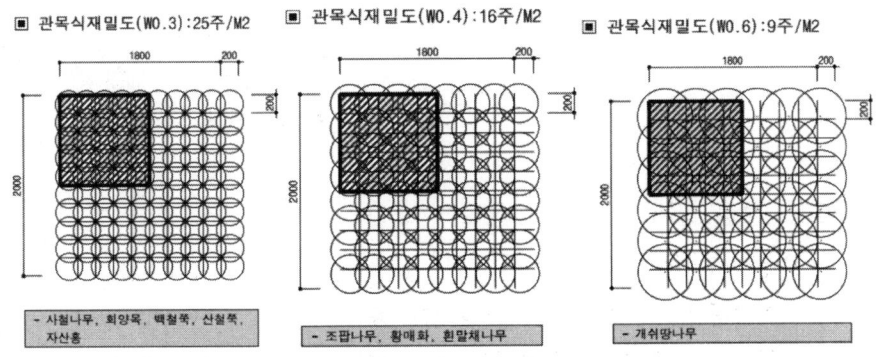

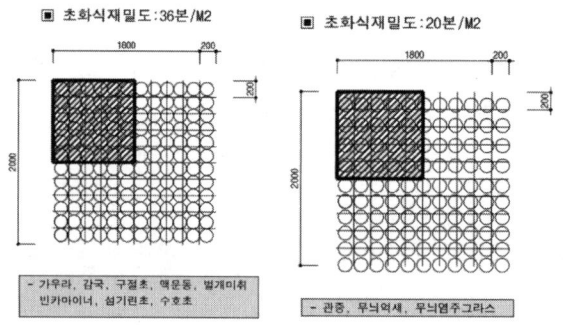

④ 인출선 표기

- 교목

   독립수, 군식

- 관목

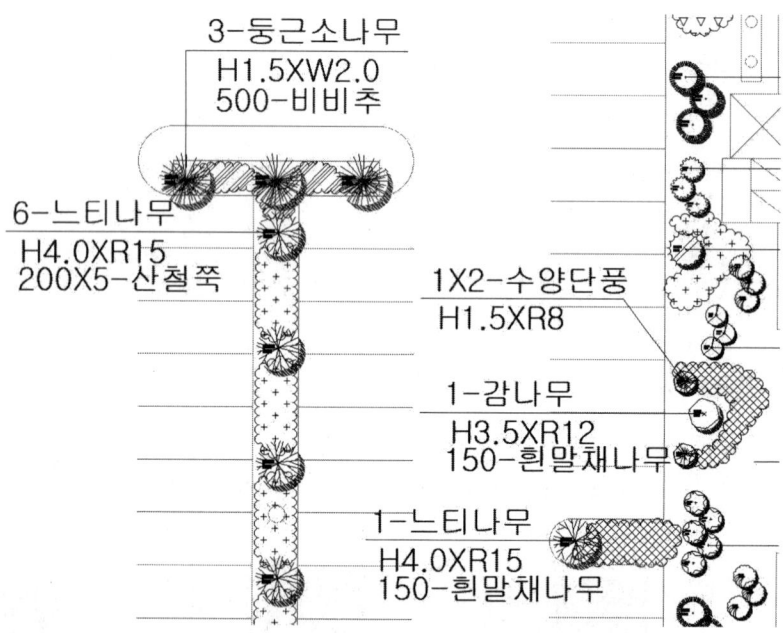

2) 조경시설물 설계

① 진입공간 및 광장
- 조경대상지의 상징성을 나타내는 공간
- 입구감 강조 및 공간의 특성을 나타낼 수 있는 시설 고려
- 요점 및 강조 식재
- 광장의 공간의 크기 결절
- 놀이, 휴게, 관리, 수경 시설등 모든 시설 집중

- 포장재료 및 패턴, 수목 종류, 크기, 위치 등 토탈디자인 구상 및 고려

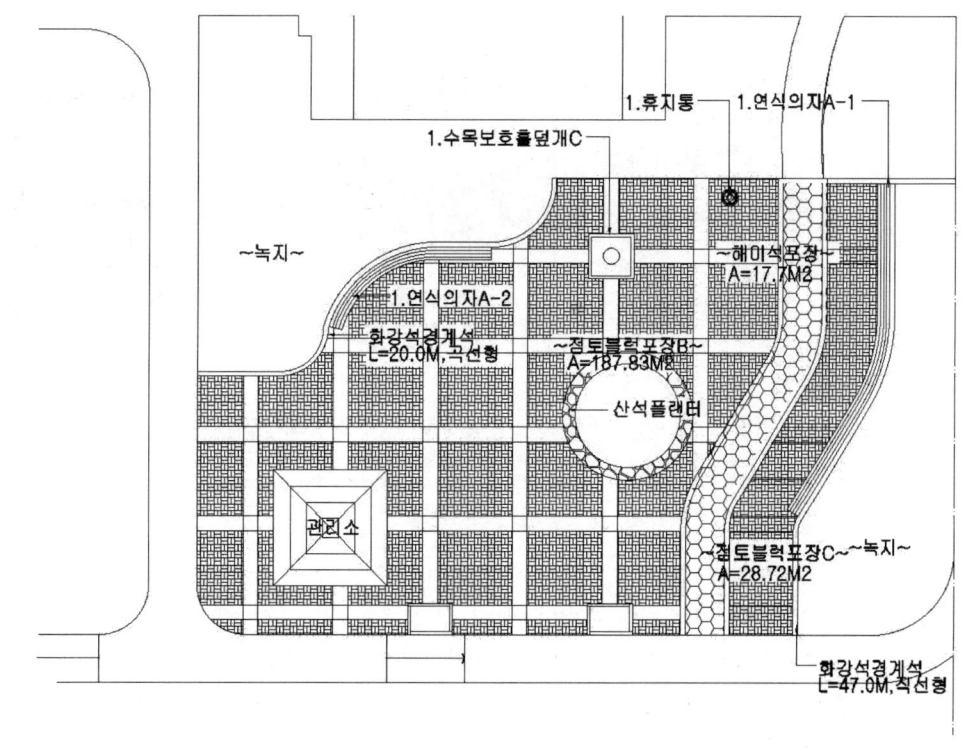

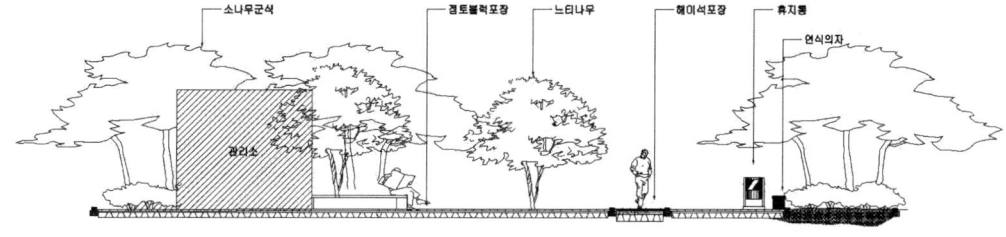

② 놀이공간
- 대표적인 조경시설로 어린이 놀이터를 적용
- 어린이 놀이터는 설치 기준으로 도로에서부터 2m 이격, 녹지 등 완충공간 필요
- 어린이 놀이터 주변에 식재되는 수목은 가시 또는 가지가 단단하거나 날카롭지 않은 수종 선택
- 최근 어린이 놀이 시설은 조합놀이대 및 리조트의 시설 일부를 차용하는 고급화 및 다양화 추세
- 어린이 놀이터내의 동적시설(그네, 회전무대 등)은 다른 시설과의 안전거리를 유지할 수 있는 곳에 배치하며 미끄럼대와 그네 등은 눈부심 및 미끄럼대 열화상 방지를 위해 북쪽 및 동쪽 방향으로 설치

- 조경기능사 시험 대비 미끄럼틀, 그네, 시소, 철봉, 정글짐, 회전무대, 레더 등 신속하고 빠르게 그릴 수 있도록 간결한 도형으로 표현

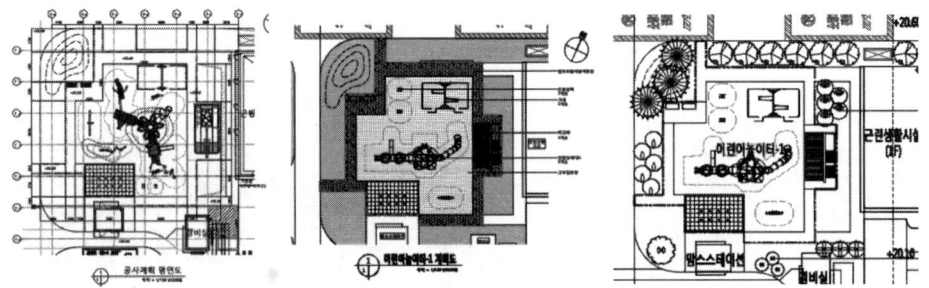

③ 휴게공간
- 정적공간으로 공원, 광장 및 공동주택 등 조경의 필수 시설
- 휴게시설과 수목을 이용한 녹음 및 경관 조성
- 보행 동선의 결절점 및 초점경관 활용
- 진입, 중심광장, 수변공간, 놀이공간, 산책동선 등 다양한 공간과 연계
- 휴게공간의 성격 및 특징에 따라 포장재료 및 패턴 적용
- 주요시설로 퍼걸러, 그늘시렁, 쉘터, 정자, 등·평의자, 앉음벽, 야외탁자, 음수대, 휴지통, 수목보호대, 환경조형물, 디딤석, 조경석 등
- 조경기능사 시험 대비 퍼걸러, 정자, 등의자, 평의자, 야외탁자, 수목보호대, 음수대, 휴지통, 볼라드 등 신속하고 빠르게 그릴 수 있도록 간결한 도형으로 표현

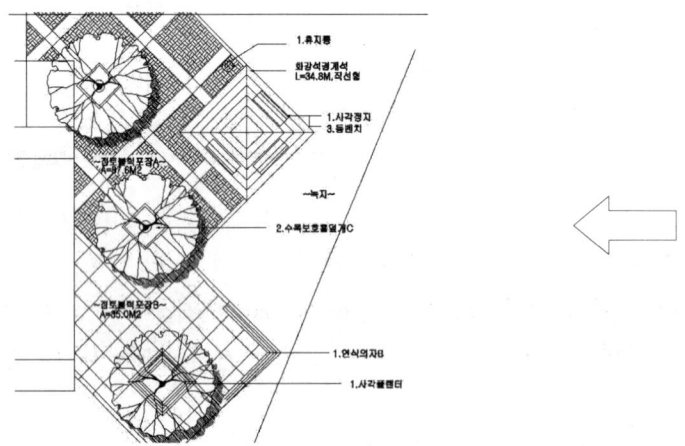

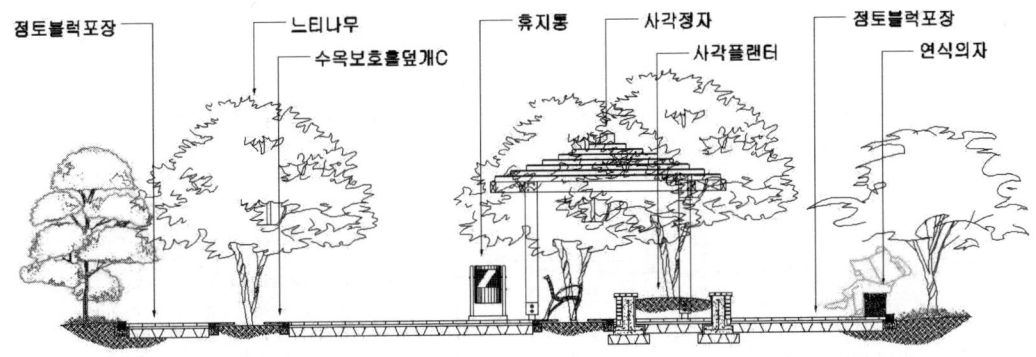

④ 운동공간
- 테니스장, 골프연습장 등은 공원 및 1,500세대 이상의 공동주택에 설치하는 시설
- 배드민턴장, 농구장, 게이트볼장 등은 방향을 고려하여 설계, 장축이 남북을 향하도록 배치
- 산책로와 연계된 운동시설(허리돌리기, 윗몸일으키기, 팔굽혀펴기, 철봉, 평행봉)의 설치위치에 따른 대상지의 형태와 바닥포장재의 재료, 녹음 식재와 조화 고려
- 조경기능사 시험 대비 테니스장, 배드민턴장, 배구장, 윗몸일으키기 등 운동시설을 신속하고 빠르게 그릴 수 있도록 간결한 도형으로 표현

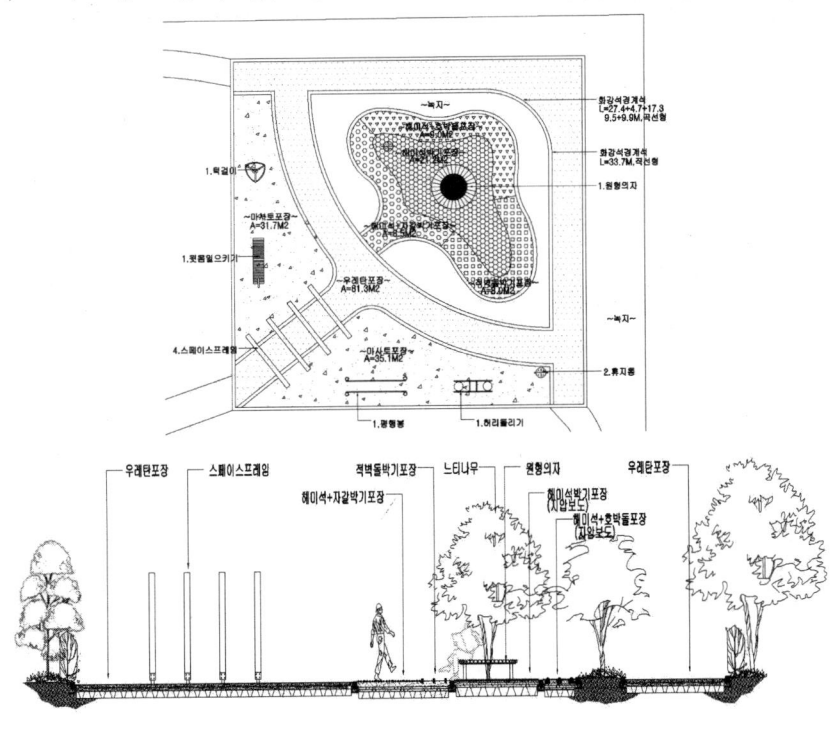

I. 조경기초실무

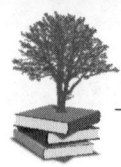

⑤ 수경시설

- 물을 이용한 시설로 수자의 모양에 따라 구분
- 연못, 벽천, 계류, 폭포, 바닥분수, 도섭지 등 평면상의 형태 구분
- 자연형 연못과 구조체를 이용한 수경시설로 구분하며 설비 시스템 설계 필요

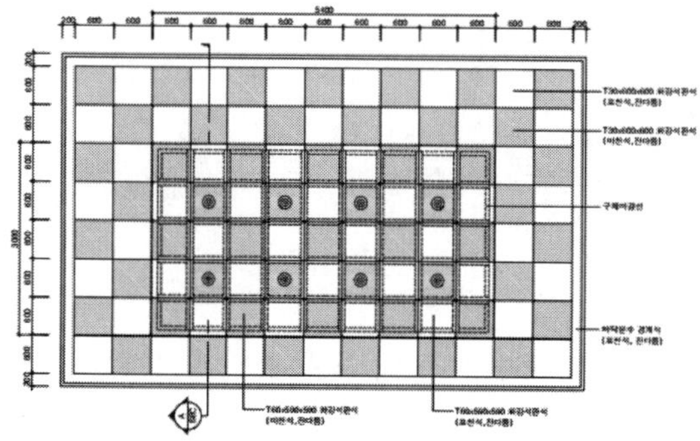

평 면 도

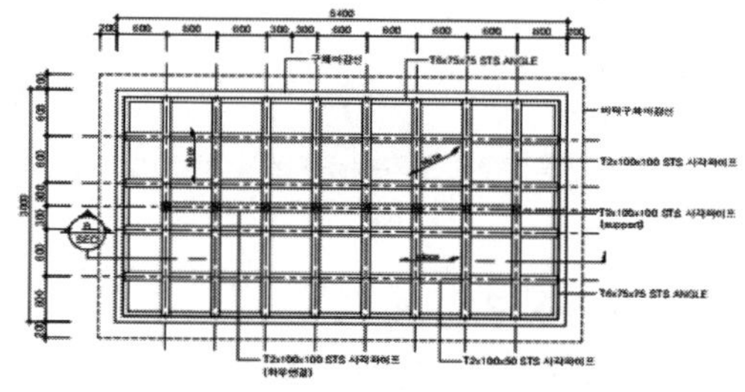

골조평면도

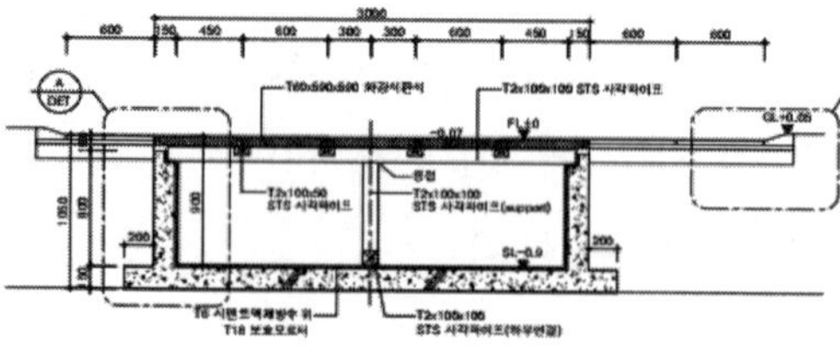

'A'부분 단면도

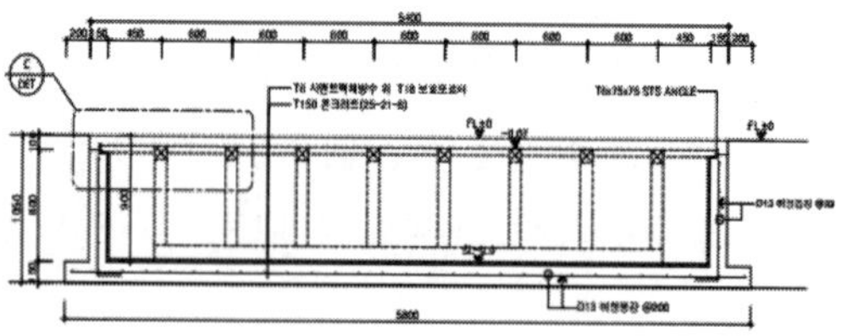

'B'부분 단면도

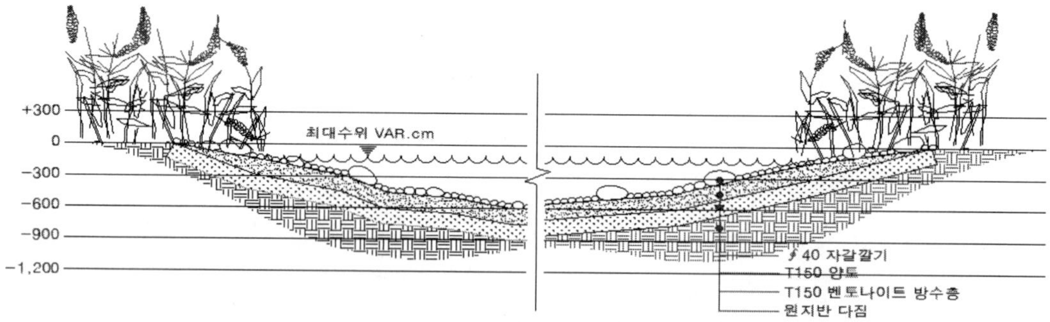

⑥ 경계석 및 포장설계

8 포장경계석
축척= 1/10(A3:20)

9 녹지경계석
축척= 1/10(A3:20)

1 인조화강석블럭 포장(투수)
축척= 1/10(A3:20)

4 고무칩포장
축척= 1/10(A3:20)

3 인조잔디포장
축척= 1/10(A3:20)

7 부정형판석포장
축척= 1/10(A3:20)

5 디딤석놓기A
축척= 1/10(A3:20)

6 디딤석놓기C
축척= 1/10(A3:20)

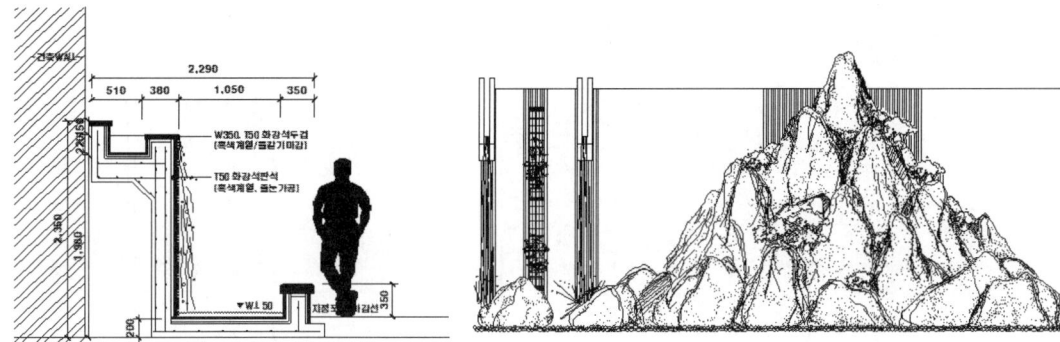

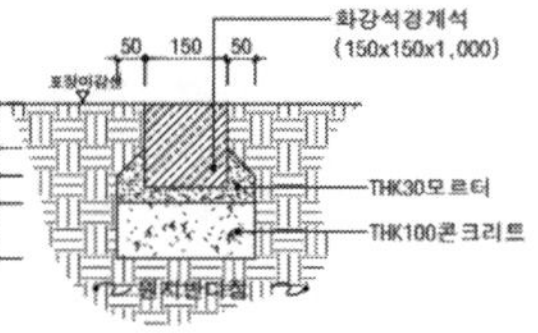

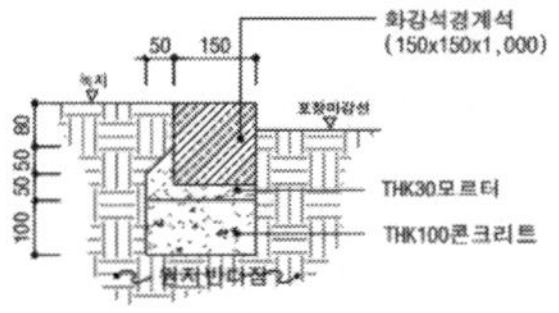

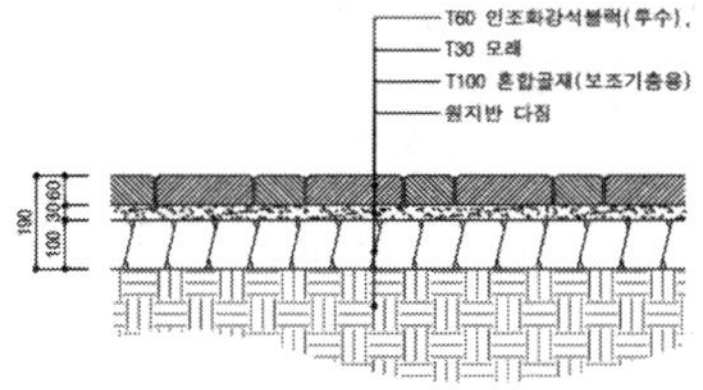

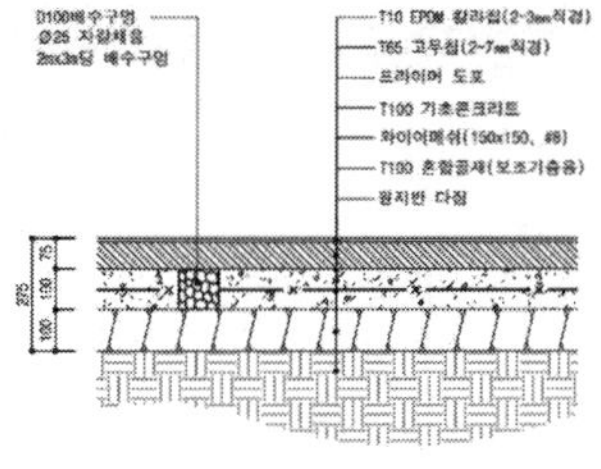

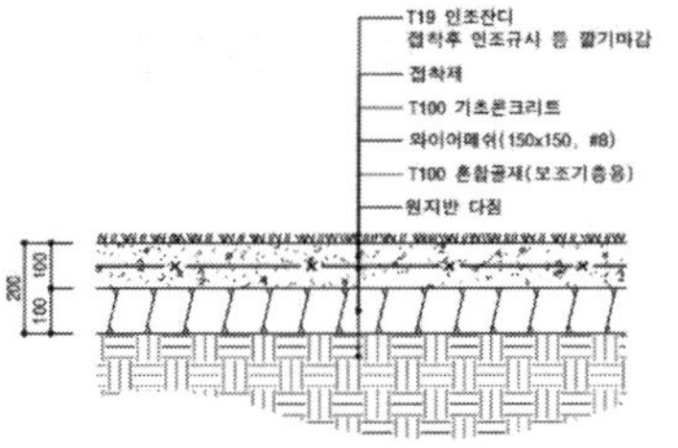

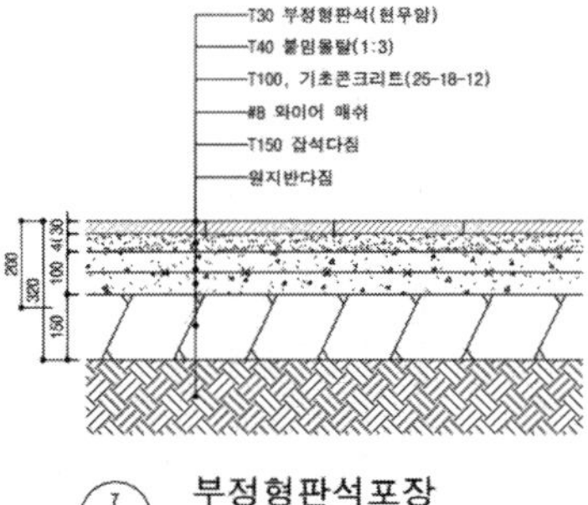

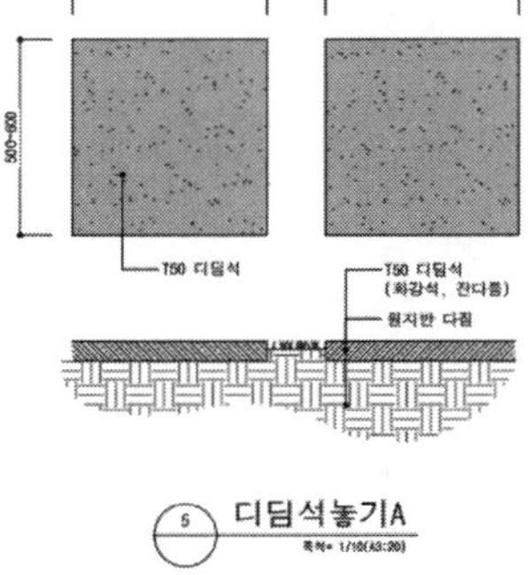

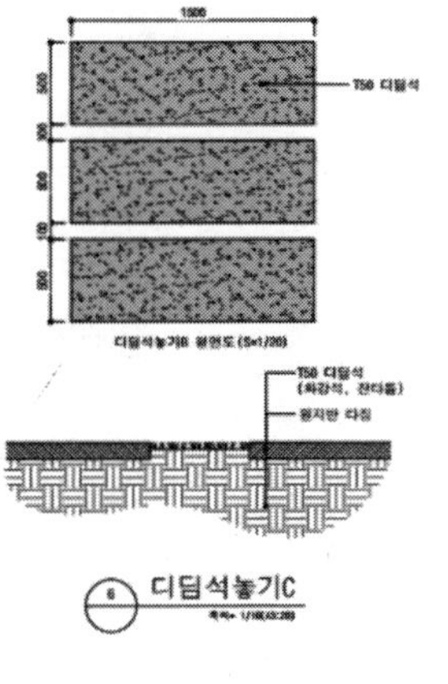

⑦ 기타
- 주차장

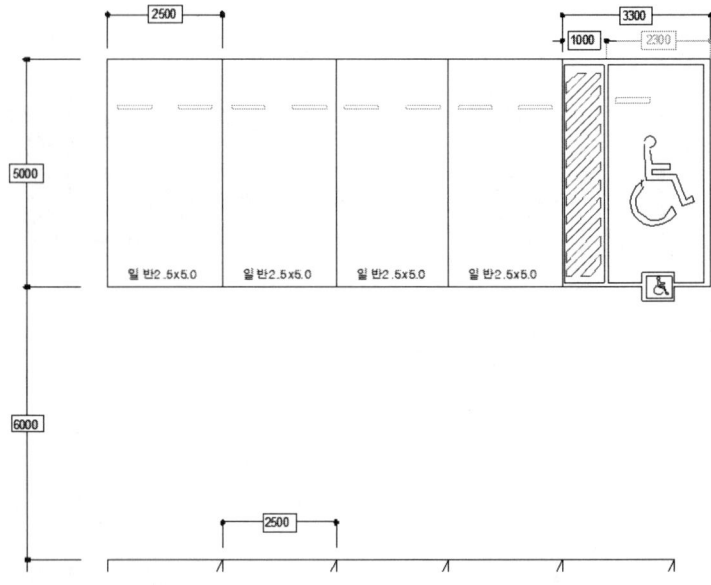

- 규격

주차형식	너비(m)	주차간 거리(m)	설계도
평행	2.0	6	
직각, 60°, 45°	2.5	5	
장애인	3.3	5	

- 계단

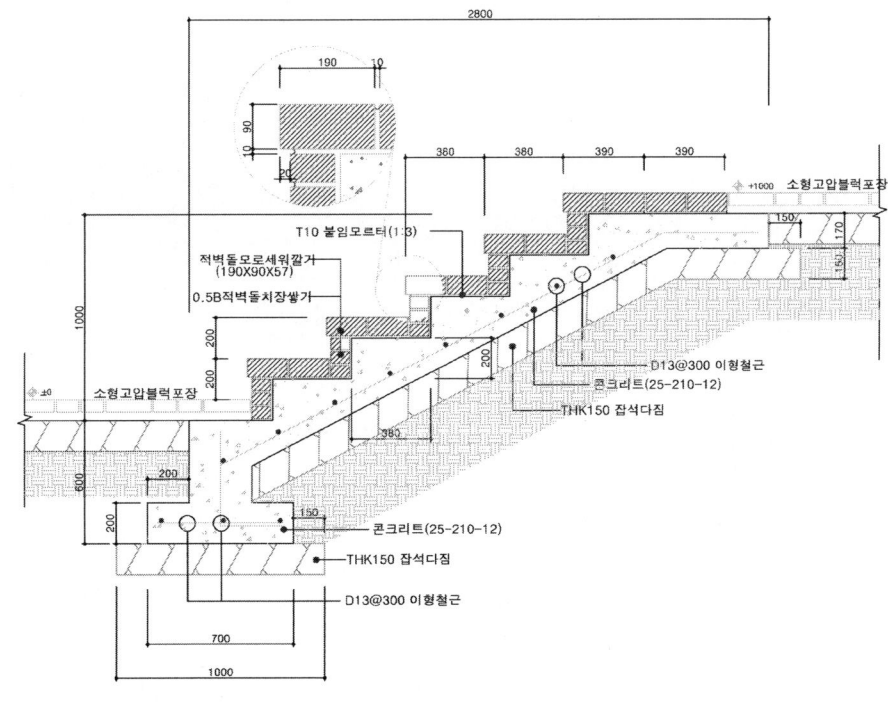

$2R^* + T^{**} = 60 \sim 65cm$

* R : 계단 높이 12 ~ 18cm
** T : 계단 너비 26 ~ 35cm

- 경사로(램프)

경사도(R) = $\dfrac{D}{L} \times 100(\%)$,   수평거리(L) = $\dfrac{D}{R}$

D : 수직거리
L : 수평거리

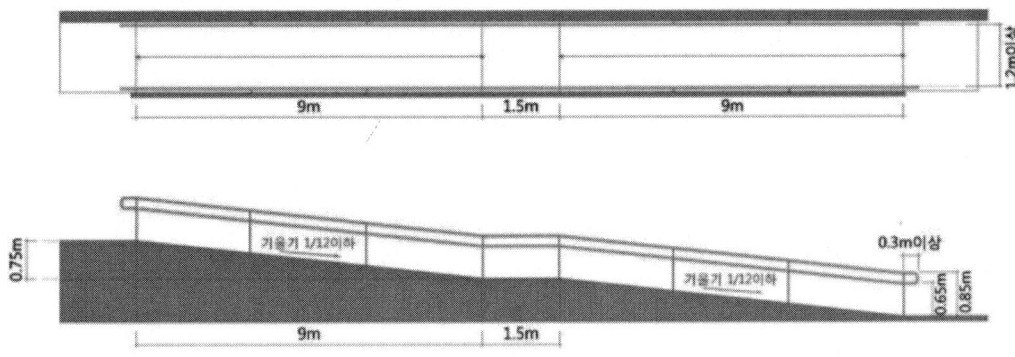

- 조경석 쌓기

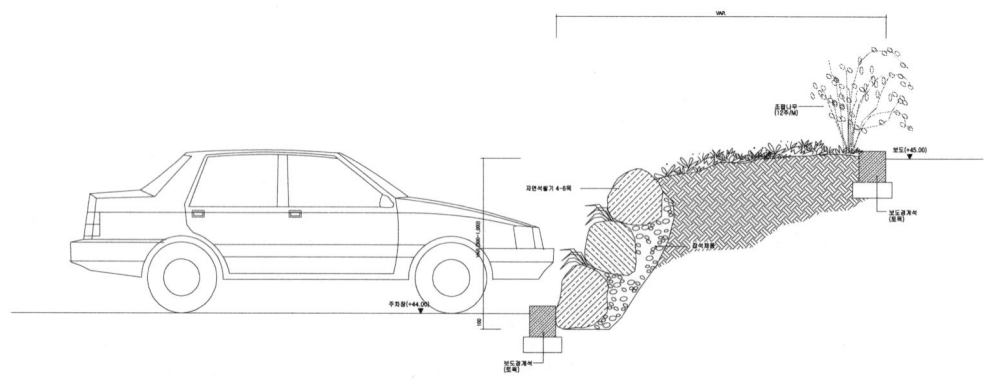

[그림: 조경석 쌓기]

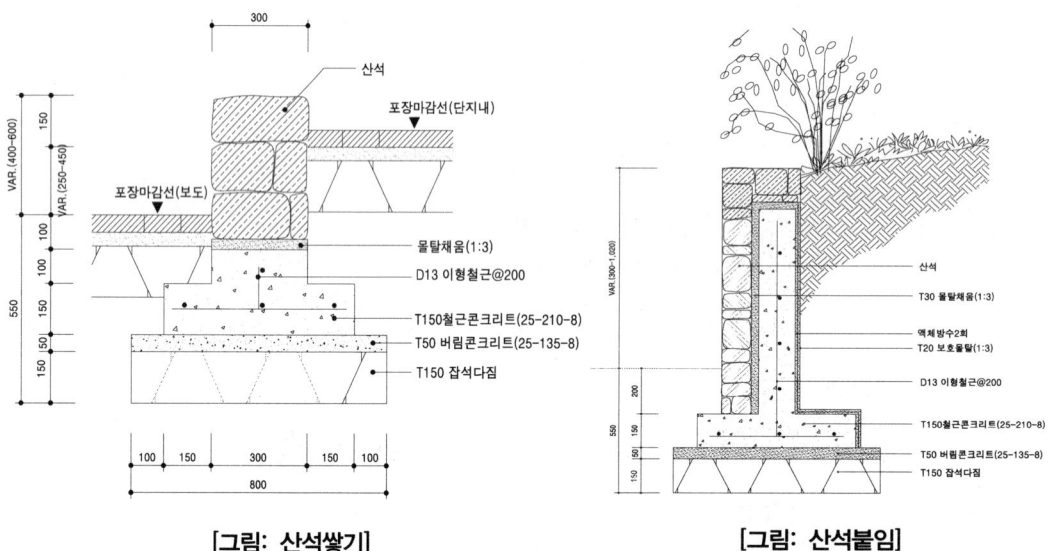

[그림: 산석쌓기]   [그림: 산석붙임]

- 옹벽

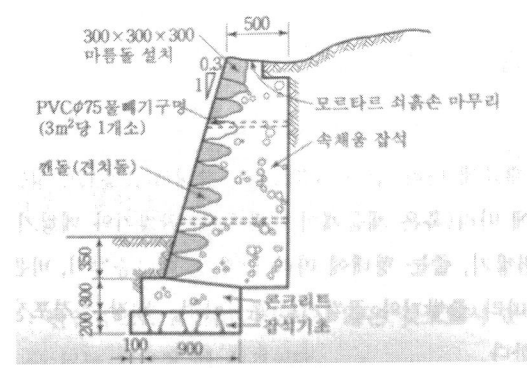

[그림: 메쌓기]

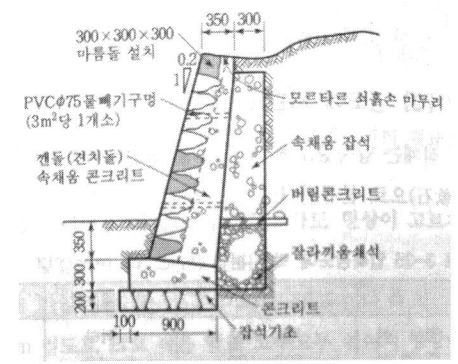

[그림: 찰쌓기]

- 옥상녹화시스템

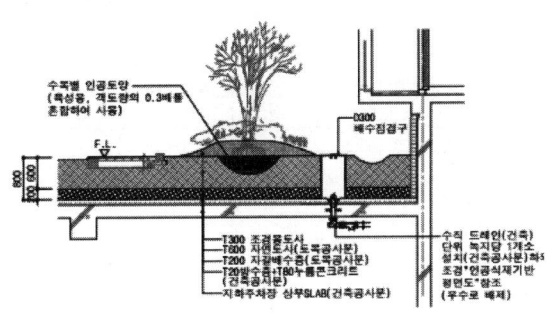

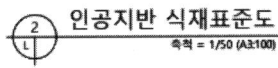

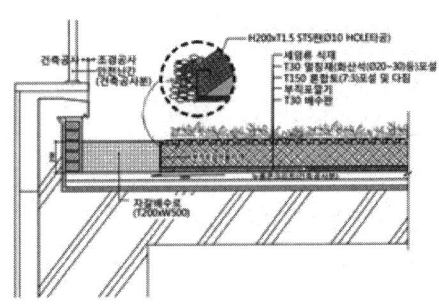

4. 조경 설계 연습

1) 도면 양식(Layout)

① 출제용지

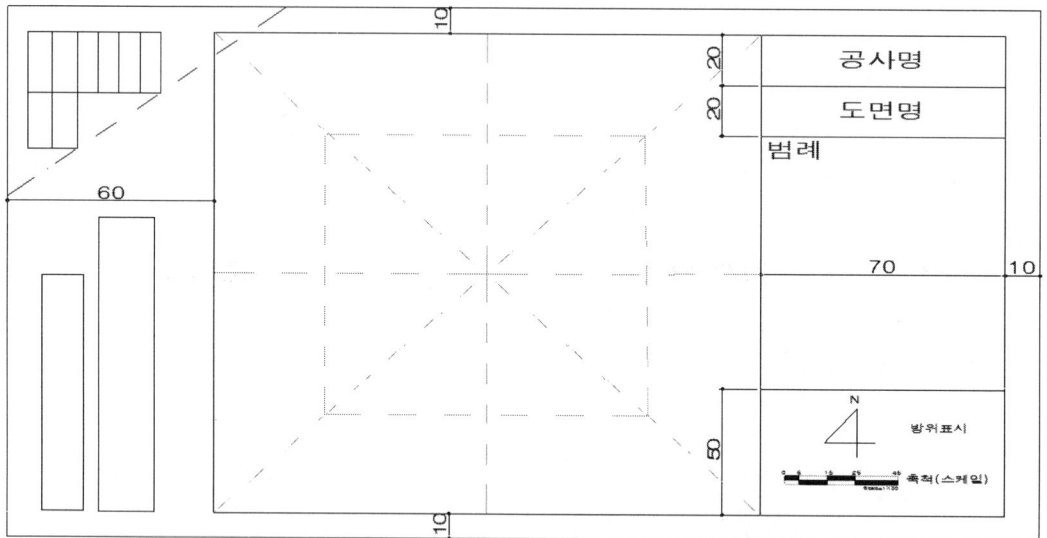

② 도면구성

- 제도용지

    A0 : 841×1189 mm

    A1 : 594×814 mm

    A2 : 420×594 mm

    A3 : 297×420 mm

- 척도(Scale)

    실제크기를 도면에 나타내기 위한 크기의 비율

    1:100, 1:200, 1:300, 1:500, 1:600

- 선

    선의 굵기와 모양, 명칭 구분

    용도에 따른 선 적용

- 문자

    도면에 사용되는 문자로 한글, 숫자, 영어 등이며 원칙적으로 가로로 쓴다.

    공사명, 도면명, 수량, 규격, 단위, 주기란 등 알아보기 쉽고 명확하게 구분될 수 있는 글씨체를 적용한다.

- 치수

 물체의 크기나 수량을 숫자로 쓰며 척도가 아닌 실제 크기 및 수량을 기입한다. 일반적으로 길이의 단위는 mm로 하며 치수선의 위, 중앙, 아래 등 인지하기 쉽도록 작성하며, 한번 기입한 같은 기수는 중복하여 표시하지 않는다.

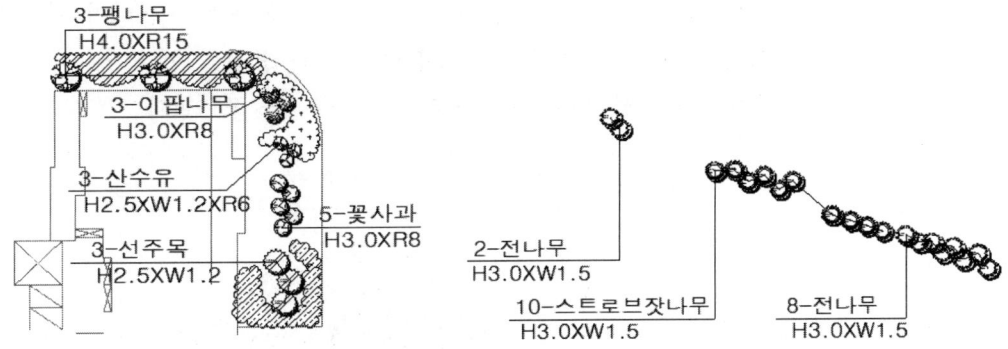

■ 치수선/인출선/도면명

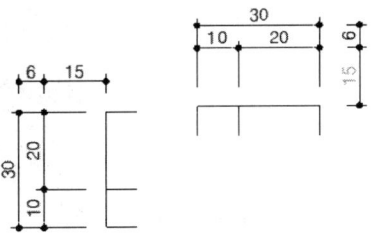

③ 평면계획도
- 도면의 테두리선을 기준으로 가로와 세로 격자보조선 긋기
- 격자보조선은 1m 간격으로 연하게 긋는다.
- 축척 1/100 도면일 경우 1m는 1cm로 작도한다. 1/300 도면은 축척자(스케일) 이용
- 문제가 요구하는 조건을 눈금의 수를 확인하여 작도한다
- 부지의 경계선을 굵은 선 또는 2점 쇄선 등을 사용하여 명확하게 보이도록 한다.
- 공간구분을 위한 실선 및 경계선을 연필을 돌리면서 선을 긋는다.
- 선긋는 연습이 많이 되어 있다면 선의 굵기가 일정하게 나타나는 것을 채점자는 쉽게 알아볼 수 있다. 또한 과거 트레이싱지에 도면을 그리고 청사진으로 인쇄시 선의 선명함이 명확히 구분되었기에 선을 일정한 굵기가 매우 중요하였음.
- 도면내 선을 용도에 따라 굵기를 달리하면 입체감을 느낄 수 있어서 도면을 돋보이게 한다.

- 진입로, 놀이공간, 휴게공간, 운동공간. 수경시설 등 메모상자를 이용하여 공간명을 기입한다.
- 공간내에 배치되는 시설물을 규격에 맞게 표현한다.
- 원형템플릿을 이용하여 원형을 연하게 수목을 크기별로 그린다.
- 수종별로 강조, 요점, 경계, 경관 식재 등 교·관목을 구분하여 배식한다.
- 프리핸드로 상록수와 활엽수를 구분하여 수목 표현을 한다.
- 수종별로 인출선을 연결하여 수량, 수종, 규격을 표현한다.

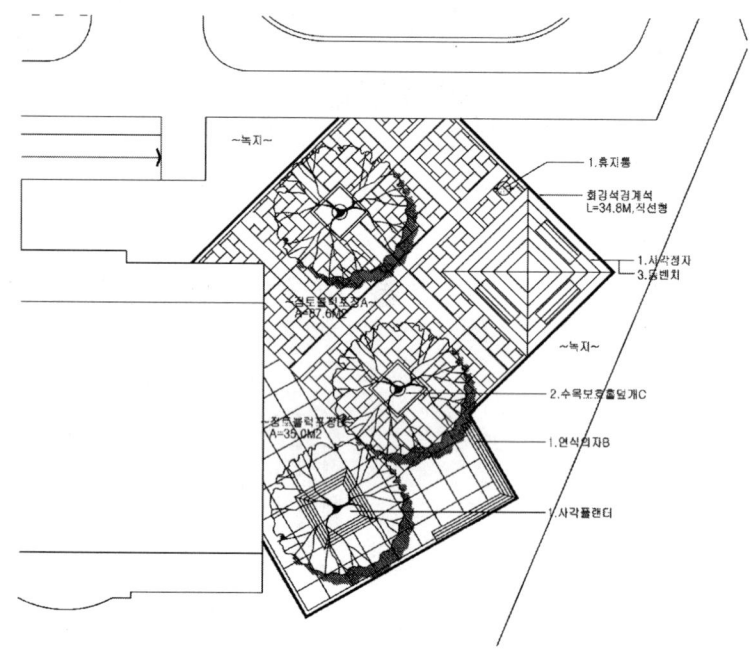

④ 단면상세도
  - 평면도를 선을 이용하여 절단된 부분을 표시한다.
  - 수목, 시설물등의 입면을 생각하며 도면을 작성한다.
  - 수직면의 축척을 고려하여 수치에 맞도록 작도한다.

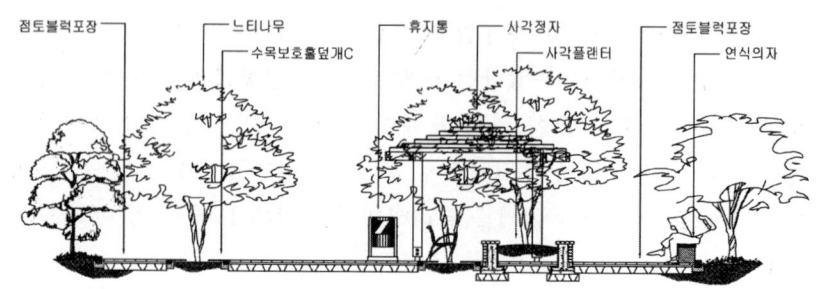

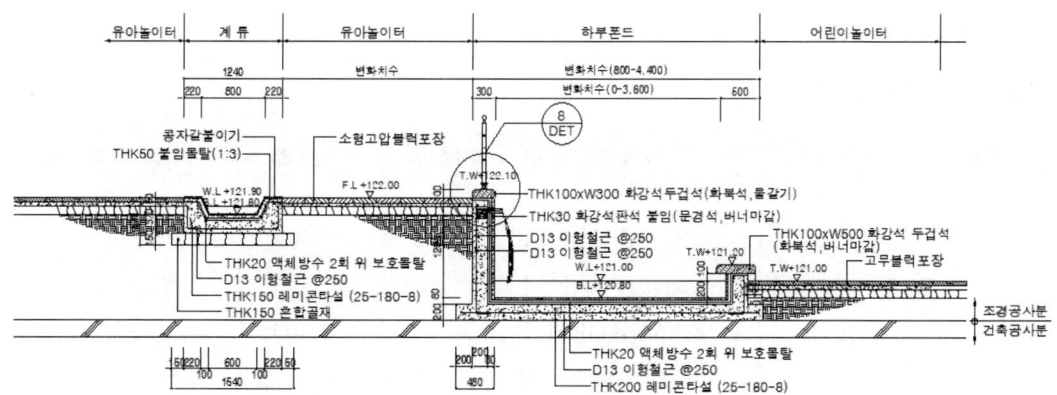

5. 조경시설물 설계

■ 도면 기호(예시)

기호	시설명	규격	기호	시설명	규격
	평상	1750×1750×H570		파고라	4000×4000
	등의자	1800×660×H800		평의자	400×430×1800
	수목보호대	1000×1000		빗물받이	510×410
	볼라드	400×400×H400		평행봉	2800×800×H1650
	그네	4000×7240×270		녹지경계석	150×150×1000
	야외탁자	1800×1800×H900		포장경계석	150×150×1000
	집수정	400×400		배드민턴장	13400×6000
	사각파고라	4500×4500		농구장	12500×8000
	시이소오	3300×1920×H834		바닥분수	5000×5000
	흔들놀이	610~800×400		블럭포장	200×100×T60,80
	팔굽혀펴기	H300~400		철평석	T30
	배근력대	2000×1400×H730		벽천	H2000×4500
	연못	5000×5000		잔디블럭	T50,72

■ 도면 기호(포장단면)

기호	시설명	기호	시설명
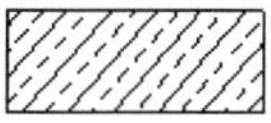	석재	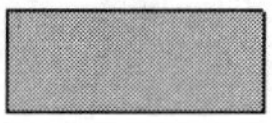	화강석판석
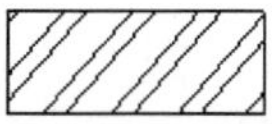	강재	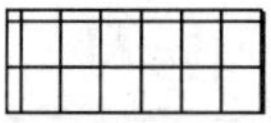	석재타일
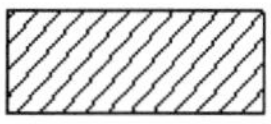	벽돌일반	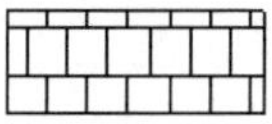	전통벽돌
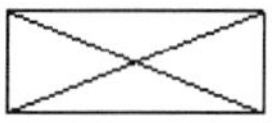	목재(구조재)	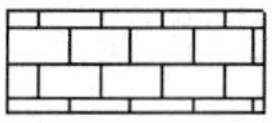	소형고압블럭
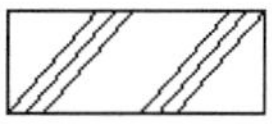	슬라브	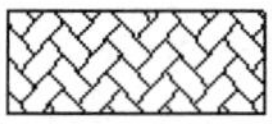	점토블럭
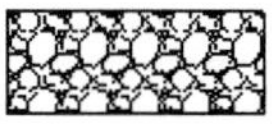	자갈	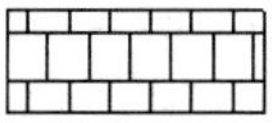	고무블럭
	잡석다짐	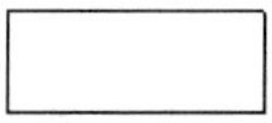	우드블럭
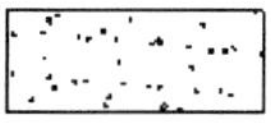	콘크리트	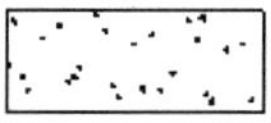	투수콘크리트
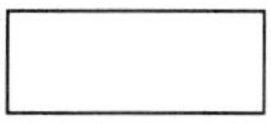	몰탈, 모래	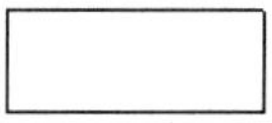	폴리우레탄
	지반	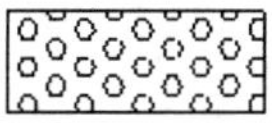	해미석

I. 조경기초실무

■ 조경설계 실습

1. 출제 문제 사례

국가기술자격 실기시험문제

| 자격종목 | 조경기능사 | 과 제 명 | 조경작업 |

※ 시험시간 : 3시간 43분

1. 요구사항(요구사항 일부내용이 변경될 수 있음)

※ 지급된 재료 및 시설물을 사용하여 아래 작업을 완성하시오.

1) 주어진 조경설계를 하시오.
2) 주어진 수목을 식별하여 수목명을 기재하시오. 단, 수목명칭은 국가생물표준목록 상의 정식명칭 또는 학명으로만 기재하여야 합니다.
3) 주어진 재료로 조경시공작업을 하시오.
   - 자연석 무너짐 쌓기
   - 수목관리(수피감기, 병충해방제, 진흙 바르기)

2. 수험자 유의사항

※ 다음 유의사항을 고려하여 요구사항을 완성하시오.

1) 수험자는 각 문제의 제한 시간내에 작업을 완료하여야 합니다.
2) 수목식별시 한번 지나친 영상 20수종은 다시한번 반복하여 보여드리며, 감별을 종료하고 중복해서 볼 수 없습니다.
3) 지급된 재료는 재 지급되지 않으므로 재료사항에 유의하여야 합니다.
4) 다음 사항에 대해서는 채점대상에서 제외하니 특히 유의하기 바랍니다.

| 기 권 : 수험자 본인이 수험 도중 시험에 대한 포기 의사를 표기하는 경우
| 수험자가 전 과정(조경설계, 수목감별, 조경시공작업)을 응시하지 않는 경우
| 실 격 : 성명과 수목명은 반드시 흑색필기구(연필류 제외)를 사용하여야 하나
| 그 외의 필기구 사용
| 조경설계 시험은 제도용 연필류(샤프 등)만을 사용(제외;로터링펜, 볼펜류 등)
| 미완성 : 지급된 용지 2매인 시설물+식재설계평면도 1매, 단면도 1매가 모두
| 완성되어야 채점대상이 되며, 1매라도 설계가 미완성인 것
| 오 작 : 주어진 문제의 요구조건에 위배되는 설계도면 작성

2 - 1

자격종목	조경기능사	과제명	조경작업

5) 답안지의 수검번호 및 성명의 기재는 반드시 인쇄된 곳에 기록하여야 합니다.
6) 수험자는 수검시간 중 타인과의 대화를 금합니다.
7) 답안지 정정은 여러 번 정정할 수 있고, 정정한 부분은 반드시 두줄로 그어 표시하고, 줄을 긋지 아니한 답안은 수정하지 않은 것으로 채점합니다.
8) 수험자는 도면 작성시 성명을 작성하는 곳 외에 범례표(표제란)에 성명을 작성하지 않습니다.
9) 답안지의 수검번호 및 성명의 기재는 반드시 인쇄된 곳에 기록하여야 합니다.
10) 수험자는 작업시 복장상태, 재료 및 공구 등의 정리정돈과 안전수칙 준수 등도 시험중에 채점하므로 철저히 해야 합니다.

※ 국가기술자격 시험문제는 일부 또는 전부가 저작권법상 보호되는 저작물이고, 저작권자는 한국산업인력공단입니다. 문제의 일부 또는 전부를 무단 복제, 배포, 출판, 전자출판 하는 등 저작권을 침해하는 일체의 행위를 금합니다.

2. 문제가 요구하는 사항, 조건 이해하기

1) 요구사항 이해하기

┌─── 예시) 요 구 사 항 ───────────────────────────────┐

-. 주어진 **답안용지 1매**에 아래의 요구조건을 고려하고 도면의 구성요건에 맞추어 **식재평면도를 축척1/100**로 작성하고 **방위와 축척을 표시**하시오.
-. 도면 우측 여백에 수목 수량표를 작성하되, 수목의 성상별로 상록교목, 낙엽교목, 관목류로 구분하여 작성하시오.
-. **수목의 표기**는 침엽수, 활엽수로 구분하여 표기하고 **인출선을 이용하여 도면상에 표시**하시오.
-. 주어진 **답안용지 1매**에 A-A´ **단면도를 축척1/100**로 작성하시오. 단, 포장재료, 경계석, 기타시설물 기초를 **단면도상에 표기**하시오.

└──┘

* **핵심 key word**
  - 답안용지 식재평면도, A-A´ 단면도 각 1매 작성
  - 식재평면도, A-A´ 단면도는 축척 1/100로 작성
  - 방위와 축척을 표시
  - 수목 수량표, 성상별 상록교목, 낙엽교목, 관목류 구분
  - 수목표기 침엽수, 활엽수 구분, 도면에 인출선으로 표시
  - 포장재료, 경계석, 기타시설물 기초를 단면도상에 표기

2) 요구조건 이해하기

┌─── 예시) 요 구 조 건 ───────────────────────────────┐

-. 분수의 **수조는 폭 20cm의 콘크리트 구조물**로 **외경**의 지름이 **3m**이다.
-. 분수를 둘러싼 녹지대의 **폭은 1m(녹지경계석 20cm 포함)**이다.
-. **중심공간의 크기**는 녹지경계석의 외견을 기준으로 하여 **지름이 5m**이다.
-. 포장공간의 폭(순수 보도블럭포장)은 2m이다.
-. 녹지부분은 폭 20cm 크기의 녹지경계석으로 전체를 마감한다.
-. 포장지역내 적당한 곳에 등벤치(45cm × 150cm × 40cm) 4개를 대칭으로 설치한다.
-. 원로 내에 바닥포장은 보도블럭으로 포장하고 표현을 1곳 이상 표시한다.
-. 녹지의 높이는 포장면을 기준으로 10cm 높으며, 연못 바닥면의 높이는 30cm 낮도록 구성한다.
-. 분수의 깊이는 60~80cm 길이로 구성한다.
-. 분수의 바닥단면마감은 지반위에 잡석 15cm, 자갈10cm, 콘크리트 10cm순으로 구성하고 단면도 작성시 mm단위로 환산하여 표시한다.

└──┘

-. 보도블럭(30cm × 30cm × 6cm)의 마감은 지반 위에 모래를 4cm 포설 후 시공하며, 단면도 작성시 mm단위로 환산하여 표시한다.
-. 녹지내 식재는 분수지역에서 바라보았을 때 입체적인 식재가 되어 스카이라인이 자연스럽게 형성될 수 있도록 배식설계를 한다.
-. 출입구 주위의 식재 패턴은 대칭 식재를 한다.
-. 분수 주변의 녹지는 상록관목을 이용하여 군식한다.
-. 녹지내 60~90cm 정도 마운딩을 설치하여 식재하고 단면도 표현시 GL선상에 표고점을 표기한다.
-. 식재할 수종은 아래에서 10종류 이상 선택하여 식재한다.
반송(H1.5×W1.0), 섬잣나무(H1.5×W1.0), 돈나무(H1.5×W1.0), 소나무(H3.5×W2.0×R15), 주목(H2.0×W1.0), 측백(H1.5×W1.0), 단풍나무(H2.0×R6), 느티나무(H4.0×R12), 백목련(H3.5×R10), 자작나무(H3.0×R8), 산수유(H2.0×R6), 광나무(H1.0×W0.8), 배롱나무(H2.0×R6), 자귀나무(H2.0×R6), 산딸나무(H2.0×R6), 은행나무(H4.0×B12), 철쭉(H0.3×W0.3), 영산홍(H0.3×W0.3), 회양목(H0.3×W0.3), 잔디(0.3×0.3×0.03)

* **핵심 key word**
  - 분수의 폭, 녹지경계석의 폭 20cm : 선을 두 줄로 표기
  - 주어진 치수 적용 : 분수 외경 3m, 중심공간 지름 5m, 등벤치(45×150×40cm)
  - 원로내 보도블럭 포장 1곳 이상 표시 : 포장패턴상세도를 평면도 일부에 작도
  - 포장공간의 폭(순수 보도블럭포장)은 2m : 경계석(두줄로 표기)을 포함하지 않은 보도 폭으로 작도
  - 녹지의 높이, 연못 바닥면의 높이 등 : 단면상세도에 표기해야할 사항
  - 분수의 바닥, 보도블럭 단면 마감 : 단면상세도에 표기
  - 입체적 식재, 스카이라인 표현 : 수목의 성상 구별 능력 검정
  - 출입구 대칭 식재 : 동일 수목을 동선을 중심으로 좌,우로 배치
  - 분수 주변녹지 상록관목 군식 : 요구조건의 분수주변 녹지 조성에 따라 상록관목(회양목, 광나무, 눈향, 옥향)을 단일 또는 여러 종류를 식재
  - 녹지내 마운딩, 단면도 표시 GL선상 등 : 계획고(레벨)표시 및 마운딩 등고선 표기

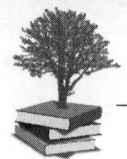

3) 요구사항 및 요구조건에 따른 도면 그리기

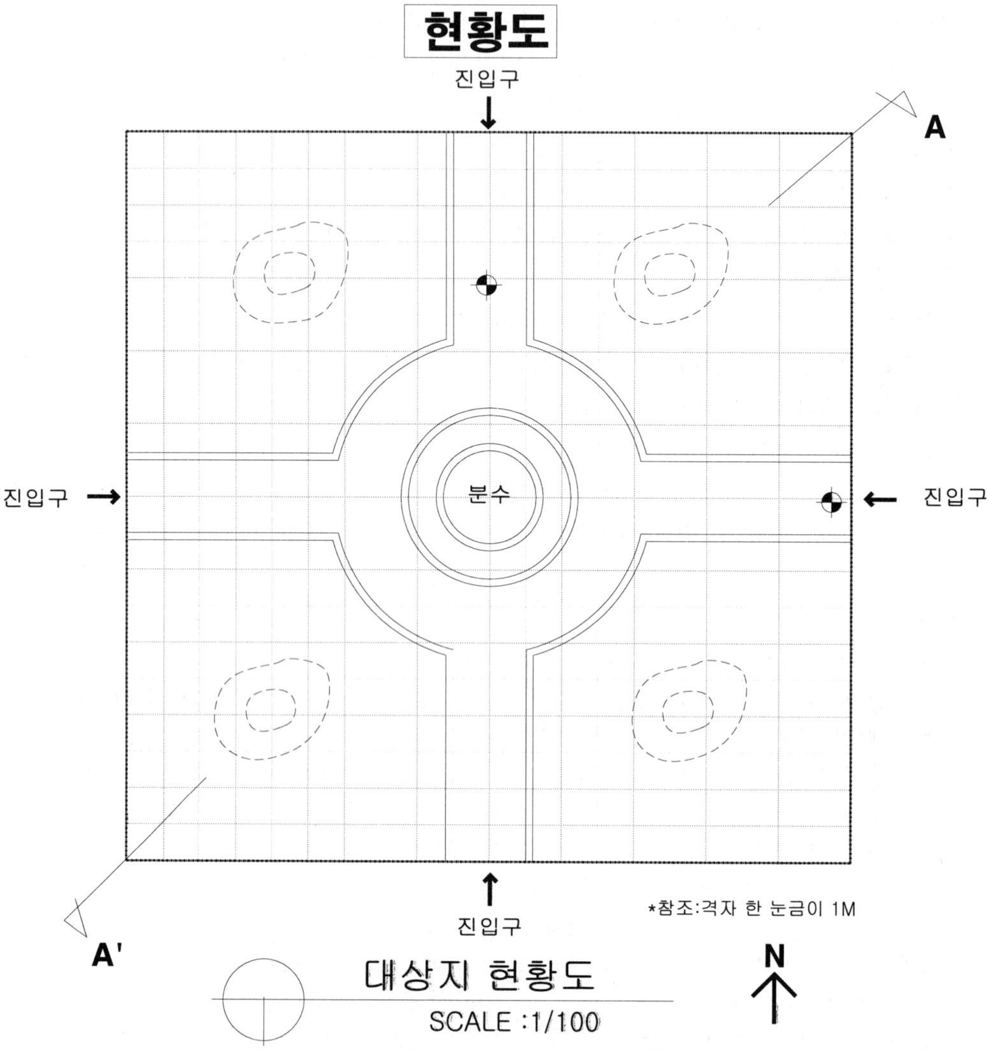
현황도
진입구
A
진입구
분수
진입구
진입구
*참조:격자 한 눈금이 1M
A'
대상지 현황도
SCALE :1/100
N

답안예시)

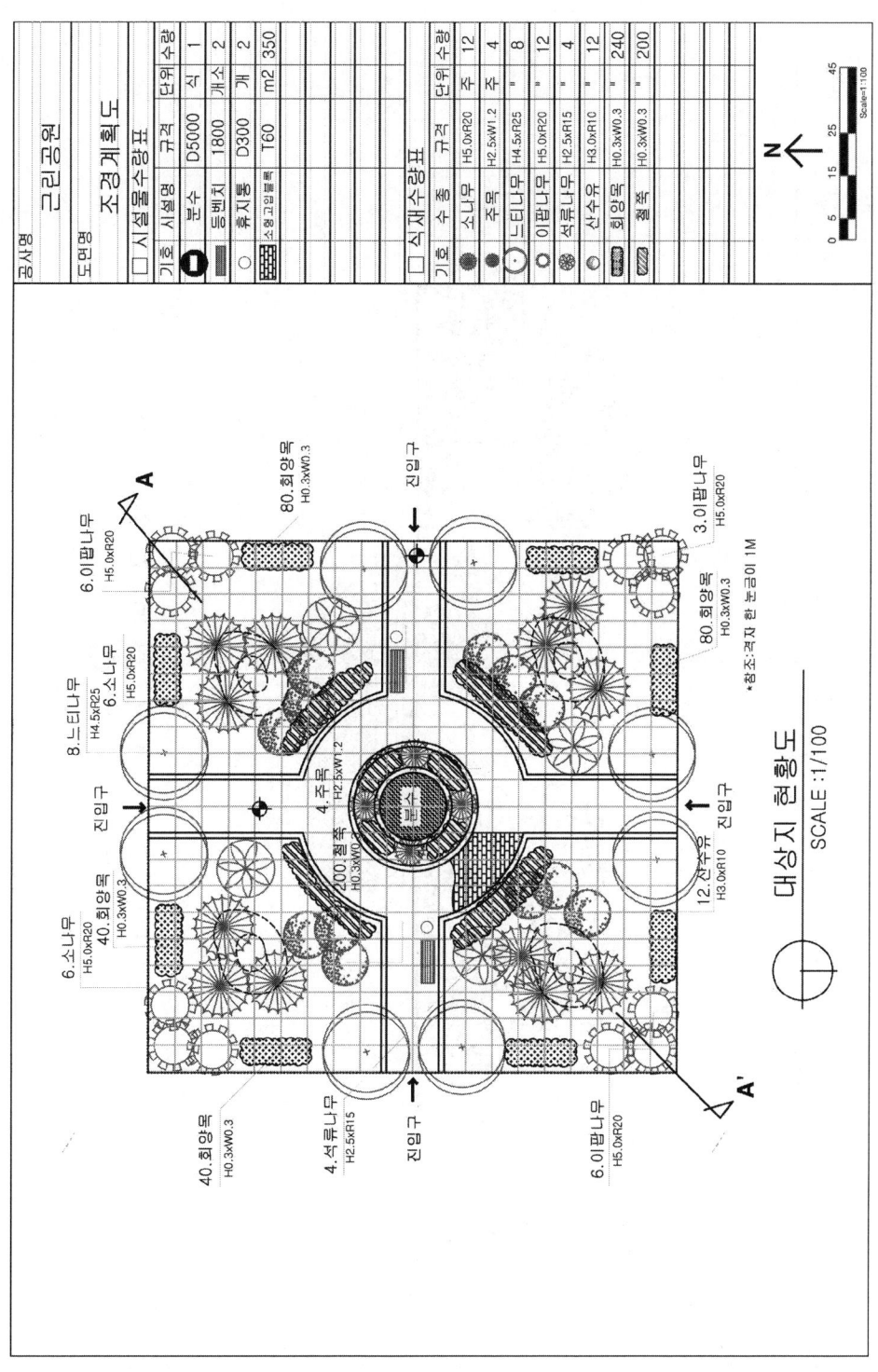

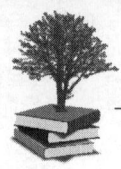

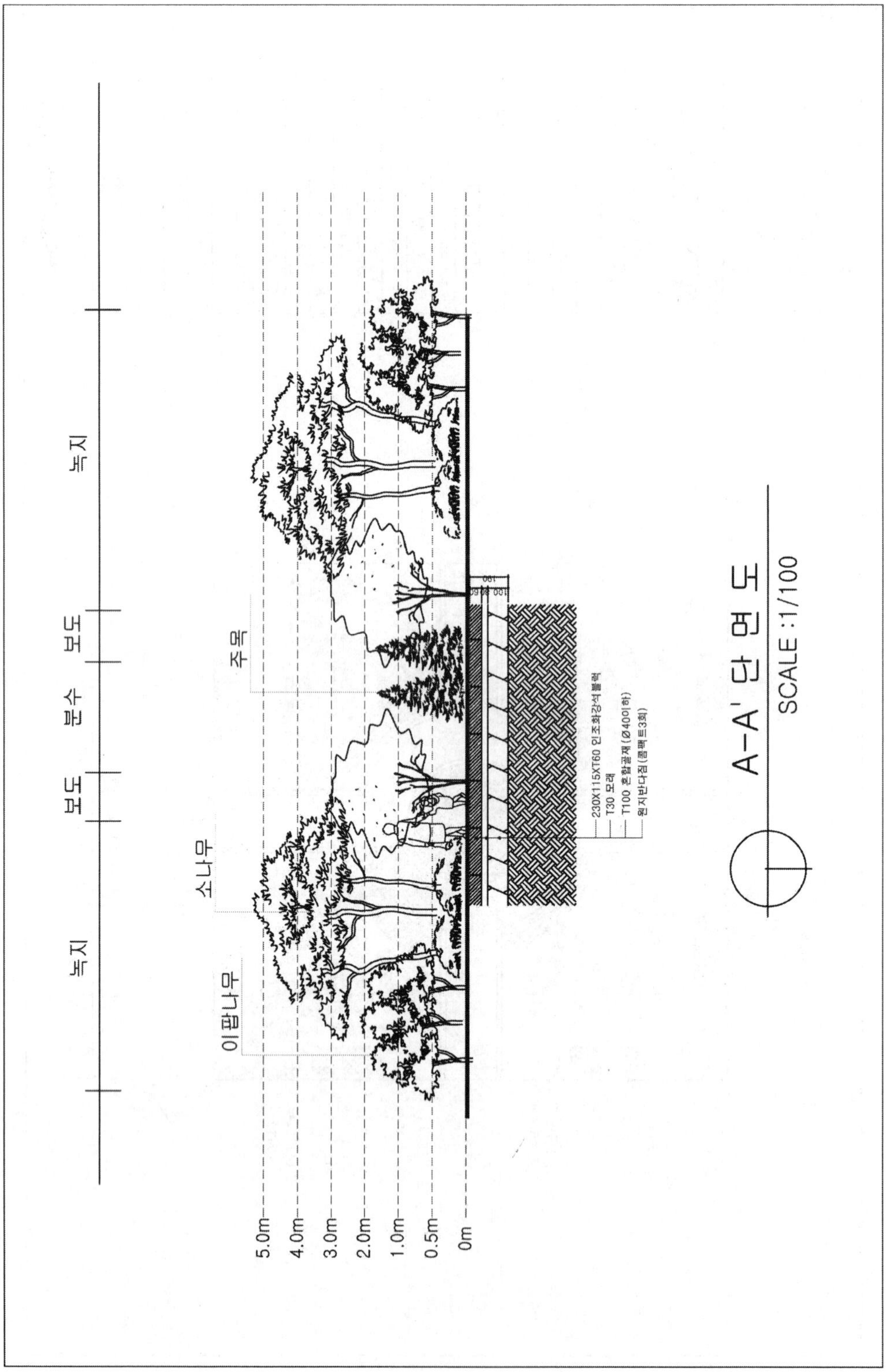
녹지
보도
분수
보도
녹지
이팝나무
소나무
주목
5.0m
4.0m
3.0m
2.0m
1.0m
0.5m
0m
230X115XT60 인조화강석블럭
T30 모래
T100 혼합골재(Ø40이하)
원지반다짐(콤팩트3회)
A-A' 단면도
SCALE :1/100

3. 설계 연습

1) 광장 조성 설계

[문제] 주어진 현황도, 요구사항, 요구조건에 따라 근린공원내 광장의 조경 설계를 하시오

[현황도면]

① 광장의 크기 : 세로 24m × 가로 16 m,   ② 중심부 팔각정자(4.0 × 4.0 × H3.5m)
③ 수목보호홀 덮개(1.0 × 1.0 × H0.4m)   ④ 격자의 한 눈금은 1m

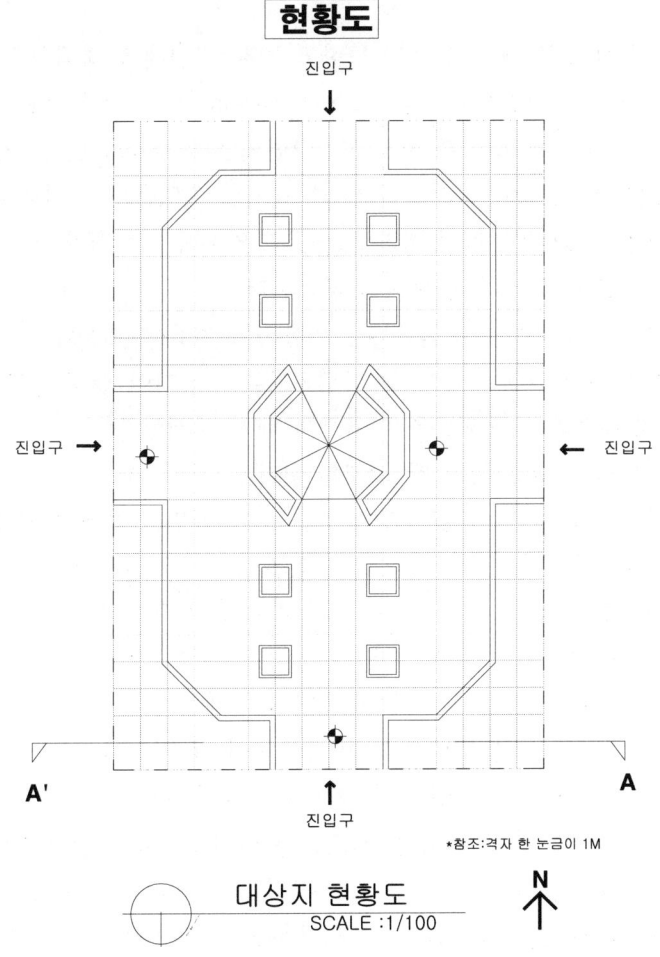

[요구사항]

① 답압용지 1매에 축척 1/100 식재평면도 작성, 방위와 축척 표시
② 도면 우측 여백에 수목 수량표 작성, 수목성상별 상록 및 낙엽 교목, 관목류로 구분
③ 수목의 표기는 침엽수, 활엽수로 구분 표기, 인출선을 이용하여 도면상에 표시

④ 답안용지 1매에 A-A' 축척 1/100 단면도 작성, 포장재료, 경계석, 기타 시설물 기초 표기

[요구조건]

① 동선의 폭(옹벽제외)은 4m로 한다.
② 현황도를 참고하여 부지의 중심부에 8각 정자(4.0×4.0×H3.5m)를 설치한다.
③ 연못은 팔각정자와 연계하여 동서방향으로 실제 물을 넣을 수 있는 폭이 60cm로 설치한다
④ 녹지는 포장면보다 20cm 높게 성토하고 경계부 전체를 경계석으로 마감하고한다.
⑤ 소형고압블록(인조화강석블럭)은 230×115×60mm의 규격으로 마감은 자연지반 위에 잡석10cm, 모래 3cm 포설 후 시공하며 단면도 작성시 mm단위로 환산하여 표시한다.
⑥ 수목보호홀덮개(1,000×1,000×400mm)가 표시된 지역은 녹음식재를 한다.
⑦ 녹지내 식재는 팔각정자에서 바라보았을 때 입체적인 식재가 되어 스카이라인이 자연스럽게 형성될 수 있도록 배식설계를 한다.
⑧ 동서 방향의 출입구쪽에 상록교목을 이용하여 지표 식재한다.
⑨ 남북 방향의 출입구쪽에 상록 및 낙엽교목을 이용하여 대칭 식재한다.
⑩ 녹지모서리 부분은 낙엽교목을 이용하여 대칭 식재한다.
⑪ 출입구 주위의 식재패턴은 대칭식재를 한다.
⑫ 평면도 답안지 하단에 아래와 같이 그린 후 녹지면적(경계석 포함)을 계산하시오.

구분	계산식	답
녹지 1개소 면적	(10×2)+(2×4)+((2×2)/2)	30㎡
전체 녹지 면적	녹지 4개소+수목보호덮개 8개	128㎡

⑬ 식재수종은 아래에서 8종류 이상 선택하여 식재한다.
반송(H1.5×W1.0), 섬잣나무(H1.5×W1.0), 돈나무(H1.5×W1.0), 소나무(H3.5×W2.0×R15), 주목(H2.0×W1.0), 측백(H1.5×W1.0), 단풍나무(H2.0×R6), 느티나무(H4.0×R12), 백목련(H3.5×R10), 자작나무(H3.0×R8), 산수유(H2.0×R6), 광나무(H1.0×W0.8), 배롱나무(H2.0×R6), 자귀나무(H2.0×R6), 산딸나무(H2.0×R6), 은행나무(H4.0×B12), 철쭉(H0.3×W0.3), 영산홍(H0.3×W0.3), 회양목(H0.3×W0.3), 잔디(0.3×0.3×0.03)

답안예시)

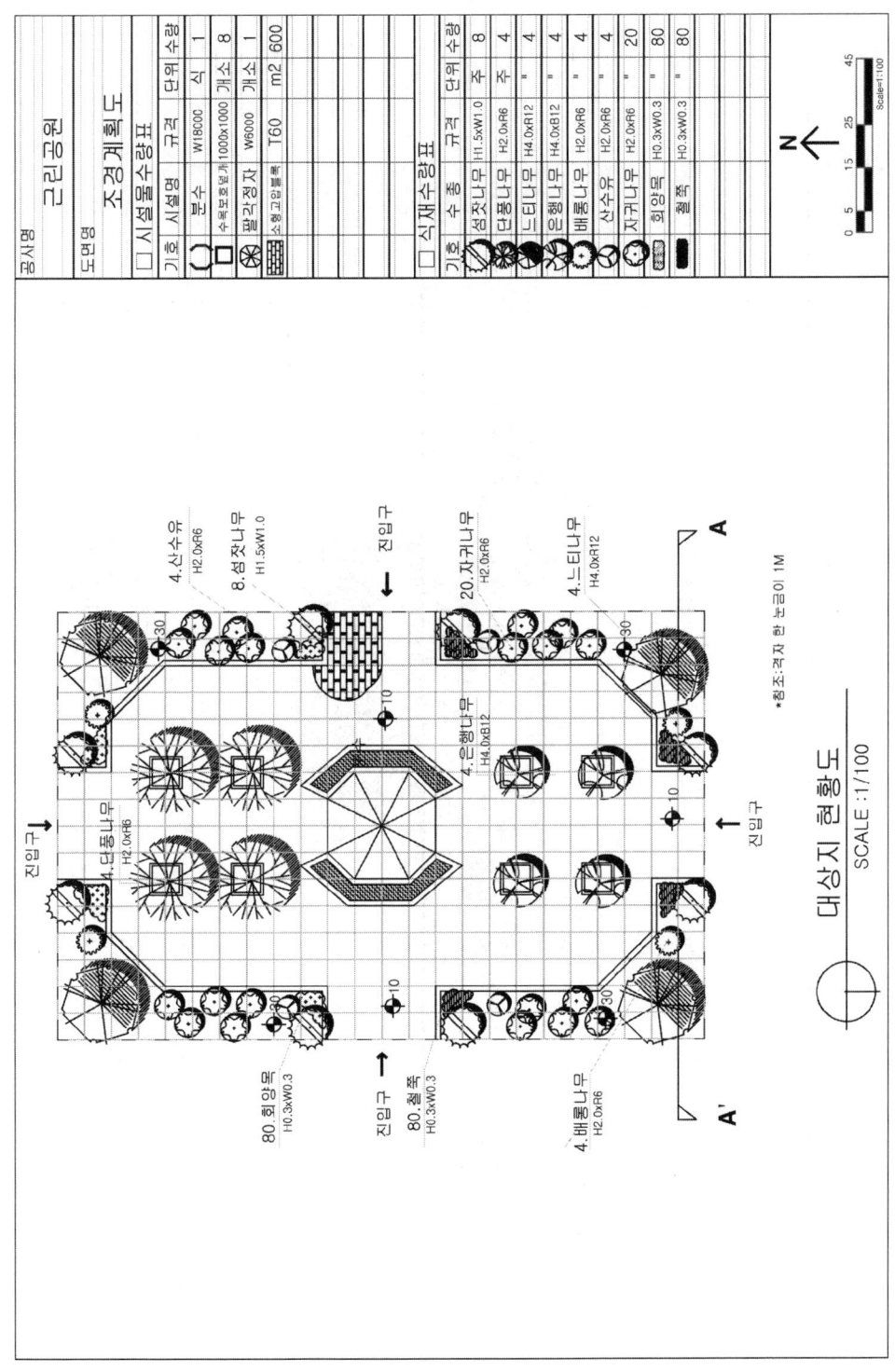

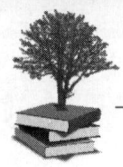

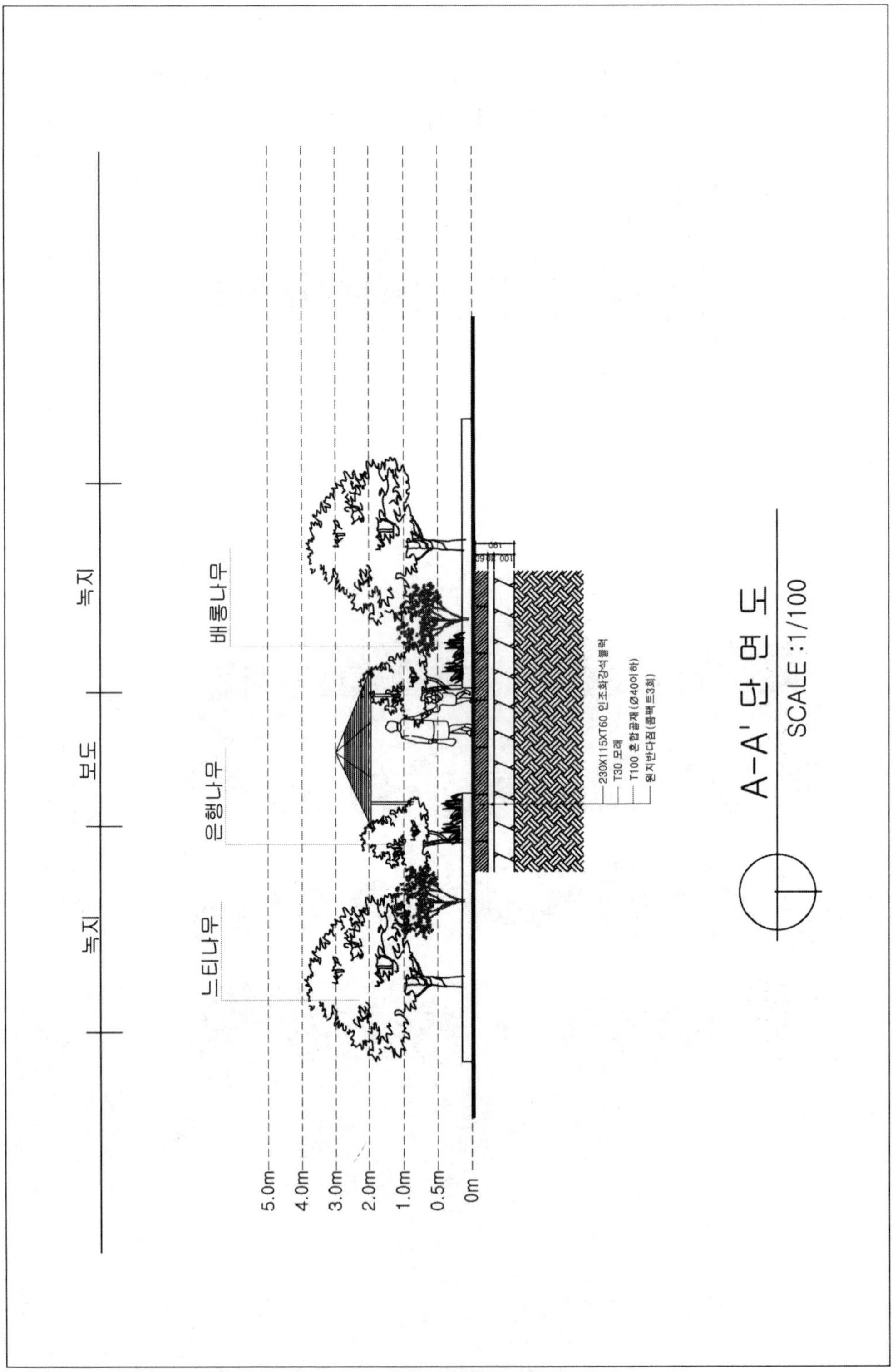
녹지
보도
녹지
느티나무
은행나무
배롱나무
5.0m
4.0m
3.0m
2.0m
1.0m
0.5m
0m
230X115XT60 인조화강석블럭
T30 모래
T100 혼합골재(Ø40이하)
원지반다짐(콤팩트3회)
A-A' 단 면 도
SCALE :1/100

2) 도로변 소공원

[문제] 주어진 현황 사항을 참조하여 설계조건에 따라 조경 설계를 하시오

[현황도면]

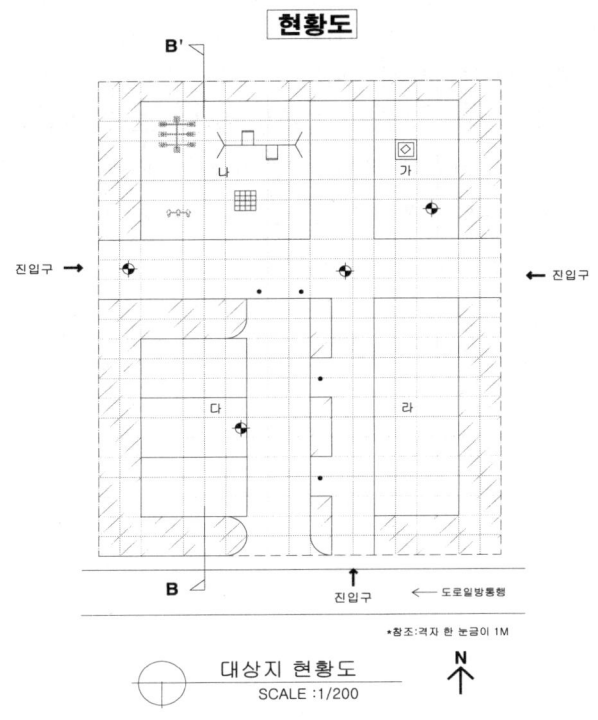

[요구사항]

① 답압용지 1매에 축척 1/100 식재평면도 작성, 방위와 축척 표시
② 도면 우측 여백에 수목 수량표 작성, 수목성상별 상록 및 낙엽 교목, 관목류로 구분
③ 수목의 표기는 침엽수, 활엽수로 구분 표기, 인출선을 이용하여 도면상에 표시
④ 답안용지 1매에 A-A' 축척 1/100 단면도 작성, 포장재료, 경계석, 기타 시설물 기초 표기

[요구조건]

① 포장지역을 제외한 빗금친 부분은 녹지로서 가능한 식재를 한다.
② 포장지역은 소형고압블럭, 콘크리트, 모래, 마사토, 투수콘크리트 등을 선택하여 표시하고 포장명을 표기한다.
③ '가'지역은 상징조각물을 설치하고 주변에 쉴 수 있는 공간을 계획 설계한다

④ '나'지역은 어린이 놀이공간으로 놀이시설 3종 이상 배치하여 조성한다.
⑤ '다'지역은 주차공간으로 소형자동차(3×5m) 3대 주차할 수 있는 공간으로 계획한다.
⑥ '라'지역은 휴식공간으로 퍼골러(3.5×3.5m) 2개와 등벤치 2개, 휴지통 1개를 계획 설계한다.
⑦ 보행에 지장을 주지 않는 곳에 2인용 평상형 벤치(1200×500mm) 5개, 휴지통 3개를 설치한다.(단 퍼골러 내 벤치는 제외)
⑧ 수목은 유도, 녹음, 경관식재 등의 식재를 하며 필요한 곳에 수목보호대를 설치한다.
⑨ B-B'단면도는 경사, 포장재료, 경계선 및 기타 시설물의 기초, 주변의 수목, 중요시설물, 이용자 등을 단면도상에 반드시 표기하시오.
⑯ 식재수종은 8종류 이상을 식재한다.

답안예시)

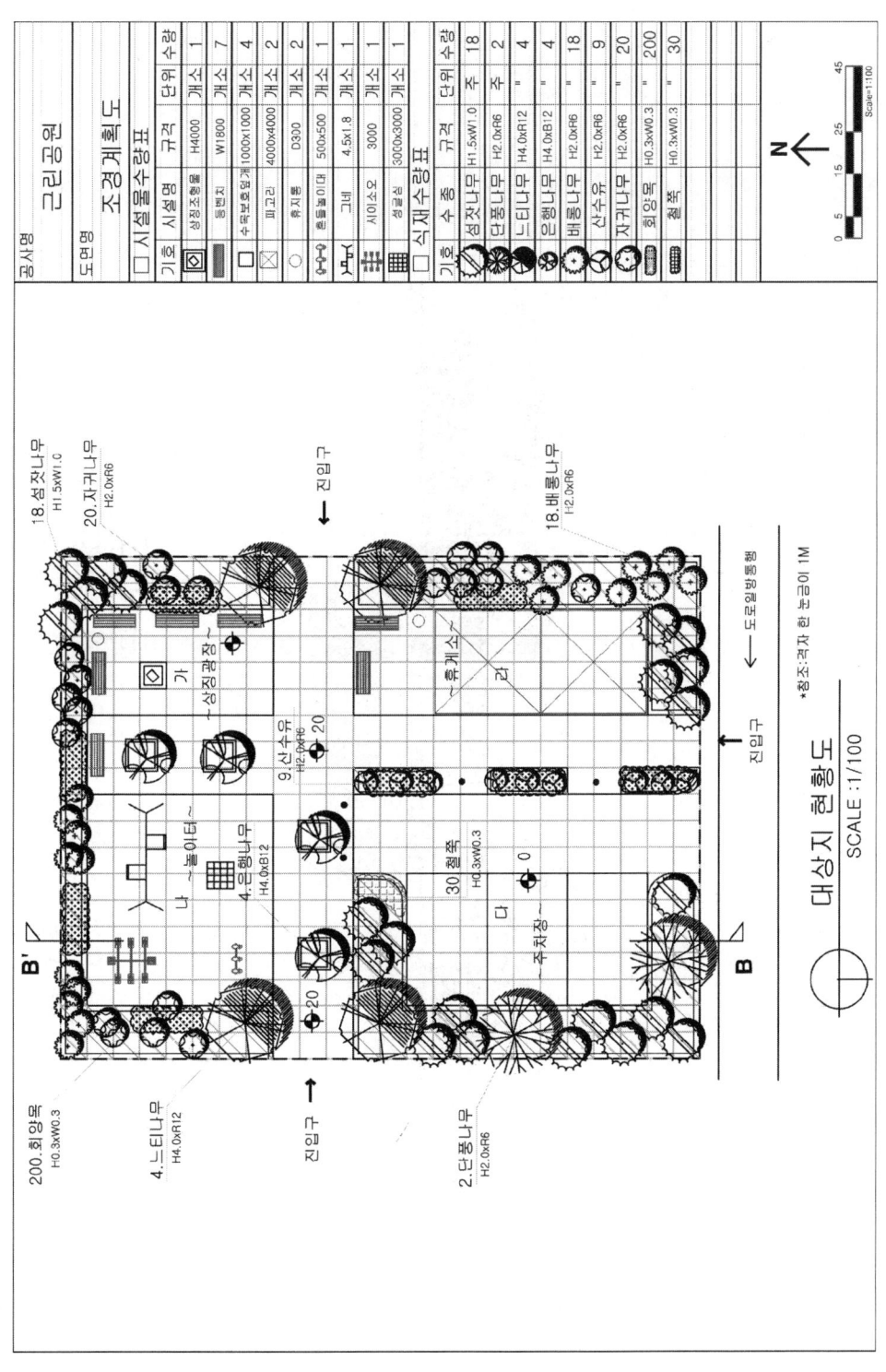

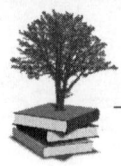

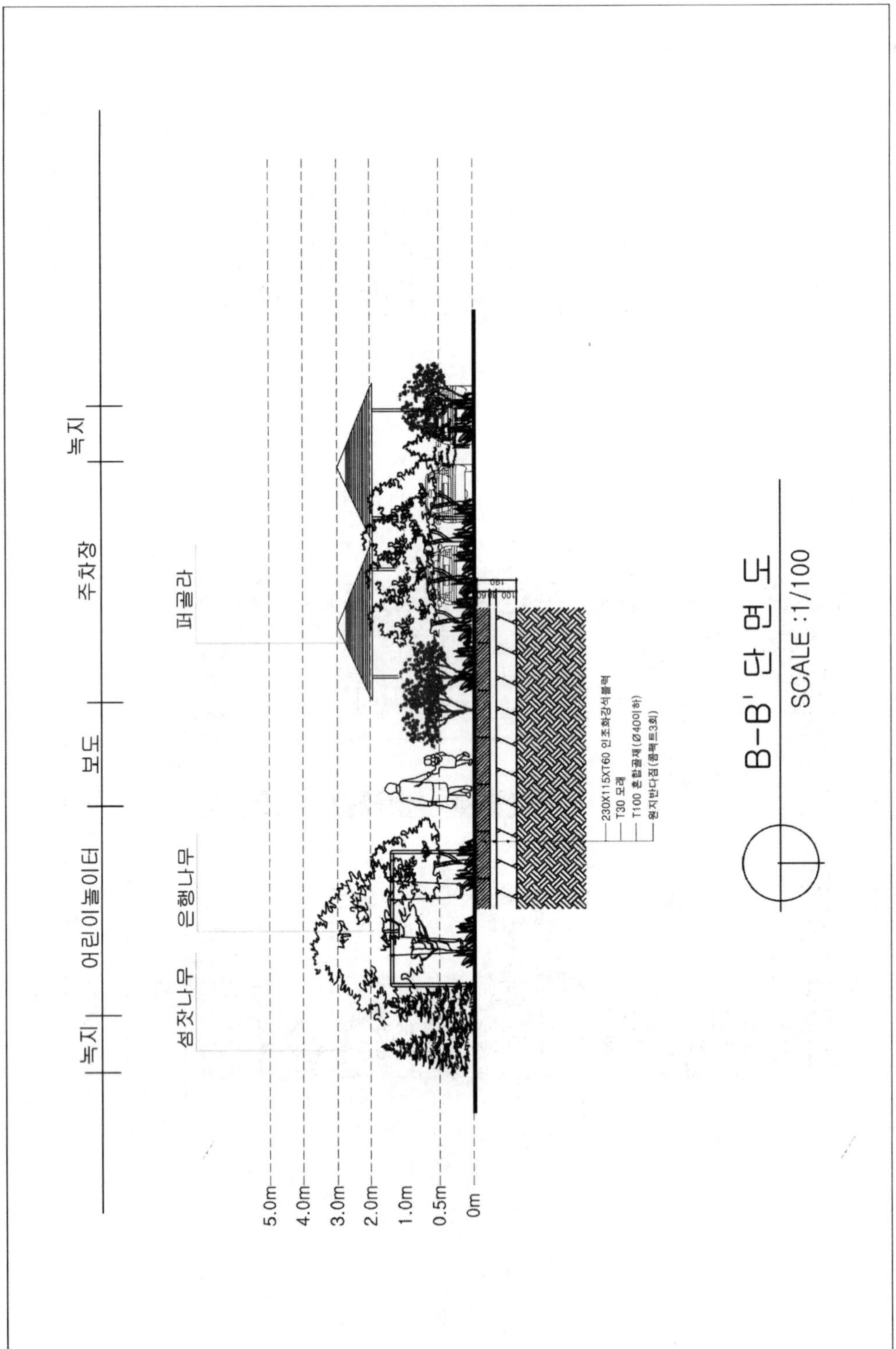

녹지
어린이놀이터
보도
주차장
녹지
섬잣나무
은행나무
퍼골라
5.0m
4.0m
3.0m
2.0m
1.0m
0.5m
0m
230X115XT60 인조화강석블럭
T30 모래
T100 혼합골재(Ø40이하)
원지반다짐(콤팩트3회)
B-B' 단면도
SCALE :1/100

3) 도로변 소공원

[문제] 주어진 현황사항을 참조하여 설계조건에 따라 조경 설계를 하시오

[현황도면]

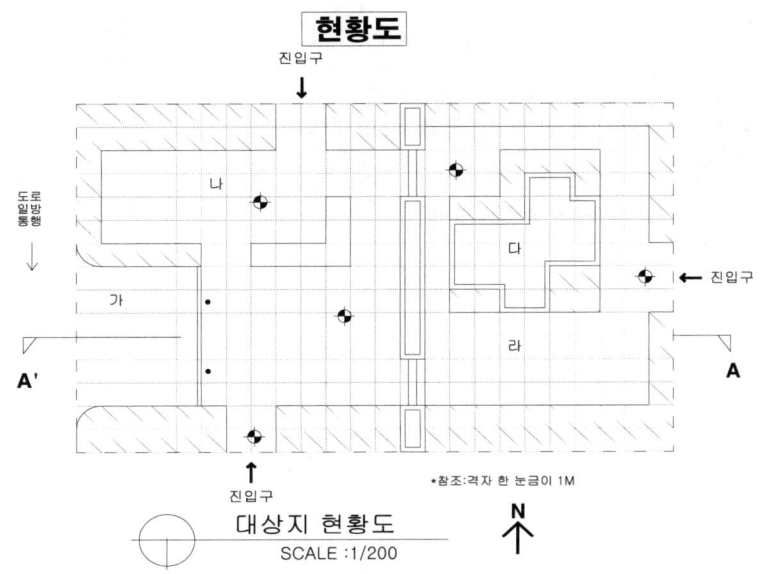

[요구사항]

① 답압용지 1매에 축척 1/100 식재평면도 작성, 방위와 축척 표시
② 도면 우측 여백에 수목 수량표 작성, 수목성상별 상록 및 낙엽 교목, 관목류로 구분
③ 수목의 표기는 침엽수, 활엽수로 구분 표기, 인출선을 이용하여 도면상에 표시
④ 답안용지 1매에 A-A' 축척 1/100 단면도 작성, 포장재료, 경계석, 기타 시설물 기초 표기

[요구조건]

① 포장지역을 제외한 빗금친 부분은 녹지로서 가능한 식재를 한다.
② 포장지역은 소형고압블럭, 콘크리트, 모래, 마사토, 투수콘크리트 등을 선택하여 표시하고 포장명을 표기한다.
③ '가'지역은 주차공간으로 소형자동차(3×5m) 2대 주차할 수 있는 공간으로 계획한다
④ '나'지역은 휴식공간으로 퍼골러(4.0×4.0m) 1개를 계획 설계한다.
⑤ '다'지역은 수공간으로 계획한다.
⑥ '라'지역은 휴식공간으로 퍼골러(3.5×7m) 1개와 등벤치 1개를 계획 설계한다.

⑦ 보행에 지장을 주지 않는 곳에 2인용 평상형 벤치(1200×500mm) 4개, 휴지통 3개를 설치한다.(단 퍼골러 내 벤치는 제외)

⑧ '가','나'지역은 '라'지역보다 높이차가 80cm높고, 그 높이 차이를 식수대로 처리, 적합한 조치를 계획하시오

⑨ 수목은 유도, 녹음, 경관식재 및 소나무 군식 등의 식재를 하며 필요한 곳에 수목보호대를 설치한다.

⑩ A-A'단면도는 경사, 포장재료, 경계선 및 기타 시설물의 기초, 주변의 수목, 중요시설물, 이용자 등을 단면도상에 반드시 표기하고 높이차를 볼 수 있도록 설계하시오.

⑪ 식재수종은 8종류 이상을 식재한다.

답안예시)

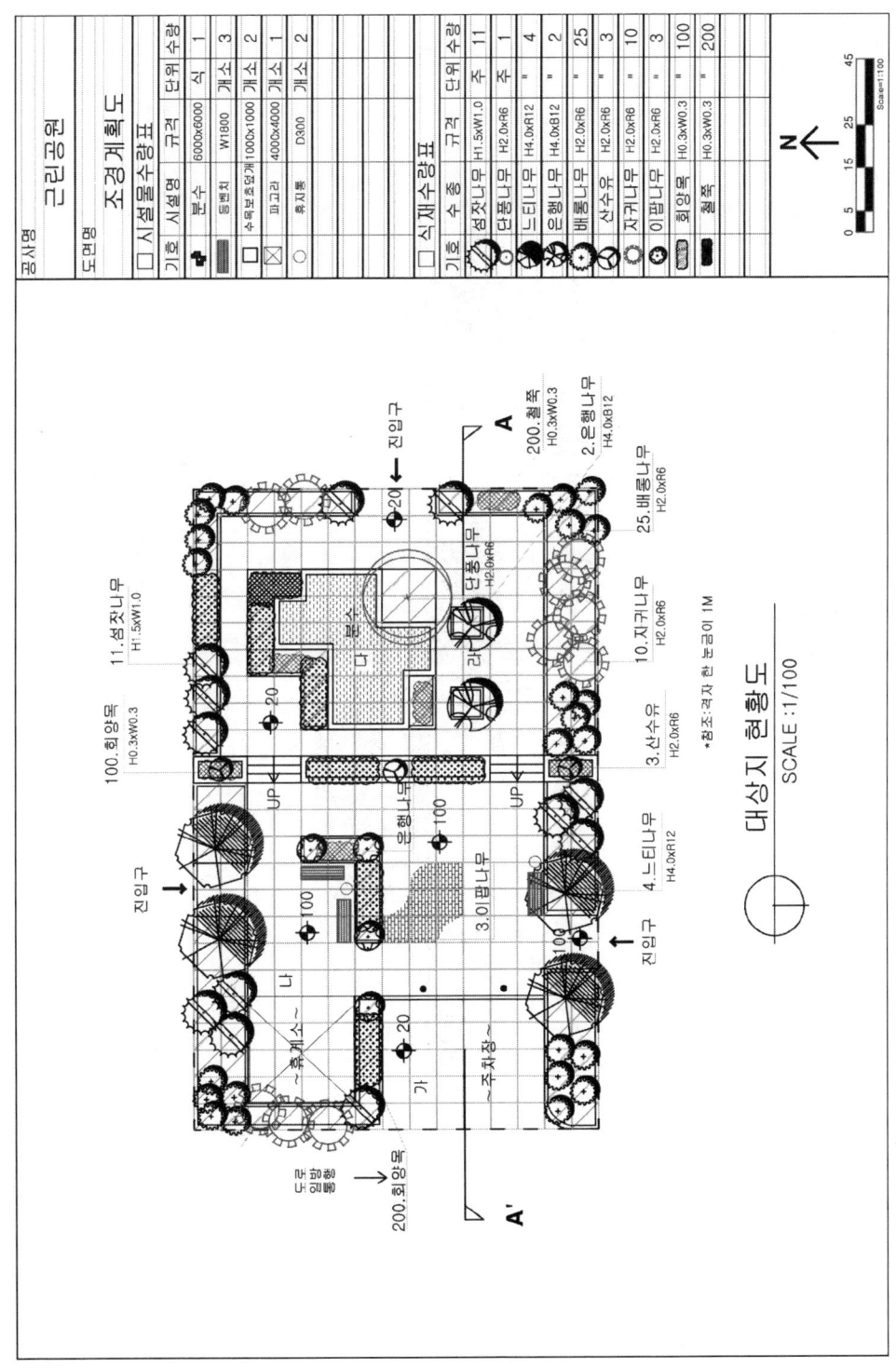

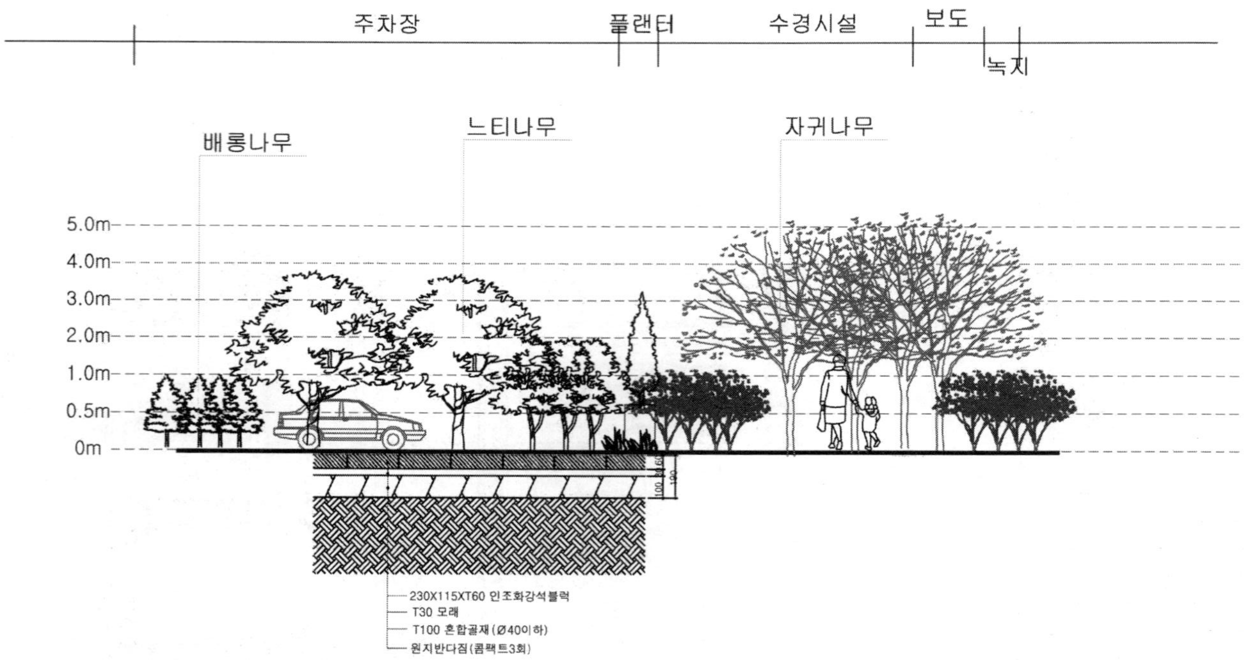

A-A' 단면도
SCALE : 1/100

4) 도로변 소공원

[문제] 주어진 현황 사항을 참조하여 설계조건에 따라 조경 설계를 하시오
[현황도면]

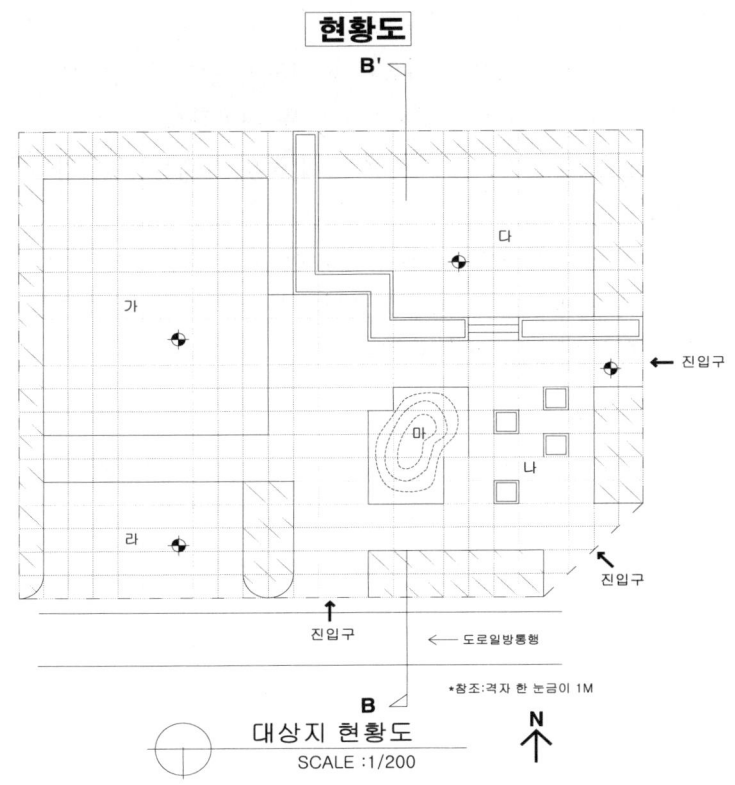

[요구사항]

① 답압용지 1매에 축척 1/100 식재평면도 작성, 방위와 축척 표시
② 도면 우측 여백에 수목 수량표 작성, 수목 성상별 상록 및 낙엽 교목, 관목류로 구분
③ 수목의 표기는 침엽수, 활엽수로 구분 표기, 인출선을 이용하여 도면상에 표시
④ 답안용지 1매에 B-B' 축척 1/100 단면도 작성, 포장재료, 경계석, 기타 시설물 기초 표기

[요구조건]

① 포장지역을 제외한 빗금친 부분은 녹지로서 가능한 식재를 한다.
② 포장지역은 소형고압블럭, 콘크리트, 모래, 마사토, 투수콘크리트 등을 선택하여 표시하고 포장명을 표기한다.

③ '가'지역은 놀이공간으로 계획하고 어린이놀이시설 3종을 배치하시오
④ '나'지역은 휴식공간으로 수목보호대 4개를 설치하고 동일 수종의 낙엽교목을 식재한다.
⑤ '다'지역은 휴식공간으로 퍼골러(4.0×4.0m) 1개와 등벤치 3개를 계획 설계한다.
⑥ '라'지역은 주차공간으로 소형자동차(3×5m) 3대 주차할 수 있는 공간으로 계획한다.
⑦ '마'지역은 20cm 높이차이가 있는 등고선이 있는 녹지로 크기가 다른 소나무 3주와 계절을 느낄 수 있는 수목을 조화롭게 배치하여 경관식재를 한다.
⑧ '다'지역은 '가', '나'지역 보다 1m높은 평면을 계획하시오
⑨ 수목은 유도, 녹음, 경관식재 및 소나무 군식 등의 식재를 하며 필요한 곳에 수목보호대를 설치한다.
⑩ B-B'단면도는 경사, 포장재료, 경계선 및 기타 시설물의 기초, 주변의 수목, 중요시설물, 이용자 등을 단면도상에 반드시 표기하고 높이차를 볼 수 있도록 설계하시오.
⑪ 식재수종은 8종류 이상을 식재하시오.

답안예시)

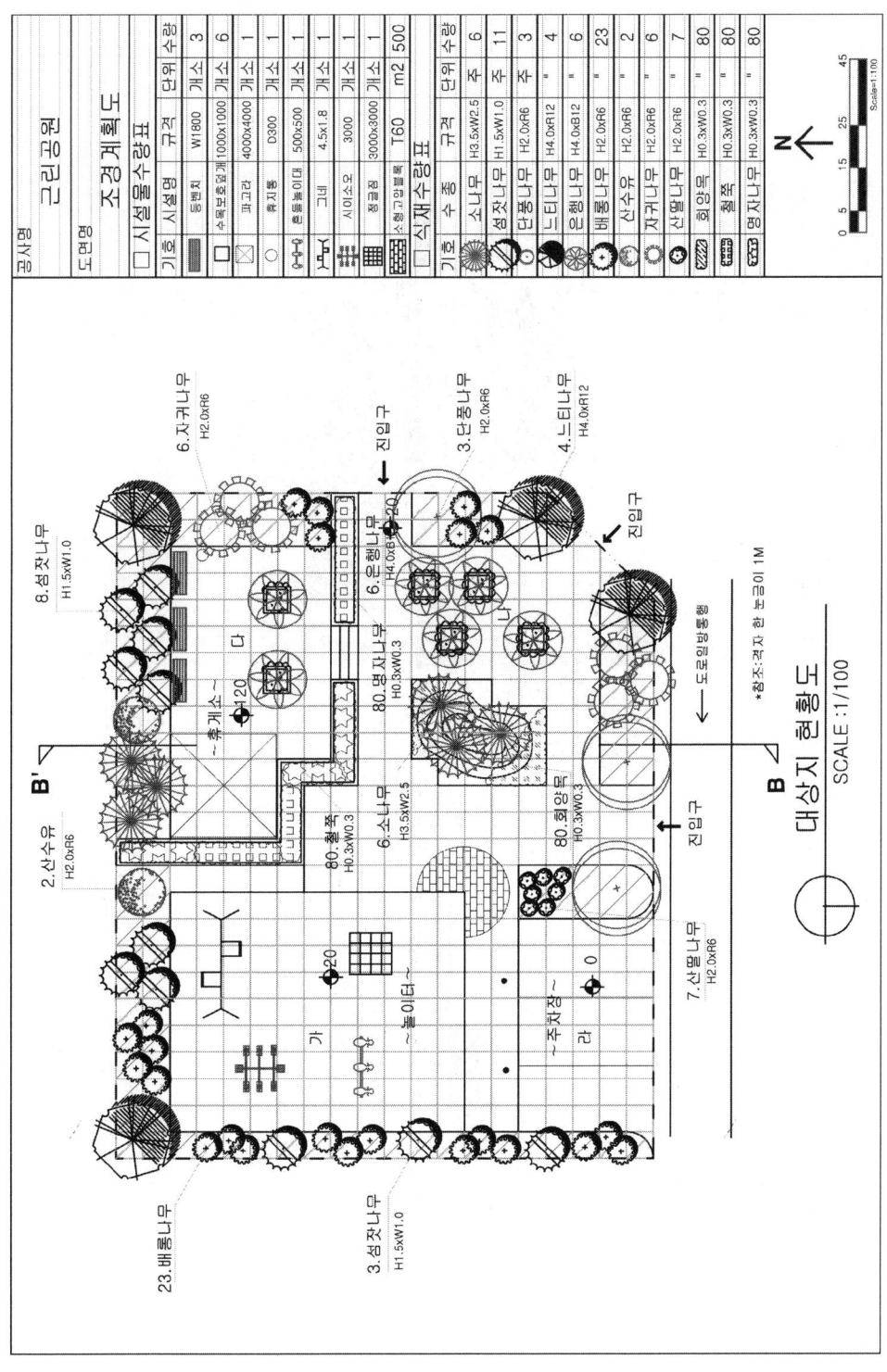

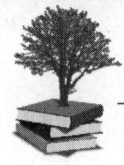

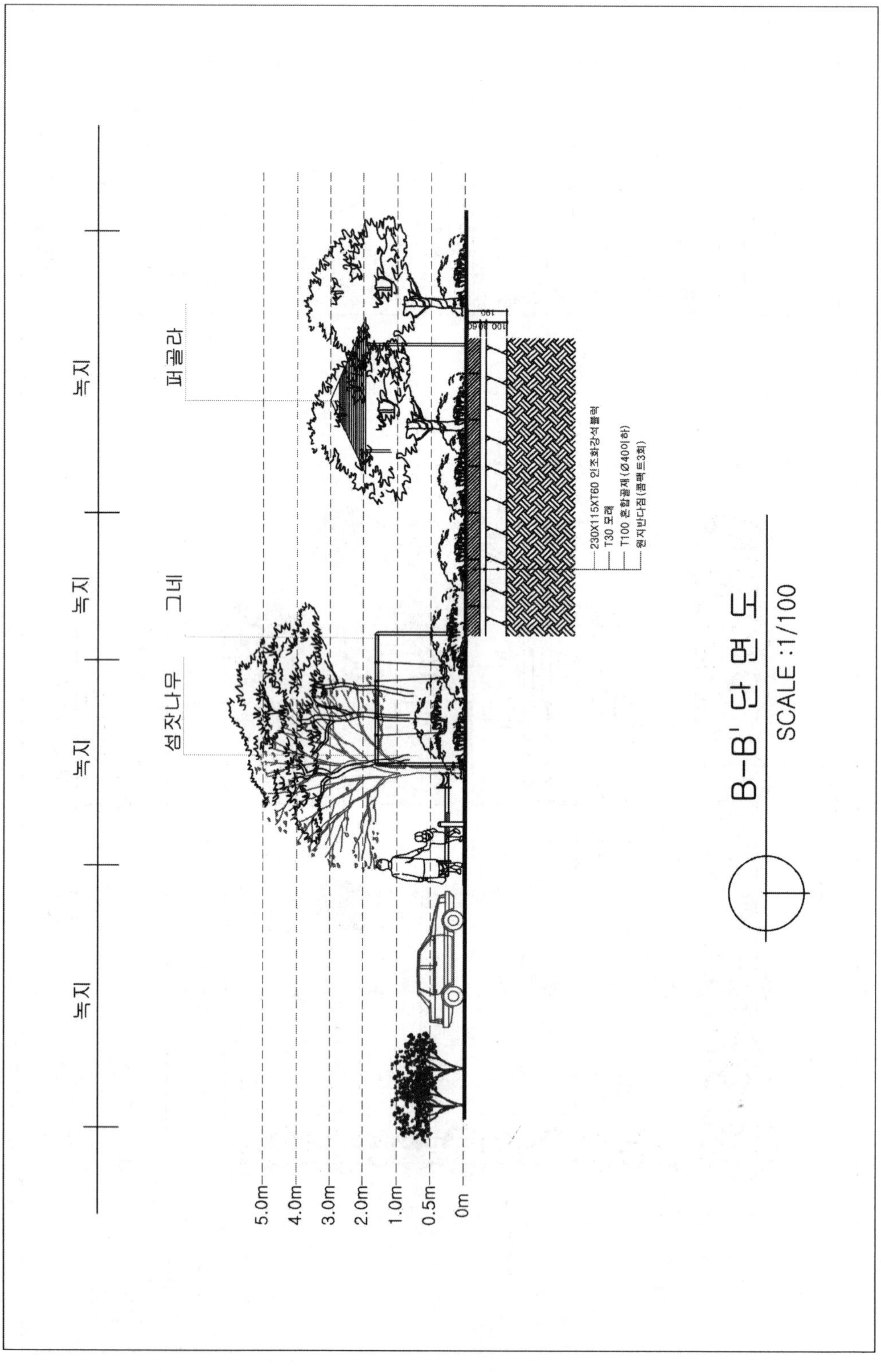
녹지
녹지
녹지
녹지
퍼골라
그네
섬잣나무
5.0m
4.0m
3.0m
2.0m
1.0m
0.5m
0m
230X115XT60 인조화강석블럭
T30 모래
T100 혼합골재(Ø40이하)
원지반다짐(콤팩트3회)
B-B' 단 면 도
SCALE :1/100

5) 도로변 소공원

[문제] 주어진 현황사항을 참조하여 설계조건에 따라 조경 설계를 하시오

[현황도면]

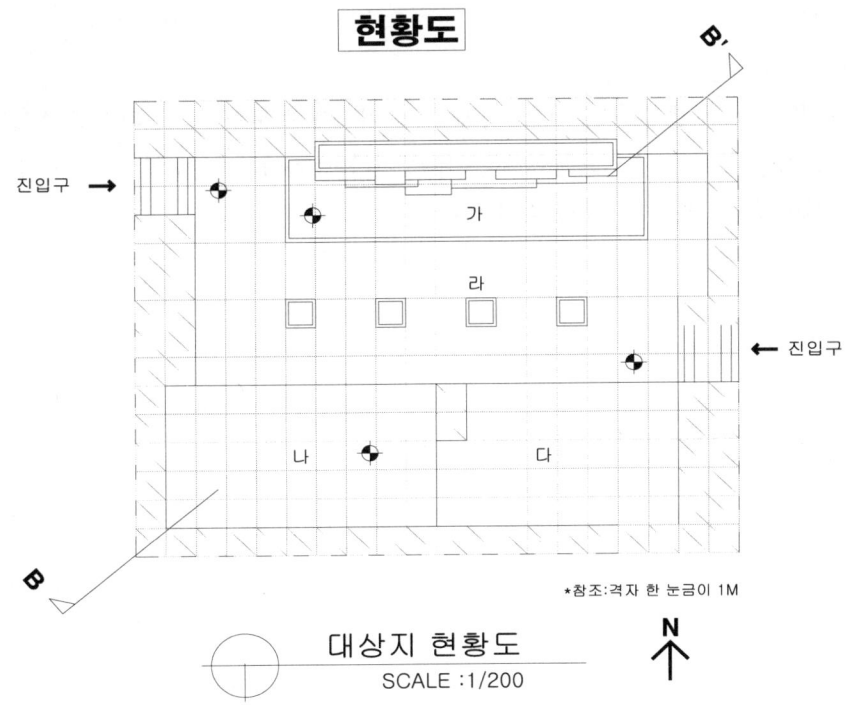

[요구사항]

① 답압용지 1매에 축척 1/100 식재평면도 작성, 방위와 축척 표시
② 도면 우측 여백에 수목 수량표 작성, 수목성상별 상록 및 낙엽 교목, 관목류로 구분
③ 수목의 표기는 침엽수, 활엽수로 구분 표기, 인출선을 이용하여 도면상에 표시
④ 답안용지 1매에 B-B' 축척 1/100 단면도 작성, 포장재료, 경계석, 기타 시설물 기초 표기

[요구조건]

① 포장지역을 제외한 빗금친 부분은 녹지로서 가능한 식재를 한다.
② 포장지역은 소형고압블럭, 콘크리트, 모래, 마사토, 투수콘크리트 등을 선택하여 표시하고 포장명을 표기한다.
③ '가'지역은 수공간으로 최대높이 1m의 벽천과 깊이 30cm 연못을 계획하시오
④ '나'지역은 놀이공간으로 놀이시설 2종, 운동시설 1종 이상을 배치하시오.

⑤ '다'지역은 휴식공간으로 퍼골러(4.0×4.0m) 1개와 등벤치 2개, 휴지통 1개 이상을 계획 설계한다.
⑥ '라'지역은 중심광장으로 수목보호대 4개를 설치하고 녹음 식재한다.
⑦ 진입부에 계단이 있으며 주변 외곽부지보다 높이가 1m 낮은 것으로 설계한다
⑧ 수목은 유도, 녹음, 경관식재 및 소나무 군식 등의 식재를 하며 필요한 곳에 수목보호대를 설치한다.
⑨ B-B'단면도는 경사, 포장재료, 경계선 및 기타 시설물의 기초, 주변의 수목, 중요시설물, 이용자 등을 단면도상에 반드시 표기하고 높이차를 볼 수 있도록 설계하시오.
⑩ 식재수종은 8종류 이상을 식재한다.

답안예시)

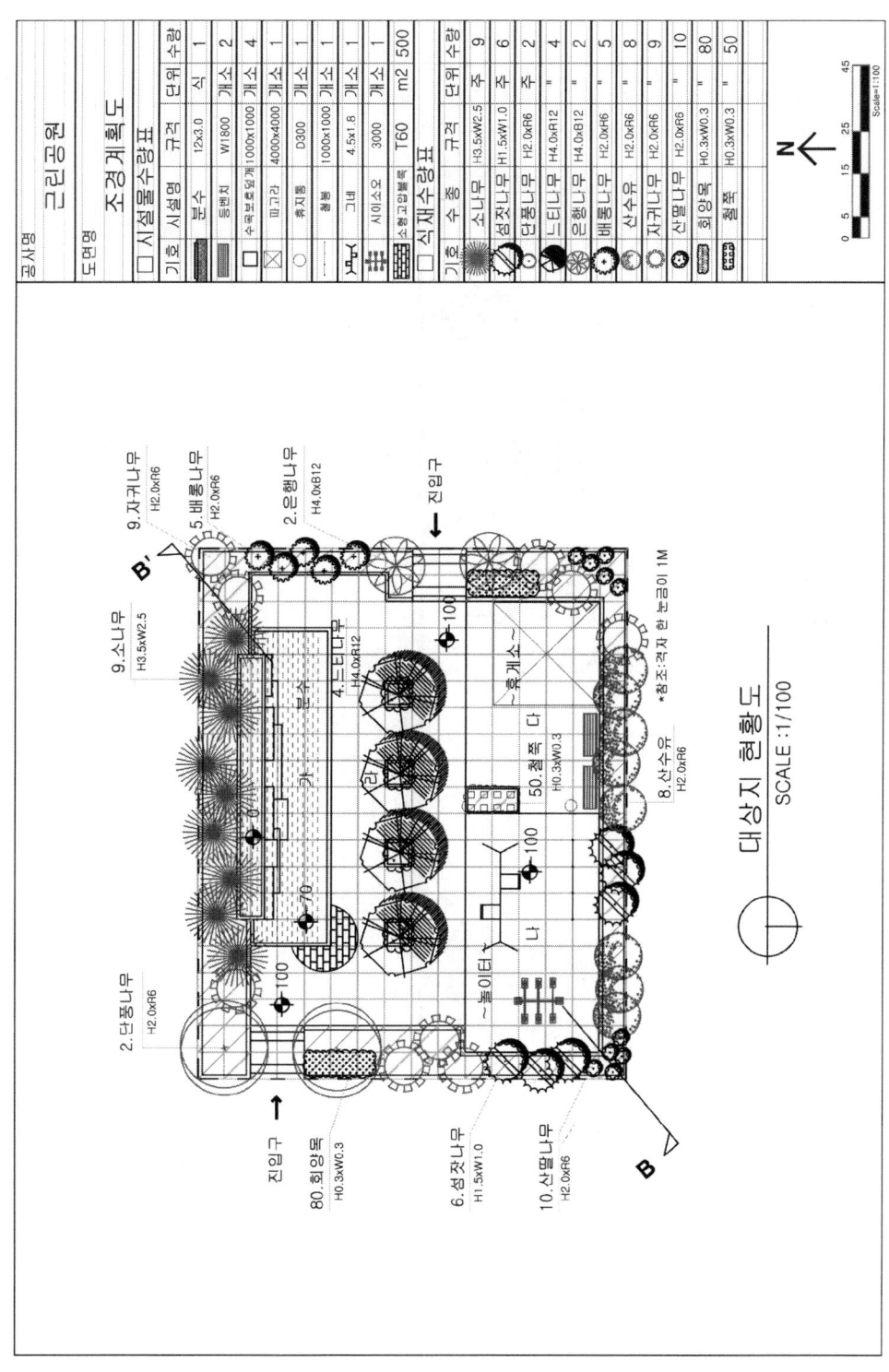

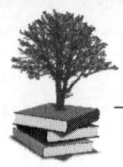

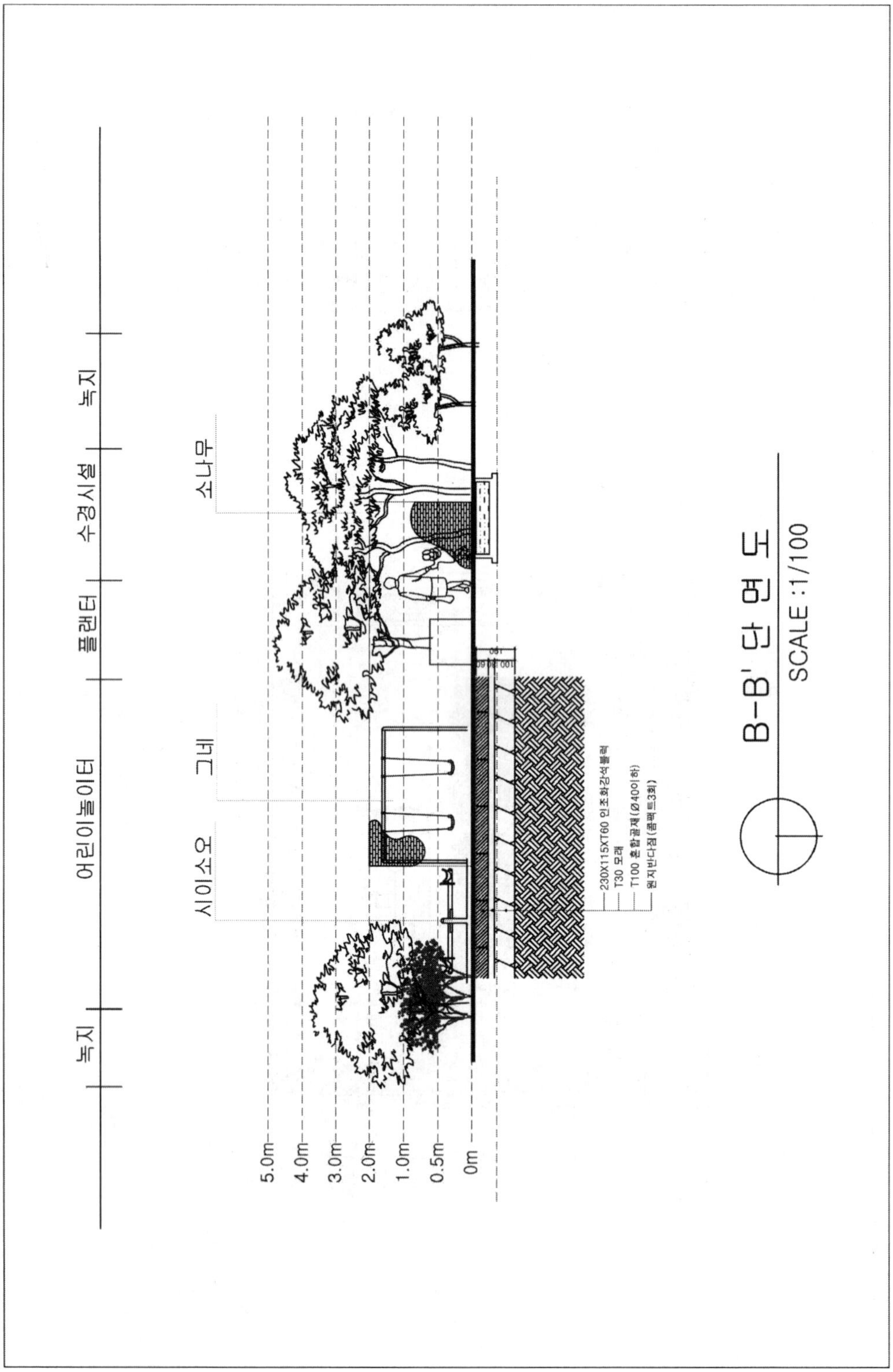
녹지
어린이놀이터
플랜터
수경시설
녹지
시이소오
그네
소나무
5.0m
4.0m
3.0m
2.0m
1.0m
0.5m
0m
230X115XT60 인조화강석블럭
T30 모래
T100 혼합골재(Ø40이하)
원지반다짐(콤팩트3회)
B-B' 단면도
SCALE :1/100

6) 기념공원

[문제] 주어진 현황사항을 참조하여 설계조건에 따라 조경 설계를 하시오

[현황도면]

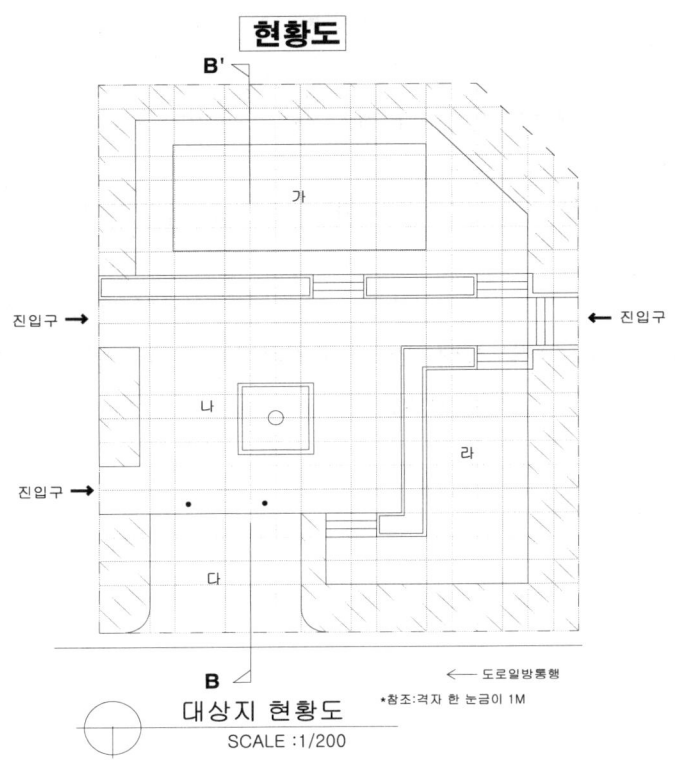

[요구사항]

① 답압용지 1매에 축척 1/100 식재평면도 작성, 방위와 축척 표시
② 도면 우측 여백에 수목 수량표 작성, 수목성상별 상록 및 낙엽 교목, 관목류로 구분
③ 수목의 표기는 침엽수, 활엽수로 구분 표기, 인출선을 이용하여 도면상에 표시
④ 답안용지 1매에 B-B' 축척 1/100 단면도 작성, 포장재료, 경계석, 기타 시설물 기초 표기

[요구조건]

① 포장지역을 제외한 빗금친 부분은 녹지로서 가능한 식재를 한다.
② 포장지역은 소형고압블럭, 콘크리트, 모래, 마사토, 투수콘크리트 등을 선택하여 표시하고 포장명을 표기한다.

③ '가'지역은 다목적 운동공간으로 등벤치 4개 및 포장을 계획한다
④ '나'지역은 휴식공간으로 퍼골러(4.0×4.0m) 2개소를 계획 설계한다.
⑤ '다'지역은 주차공간으로 소형자동차(3×5m)2대가 주차할 수 있는 공간으로 계획한다.
⑥ '라'지역은 휴식공간으로 퍼골러(3.5×3.5m) 2개를 계획 설계한다.
⑦ 보행에 지장을 주지 않는 곳에 2인용 평상형 벤치(1200×500mm) 2개, 휴지통 1개를 설치한다.
⑧ '가'지역은 '나'지역보다 높이차가 85cm 높고, '나'지역은 '라' 지역보다 85cm 높고, '다'는 '나'지역보다 15cm 낮게 계획하시오
⑨ 수목은 유도, 녹음, 경관식재 및 소나무 군식 등의 식재를 하며 필요한 곳에 수목보호대를 설치한다.
⑩ B-B'단면도는 경사, 포장재료, 경계선 및 기타 시설물의 기초, 주변의 수목, 중요시설물, 이용자 등을 단면도상에 반드시 표기하고 높이차를 볼 수 있도록 설계하시오.
⑪ 식재수종은 8종류 이상을 식재한다.

답안예시)

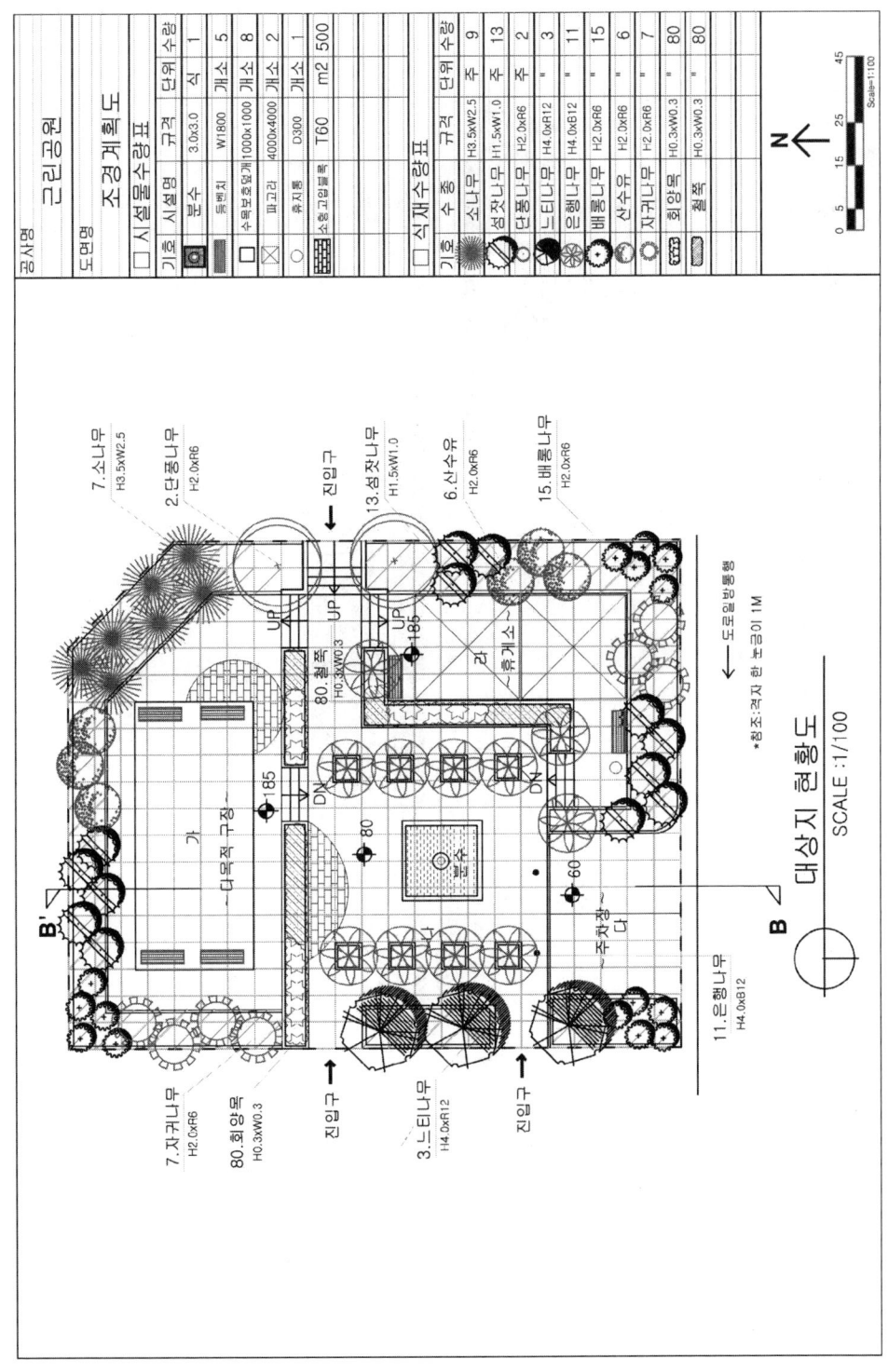

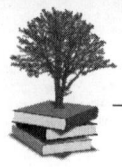

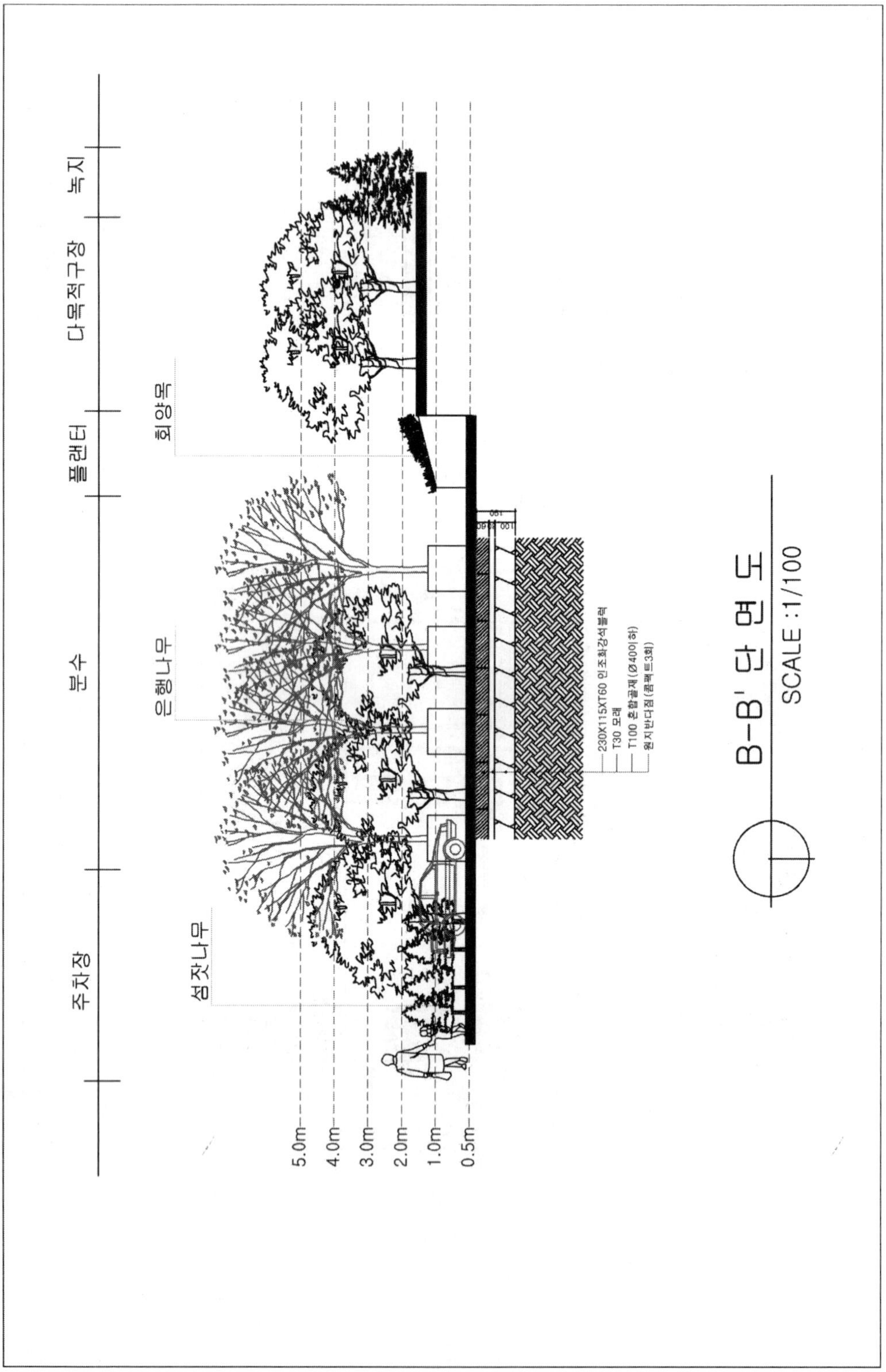

주차장
분수
플랜터
다목적구장
녹지
섬잣나무
은행나무
회양목
5.0m
4.0m
3.0m
2.0m
1.0m
0.5m
230X115XT60 인조화강석블럭
T30 모래
T100 혼합골재(Ø40이하)
원지반다짐(콤팩트3회)
B-B' 단면도
SCALE :1/100

7) 도로변 소공원

[문제] 주어진 현황사항을 참조하여 설계조건에 따라 조경 설계를 하시오
[현황도면]

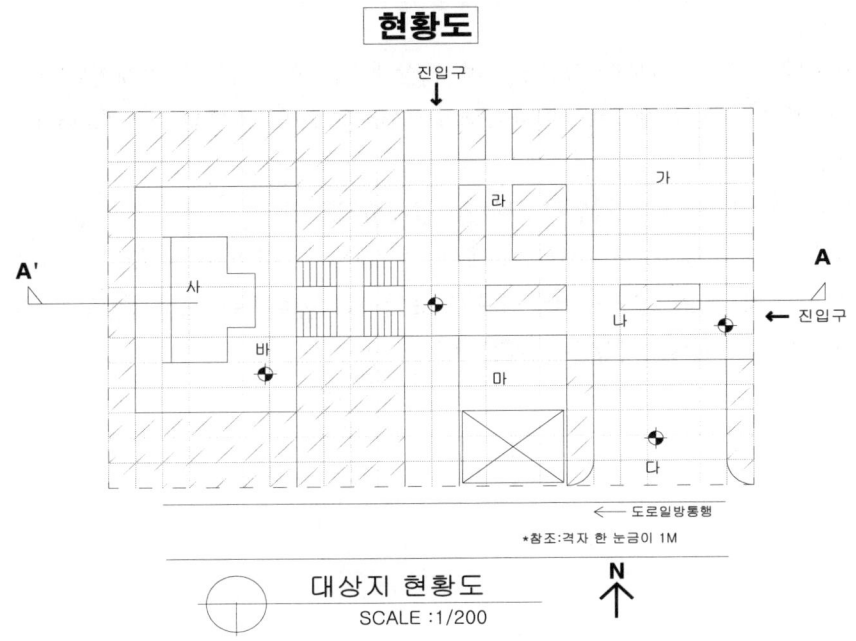

[요구사항]

① 답압용지 1매에 축척 1/100 식재평면도 작성, 방위와 축척 표시
② 도면 우측 여백에 수목 수량표 작성, 수목성상별 상록 및 낙엽 교목, 관목류로 구분
③ 수목의 표기는 침엽수, 활엽수로 구분 표기, 인출선을 이용하여 도면상에 표시
④ 답안용지 1매에 A-A' 축척 1/100 단면도 작성, 포장재료, 경계석, 기타 시설물 기초 표기

[요구조건]

① 포장지역을 제외한 빗금친 부분은 녹지로서 가능한 식재를 한다.
② 포장지역은 소형고압블럭, 콘크리트, 모래, 마사토, 투수콘크리트 등을 선택하여 표시하고 포장명을 표기한다.
③ '가'지역은 놀이공간으로 어린이놀이시설물 2종류, 운동시설 1종류를 설계한다.
④ '나'지역은 보행을 겸한 광장으로 공간 성격에 맞게 포장재료를 선택하시오.

⑤ '다'지역은 주차공간으로 소형자동차(2.5×5m) 2대를 주차할 수 있는 공간으로 카스토퍼 4개를 계획한다.
⑥ '라'지역은 초화원으로 식수지역에 초화류를 식재한다.
⑦ '마'지역은 휴식공간으로 퍼골러(4.0×3.0m) 1개와 등벤치(1200×500mm) 2개, 휴지통 1개를 계획 설계한다.
⑧ '바'지역은 '나'지역보다 3m 높으며 포장재료는 화강석으로 설계한다.
⑨ '사'지역은 기념공간으로 '바'지역보다 0.3m 높으며, 조형물(3×1×0.8m)1개를 설치하시오.
⑩ 계단 옆 경사면에서 적당한 수종을 설계하시오.
⑪ A-A'단면도는 경사, 포장재료, 경계선 및 기타 시설물의 기초, 주변의 수목, 중요시설물, 이용자 등을 단면도상에 반드시 표기하고 높이차를 볼 수 있도록 설계하시오.
⑫ 식재수종은 8종류 이상을 식재한다.

답안예시)

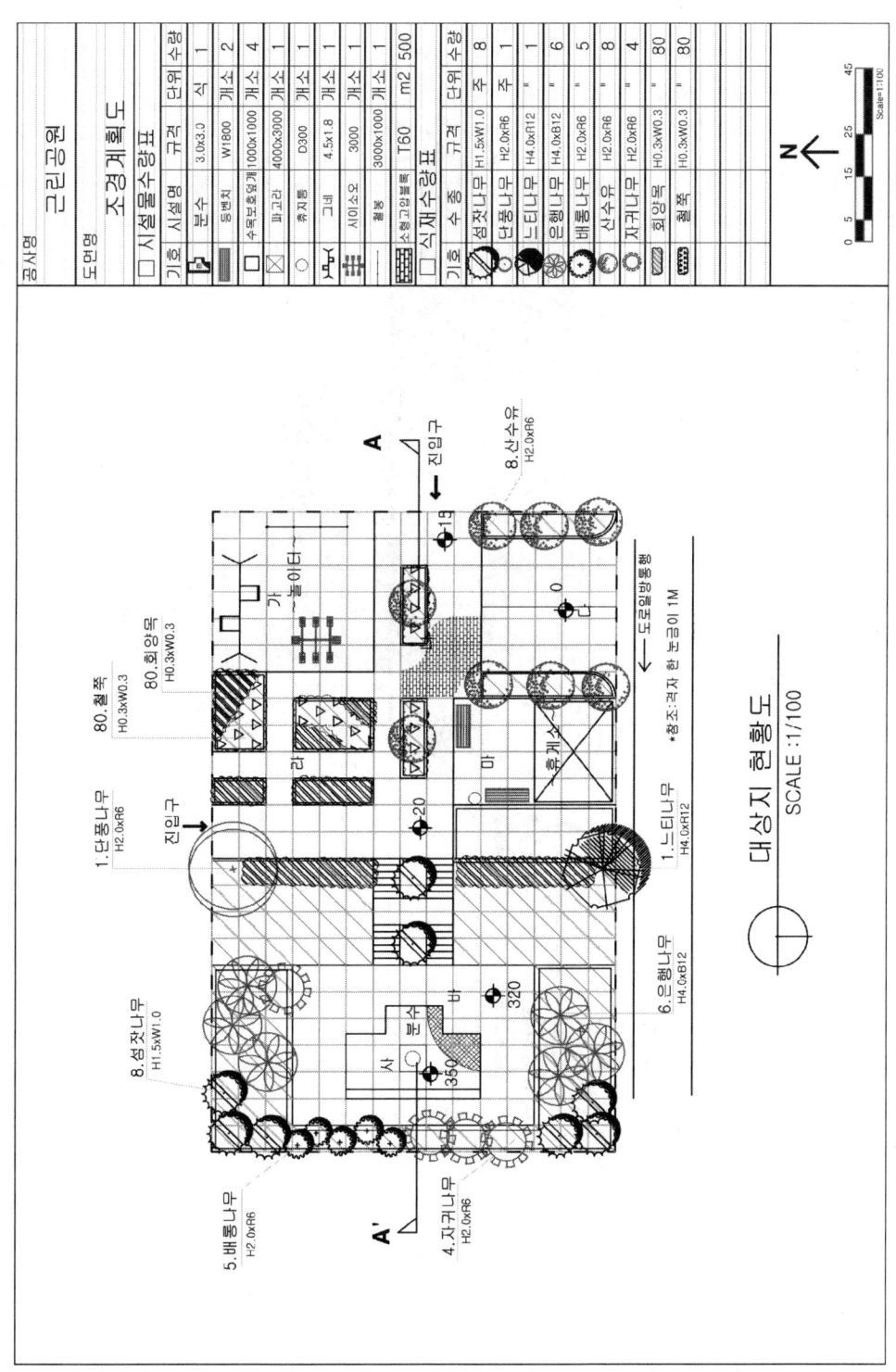

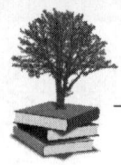

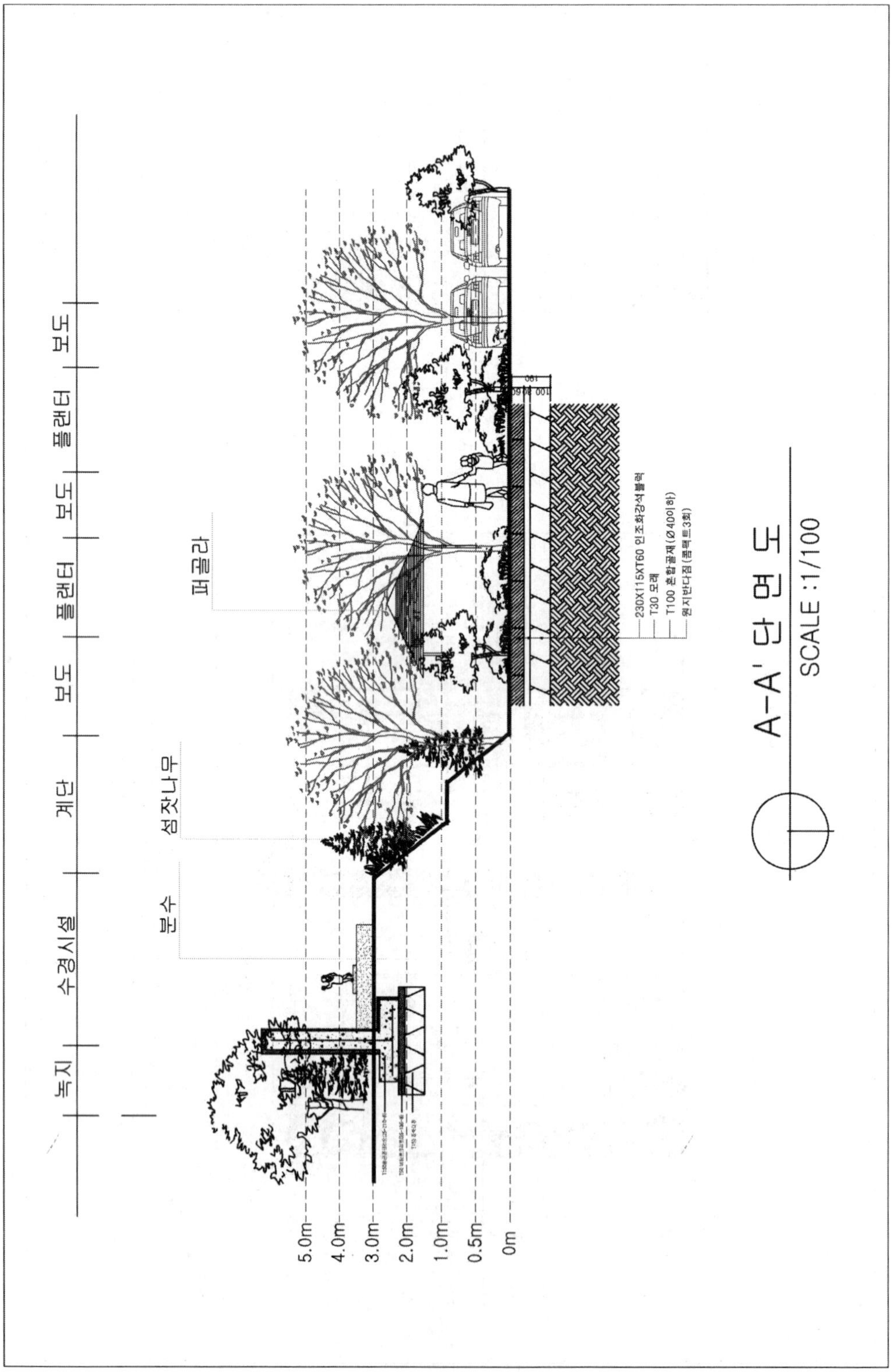

녹지
수경시설
계단
보도
플랜터
보도
플랜터
보도
분수
섬잣나무
퍼골라
5.0m
4.0m
3.0m
2.0m
1.0m
0.5m
0m
230X115XT60 인조화강석블럭
T30 모래
T100 혼합골재(Ø40이하)
원지반다짐(콤팩트3회)
A-A' 단면도
SCALE :1/100

조경기능사 한 권으로 끝내기

실기

Ⅱ. 조경 시공 작업

II. 조경 시공 작업

가. 조경식재공사

1. 조경 식재 및 부대공사

　1) 조경식재공사

　　① 야생 또는 농장 수목을 굴취, 운반, 식재, 식재 후 관리 등 일련의 과정
　　② 공종 순서, 유의 사항 숙지

　2) 식재시 유의 사항

　　① 굴취 시 규격 이상의 뿌리분 조성, 뿌리분 파손 방지 결속, 잔뿌리 절단 및 제거
　　② 운반 시 뿌리분 파손 주의, 수피 손상 방지 및 전지·전정
　　③ 식재 지역의 토양, 배수 등을 확인하고, 최적의 배수시설, 객토, 시비 등을 고려
　　④ 토양살균 및 살충제 살포
　　⑤ 식재구덩이는 뿌리분보다 크게하고 구덩이 내에 표토 및 퇴비 등 포설
　　⑥ 수목을 원래의 생육지과 같은 방향으로 맞추어 앉히고 사질양토를 2/3정도 메우고 물조임을 한후 나머지 흙을 넣어 준다.
　　⑦ 뿌리분 주변을 10cm 높이로 복토하여 물받이를 형성한다.
　　⑧ 식재 후 수목이 흔들리지 않도록 수목의 크기에 따라 이각, 삼발이. 연결지주 등을 이용하여 지주목을 세운다.
　　⑨ 재 관수 이후 토사를 덮어주고 그 위에 멀칭. 수피감기 등을 실시한다.

2. 식재 공정 순서

　1) 뿌리돌림

　　① 개념
　　　- 잔뿌리 발생을 촉진시켜 이식 후 활착률을 높이는 작업
　　　- 노목, 대형목, 쇠약한 수목 또는 이식이 어려운 수목, 야생수목 등에 적용

② 작업시기
- 이식하기 6개월~1년 전에 시행하며 필요에 따라 2~4회 나누어 작업한다.
- 초봄 또는 늦가을 수액이 이동하기 전 또는 이동 후 시행

③ 방법
- 적정 규격의 뿌리분 보다 약간 크게, 일반적으로 근원직경의 5~6배 적용
- 측근의 밀도 등 뿌리의 상태를 확인하며 작업
- 굵은 뿌리는 넘어짐 방지를 위해 남기고 가는 뿌리는 분의 바깥쪽에서 자른다.
- 굵은 뿌리는 환상박피(목질부를 사과껍질 깎듯 벗겨내는 작업)하고 절단뿌리는 아래로 향하도록 직각 또는 45°로 매끈하게 절단
- 뿌리돌림이 된 분을 새끼 또는 고무밴드로 감아준다.
- 사질토양으로 되메우기하며 물을 주지 않는 토식을 실시한다.
- 지하부(뿌리제거 수량)과 지상부(가지의 수량)을 균형 유지를 위해 전지·전정을 한다. 낙엽수는 1/3, 상록수는 2/3정도 가지치기를 한다.

2) 굴취

① 분의 크기
- 수목 성상, 심근성, 천근성, 일반수종에 따라 접시분, 보통분, 조개분으로 한다.
- 근원직경의 4~6배의 크기를 기준으로 한다.
- 분의 지름은 24+(수목근원직경-3) × 상수(4,5)

② 분감기
- 뿌리분을 형성한 주근을 남긴 채 분감기를 시행한다.
- 분형성이 어려운 모래질 또는 흐트러지기 쉬운 토양일 경우 1/2정도 파낸 후 분감기를 하고 나머지 흙을 파내면서 분감기를 한다.

3) 운반

① 목도(인력우반), 리어카, 체인블록, 카고크레인, 트럭, 트레일러, 백호우 등을 이용

② 운반시 주의사항
- 운반 전 뿌리분의 상태를 확인 후 잔뿌리 등을 매끄럽게 제거, 분보호재 상태 점검
- 뿌리절단면이 큰 경우 상처유합제를 도포한다.
- 뿌리분 보호를 위해 이중 적재 절대 금지

- 분이 움직이지 않도록 로프로 견고하게 고정하고 로프와 접촉되는 수간은 보호재를 이용하여 수피가 벗겨지지 않도록 한다.
- 이동시 뿌리분의 수분증발을 억제하기 위해 젖은 거적 또는 가마니로 덮는다.
- 바람의 영향을 받는 수종은 분에 천막 등으로 감싼다.
- 혹서기에 운반시에는 차광막 등을 이용하여 수목이 고온의 피해를 입지 않도록 한다.

4) 가식

① 수목은 반입 당일 식재를 원칙으로 한다.
② 당일 식재가 되지 않은 수목은 뿌리의 건조 및 지엽의 손상 등을 방지하기 위해 가식장소를 조성하여 임시로 식재한다.
③ 가식장은 배수가 양호한 지역에 사질양토 또는 양토를 사용하여 조성한다.
④ 수목 생육에 최적 환경조성, 적절한 식재간격으로 통풍성 유지. 수분증산억제 및 동해방지조치, 지주목 등을 설치한다.

5) 교목 식재(정식)

① 지역별 이식 적기에 식재하며 하절기 및 동절기 등은 피하는 것을 원칙으로 한다.
② 부적기 이식은 수분증산억제제, 발근촉진제, 차광시설, 동해방지 시설 등 특별한 조치가 요구 된다.
③ 물조임을 하는 수식과 물을 사용하지 않고 흙을 다져가며 식재하는 토식으로 구분
④ 식재방법
- 뿌리분의 크기보다 1.5~3배 크기의 식재구덩이를 판다.
- 구덩이 내에 이물질을 제거하고 퇴비 등 유기질 비료를 구덩이 내에 넣어 준다.
- 수목을 앉히고 방향(수목의 원생육지의 방향)을 고려하여 위치를 잡는다.
- 수목 원래의 생육지와 다른 방향일 경우 피소현상등의 방지를 위해 수간(수피)감기를 시행한다.
- 수목을 앉힌 식재구덩이에 양토를 2/3정도 넣는다.
- 물을 구덩이 주변에 주면서 막대기를 이용해서 흙을 쑤셔준다.
- 뿌리분의 흙과 새로운 흙과의 공극이 생기지 않도록 최대한 물조임을 한다.
- 식재구덩이의 남은 1/3를 표토를 넣어 주고 밟아서 다져준다.
- 뿌리분 주변으로 10cm 높이의 물집을 만들어 준다.
- 전체적으로 물이 스며들면 뿌리분의 수분증발을 억제하기 위해 바크, 짚, 나뭇잎 등으로 멀칭한다.

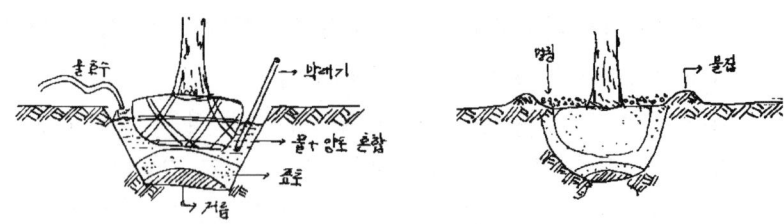

6) 관목 식재

① 군식

- 위치와 면적, 수량을 확인한다.
- 관목 식재지의 토사를 삽을 이용하여 경운하며 이물질등을 제거하고 통기성을 좋게 한다.
- 중앙을 기준으로 키가 큰 나무를 먼저 심고 주변으로 나무의 높이를 맞춰가면서 심는다.
- 수압을 약하게 해서 물을 토양 내로 관수하며 넘어지는 나무는 세워 모양을 갖춘다.
- 높이에 맞추어 전정을 실시한다.

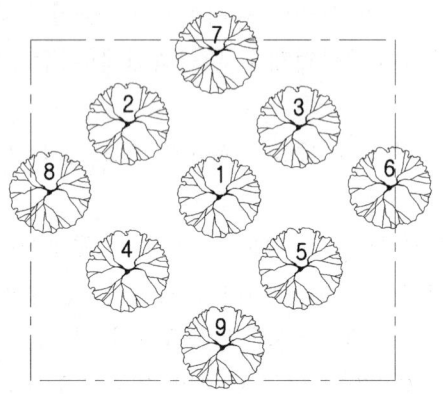

② 열식(산울타리, 생울타리)

- 식재 위치, 식재폭 수량 등을 표시하고 수목을 준비한다.
- 두줄로 식재하는 경우는 교호(지그재그)로 식재한다.
- 식재 간격에 따라 한줄 또는 두줄로 구덩이를 판다.
- 식재 위치을 정한 후 뿌리분 보다 1.5배 이상 크기로 구덩이를 파고 이물질을 제거한다.
- 좌,우 측 끝에서부터 나무를 심는다.
- 나무를 심고 흙을 덮은 후 나무를 살짝 당기면서 밟아 준다.

- 수목의 관수는 군식과 동일하게 시행한다.
- 전정 높이에 맞추어 전정을 실시한다.

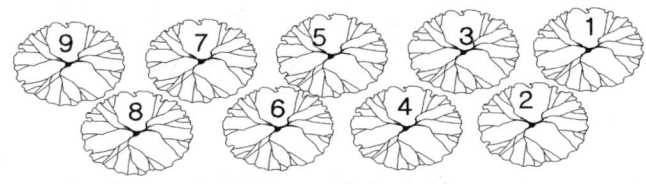

7) 잔디식재

① 잔디의 번식
- 종자를 뿌려서 발아시키는 파종방법과 포복경 및 뿌리성체, 뗏장을 이용하는 영양번식으로 구분

② 잔디 규격 및 식재 기준
- 평떼 [30 × 30 × T3(cm)] 뗏장은 11매/1㎡당 식재
- 줄떼 [10 × 30 × T3(cm)] 1/2줄떼 10cm 간격, 1/3줄떼 20cm 간격

③ 잔디식재 방법
- 평떼 식재(전면식재) : 뗏장 간격을 1~3cm 간격으로 세로 통줄눈이 나지 않도록 어긋나게 식재한다.
- 줄떼 식재 : 뗏장의 폭을 10cm로 재단하여 간격을 15~20cm로 하여 식재한다.
- 이음매 식재 : 뗏장 4면에 간격을 3~7cm로 세로 통줄눈이 나지 않도록 어긋나게 식재한다.
- 어긋나기 식재 : 뗏장 1장을 서로 맞물려 어긋나게 배치한다.

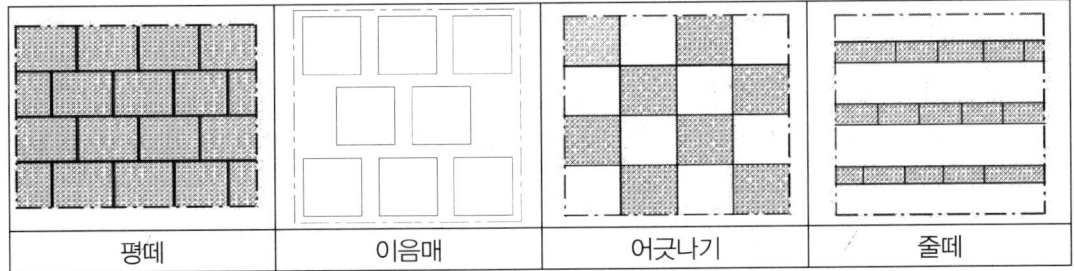

| 평떼 | 이음매 | 어긋나기 | 줄떼 |

④ 잔디식재하기
- 잔디식재하고자 하는 지역에 경운(기경)하여 통기성과 배수성을 좋게 한다.
- 정지(토사 면정리) 작업을 하여 평탄성을 유지하고 토양 내 이물질을 제거한다.
- 레이크 등을 이용하여 복합비료(20g/㎡)와 토사를 혼합하며 고루 펼친다.

- 이음매 간격이 넓을 경우 호미 등을 이용하여 펫장을 붙여 작업한다.
- 잔디식재 후 고운 흙(양토)을 잔디 위에 골고루 살포한 후 롤러(100~150kg/㎡) 또는 넉가래, 삽 등으로 눌러주거나 두드려 준다.
- 잔디 식재가 완료된 후 6L/㎡ 정도 관수 한다.

⑤ 잔디파종
- 잔디 파종 지역의 위치, 면적을 확인하고 마름질 한다.
- 파종 지역을 깊이 20cm(한 삽) 정도를 경운한다.
- 정지(토사 면정리) 작업을 하여 평탄성을 유지하고 토양 내 이물질을 제거한다.
- 롤러나 삽으로 가볍게 눌러준다.(바람에 의한 토사의 비산을 방지하기 위해 시행)
- 종자와 모래를 동일한 양으로 섞은 후 세로와 가로 방향으로 뿌린다.
- 파종 후 레이크를 이용하여 가볍게 긁어 주어 종자의 50% 이상이 토양 속 3cm 이내에 존재하도록 한다.
- 레이크 작업 후 롤러(60~80kg)로 전압, 삽을 이용하여 밟아 주어 토양과 밀착시킨다.
- 파종지가 충분히 젖도록 관수한다.
- 바람이 강한 지역은 차광막, 비닐 또는 짚으로 덮어준다.

3. 수목 관리(기능사 실기 시험 출제 기준)

1) 수간(수피) 보호

① 개념
- 수분 증산 억제, 보온을 통한 동해방지, 일사광선에 의하 피소 및 볕데기 현상 예방, 생육증진 등의 수피 보호 작업

② 수간(수피) 보호의 목적
- 여름철 혹서기에 햇빛에 의한 줄기가 세로로 벌어지는 현상(피소, 볕데기)을 막아준다
- 겨울철 동절기 일교차의 변화에 따른 수간의 동해 피해 방지
- 수목의 생육상태, 수피가 얇은 수목에 대한 보호 조치
- 과도한 수분 증산 억제
- 쇠약한 생육상태, 관수나 멀칭으로 증산억제가 어려운 수목의 생육환경개선
- 이식수목의 뿌리분 훼손 및 과도한 전지·전정으로 인한 수목의 보호조치
- 야생 수목의 수간 보호

- 병충해 방지, 소나무좀 예방
- 지주목 설치부분의 수간보호

③ 수간(수피) 보호 재료
- 새끼줄, 코이어로프, 녹화마대, 녹화테이프, 부직포 등으로 감는다.
- 수간(수피)를 감은 후 수분 증산 억제를 위해 황토를 바르기도 한다.

2) 수간(수피) 감기 방법

① 형태1 - 수피감기(지제부* 수피감기)
- 새끼나 코이어로프의 한쪽 끝을 지제부에서 수목 위로 조금 접는다.
- 접은 새끼나 로프를 지제부에서 부터 위로 수간을 촘촘하게 감아 올린다.
- 감아올린 후 마지막 감은 줄 사이로 넣어 당겨서 고정한다.
- 남겨진 부분은 늘어지거나 너덜거리지 않도록 깨끗하게 잘라준다.
- 황토흙을 물에 반죽하여 수간을 감은 새끼나 코이어로프 위에 도포한다.
  *지제부 : 수목의 지상부와 토양사이의 경계부, 근원직경을 측정하는 부위

② 형태2 - 수피감기(지주목 설치 시 완충용 수피감기)
- 지주목이 설치될 수간의 폭을 확인한다.
- 수피감기할 폭보다 여유있게 새끼 또는 코이어로프를 준비한다.
- 수피감기 폭보다 길게 새끼를 접어서 위쪽에 고리 모양의 매듭을 만든다.
- 수목과 새끼줄을 같이 감싸면서 아래에서부터 위로 촘촘하게 감아 올린다.
- 수간을 감아올린 새끼를 고리 모양의 매듭에 넣고 아래쪽에 있는 새끼줄을 당겨준다.
- 새끼줄이 위, 아래 등에 지저분하지 않도록 잘라내어 마감한다.

4. 지주목 세우기

1) 지주목 설치 목적 및 고려사항

① 설치 목적
- 수목의 활착을 위해 수목이식 시 최우선으로 설치
- 이식시 수목의 지지대 역할하는 굵은 뿌리 절단으로 인위적 지지대 필요
- 수목이 흔들리거나 전도 등을 방지하기 위해 2m 이상의 교목에 설치

② 설치 시 고려사항
- 풍향, 지형, 토질 등을 고려하여 수목이 흔들리지 않도록 고정한다.
- 지주는 내구성이 강한 소재를 사용한다.

- 지주 체결 부위에 녹화마대, 녹화테이프. 새끼, 고무바 등으로 수간을 보호한다.
- 지주목을 토양에 30cm이상 묻고 쐐기목을 박아 긴결하게 연결한다.

2) 지주목의 종류

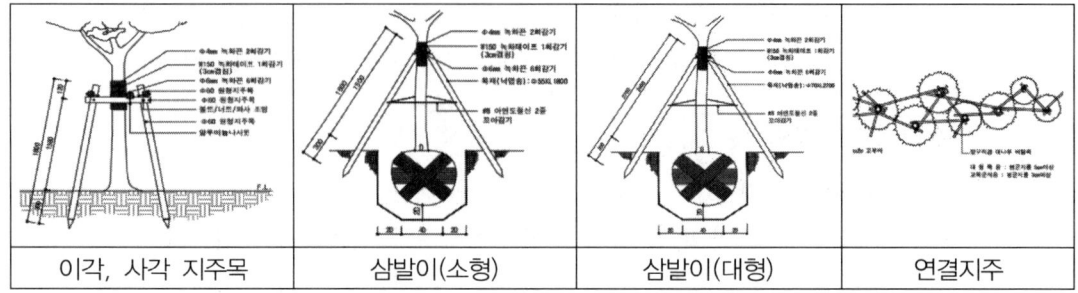

| 이각, 사각 지주목 | 삼발이(소형) | 삼발이(대형) | 연결지주 |

3) 지주목 설치(삼발이)

① 지주목이 세워질 부분의 땅파기 작업
  - 동일한 크기의 지주목을 수목을 중심으로 바닥에 정삼각형으로 모양을 놓고 꼭지점에 약 30cm 깊이로 땅을 판다.
  - 지주목 하나를 세워 수목에 기대어 지주목이 결속되는 부분에 수피감기의 위치를 확인한다.

② 수피감기
  - 지주 결속 부위 20~30cm 높이로 녹화마대, 녹화테이프, 새끼줄 등 수피감기 재료를 선택해서 수피감기를 시행한다.

③ 지주목 결속
  - 하나의 지주목에 결속끈(고무바, 새끼줄, 코이어로프 등)을 묶는다.
  - 나머지 두 개의 지주를 결속끈을 이용하여 돌려가며 단단하게 고정한다.

④ 지주목 묻기
  - 지주목을 묻기 위해 땅을 판곳에 지주목을 고정시키고 흙을 되묻고 다진다.

⑤ 뒷정리
  - 사용한 도구 및 잉여 자재는 정리 정돈 및 제자리로 이동시킨다.

4) 삼각지주목

　① 땅파기 준비
　　- 수목을 중심으로 삼각지주목의 가로목을 이용하여 정삼각형을 만들고 꼭지점을 확인한다. 땅파기 위치는 가로목보다 조금 크게 바깥쪽으로 표시한다.

　② 수피감기
　　- 삼각지주목의 결속 위치를 확인 후 20~30cm 높이로 녹화마대, 녹화테이프, 새끼줄 등 수피감기 재료를 선택해서 수피감기를 시행한다.

　③ 가로목 못 박기
　　- 가로목은 미리 못을 박아 둔다. 못은 가로목 바깥으로 조금 나오게 해서 지주목에 쉽게 박을 수 있도록 한다.
　　- 가로목의 양끝에 못을 박아 놓는다

　④ 지주목 설치
　　- 지주목 두 개를 땅에 임시로 고정하고 가로목 1개를 못으로 박아 고정시킨다.
　　- 측면에서 봤을 때 'ㄇ'자 모양이 되도록 한다.
　　- 나머지 지주 1개를 세우고 가로목 2개를 차례로 겹쳐서 못을 박는다.
　　- 지주 세 곳을 망치로 두드려 수평을 맞춘다.

　⑤ 지주목 결속
　　- 중간목을 수간에 붙여 못을 박고 고정시킨 후 수간과 중간목을 묶어 고정한다.

　⑥ 지주목 고정
　　- 지주가 흔들리지 않도록 흙을 묻고 다진다.

　⑦ 뒷정리
　　- 사용한 도구 및 잉여 자재는 정리 정돈 및 제자리로 이동시킨다.

5) 사각지주목

　① 땅파기 준비
　　- 수목을 중심으로 사각지주목의 가로목을 이용하여 정사각형을 만들고 꼭지점을 확인한다. 땅파기 위치는 가로목보다 조금 크게 바깥쪽으로 표시한다.

② 수피감기
- 사각지주목의 결속 위치를 확인 후 20~30cm 높이로 녹화마대, 녹화테이프, 새끼줄 등 수피감기 재료를 선택해서 수피감기를 시행한다.

③ 가로목 못 박기
- 가로목은 미리 못을 박아 둔다. 못은 가로목 바깥으로 조금 나오게 해서 지주에 쉽게 박을 수 있도록 한다.
- 가로목의 양끝에 못을 박아 놓는다

④ 지주목 설치
- 지주목 두 개를 땅에 임시로 고정하고 가로목 1개를 못으로 박아 고정시킨다.
- 측면에서 봤을 때 'ㄇ' 자 모양이 되도록 하며 2개를 만든다.
- 가로목 2개를 못으로 박아 양 끝을 고정한다.
- 지주 네 곳을 망치로 두드려 수평을 맞춘다.

⑤ 지주목 결속
- 중간목을 수간에 붙여 못을 박고 고정시킨 후 수간과 중간목을 묶어 고정한다.

⑥ 지주목 고정
- 지주가 흔들리지 않도록 흙을 묻고 다진다.

⑦ 뒷정리
- 사용한 도구 및 잉여 자재는 정리 정돈 및 제자리로 이동시킨다.

5. 정지·전정

1) 용어 정의

① 정지
- 수목 고유 수형을 기본으로 가지의 골격 배치를 만들기 위해 실시하는 전정
- 낙엽교목의 동절기 전정 및 가지치기 등의 기초 정리 작업

② 전정
- 관상, 개화·결실, 생육조절 등을 목적으로 지엽을 대상으로 하는 전정
- 낙엽교목의 하계 전정

2) 정지·전정의 목적
  ① 불필요한 가지제거, 주지와 부주지, 측지 등을 균형 있는 수형 조성
  ② 수관의 통풍을 원활히 하여 풍해, 설해에 대한 저항력과 병충해 억제 및 생리활성
  ③ 개화·결실 유도
  ④ 도장지, 허약지, 이병지, 곁가지. 맹아지 등을 제거 등 생육촉진
  ⑤ 잔가지 발생 촉진으로 차폐, 방화, 방풍, 방음, 녹음 등의 효과 증진

3) 전정의 종류
  ① 생장조절
    - 병충해 피해지. 고사지, 꺾어진 가지, 겹움 제거

  ② 생장억제
    - 발육억제, 형태고정, 분재목 전정, 산울타리 전정

  ③ 세력갱신
    - 낡은 가지 제거시 새로운 가지 번성

  ④ 개화·결실
    - 해거리 방지 등 과수원 전정

  ⑤ 생리조절
    - 이식시 뿌리와 지상부 지엽의 균형유지

4) 전정 순서 및 전정해야 하는 가지
  ① 전정 순서 및 방법
    - 전체 수형을 고려한 스케치
    - 위에서 아래로
    - 밖에서 안으로
    - 굵은 가지에서 잔 가지로
    - 산울타리는 식재 3년 후부터 연 2~3회 실시하며, 높은 울타리는 옆부터 전정

  ② 전정해야 하는 가지
    - 도장지
    - 안으로 향한 가지

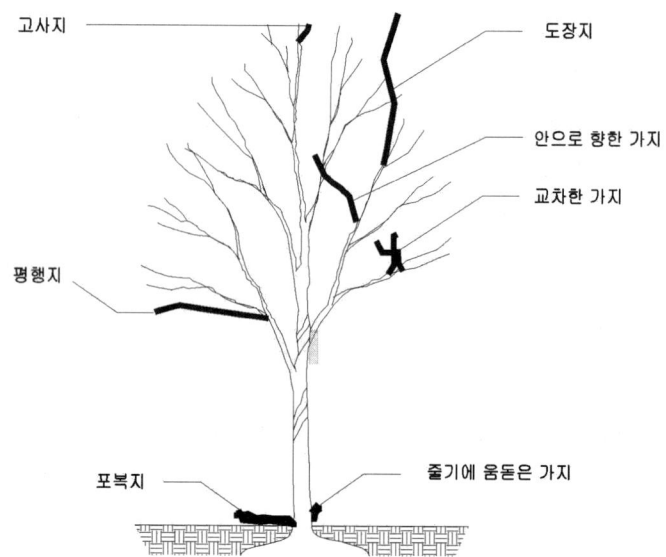

- 고사지, 포복지,
- 줄기에 움돋은 가지
- 교차한 가지
- 신초
- 평행지

6. 시비

1) 비료의 구분

① 무기질 비료
- N,P,K 질소질, 인산질, 칼리질

② 유기질 비료
- 퇴비, 거름 등 다른 물질이 함유되지 않고 충분히 건조 및 완전 부숙 된 비료

2) 시비 방법

① 표토 시비법
- 전면 거름주기, 토양 표면에 비료를 주는 방법

② 토양내 시비법

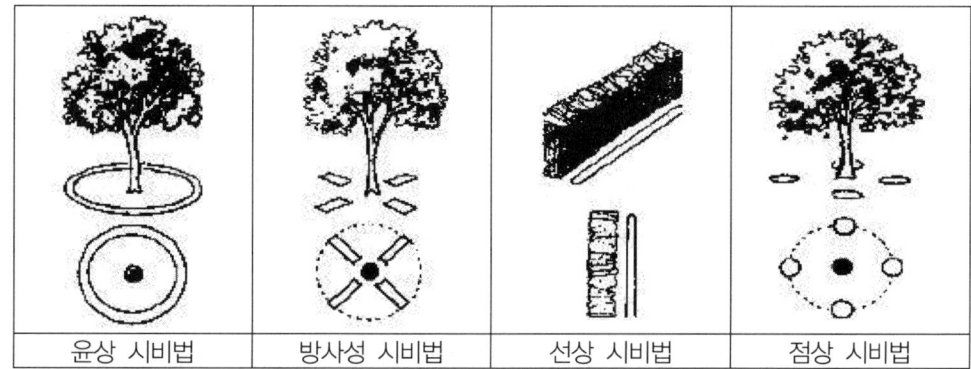

| 윤상 시비법 | 방사성 시비법 | 선상 시비법 | 점상 시비법 |

출처: 한국조경학회(2016). 조경관리학. 문운당. P131.

③ 수간주사
- 수액의 이동과 증산작용이 활발한 4~9월의 맑은 날에 실시
- 이식수목의 수세가 약하거나 잎이 시들기 전 시행
- 체액이 이동하는 형성층 부위에 수간주입기를 이용 직접 영양 공급

④ 수간주사 작업순서
- 지표에서 높이 10~15cm 높이에 드릴로 지름 5mm, 깊이 3~4cm 구멍을 20~30°각도 지표 방향으로 뚫는다. 두 번째는 첫 번째 구멍보다 5~10cm 높이 위에 깊이 1.5~2cm로 구멍 1개를 뚫는다.
- 수목의 크기에 따라 방향은 나선형 형태로 위로 올라가면서 구멍을 뚫는다.
- 주사기의 캡을 열고 약액을 구멍에 넣어 흘러나오도록 해서 공기를 빼낸 후 주입기를 구멍에 꽂은 후 조절기를 사용하여 약액을 주입한다.
- 약액 주입이 완료된 후 주사기 캡을 닫은 후 약통 및 주입기 등을 걷어낸다.
- 주입했던 구멍은 코르크 마개로 막고 방부, 방수, 표면처리한다.(질문)

| 드릴로 뚫기 | 이물질 제거 | 주입기 설치 | 약액 주입 |

- 수간 주입시 약통은 사람의 키 높이 기준 1.5~1.8m 정도 높이에 걸어둔다.
- 대추나무빗자루병에 사용되는 약제는 옥시테트라사이클린 1,000배액 사용
- 대추나무빗자루병을 옮기는 매개충은 마름무늬매미충이다(구술 출제)

7. 관수

1) 관수 시 고려사항

① 기상 및 토양 조건, 식물종에 따른 관리요구도
② 혹서기, 가뭄피해 등 고온건조기 관수의 양과 빈도를 증가
③ 사질토양, 인공지반, 임해매립지 등 특수지반에서 건조의 피해가 우려되므로 점적관수 및 스프링클러 등 자동 급수 시스템을 필요로 한다.

2) 관수 방법

① 수목 이식으로 인한 수분 부족에 의한 피해를 방지하기 위해 충분한 관수 시행
② 교목 30cm 이상, 관목 10cm 이상 토양이 젖도록 충분히 관수한다.
③ 수목 식재 후 물집을 만들어 주기적 관수한다.
④ 관수시 일몰전, 후에 관수하는 것이 좋으며 직사광선이 내려쬐는 한낮의 관수는 오히려 과다 수분 증산으로 인해 건조 피해가 심해진다.
⑤ 토양에 관수하는 지표관수와 수관(잎)과 수간(줄기)에 관수하는 엽면 관수로 구분

8. 멀칭

1) 멀칭의 개념

① 토양을 피복하거나 보호하여 식물의 생장을 촉진하는 역할
② 낙엽, 볏짚, 나무껍질, 모래, 자갈, 합성수지 등 자연재료와 인공재료가 있다.

2) 멀칭의 효과

① 토양수분 유지
  - 지표면 수분 증발 억제
  - 토양 수분 요구도 높은 잡초발생 억제

② 토양침식 및 수분 손실 방지
  - 빗방울, 관수로 인한 토양에 충격 완화
  - 수분 이동 속도 지연으로 토양에 충분한 수분 침투 역할

③ 토양의 비옥도 증진
  - 멀칭 재료 중 자연 재료의 부식 등으로 토양 유기물 증진
  - 토양미생물 생육 환경조성으로 양분의 이용성 증대

④ 잡초 발생 억제
- 멀칭재료에 의한 태양광 부족으로 인한 발아 및 생육 억제

⑤ 토양구조 개선
- 토양 유기물 증진으로 토양개량, 입단 구조로 우수한 생육 환경
- 토양온도 및 토양습도 상승으로 근계 발달, 통기성 개선

⑥ 지표면 개선 및 염분농도 조절
- 시각적 개선 효과, 소음 완화 등의 기능
- 토양의 적절한 수분 유지로 염분 농도 희석

⑦ 태양열 복사 및 반사 감소
- 태양열 복사와 반사 감소로 인한 기후변화 완화, 쾌적성 확보

⑧ 병충해 발생 억제

나. 조경시설 공사

1. 블록 포장공사

1) 벽돌포장

① 규격
- 기본형 : 210 × 100 × 60(mm)
- 표준형 : 190 × 90 × 57(mm)

② 벽돌 치수(표준형)

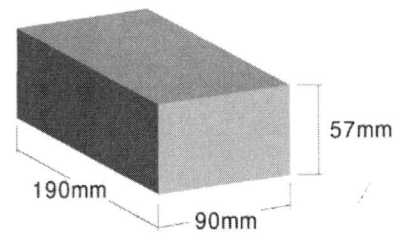

2) 포장 패턴

① 평깔기(190 × 90mm)

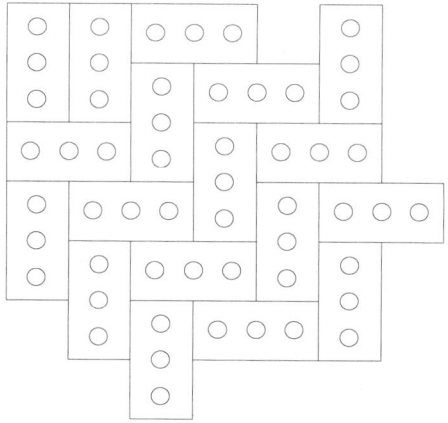

② 모로세워깔기(190 × 57mm)

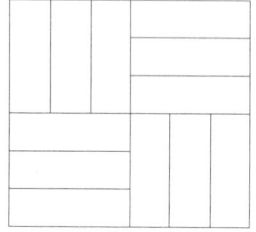

3) 벽돌깔기 시공순서

① 정지작업

- 석회가루, 흰색 스프레이등을 이용하여 포장 지역을 표시한다.
- 실을 이용해서 포장 지역을 마름질 한다.
- 구획한 포장 지역은 잡석층 150mm, 모래층 40mm, 벽돌(평깔기 - 60mm, 모로세워 깔기 90mm) 등 모든 재료의 깊이를 더해 흙을 걷어낸다.
- 깊이를 확인하면서 깊거나 얕으면 흙의 양을 조절하여 높이를 맞춘다.
- 바닥면을 평활하게 다지면서 가운데를 약간 높이거나 한쪽으로 경사지게 고른다.
- 시험장에서 주어진 요구조건에 의해 잡석층을 토사층으로 대체할 경우 잡석층이 있다고 가정하고 모래40mm와 벽돌높이 만큼 흙을 걷어낸다.
- 주어진 모래를 40mm를 고르게 핀다.
- 포장 단면 상세도

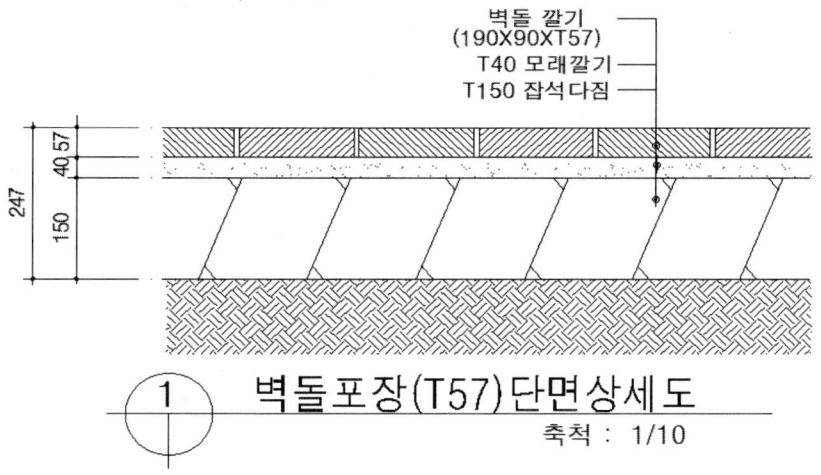

② 벽돌깔기 시공

- 한쪽에서부터 깔기를 하며 줄눈은 10mm로 일정하게 유지될 수 있도록 한다.
- 요철이 생기지 않도록 1장씩 벽돌을 놓을 때 마다 고무망치로 두드리면서 평활도를 맞춘다.
- 벽돌이 모두 깔리면 포장면 위에 모래를 포설하여 줄눈 사이에 모래가 들어갈 수 있도록 고르게 뿌리고 손으로 쓸어주며 줄눈 틈을 채운다.
- 모래를 채우는 도중 요철이 발생하면 고무망칠 두드리면서 마무리 한다.
- 줄눈을 채우고 남은 모래는 제거하고 가장자리 벽돌이 밀리지 않도록 벽돌 옆에 흙을 보강한다.

- 포장에서 1/2, 2/3 토막으로 재단해야 하는 부분은 시험장에서는 토사나 모래로 채워서 마감한다.
- 벽돌깔기 순서

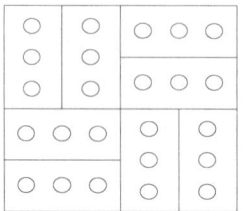
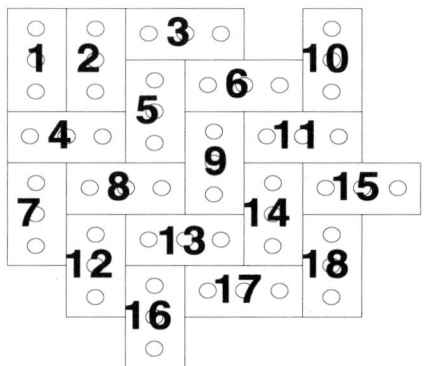

평깔기 패턴 및 깔기 순서

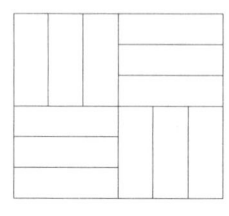

모로세워깔기 패턴 및 깔기 순서

2. 자연석 판석 포장

1) 재료의 종류

① 현무암, 화강암, 철평석 등 색상이 동일하고 물듦이 없는 표면 마감의 재료
② 천연산 원석의 석재를 가공한 판석

2) 표면 마감에 따른 분류

① 잔다듬
- 기계 등을 이용하여 쪼는 방법으로 거칠게 마감처리

② 줄다듬
- 롤러 톱으로 판석 표면에 줄을 만드는 방법으로 거칠게 마감처리

③ 버너
- 표면에 열을 가해 돌이 튀면서 울퉁불퉁한 마감

④ 연마
- 광택용 연마돌을 물을 뿌리면서 연마하여 광을 내서 마감

⑤ 혹두기
- 석재를 쪼개서 표면에 돌기(혹)를 만들어 마감

⑥ 굴림판석
- 물을 넣은 굴림통에 네모진 석재를 넣고 회전 시켜 모서리등이 둥글게 마모처리

3) 자연판석 포장 시공

① 정지작업
- 석회가루, 흰색 스프레이등을 이용하여 포장 지역을 표시한다.
- 실을 이용해서 포장 지역을 마름질 한다.
- 구획한 포장 지역은 잡석층 150mm, 기초콘크리트 100mm, 붙임몰탈 50mm, 자연석판석 30mm 등 모든 재료의 깊이를 더해 흙을 걷어낸다.
- 깊이를 확인하면서 깊거나 얕으면 흙의 양을 조절하여 높이를 맞춘다.
- 바닥면을 평활하게 다지면서 가운데를 약간 높이거나 한쪽으로 경사지게 고른다.
- 시험장에서 주어진 요구조건에 의해 잡석층, 기초콘크리트 층을 토사층으로 대체할 경우 몰탈 50mm와 자연석 판석 높이만큼 흙을 걷어낸다.
- 모르타르를 모래로 대신하는 경우 주어진 모래를 50mm를 고르게 핀다.
- 포장 단면 상세도

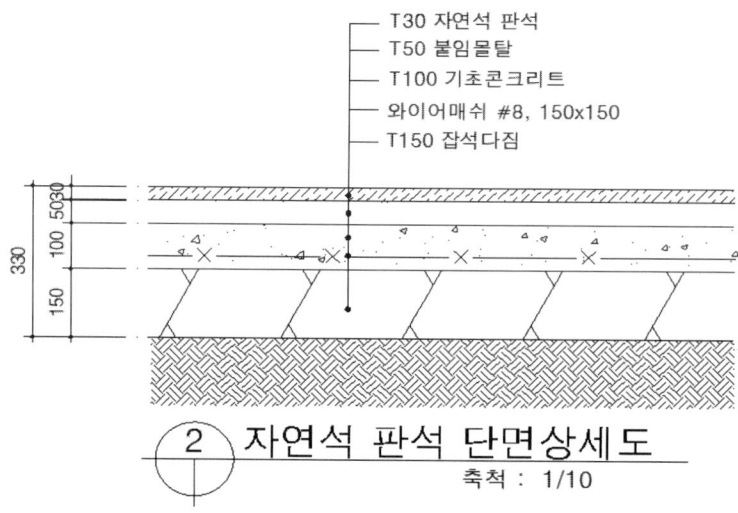

② 자연석 판석 단면상세도
축척 : 1/10

② 자연석 판석 시공
- 판석에 물을 뿌려 흠뻑 적셔 놓는다. 판석은 물을 흡수하기 때문에 붙임 몰탈의 시멘트를 빨아들여 부착면이 약하게 되어 탈락의 원인이 된다.(구술 질문)
- 몰탈을 깐다. 시험장에서 모래로 대체되는 경우 모래를 깐다. 판석의 중량을 감안하여 모래의 높이를 10~20mm 높게 포설하여 판석을 놓을 때 다지면서 높이를 맞춘다.
- 큰 판석을 경계선에 맞추어 임의의 선에 일직선에 놓이게 한다.
- 작은 판석을 먼저 놓은 큰 판석 사이에 끼워 놓는다.
- 큰 판석과 작은 판석이 요철이 생기지 않도록 길이가 있는 각목이나 고무망치로 두드리면서 면을 맞춰서 깔아 나간다.
- 줄눈의 간격은 10~20mm 정도가 되도록 작은 판석을 놓은 위치를 잘 선정한다.
- 자연석 판석의 줄눈은 'Y'자 형태를 유지하고 가로와 세로의 통 줄눈이 생기지 않도록 한다.('Y'자 형태의 줄눈이 돌과 돌 사이를 가깝게 할 수 있다)
- 판석 깔기가 완료되면 일정 기간(1~2일) 양생 후 몰탈로 줄눈을 채워 넣는다.
- 시험장에서 몰탈을 모래로 대체하는 경우 모래를 손으로 쓸어가면서 빈 곳 또는 요철이 생기지 않도록 채워 넣는다.
- 줄눈의 색상은 다양하게 선택할 수 있으며 판석의 색상을 고려하여 선정한다.

3. 조경석 공사

1) 조경석 쌓기

① 토질, 쌓기 높이, 배수, 쌓기 폭 등 주변 환경과의 조화
② 조경석 쌓기 높이는 최대 3m이하로 하며 그 이상의 높이로 쌓을 경우 구조적 안전성에 대해 검토 필요
③ 절토 및 성토면의 쌓기 시 경사도와 뒷채움, 기초 콘크리트 타설 등을 고려한다.
④ 최하단의 돌은 30cm 토사에 묻고 재료의 크기는 크고 무게감이 있는 안정된 돌을 사용하여 시각적, 구조적으로 안전성을 확보한다.
⑤ 조경석쌓기의 상단은 배수로를 설치하여 우수의 유입을 최대한 억제한다.
⑥ 돌틈 식재는 3~5주/㎡당를 식재하여 경관을 향상 및 토사유출을 방지한다.

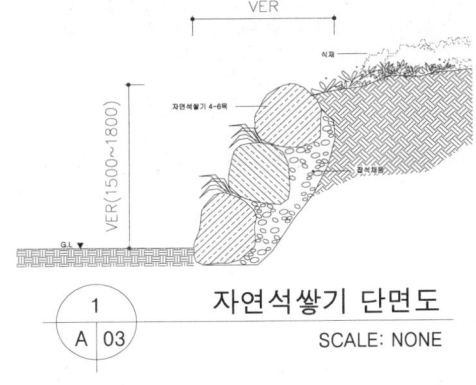

2) 산석, 호박돌 쌓기

① 산석 및 호박돌 쌓기는 몰탈을 이용해서 쌓는 찰쌓기 방식으로 한다.
② 산석쌓기는 바른층 쌓기, 허튼층 쌓기, 막 쌓기로 구분
③ 호박돌은 깨지지 않고 표면이 깨끗하며 크기가 비슷한 것으로 선택한다.
④ 몰탈이 돌의 표면에 묻지 않도록 하고, 돌 틈 사이에서 흘러나온 몰탈은 굳기 전에 깨끗하게 제거한다.

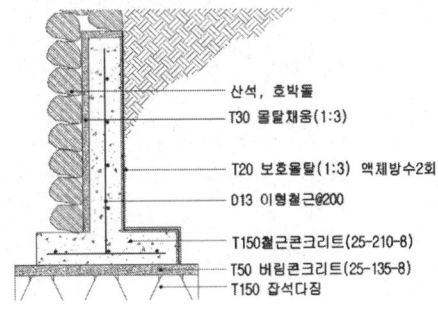

3) 조경석 놓기

① 경관석 놓기
- 시각의 초점, 강조가 필요한 장소에 모양이 수려한 조경석을 1개 또는 몇 개를 배치하여 경관 조성.
- 경관석 놓기는 중심부에 큰 돌과 보조역할을 하는 작은 돌을 조화시킨다.
- 경관석은 3, 5, 7 등의 홀수로 구성하며 부등변 삼각형으로 배치하여 시각적 경관적 조화와 안정감을 줄 수 있도록 한다.
- 경관석 주변에 관목류, 초화류 등을 식재하거나 자갈, 왕모래 등으로 마무리한다.

② 디딤돌 놓기
- 디딤돌은 잔디나 나지 위에 놓아 보행자의 편의 및 지피 식물을 보호하며, 시각적 아름다움 조성을 위한 정원 소재이다.
- 디딤돌은 평평한 자연석, 화강석, 점판암 판석, 통나무, 인조목 등을 사용한다.
- 디딤돌의 크기는 일반적으로 30cm 내외로 하며 시작과 끝 부분, 길이 갈라지는 부분, 급하게 구부려 지는 곳에는 50cm 정도의 큰 것을 사용하기도 한다.
- 돌 사이의 간격은 빠른 동선 또는 보폭과 비슷하게 느린 동선 등 동선의 유형에 따라 설치한다.
- 보행 폭의 기준은 성인 남자 약 60 ~ 70cm, 여자 45 ~ 60cm이다.
- 디딤돌의 두께는 50 - 100mm로 하면 몰탈 사용 시 20~30mm로 한다.

조경기능사 한 권으로 끝내기

실기

III. 수목 감별

No	수목명	특징	사진	QR코드
1	가막살나무 *Viburnum dilatatum*	• 인동과 낙엽활엽관목 • 잎은 원형, 난형 • 잎가장자리 물결모양 • 흰색꽃		
2	가시나무 *Quercus myrsinifolia*	• 참나무과 상록활엽교목 • 잎은 어긋나기이며 타원형 또는 피침형, 가장자리 톱니, 뒷면 회백색		
3	갈참나무 *Quercus aliena*	• 참나무과 상록활엽교목 • 잎 가장자리 굵은 톱니 • 잎은 어긋나게 달리며 뒷면이 회백색		
4	감나무 *Diospyros kaki*	• 감나무과 낙엽활엽교목 • 잎 어긋나기, 둥근 타원형, 광택, 잎맥에 털		
5	감탕나무 *Ilex integra*	• 감탕나무과 상록활엽교목 • 잎 어긋나기, 타원형, 광택, 측맥과 털이 없음		
6	개나리 *Forsythia koreana*	• 봄에 노란색의 꽃 • 울타리용, 줄기와 잎 쥐똥나무와 구별		

No	수목명	특징	사진	QR코드
7	개비자나무 *Cephalotaxus harringtonia*	•상록침엽교목 •잎 마주나기이며 주맥이 두드러지고 뒷면 2줄 기공선		
8	개오동 *Catalpa ovata*	•오동나무와 잎의 크기 및 모양이 차이 •열매로 구별		
9	계수나무 *Cercidiphyllum japonicum*	•도란형(하트모양)의 잎과 세로로 갈라지는 줄기 모양		
10	골담초 *Caragana sinica*	•1~2m 자람 •잎이 2장씩 어긋나기 •노란색 꽃		
11	곰솔 *Pinus thunbergii*	•소나무과 상록침엽교목 •수피는 흑갈색 •잎이 굵고 길며 짙은 녹색 •해안가에 생육 가능, 해송 명칭		
12	광나무 *Ligustrum japonicum*	•남부수종 상록활엽관목 •남부지역 울타리 수종 •사철나무와 같이 잎 표면 광택 •검은색 열매		

No	수목명	특징	사진	QR코드
13	구상나무 Abies koreana	• 소나무과 상록침엽교목 • 회색수피, 잎은 납작, 부드러운 촉감, 뒷면에 2줄 흰색 기공선으로열매가 자색 아고산, 고산지대 생육		
14	금목서 Osmanthus fragrans var. aurantiacus	• 하나의 꽃, 4갈래 • 최대크기 3m • 잎에 톱니가 없음 • 은목서(톱니) • 좋은 향		
15	금식나무 Aucuba japonica f. variegata	• 잎에 황색반점 • 잎표면 윤채 • 잎 가장자리 톱니		
16	꽝꽝나무 Ilex crenata	• 남부수종 • 회양목과 유사 • 해안가 서식 • 짙은 녹색		
17	남천 Nandina domestica	• 타원상 피침형 • 잎은 호생 • 잎이 겨울철 홍색 • 붉은색 열매		
18	노각나무 Stewartia koreana	• 나무껍질에 얼룩 무늬 • 꽃모양이 동백꽃과 유사 • 잎은 타원형 잎 가장자리 톱니		

III. 수목 감별

No	수목명	특징	사진	QR코드
19	녹나무 *Cinnamomum camphora*	• 상록활엽 • 잎에 윤기, 타원형 • 제주도 자생		
20	눈향나무 *Juniperus chinensis var. sargentii*	• 측백나무과 상록침엽관목 • 잎이 거칠고 바늘잎과 비늘잎 혼재 • 줄기가 땅으로 기거나 쳐져서 자람		
21	느티나무 *Zelkova serrata*	• 정자목 • 나무가 둥근모양 • 회백색 수피		
22	능소화 *Campsis grandiflora*	• 담쟁이덩굴처럼 줄기마기 흡착뿌리 • 나팔처럼 벌어진 주황색 꽃으로 여름에서 가을까지 핀다		
23	단풍나무 *Acer palmatum*	• 손바닥 모양으로 갈라진 잎 • 왼쪽 당단풍나무 오른쪽 단풍나무		
24	담쟁이덩굴 *Parthenocissus tricuspidata*	• 덩굴성 흡착뿌리 (흡반) • 잎에 큰 톱니 • 잎의 모양으로 구분		

No	수목명	특징	사진	QR코드
25	당매자나무 *Berberis poiretii*	• 잎 가장자리 톱니가 없음 • 붉은색 잎 • 홈이 파인 잔가지와 가시가 있음		
26	대추나무 *Ziziphus jujuba*	• 갈매나무과 낙엽활엽 소교목 • 회색 수피 • 잎 난형, 어긋나기, 광택, 가장자리 둔한 톱니		
27	독일가문비 *Picea abies*	• 소나무과 상록침엽 교목 • 적갈색 수피 • 잎의 단면 사각, 바늘 모양 • 얇고 굽은 모양의 잎이 가지에서 굽은 형태		
28	돈나무 *Pittosporum tobira*	• 어긋나는 잎, 타원형, 광택 • 남부수종, 해변가 • 흰색의 꽃(총상화서)		
29	동백나무 *Camellia japonica*	• 붉은색 꽃 • 광택이 있는 잎 • 사철나무, 광나무와 구분		
30	등 *Wisteria floribunda*	• 덩굴성 식물 • 청자색 나비꽃 • 4~6쌍의 작은잎		

III. 수목 감별   509

No	수목명	특징	사진	QR코드
31	때죽나무 Styrax japonicus	• 고개를 숙인 듯한 종모양의 꽃 • 줄기는 세로 줄이 있고 매끈하게보임 • 잎은 어긋나고 달걀 모양		
32	떡갈나무 Quercus dentata	• 참나무과 • 잎자루, 잎이 참나무들 중 가장 크다		
33	마가목 Sorbus commixta	• 나무껍질 갈색 • 잎 어긋나고 겹잎 • 긴타원형 가장자리 톱니 • 흰꽃, 열매는 붉고 모여있다.		
34	말채나무 Cornus walteri	• 층층나무과 • 나무껍질, 그물처럼 갈라지고 흑갈색 • 꽃자루에 거센 털		
35	매화(실) 나무 Prunus mume	• 잎에 약간의 광택 • 잎 끝이 모여 아래로 휜다. • 줄기는 여러 갈래로 갈라짐 • 봄에 일찍 흰색 꽃		
36	먼나무 Ilex rotunda	• 감탕나무과 상록활엽 교목, 자웅이주 • 잎 어긋나기, 타원형 가죽질, 광택 측맥이 보이지 않음, 어린가지 잎자루 붉은색		

No	수목명	특징	사진	QR코드
37	메타세쿼이아 *Metasequoia glyptostroboides*	• 낙우송과 낙엽침엽교목 • 잎이 마주나며 속성수로 가로수로 많이 사용		
38	모감주나무 *Koelreuteria paniculata*	• 잎은 어긋나고 둔한 톱니 • 늦봄, 초여름 노란색꽃 • 가을에 둥글고 검은 씨 • 줄기가 불규칙		
39	모과나무 *Chaenomeles sinensis*	• 모과 열매 • 수피가 조각을 벗겨져서 얼룩무늬 • 잎 윗가장자리 잔 톱니가 있음		
40	무궁화 *Hibiscus syriacus*	• 분홍색의 5장의꽃 • 거친 돌기의 잎 • 회백색 줄기		
41	물푸레나무 *Fraxinus rhynchophylla*	• 얼룩무늬 줄기 • 잎의 꼭지와 좌우 양쪽 두 잎의 배열		
42	미선나무 *Abeliophyllum distichum*	• 우리나라에서만 자라는 토종식물 • 1속1종 • 멸종위기종 • 흰색 꽃으로 모양은 개나리와 유사		

No	수목명	특징	사진	QR코드
43	박태기나무 Cercis chinensis	• 심장형 잎모양 • 잎이두껍고 윤기 • 콩과식물		
44	배롱나무 Lagerstroemia indica	• 흰색에 가까운 얼룩무늬 수피 • 분홍색 꽃		
45	백당나무 Viburnum opulus var. calvescens	• 낙엽활엽관목 • 어린가지에 잔털 • 잎 가장자리 톱니 • 붉은색 열매		
46	백송 Pinus bungeana	• 소나무과 상록침엽교목 • 수피 비닐조각이 벗겨진 얼룩진 회백색 특징 • 창경궁 내 일제 강점기 심겨진 백송		
47	버드나무 Salix koreensis	• 아래로 늘어진 가지 • 어린가지는 초록색 • 줄기는 세로로 갈라진 검은색		
48	벽오동 Firmiana simplex	• 초록색 줄기 • 잎은 넓고 크며 끝은 손바닥모양 • 잎자루가 길고 잎뒷면에 잔털		

No	수목명	특징	사진	QR코드
49	병꽃나무 *Weigela subsessilis*	• 잎은 거꾸로 된 달걀 모양, 끝이 뾰족하고 잎가장자리 잔톱니 • 긴 통꽃, 길쭉한 병모양		
50	보리수나무 *Elaeagnus umbellata*	• 낙엽활엽관목 • 잎은 긴 타원형 • 꽃은 황백색 • 잎의 앞 뒤 회백색의 비늘 조각		
51	복사나무 *Prunus persica*	• 잎의 특징 확인 • 복숭아 열매		
52	복자기 *Acer triflorum*	• 단풍나무과 • 잎이 세장 • 붉은 빛 가지 • 나무껍질 회백색, 조각처럼 갈라짐		
53	붉가시나무 *Quercus acuta*	• 잎은 어긋나며 난형, 타원형 • 광택과 윤기, 어린 잎은 적갈색 털		
54	사철나무 *Euonymus japonicus*	• 나무껍질은 흑갈색 • 잎은 마주나고 타원 모양, 가죽질 • 잎가장자리 둔한 톱니		

No	수목명	특징	사진	QR코드
55	산딸나무 Cornus kousa	•회색 및 갈색 수피 •층을 지는 가지모양 •잎은 마주나고 달걀, 타원형 •흰색 꽃턱잎 4장이 꽃 처럼 보인다		
56	산벚나무 Prunus sargentii	•줄기 짙은 자갈색 •옆으로 벗겨진 껍질눈 •잎은 어긋나며 타원 형, 가장자리 톱니 •잎뒷면 분백색 털		
57	산사나무 Crataegus pinnatifida	•하얀색 꽃 •붉은색 열매 •잎은 어긋나며 난형, 도란형 깃꼴로 갈라짐 •잎 뒷면 맥을 따라 털		
58	산수유 Cornus officinalis	•잎보다 먼저 피는 노 란색 꽃, 붉은색 열매 •줄기는 울퉁불퉁하고 조각처럼 벗겨짐		
59	산철쭉 Rhododendron yedoense f. poukhanense	•수술의 수가 10개 •어린가지와 꽃자루가 끈끈함 •잎 가장자리 밋밋함, 표면은 녹색, 뒷면은 황록색		
60	살구나무 Prunus armeniaca var. ansu	•잎 뒷면에 털 •잎 가장자리 부드러운 거치 •줄기는 검은색과 노 란색의 굴곡이룸		

No.	수목명	특징	사진	QR코드
61	상수리나무 *Quercus acutissima*	• 잎가장자리 바늘모양 예리한 톱니 • 잎앞면 광택 뒷면 연 녹색(굴참나무와 다른 점)		
62	생강나무 *Lindera obtusiloba*	• 봄에 노란색 꽃 산수유 꽃과 비슷 • 꽃을 피운 후 줄기의 색(녹색), 산수유는 갈색		
63	서어나무 *Carpinus laxiflora*	• 잎맥이 뚜렷하고 타원 및 긴 달걀모양 • 잎 가장자리 겹톱니, 뒷면 잎맥위에 털 • 숲의 극상림		
64	석류나무 *Punica granatum*	• 잎의 모양, 마주나기, 잎자루가 짧음 • 분지가 많은 줄기 • 열매모양 • 붉은색 꽃		
65	소나무 *Pinus densiflora*	• 소나무과 상록침엽 교목 • 잎 2개로 이엽송 • 붉은색 수피 • 잎의 횡단면 반원형		
66	수국 *Hydrangea macrophylla f. otaksa*	• 잎은 톱니모양 • 토양의 산성도에 따라 꽃의 색 변화 • 꽃의 모양		

No.	수목명	특징	사진	QR코드
67	수수꽃다리 *Syringa oblata var. dilatata*	• 잎은 마주나기, 달걀모양, 밋밋한 가장자리 • 옅은 자주색 꽃		
68	쉬땅나무 *Sorbaria sorbifolia var. stellipila*	• 잎은 어긋나무 깃꼴겹입, 끝이 뾰족하며 겹톱니 • 잎자루에 털 • 원기둥 모양의 꽃		
69	스트로브잣나무 *Pinus strobus*	• 소나무과 상록침엽교목 5엽송 • 수피 회갈색 매그러움, 수령이 오래되면 갈라짐 • 열매는 식용불가, 잣나무와 구별		
70	신갈나무 *Quercus mongolica*	• 검음빛이 도는 줄기 • 떡갈나무보다 작은 잎 • 잎가장자리 파도모양의 톱니 • 잎자루가 없이 줄기에 붙어 난다.		
71	신나무 *Acer tataricum subsp. ginnala*	• 줄기는 세로로 갈라짐 • 잎은 마주나기, 가장자리 톱니 • 단풍이 아름답고 열매에 날개가 달려있다.		
72	아까시나무 *Robinia pseudoacacia*	• 줄기에 가시 • 여름 흰색 꽃 • 싸리나무와 구별 필요		

No.	수목명	특징	사진	QR코드
73	앵도나무 *Prunus tomentosa*	• 잎은 타원형, 달걀모양, 분홍색꽃 • 잎겨드랑이에 붙어 꽃이 피고 열매가 맺는다. • 빨간색 열매		
74	오동나무 *Paulownia coreana*	• 잎이 넓고 잔털 • 잎보다 먼저 보라색 꽃 • 거대한 잎		
75	왕벚나무 *Prunus yedoensis*	• 잎은 호생, 타원상 난형, 도란형 • 줄기는 소지에 잔털, 평활한 수피 회갈색, 암회색이다. • 꽃잎 5개		
76	은행나무 *Ginkgo biloba*	• 은행나무과 **낙엽침엽교목** • 코르크질이 발달한 수피, 회색 • 자웅이주(암수구별0		
77	이팝나무 *Chionanthus retusus*	• 잎은 마주나고 난형, 타원형, 양끝이 뾰족, 어린나무의 잎은 겹톱니 • 흰색 모여피는 꽃		
78	인동덩굴 *Lonicera japonica*	• 겨울까지 붙어 있는 잎, 덩굴성 • 오른쪽으로 감기는 줄기 • 가장자리 톱니가 없고, 털이 있다 • 꽃이 흰색에서 노란색으로 변함		

III. 수목 감별

No.	수목명	특징	사진	QR코드
79	일본목련 *Magnolia obovata*	• 잎이 대형, 넓다 • 잎 뒷면이 은백색 • 열매모양 애호박		
80	자귀나무 *Albizia julibrissin*	• 합환목 • 잎은 아까시 처럼 작은 잎들이 모여 하나의 가지, 복엽 • 분홍색 꽃 모양		
81	자작나무 *Betula pendula*	• 흰색 줄기, 종이처럼 벗겨지는 수피 • 세모 모양으로 끝이 뾰족한 잎 • 원통모양의 열매		
82	작살나무 *Callicarpa japonica*	• 자주색, 연자주색 꽃 • 보라색 열매 • 작살모양으로 마주나는 잎		
83	잣나무 *Pinus koraiensis*	• 소나무과 상록침엽교목, 5엽송 • 수피는 흑갈색, 불규칙한 조각, 식용가능한 열매, 스트로브잣과 구별		
84	전나무 *Abies holophylla*	• 소나무과 상록침엽교목 • 잎은 선형 바늘잎으로 뒷면에 2줄의 흰색 기공선		

No.	수목명	특징	사진	QR코드
85	조릿대 Sasa borealis	• 잎이 긴타원상 피침형 • 가지 끝에 2~3개 • 조리를 만드는 대나무		
86	졸참나무 Quercus serrata	• 긴타원형 잎, 잎뒷면에 털이 있다 • 참나무중 가장 잎이 작다		
87	주목 Taxus cuspidata	• 주목과 상록침엽교목, 자웅이주 • 수피는 적갈색, 암나무 적색 열매 • 비늘잎, 2줄 배열		
88	중국단풍 Acer buergerianum	• 잎 삼각형 모양 • 줄기가 갈색을 벗겨지고 가지에 털이 있다. • 단풍이 붉은색		
89	쥐똥나무 Ligustrum obtusifolium	• 열매가 검은색의 쥐똥모양 • 백색 꽃 • 회백색 나무껍질 • 잎은 마주나며 장타원형, 톱니가 없고 가장자리가 들어가 있다.		
90	진달래 Rhododendron mucronulatum	• 연분홍색 꽃 • 가지가 가늘고 빈약함 • 잎이 끈끈한 철쭉과 구별		

No.	수목명	특징	사진	QR코드
91	쪽동백나무 *Styrax obassia*	• 넓은 타원형 모양의 잎, 끝이 뾰족하고 윗부분 톱니 • 나무줄기 검은색을 띤 회색 • 때죽나무와 꽃과 열매가 비슷, 잎의 모양으로 구분		
92	참느릅나무 *Ulmus parvifolia*	• 나무껍질이 회백색, 비늘처럼 벗겨짐 • 잎겨드랑이에 황갈색 꽃이 모여 핀다, 늦가을 납작한 열매		
93	철쭉 *Rhododendron schlippenbachii*	• 5엽이며 진달래와 달리 잎이 먼저피고 꽃이 핀다. • 꽃받침이 끈적거린다.		
94	측백나무 *Platycladus orientalis*	• 측백나무과 상록침엽교목 • 회갈색 수피 • 잎은 작고 납작하며 앞뒤가 비슷 • 열매과 별모양의 분백색, 가을 적갈색으로 변함		
95	층층나무 *Cornus controversa*	• 이름 그래돌 층층히 줄기가 형성 • 나무껍질이 회갈색, 얇게 갈라짐 • 가지가 붉은색		
96	칠엽수 *Aesculus turbinata*	• 잎은 어긋나기5~7개의 손바닥 모양 • 밤과 유사한 모양의 열매 • 마로니에와 구분		

No.	수목명	특징	사진	QR코드
97	태산목 Magnolia grandiflora	•대표적인 남부수종 •목련과 •상록의 목련, 잎이 크고 단단한 혁질 •흰꽃		
98	탱자나무 Poncirus trifoliatus	•줄기 전체가 날카로운 가시 •3줄 겹잎으로 어긋나는 작은 달걀모양, 가장자리 가는 톱니		
99	팔손이 Fatsia japonica	•둥근잎 어긋나고 •7~9개로 잎이 갈라짐 •10월경 흰색 꽃 •대표적인 남부수종		
100	팥배나무 Aria alnifolia	•팥을 닮은 열매 •타원형의 달걀모양의 잎이 어긋나게 달리면 잎 가장자리 불규칙한 겹톱니 •흰색의 꽃		
101	팽나무 Celtis sinensis	•잎은 어긋나게 달리고 달걀, 타원형 모양, 긴타원형에 끝이 뾰족하여 상반부 톱니		
102	풍년화 Hamamelis japonica	•잎은 어긋나고 사각상 원형, 도란형 •꽃잎은 개나리가 말라 비틀어진모습의 노란색		

No.	수목명	특징	사진	QR코드
103	피나무 Tilia amurensis	•잎은 원형으로 끝이 뾰족하며 잎자루가 길다. •줄기는 흰무늬가 있거나 비늘처럼 벗겨진다. •꽃자루 아래 주걱모양의 포엽,		
104	피라칸다 Pyracantha angustifolia	•잎이 두꺼우며 선상 타원형, 뒷면에 백색 융모, 가장자리 밋밋하다. •꽃은 연한 황백색, 백색 •줄기에 예리한 가시, 빨간 열매		
105	해당화 Rosa rugosa	•바닷가 모래땅, 산기슭 군락 형성 •뿌리에서 많은 줄기, 가시와 털이 많음 •장미과로 잎이 장미와 유사		
106	향나무 Juniperus chinensis	•측백나무과 상록침엽교목 •적갈색 수피 •어린가지에 바늘잎, 성숙한 개체는 비늘잎으로 둥글며 흰색 가장자리		
107	호두나무 Juglans regia	•가래나무과 낙엽활엽교목 •잎 어긋나기, 홀수깃꼴겹잎		
108	호랑가시나무 Ilex cornuta	•늙은 호랑이의 발톱과 같다 •가시가 있으며 잎은 어긋나고 딱딱한 윤기, 타원상 육각형, 모서리의 톱니가 가시로 되어 있다, 빨간열매		

No.	수목명	특징	사진	QR코드
109	화살나무 *Euonymus alatus*	• 가지에 2~3개의 날개 • 잎은 타원형, 가장자리 톱니, 털이없음 • 적색 열매, 단풍이 아름다움		
110	회양목 *Buxus koreana*	• 잎은 마주나고 두꺼우며 타원형, 가장자리 밋밋하다. • 정원용수로 가장 많이 심는 수종 • 4~5월 꽃, 잎과 비슷한 색		
111	회화나무 *Sophora japonica*	• 진한 회갈색 나무껍질, 잎모양과 줄기모양이 아까시와 유사 • 가시가 없고 신초는 진한 녹색을 띤다 • 흰색 꽃		
112	후박나무 *Machilus thunbergii*	• 나무껍질은 녹갈색 • 잎은 어긋나고 가지 끝에 촘촘히 난다 • 황록색 꽃 • 대표적 남부수종		
113	흰말채나무 *Cornus alba*	• 붉은색 가지(수피) • 흰색 꽃 • 열매가 흰색		
114	히어리 *Corylopsis glabrescens var. gotoana*	• 줄기가 많이 갈라지고 잔가지에 껍질 눈 촘촘하다 • 초롱모양의 노란색 꽃, 작은 꽃은 고깔모양 • 잎은 둥근 달걀모양, 가장자리 톱니		

No.	수목명	특징	사진	QR코드
115	백합나무 *Lilium longiflorum*	• 튤립나무 • 튤립모양의 녹황색 꽃 • 잎은 긴 잎자루, 뾰족한 2~4개의 조각 • 가로수		(QR코드)
116	낙상홍 *Ilex serrata, Thunb*	• 잎은 어긋나고 긴타원형, 난상 타원형 • 가장자리 톱니, 양면에 짧은 털 • 붉은 색 열매		
117	반송 *Pinus densiflora f. multicaulis*	• 소나무과 상록침엽교목 • 뿌리근원부에서 가지가 여러 갈래로 자라는 다간형		
118	백목련 *Magnolia denudata*	• 중국원산 • 잎보다 꽃이 먼저 피는 수종 • 잎은 어긋나기 긴타원형, 잎맥의 약간의 털 • 대표 정원수		(QR코드)
119	노랑말채 나무	• 잎은 짙은 녹색과 잎맥이 선명하고 흰색의 작은 꽃이 모여 핀다. • 겨울철 줄기가 노란색이 특징		
120	금송 *Sciadopitys verticilata*	• 낙우송과 상록침엽교목 • 잎 중앙 오목한 홈에 금색, 뒷면 흰색 기공선 • 잎이 굵고 두꺼우며 부드러운 질감		

* 국립생물자원관 한반도의 생물다양성 (국가생물종 목록)

조경기능사(필기+실기) 한권으로 끝내기

편 저 자   정문환 편저
제 작 유 통   메인에듀(주)
초 판 발 행   2025년 06월 01일
초 판 인 쇄   2025년 06월 01일
마 케 팅   메인에듀(주)
주   소   서울시 강동구 천중로 23, 3층
전   화   1544-8513
정   가   34,000원

I S B N   979-11-89357-91-7